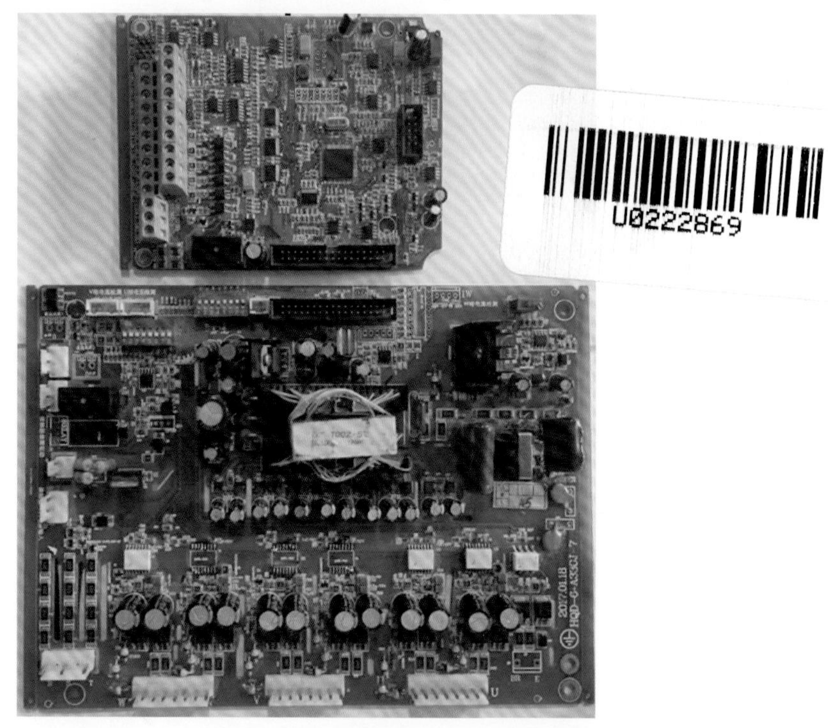

图 0-2　变频器 MCU/DSP 主板和电源 / 驱动板实物图

图 1-13　24V DC 开关电源板实物图

图 1-21　ATV38HD64N（X） 变频器的电源 / 驱动板实物图

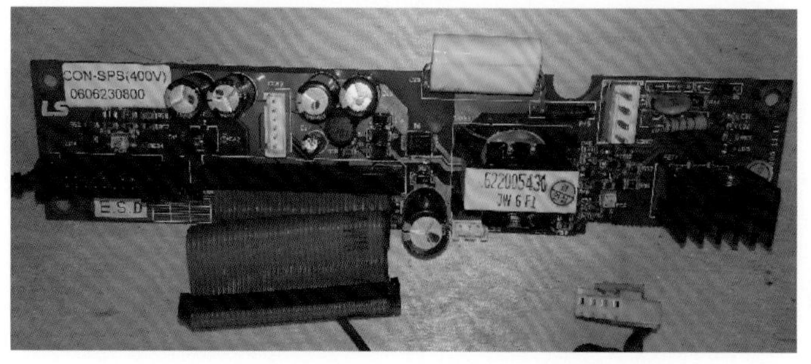

图 1-28　MCU 及面板的供电电源板实物图

图 1-31　开关电源振荡小板示例

图 2-3　正弦 110kW 变频器 IGBT 驱动小板实物图

图 2-41　西门康 SKHI60 型驱动板实物图

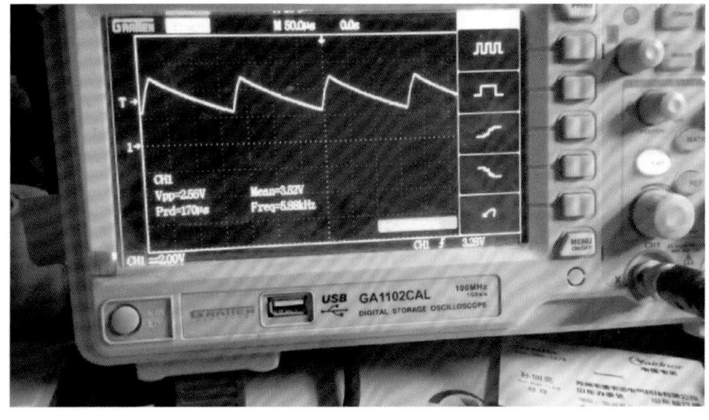

图 3-9　U3 的 2、6 脚串联的 C14 充、放电形成的三角波

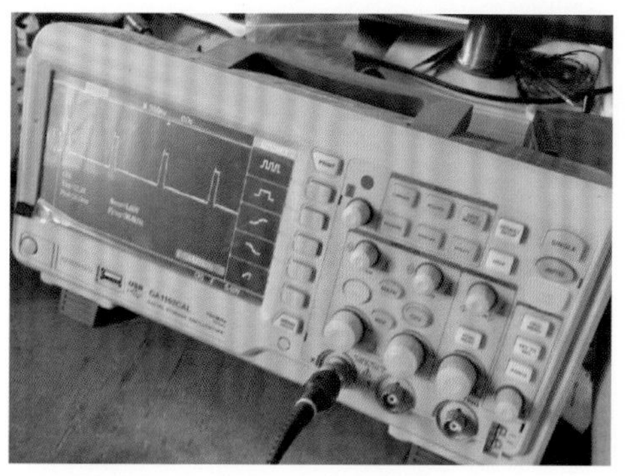

图 3-10　U2 的 3 脚输出的矩形波

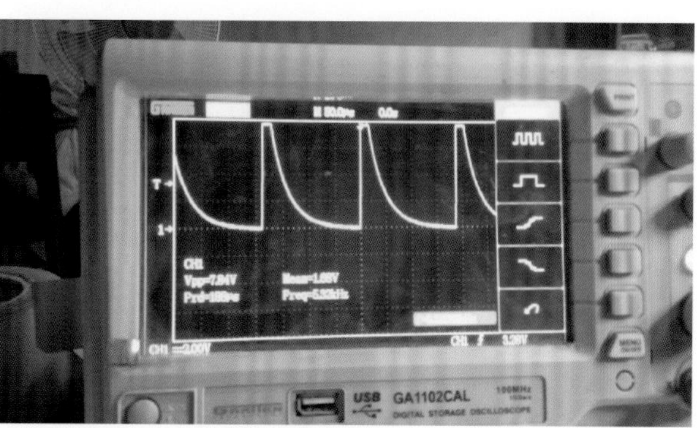

图 3-11　脉冲端子开路时的输出波形图

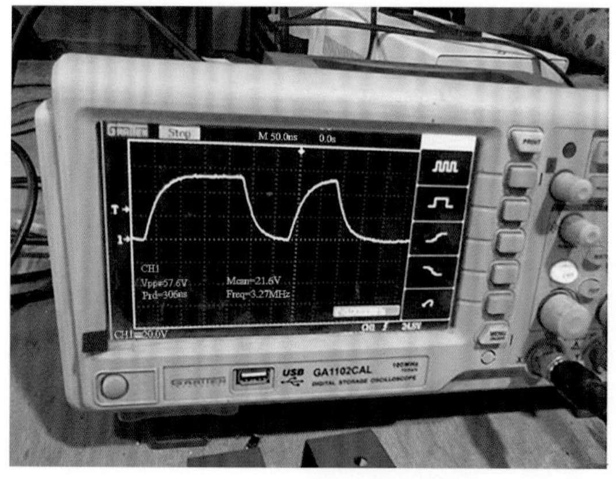

图 4-21　6 脚输出数据信号波形

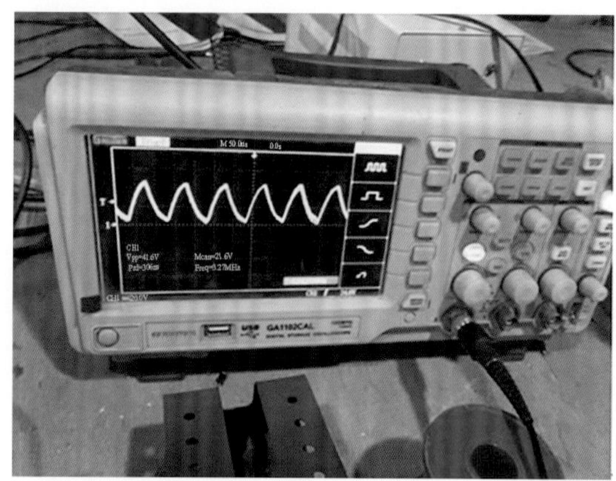

图 4-22　7 脚时钟信号波形

图 4-47　ABB - ACS800 型 75kW 变频器信号小板实物图

图 4-53　三垦 VM06 型 3.7kW 变频器电源 / 驱动板实物图

图 5-31　奥的斯 ACA21290BJ2 型电梯变频器输入电源电压检测电路实物图例

图 6-14　变频器 MCU 主板排线端子图

图 6-28　主板、电源 / 驱动板排线套螺帽拍照图

变频器故障检修260例

咸庆信 著

·北京·

图书在版编目（CIP）数据

变频器故障检修260例 / 咸庆信著. —北京：化学工业出版社，2021.5（2025.6重印）

ISBN 978-7-122-38781-3

Ⅰ.①变… Ⅱ.①咸… Ⅲ.①变频器－故障诊断－案例②变频器－维修－案例 Ⅳ.①TN773

中国版本图书馆CIP数据核字（2021）第053229号

责任编辑：宋 辉　　文字编辑：李亚楠 陈小滔

责任校对：王 静　　装帧设计：王晓宇

出版发行：化学工业出版社（北京市东城区青年湖南街13号 邮政编码100011）

印 装：大厂回族自治县聚鑫印刷有限责任公司

787mm×1092mm 1/16 印张24¾ 彩插2 字数626千字 2025年6月北京第1版第4次印刷

购书咨询：010-64518888　　售后服务：010-64518899

网 址：http://www.cip.com.cn

凡购买本书，如有缺损质量问题，本社销售中心负责调换。

定 价：88.00元

前言
PREFACE

一本书的问世，出于偶然而又缘于必然。大概七八年之前出过一本名为《变频器故障诊断与维修》的书，因各方面条件所限，稍显晦涩和单薄，此后将心力投注于变频器故障维修的教学事务之中，无暇顾及写作一事了。但心里总存着重写一本更为完善的、内容更加立体和丰富的变频器故障维修实例图书念头，以回报广大读者朋友们的厚爱。

在连续近六年的教学培训当中，接手国产、进口故障变频器数千台次，积累了不少维修案例和经验，也有了大量由我指导学员或由学员独立检修的记录，汇集整理成本书检修实例，涉及数十个品牌的大、中、小功率级别的国产、进口变频器。

本书一例一图，使文字与图样能相互参照，提供的大量原创实测图纸，则是变频器故障维修时较好的参考资料。

一个电路正常的工作状态只有一种，而由此衍生的故障状态却有数种；某一功能电路只有一种电路结构和工作模式，但因不同的故障表现却可能产生几十种故障检修方法。从此意义上来说，故障检修实例在理论上是近于无限的，故障表现有无限的可能，不是一本书所能列举穷尽的，但万变不离其宗，从故障表现的“纷繁万象”中，一定也可以找出近乎规律性的检修法则。而学习者贵在举一反三，要变通，要突破定式思维。

带领读者找到打开变频器维修之门的“钥匙”，是作者的初心。

书稿杀青之后，揽卷披阅之下，终于感觉有所欣慰了。

限于作者的学识水平、时间和精力，书中可能存在疏忽之处，恳请广大读者及时指正，著者深表感谢！

著者

目录

CONTENTS

第 2 章

第 3 章

第 4 章

第5章 电压检测电路故障检修实例33例 /295

本书导读

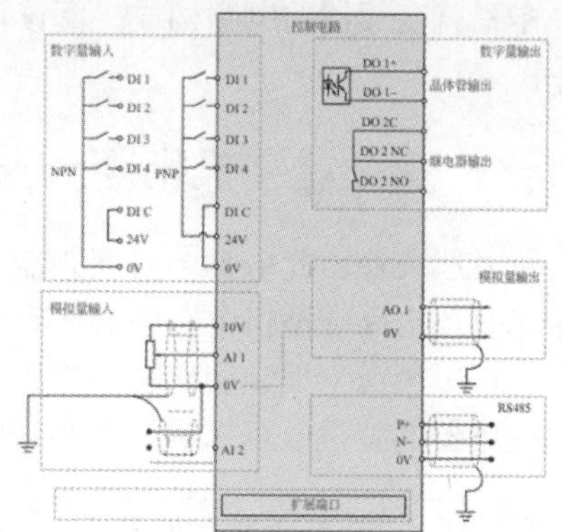
控制电路
数字量输入
DI 1
DI 2
DI 3
DI 4
NPN
PNP
DI C
24V
0V
模拟量输入
10V
AI 1
AI 2
数字量输出
DO 1+
DO 1−
晶体管输出
DO 2C
DO 2 NC
DO 2 NO
继电器输出
模拟量输出
AO 1
RS485
P+
N−
扩展端口

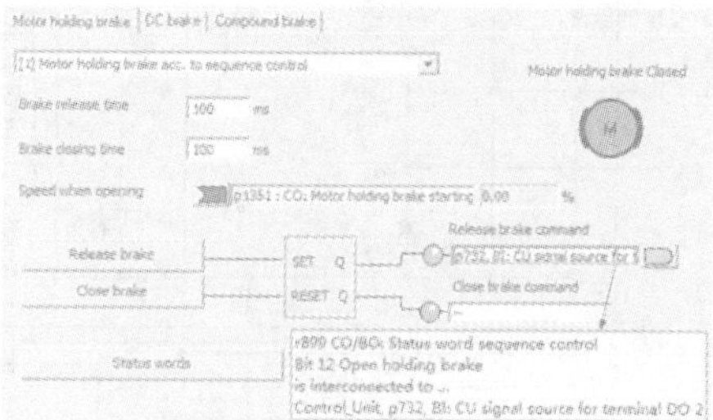
Motor holding brake
DC brake
Compound brake
Motor holding brake Closed
Brake release time
Brake closing time
Speed when opening
Release brake
Close brake
Release brake command
Close brake command
Status words
r899 CO/BO: Status word sequence control
Bit 12 Open holding brake
is interconnected to ...

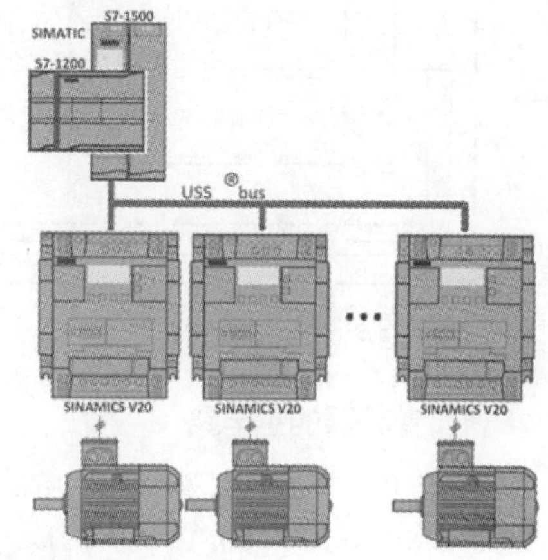
SIMATIC
S7-1500
S7-1200
USS®bus
SINAMICS V20
SINAMICS V20
SINAMICS V20

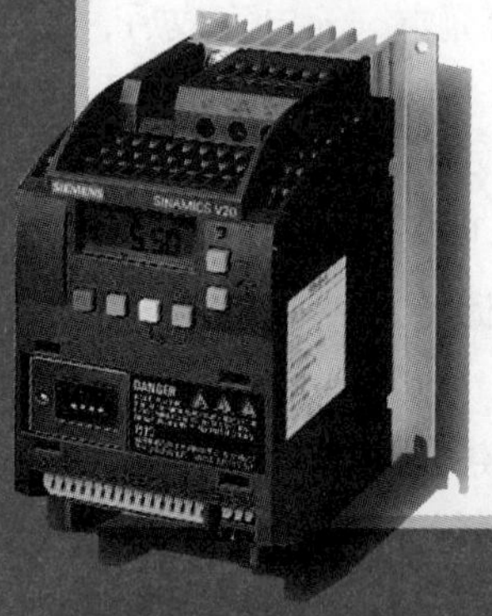
SIEMENS
SINAMICS V20
DANGER

本章就变频器的电路构成、阅读注意事项等方面做出简述，以便于读者朋友们顺利阅读本书。

一、变频器整机电路一览

读者朋友经由此节，会对变频器的整机电路有个宏观上的把握，从而提高对每个故障实例中的具体电路在整机电路中的“定位”能力，并由此理顺每个单元电路和外围电路的信号流向，可以更深入地领会作者检修思路的形成。

变频器的整机电路构成如图 0-1 所示，下文对各个部分进行简述。

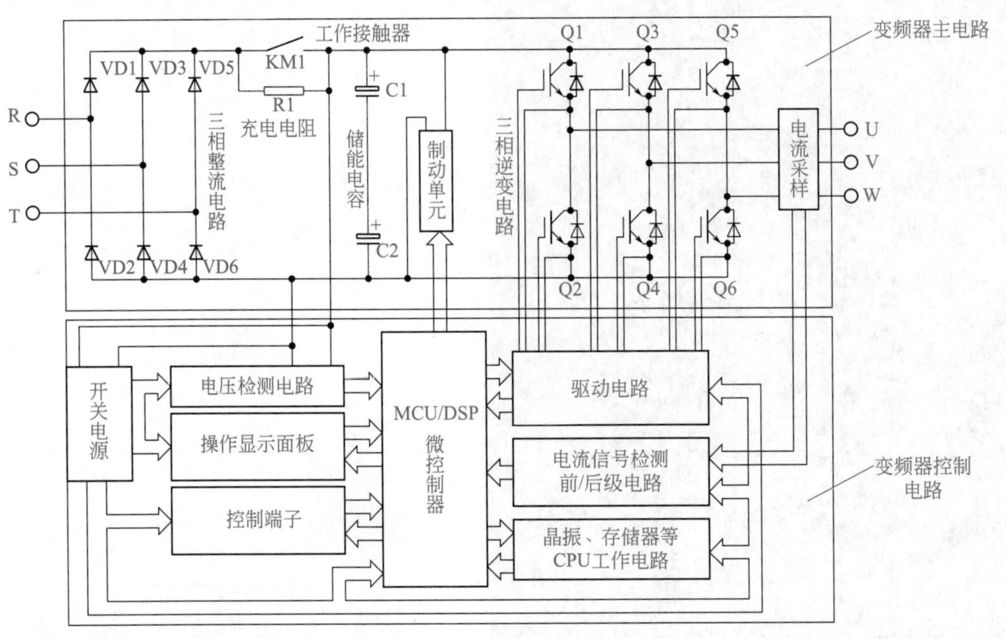

图 0-1 变频器整机电路原理框图

1. 变频器的主电路

如图 0-1 所示，变频器的主电路包括三相整流电路、电容储能（滤波）电路和 IGBT 功率模块（或 6 只 IGBT 管子）构成，在整流电路和储能电容之间，还增设一个由限流电阻 R1、KM1 接触器主触点的预充电（或称为充电限流）电路，在上电期间先由 R1 对储能电容 C1、C2 进行限流充电，充电完成后，KM1 动作，短接 R1，使变频器进入待机工作状态。逆变功率电路由 Q1 ~ Q6 等 6 只 IGBT 管子（功率模块）组成，每只 IGBT 管子的集电极和发射极之间并联反向连接的二极管，提供 IGBT 的反向电流通路，消除反向电压对 IGBT 的威胁，在负载电动机因超速产生发电时，提供电动机的发电电能向直流回路的回馈通路。

2. 变频器的控制电路

如图 0-1 所示，变频器的控制电路，是以 MCU（单片机或称微控制器）为核心的，包括工作电源（开关电源电路）、电压、电流等检测（故障报警、保护）电路、IGBT 驱动电路和操作控制电路、MCU 基本电路等五大部分。

① 开关电源电路。一般是从主电路的直流回路（C1、C2 两端）取得 530V 直流供电，经 DC-AC-DC 变换，取得 +5V、+15V、−15V、24V 等几路稳定直流电压，供控制电路的工

作电源。IGBT 驱动电路所需的 4 路或 6 路驱动电源也由开关电源供给。

② 驱动电路。MCU 引脚输出的 6 路脉冲信号，由缓冲电路输入至驱动电路，经光 - 电转换和隔离、功率放大后，用于驱动 IGBT，使之按一定规律导通和截止，将 DC530V 电源逆变成三相交流电压输出。

③ 电流、电压、功率模块温度、OC 故障等检测电路。从主电路的直流回路取得电压检测信号，用于直流电压值显示、过压报警、欠压报警和停机保护等；从 U、V、W 输出端串接电流互感器（霍尔元件及电路），对输出电流进行检测，用于运行电流显示、输出控制、过载报警与停机保护等；温度传感器安装于散热片上，检测逆变功率模块的温度变化，异常时实施超温报警和停机保护，并控制散热风扇的运转；驱动电路一般有 IGBT 的故障检测功能，逆变功率电路工作异常时，产生 OC 信号，用于报警和停机保护。

④ 操作控制电路。变频器的控制端子内部电路（包括辅助电源、数字 / 模拟输入 / 输出电路）、操作显示面板等电路，使变频器完成启、停、通信等控制功能。面板还有运行状态监控功能。

⑤ MCU 或 DSP 基本电路。以上③、④电路的检测信号和控制信号，最后都输入 MCU，进行软件程序处理后，输出 6 路脉冲信号和相关控制信号。MCU 器件作为“指挥中心”，对整机的正常工作进行有序的协调，集中处理输入、输出信号。+5V（或 +3.3V）工作电源、复位电路、晶振电路、外挂存储器电路等形成 MCU 工作的基本条件，故称为 MCU 基本电路。

但实际电路板，一般可分为两块，即 MCU 主板和电源 / 驱动板，如图 0-2 所示。

图 0-2　变频器 MCU/DSP 主板和电源 / 驱动板实物图（见彩图）

从维修角度考虑，MCU 的接口电路、操作显示电路等，也并入 MCU 基本工作条件电路的范畴之内。

3. 部分电路原理框图及介绍

根据实际检修需要，就图 0-1 整机原理框图择其所要，下面给出部分电路的原理方框图，以期带领读者朋友们从宏观进入微观，捋清信号回路，为形成检修思路做好铺垫。

（1）MCU 基本条件电路和外围控制电路（智能控制核心，见图 0-3）

图 0-3 中，虚线框内为 MCU 外围的供电电源、外接晶振（与 MCU 内部反相器构成振荡器）、复位控制电路，及具有系统状态监控与操作功能的显示面板电路，称为 MCU 的基本工作条件电路。

变频器的控制端子电路，用于启、停和调速，故障复位、变频器运行状态信号输出等，输入开关量和模拟量的控制信号，同时也具备开关量和模拟量两种信号的输出（表征着变频器的运行状态，输出频率值等），另外，增设一路 RS485 通信电路，可与上位机（如 PLC，或多台变频器之间）构成自动控制系统。

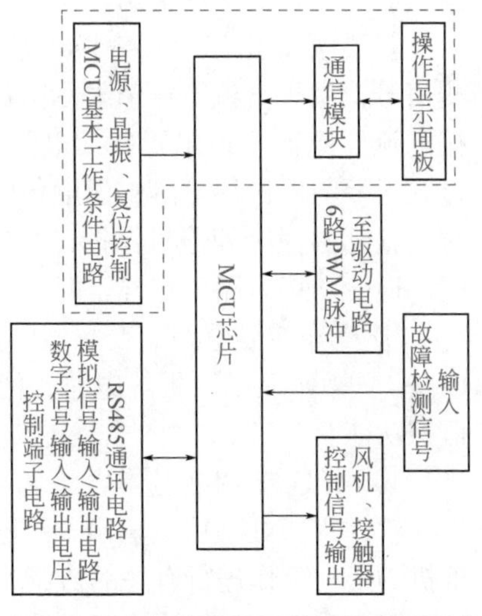

图 0-3　MCU 基本工作条件电路和外围控制电路框图

由故障检测电路来的电流、电压、温度（和充电接触器的工作状态）检测信号，多为开关量信号（系由检测电路的末级经比较器处理所得），输入至 MCU 的 I/O 口，系统运行异常时，实施调控、报警显示、停机保护等动作。MCU 的相关 I/O 口，在变频器的上电和运行过程中，输出工作接触器闭合、散热风机运转等开关量控制信号。

同时，经由电压、电流、温度检测电路来的模拟量信号（由运算放大器采集处理所得），也送入 MCU 的模拟量输入端口，进行运行电流、电压、温度的显示，以及相关运行保护控制等。

MCU 的 6 路 PWM 脉冲信号输出端子，输出 PWM 脉冲信号至后级驱动电路，经功率放大后驱动 IGBT。

（2）开关电源和脉冲驱动电路（见图 0-4）

变频器的控制电路和驱动电路需要多路直流稳压供电电源，因而开关电源电路的开关变压器也为多绕组器件。通常，具有 10 或 12 个绕组乃至更多。从开关变压器的高压侧和低压侧划分如下。

高压侧绕组有两个。开关变压器的 L1 绕组为一次工作绕组；L2 为开关 / 振荡 / 稳压电路的自供电绕组。其高压侧电路由开关、振荡、稳压电路构成，采用专用电源芯片和功率开关管完成振荡和逆变、功率输出任务。工作方式为单端反激式——开关管截止时，二次绕组向负载电路释放电能。开关变压器起到功率传递、电磁转换和电气隔离的作用。

低压侧绕组大致可分为三部分：

① L3、L4、L5 共信号地的三组电源绕组。L3 绕组输出电压，经后级整流滤波后，取得 +5V 供电，提供 MCU 芯片及 MCU 接口电路、操作显示面板的供电。同时 +5V 又作为稳压反馈信号，经光耦隔离，输入开关电源的一次侧开关 / 振荡 / 稳压电路；L4、L5 绕组及

后续电路输出的 +15V、−15V 电源，则提供电流、电压、温度等信号检测电路中模拟（集成运算放大器）电路的工作电压。

② L6 绕组及后续电路，输出一路独立的 24V 电源，作用变频器的开关量输入、输出信号电路的电源，及相关继电器线圈的供电。

③ L7 ~ L10 共 6 路驱路电路的供电绕组。驱动电路因为直接与主电路的 IGBT 器件产生联系，需要 4 路（或 6 路）独立的、与控制电路不共地（无电气联系）的供电电源。因逆变功率电路的下三桥臂功率管 VT2、VT4、VT6 的发射极共 N 点，故其驱动脉冲电路可以共地，因而 U−、V−、W− 等 3 路驱动电路，可以共用一个驱动电源。

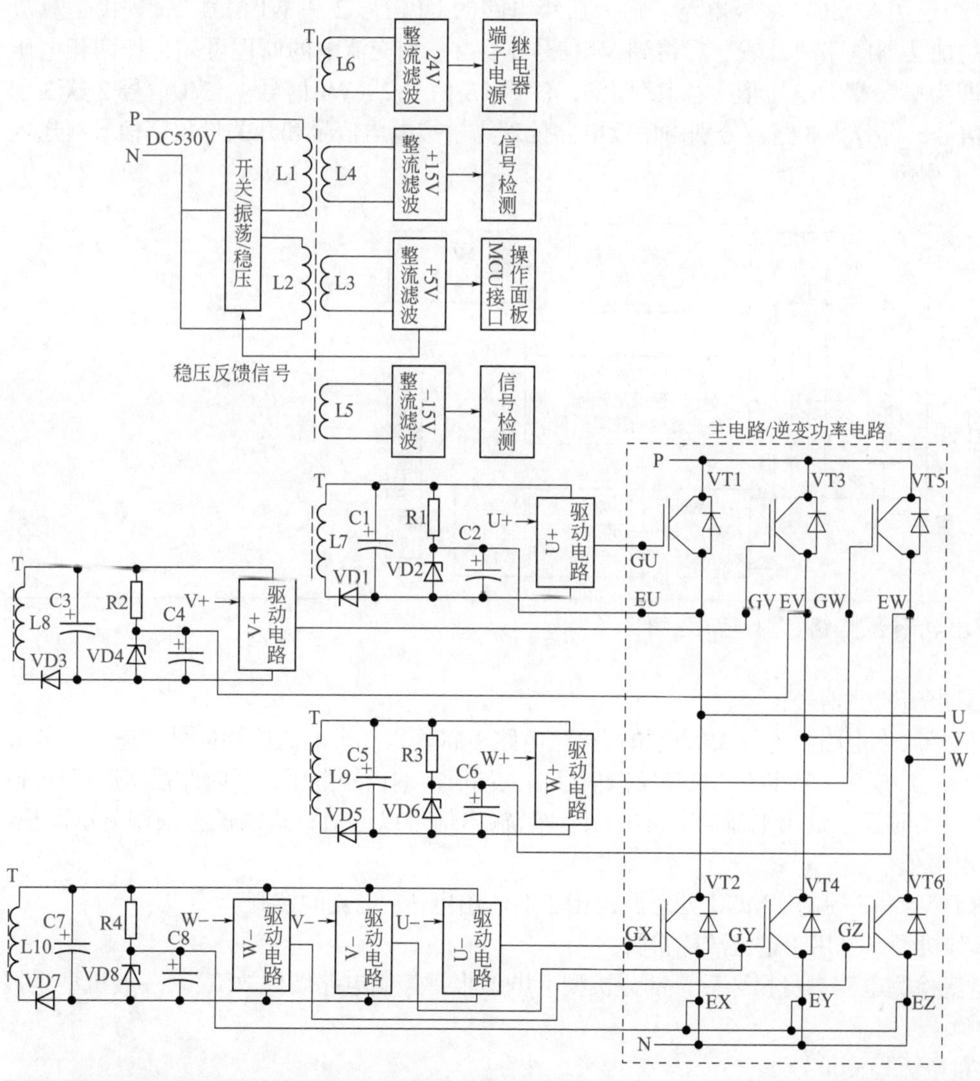

图 0-4　开关电源和脉冲驱动电路（联系）示意图

部分变频器产品，6 路驱动电路在脱离主电路后，其驱动供电是 6 路独立的电源，则开关变压器至少要需 12 个绕组。个别机型，当主电路工作接触器为晶闸管器件所代替时，还需另加晶闸管驱动电源所需的第 13 个绕组。

当然，不同类型的电路结构，必有与之相适应的供电系统，可能会与上面所述有所差异，但基本上来说是大同小异的。

（3）输出电流检测信号处理电路（见图 0-5）

变频器的故障检测电路，主要针对 IGBT 功率模块的工作状态进行检测，通过对 IGBT 运行电流、工作电压、IGBT 模块温度等的检测和对检测信号的处理，实施降低运行频率（减小运行电流）、停止 PWM 脉冲信号的传输等保护措施，最终实现对 IGBT 功率模块的保护。

变频器对输出电流信号的处理过程如图 0-5 所示，从变频器的 U、W 输出端由电子型电流互感器或电流采样电阻取得的 UI 信号 1、WI 信号 1，先经电源 / 驱动板上的前级放大电路（由运算放大器组成）进行缓冲和放大（或经比例衰减）后，得到 UI 信号 2 和 WI 信号 2，经排线端子送入 MCU 主板电路。送入后级电路的 UI 信号 2 和 WI 信号 2，先由运算放大器组成的加法器电路“合成”后得到 VI 信号 1（由三相交流电的原理可知，任两相电压的矢量和即为第三相的电压值 / 电工理论），然后 UI 信号 2、WI 信号 1、VI 信号 2 这 3 个电流检测信号，再分为 3 路，分别由后续电路处理为模拟电压信号和开关量数字信号，送入 MCU 的相关引脚。

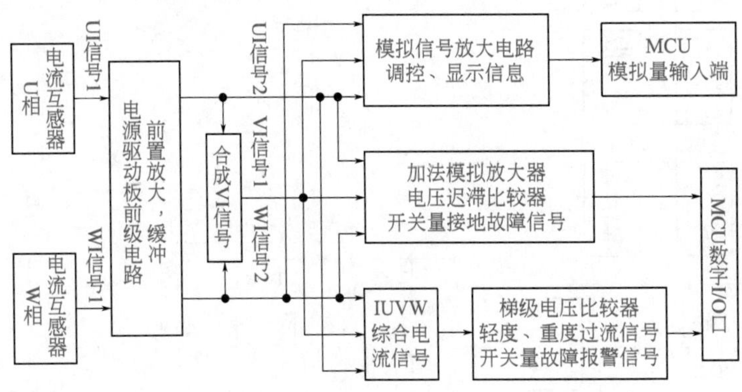

图 0-5　输出电流检测电路信号处理流程图

模拟量电流检测信号：

模拟信号放大电路（为放大器或精密整流电路）将输入 3 个电流检测信号，进一步放大（或衰减）后，形成 0 ~ 5V 以内 MCU 模拟信号输入端所需的信号电压，经内部程序运算处理：

① 用于实时显示输出电流值。MCU 处理后输出信号以通信方式输送至操作显示面板，显示运行电流值。

② 用于 VVV/F 控制。MCU 处理后，用于对输出电压 / 电流的控制。

③ 部分机型，也用于过流故障报警。

④ 电流检测电路本身损坏后，部分机型上电即报“控制电路硬件故障”。一般机型误报过电流故障。

开关量电流检测信号 1：

3 路电流检测信号，送入由运算放大器组成的加法电路，当 3 路信号都正常（输出三相电流平衡）时，信号的矢量和为零，后级电压迟滞比较器电路不动作；当三相电流的不平衡程度增大到一定值时，加法电路产生信号电压输出，后级电压迟滞比较器电路的状态翻转，产生“接地故障”信号，输入 MCU 电路，停机保护，并给出故障报警。

1UVW 综合电流信号和开关量电流检测信号 2：

3 路电流检测信号，先送入模拟放大电路，混合处理形成 IUVW 综合电流检测信号，该电路不再区分是那一相电流，只注意电流峰值的大小。IUVW 综合电流信号送入后级梯级（迟滞）电压比较器电路，与“轻度过流”和“重度过流”两个电流基准值相比较，输出“轻度过流”和“重度过流”两个过流报警的开关量信号，送入 MCU 的 I/O 数字口引脚，MCU 对两个信号实施不同的处理方式：

①“轻度过流”信号的处理方式。“轻度过流”信号产生时，变频器并不马上停机保护，而是经过一个适时的延时时间，如果“轻度过流”信号能够消失，则继续运行；若在延时时间到达后，故障信号仍存在，则报出 OL（或 OL1）过流故障，同时产生停机保护动作。对“轻度过流”信号如此处理，可以在不危及 IGBT 模块安全的前提下，避免不必要的停机保护动作。

②“重度过流”信号的处理方式。“重度过流”信号发生时，相比“轻度过流”信号而言，有一个较短时间的延时（部分机型则无延时停机），若延时到，仍存在故障信号，则报出 OL（或 OL2）过流故障，停机保护。

（4）直流母线电压检测电路

直流母线电压检测电路的构成（信号流程）如图 0-6 所示。目的是采样与监控直流流回路（P、N 端）DC530V 电压的高低，供电异常时，由 MCU 判断后，给出调控、过 / 欠压报警、启动直流制动、停机保护等控制。

直接对 P、N 端 DC530V 整流后电源电压进行采样，形成电压检测信号。对直流电压的采样，可选用图 0-6 中的 a 或 b 方式。a 采样方式为：将直流回路 P、N 端的 DC530V 电压，直接经电阻分压，取得约 mV 级的分压信号，经线性光耦合器和运算电路相配合，进行光、电隔离与线性放大后，送住后级电压检测电路；b 采样方式为：由开关变压器的二次绕组，取得“间接”直流回路电压采样信号，送往后级模拟电路作进一步的处理。

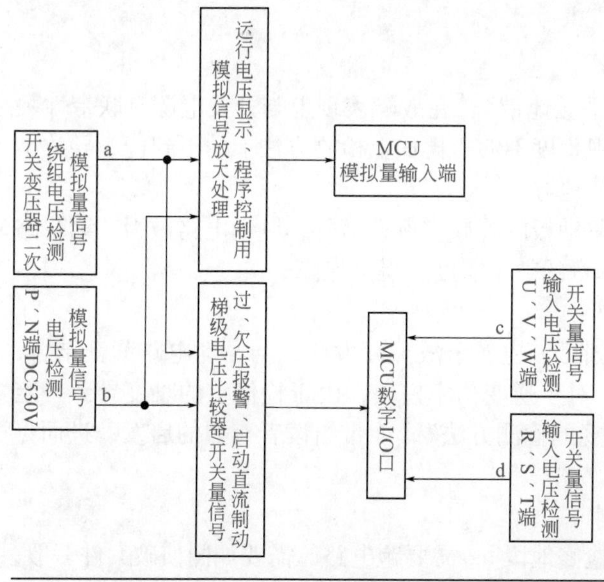

图 0-6　直流母线电压检测电路的构成（信号流程）框图

前级采样电压信号一路经过模拟电路进行线性放大（或衰减）后，送入 MCU 芯片的模拟信号输入脚，用于电压显示、程序控制之用；一路送入后级电压比较器电路，与基准电压相比较，取得过、欠压开关量故障报警信号，送入 MCU 的 I/O 口，用于故障报警、启动直流制动、停机保护之用。

另外，增设对R、S、T输入三相电源的缺相检测电路，和增设对U、V、W输出端输出电压的缺相检测电路，用于故障报警和停机保护。

还可以检测工作接触器的工作状态（检测其辅助触点的接触状态），用于欠电压报警（MCU判断工作接触器的没有正常吸合，作出主电路直流回路欠电压的故障判断）。

变频器还设有操作显示面板电路，可称为第3块线路板，也有一定的故障发生率，在下面的实例中再给出专门介绍。

二、本书章节次序安排

本书在行文中简于原理剖析，繁于检修思路、检修步骤的推导，文档大多配以测绘实际电路，其目的是对变频器故障检修的指导以实用、直接、高效为准绳，将检修过程的“全貌”展现于读者面前，使读者有理可据，有章可循，有具可操，在阅读过程中不断吸纳、消化、融汇，从而形成读者自身的“知识库存”，在实际的故障检修中发挥指导作用。

本书导读

本章就变频器的电路构成、阅读注意事项等方面做出简述，为读者阅读正文消除相关知识盲点，做好理论铺垫。

第1章　开关电源故障检修实例64例

开关电源电路是故障检修者在检修之旅中必须要翻越的“一座大山”。修复开关电源是检修其他电路的前提，是检修工作中的“重头戏”，其故障率占到变频器总故障率的40%左右。检修难度5星级，是作者卖力、读者也应用心细读的章节之一。

开关电源的结构形式较为简单，但故障表现却奇、崛、难、绕，是考验检修功力的“故障地段”。

第2章　驱动电路故障实例47例

本章内容相对简单，是“高山之侧的平缓地带”，在故障表现上与开关电源有联带性关系。检修难度3星级。而因之检修者的重视程度不够，再加上检测方法上的不到位，导致了一定的返修率，这是广大检修者应该注意的地方。

本章着重突出了中、大功率机型专用驱动板的检修实例；另外，制动电路做为“第7路驱动电路”，也给出了大量检修实例，使本章的“丰满度”得以保障。

第3章　变频器主电路故障检修36例

因为属于高电压、大电流的“前沿地带”，也属于故障高发区，与驱动电路紧密结合，二者的故障率约为总故障率的40%左右。对于逆变功率模块，由于检修上的难度导致一定的返修率。希望作者所采用的一些“非常规的检测方法”，能带给读者有益的启发，进而尽可能地降低故障返修率。

第4章　电流检测电路故障实例43例

这是检修工作中比较有趣味的一个“检修地段”，需要跑电路，需要如同侦破案件一般，“揪出”故障元件。要求检修者对模拟电路的工作原理较为透彻，对具体电路的分析能力较强，检修难度4星级。如电流检测电路，从电源/驱动板的电流传感器的输出端——首端，至MCU/DSP模拟量输入口的末端，牵涉电路范围较广，电流检测和电压检测等故障检测电路的故障率约占总故障率的15%左右。

本章给出进口、国产变频器较为丰富的检修实例，和测绘电路的资料作为参考，希望借此降低读者朋友“跑电路”的时间成本，为高效检修提供助力。

第 5 章　电压检测电路故障检修实例 33 例

比之于电流检测电路的构成和检修难度，电压检测电路的难度等级为 3 星级。

对电压、电流检测电路的检修，是得以实现最低元件成本、较高经济收益的益智检修活动，希望 4、5 两章，能唤醒读者朋友们的检修热情。

第 6 章　MCU/DSP 主板故障检修实例 36 例

主要是针对 MCU/DSP 工作条件电路的故障检修，以满足系统正常运行。检修难度 4 星级，约占总故障率的 5% 左右。故障表现更多地和“软件数据”挂起钩来，要求检修者有一定的“处理数据”能力（当然必要时可求助厂方技术部门）。

但除非数据上的力不从心（客观条件所限）和 MCU/DSP 芯片本身损坏，毫无疑问地，故障仍然是可以通过检修来排除的。

三、本书读图及其它阅读事项

本书偏重于第一手电路资料，书中大部分图样全部为实际测绘电路，而且所涉及产品，多为 2000 年前后至 2020 年之间的变频器产品。

目前的电子设备的生产，由于各种原因，对线路板上的元器件、端子功能等，出现各厂家标注不一的状况。若采用统一标准进行标注，则与实际电路相悖，失去参考意义。因而本书是以实物序号和印字来标注的，便于与实物（变频器电路板）对应，在检修上具有实际的参考意义。

1. 电路中元件的符号标注

（1）集成电路的标注法

一般标注为 IC，U，Q，A 等，如 IC1、U1，Q4，A2…。在一些实例中，有时为分析信号流程的方便，将集成器件中的各个单元拆分为独立电路，则更改标注为 U1-1、U1-2 或 U1a、U1b 或 N1，N2，并附加如 N1/N2：LF353 的文字说明。见图 0-7。

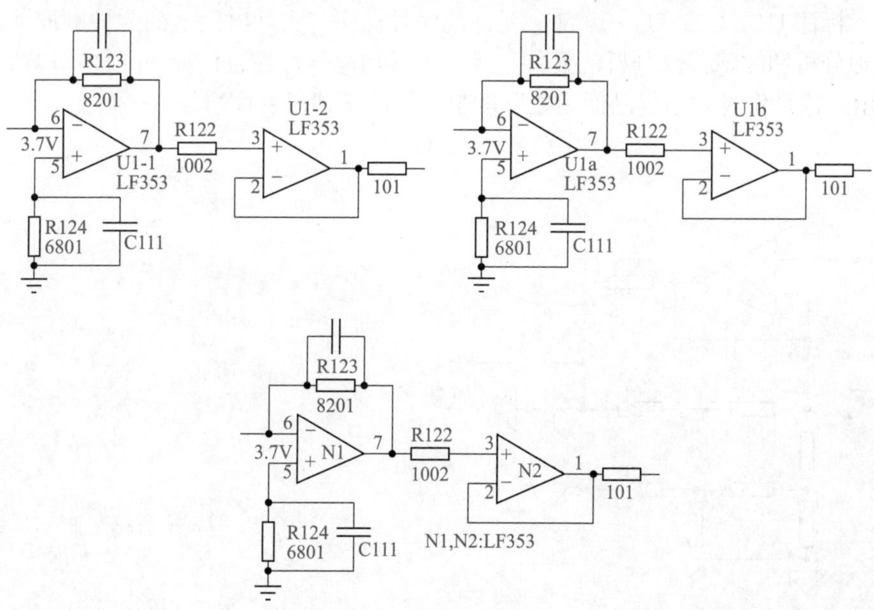

图 0-7　IC 器件拆分后的 3 种标注示意图

图0-7中的U1为厂家标注，变为U1-1、U1a和N1等，则为作者为读图方便的自行标注。

（2）晶体三极管、场效应管标注法

一般以Q、M、T加以阿拉伯数字的方法进行标注，如Q3、M1、T12等。

此外，二极管一般标注如VD13、稳压二极管标注ZD11或DW10等，以示区分。但个别厂家对二极管和稳压二极管的标注统一为D+数字，并不特意区分。

对电容和电阻元件，标以C+数字和R+数字，较为统一。

需要特别说明的是：一些厂家采用区域性标注法，即将整机控制电路按其功能分为A、B、C、D等几个部分，如开关电源电路所用到的元器件，则在常规标注字符之前加D与其他电路相区分，如采用DR1、DC12、DU2等标注方法（如图0-8所示），以表示此为开关电源电路中所用到的电阻元件、电容元件和集成器件。

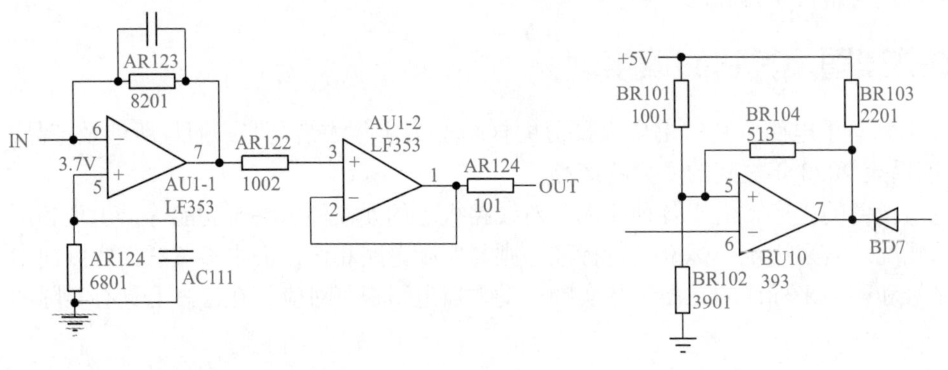

图0-8　元器件的区域性标注法例图

（3）无序号元件的标注

有些电路板实物，无元件序号的标注，测绘成图后导致对原理的分析有所不便，在此种情况下，仅对部分重要元件按序号标出，如以信号流程对电阻元件标以R1、R2、R3…，或针对相关集成电路，标注U1、U2、U3…，部分元件的序号标注与实际电路上的元件顺序无法对应。对无碍原理分析和故障检修分析的元件，则不予补加序号标注，仅标注元件本体的印字，如图0-9所示。这是作者“不得已而为之”的自行标注，请读者注意。

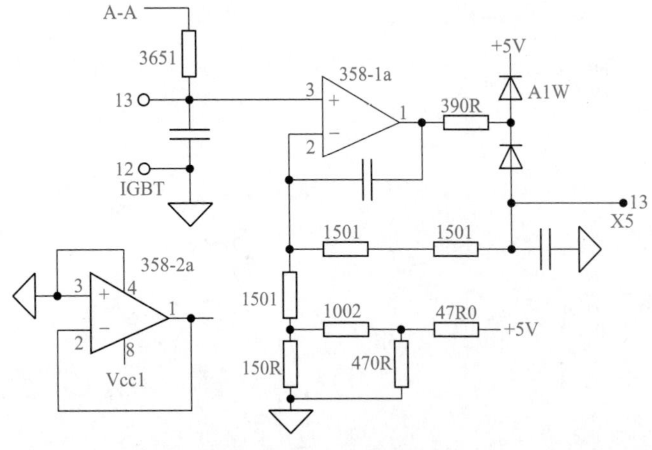

图0-9　元件无序号仅以印字标注的例图

（4）器件引脚的标注可能不一致的问题

如图 0-10 所示，同为 2844B 电源芯片，对 3 脚功能的标注有明显差异。这是因为：

① 两份电路图并非绘于同一时间；

② 查证的是两份不同器件资料，恰好引脚功能的标注并不完全一样。

虽然标注有异，但意义相同或相近。要求所查证资料中的标注完全统一，显然也是不现实的。

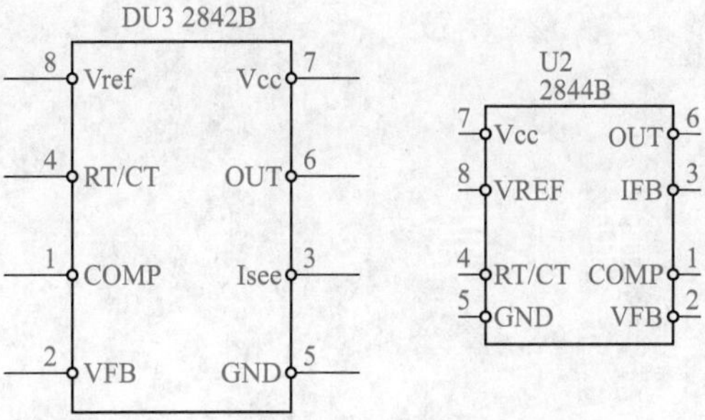

DU3 2842B

引脚	功能	功能	引脚
8	Vref	Vcc	7
4	RT/CT	OUT	6
1	COMP	Isee	3
2	VFB	GND	5

U2
2844B

引脚	功能	功能	引脚
7	Vcc	OUT	6
8	VREF	IFB	3
4	RT/CT	COMP	1
5	GND	VFB	2

图 0-10　同型号器件对引脚功能的标注并不统一示意图

2. 图与图之间的衔接问题

工业电器设备的整机电路往往由多块电路板组合，每块电路板上的电路构成，书中已有文字说明。

因于本书印张尺寸的限制，和便于信号分解的缘故，整机电路又被拆分为数个局部（功能）电路，这样带来图与图之间的（信号）衔接问题：

① 图与图之间用数字 + 字母标注相衔接。

② 图与图之间用文字说明相衔接。

即同一数字 + 字母标注的两点，或用同样文字注明的两点，为引线连接点或铜箔连接点（在电路中可视为同一点）。

3. 图样及文字中可能有的失误

由于客观条件和本人时间精力、技术能力所限，本书测绘图纸可能有失误之处，依据测绘图纸所作出的原理分析，也有不确定之处。出现失误的可能原因如下：

① 电路图纸的测绘是在维修过程中进行的，机器一经修复，即为用户取走，图样与线路板来不及细致核对，有可能出现测绘失误；

② 测绘出于维修目的，并非是将线路板上的元器件全部拆除后，才行测绘的。由于 IC 等元件的遮盖，可能遗漏了铜箔条的连接，或遗漏了与相关元器件的连接。虽然作者在分析电路原理之后，尽最大努力进行了“补漏”，但仍有存在遗漏的可能；

③ 原电路设计者的错误。这是值得注意的一点，即使是成品电路，仍可能有错误存在。为反映电路原貌，将相关存在错误的电路也一并绘出；

④ 本人的疏忽和能力所限，图样和图说中，或有错讹和见地不真之处。

以上各点敬请读者留意。

四、本书资料来源

全部的故障电路实例，均来自于作者维修与教学实践中的检修事例；配文电路图为据实物电路板所测绘，是第一手资料。其中收录了近几年市面流行的，应用量较大的国产、进口变频器产品电路。

第1章

开关电源故障检修实例

64例

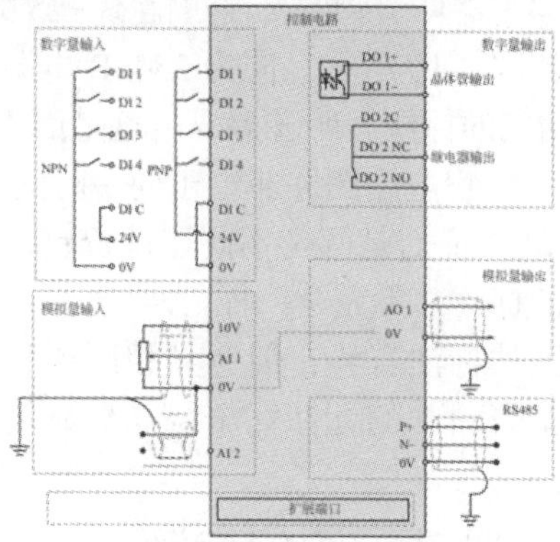

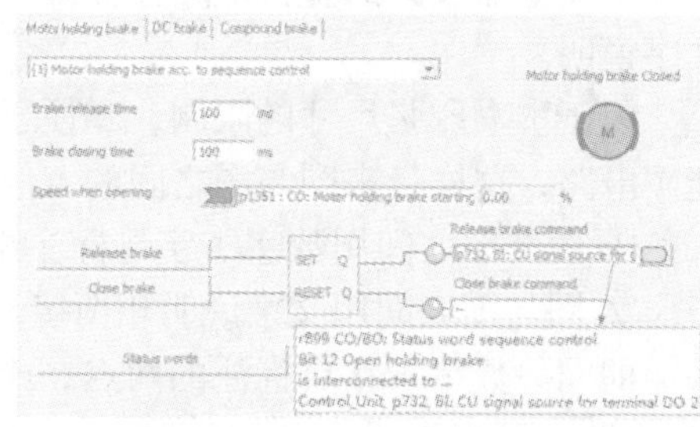

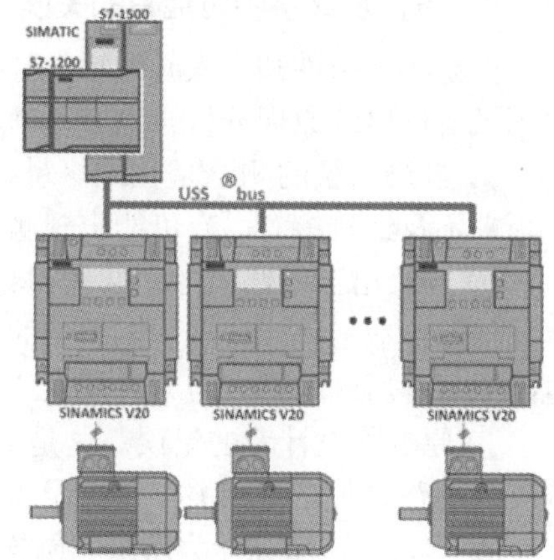

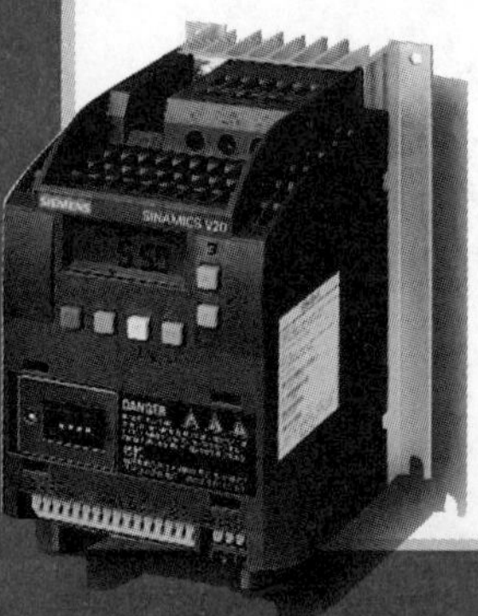

实例 1

东元 7200PA 型 37kW 变频器开关电源带载能力差

故障表现和诊断

此变频器型号为东元 7200PA 37kW。据前检修者介绍，已换过开关变压器、开关管、反馈光耦、基准电压源等关键性器件，故障未解决。

该机故障表现为开关电源带载能力差。电路能正常起振，各路输出电压都有。但空载（与 MCU 主板相脱离）时，输出电压值正常；连接 MCU 主板后，各路输出电压均有不同程度的跌落，如 5V 降为 4.3V，15V 降为 12V，此时屏幕显示 8888，或无显示，或显示某故障代码，等。

电路构成

本机开关电源电路如图 1-1 所示。

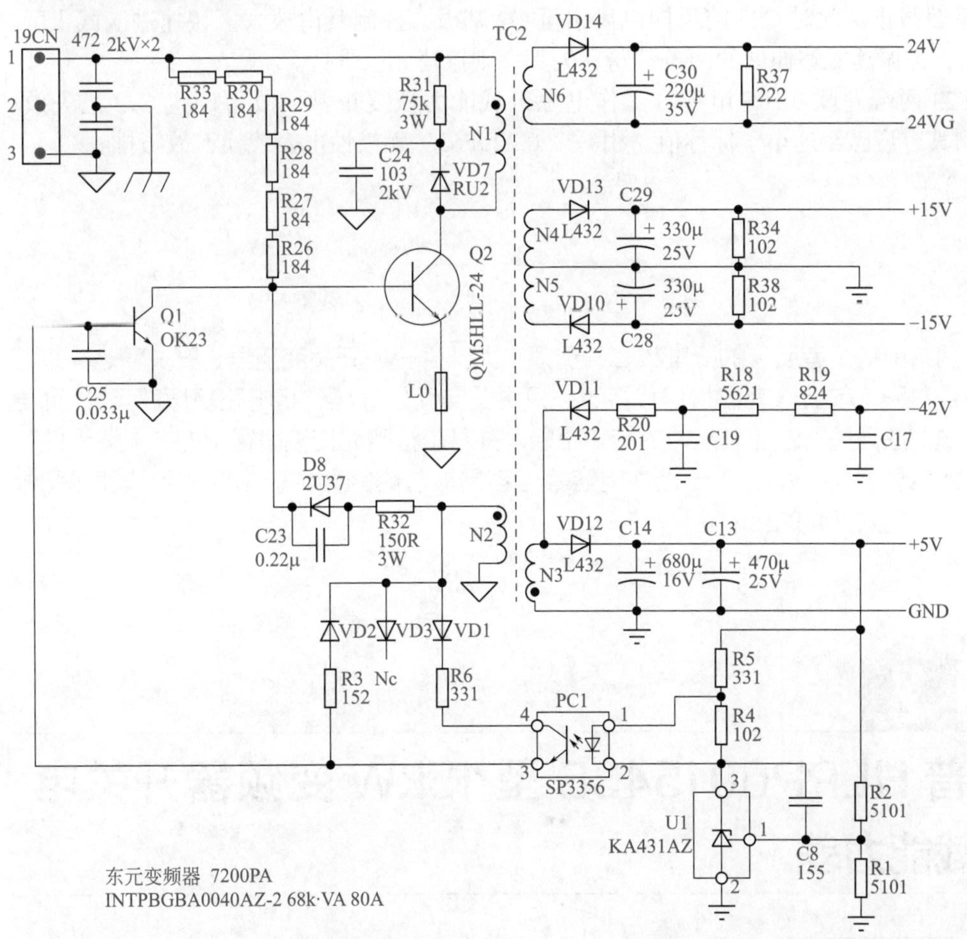

图 1-1 东元 7200PA 37kW 变频器开关电源电路

开关电源的供电取自直流母线的530V DC，由端子19CN引入到电源/驱动板。

电路原理简述：由启动电阻R26 ~ R33提供Q2上电时的起始基极偏压，进而产生提供Q2开通与关断所需的i_{b2}→i_{c2}→流经TC2的N1、N2绕组的电流，经R32、VD8加到Q2基极，形成强烈的正反馈，使Q2很快由放大区进入饱和区；正反馈电压绕组N2的感应电压由此降低，Q2由饱和区进入放大区，i_{b2}↓→i_{c2}↓→N1、N2感应电压反向，引发另一强烈的正反馈，Q2又由放大区进入截止区。以上电路为振荡电路。Q2基极控制回路的VD8、R32提供Q1开通所需的正向i_{b2}电流；C23、R32提供Q1关断所需的反向i_{b2}电流（从中可看出VD8、R32、C23为电路关键元件）。U1、PC1、C25、Q1等构成分流式稳压控制电路。

从能量角度考虑，Q2的开通与关断，与反馈绕组N2、启动电阻R26 ~ R33、R32、VD8、C23密切相关，当然反馈电压建立后，也与PC1、Q1的工作状态产生关联。

故障分析和检修 带载后输出电压偏低，此时因+5V端输出跌落，不能达到稳压电路工作的起控点，U1、PC1、Q1等元件构成的稳压电路已停止工作（其实此时分流控制管Q1处于截止状态），其对振荡电路的影响可忽略不计。那么造成输出电压低的因素，基本上可锁定在反馈绕组N2、启动电阻R26 ~ R33、R32、VD8、C23等元器件身上。

根据笔者多年的检修经验，C23电容失效最易被忽略。前已述及，当N2感应电压反向时，VD8反偏截止，此时C23将反向电压引至Q2基极，控制其由放大区快速进入截止区。开通与关断，是振荡能够伸展的两条臂膀，失其一则振荡无以维持。

试在C23两端并联0.1μF电容，工作电源带载能力恢复正常，故可确定C23已失效。摘下C23测其容量已经远小于标称值。用一个0.22μF63V无极性电容代换，故障排除。

小结

遇有前检修者反映的疑难故障，毋须在大部件——开关变压器、开关管、光耦等处着眼（前检修者已检修代换过，只需落实元件好坏，将电路复原即可），而更应关注开关管的控制能力的传输路径，并着重检测此传输路径上的“关键元件”，尤其要着眼于小容量无极性电容等更容易被忽略的器件。由此达到快速排除故障、高效检修的目的。

实例 2

海利普HLPP001543B型15kW变频器开关电源带载能力差

故障表现和诊断 海利普HLPP 001543B型15kW变频器开关电源故障表现同实

例 1。初步检测已排除过载故障，落实故障源在开关电源本身。

开关电源的带载能力差，其故障率较高，而检修难度较大，往往表现为无明显坏件，或者将大部分器件都更换一遍，也未能根本解决问题。而此种分立式开关电源，检修操作上更不易入手，其难度又将上升一个等级。

电路构成

此开关电源电路见图 1-2，其电路结构与例 1 中开关电源大致相同，只增加了 VT17 过载控制电路。

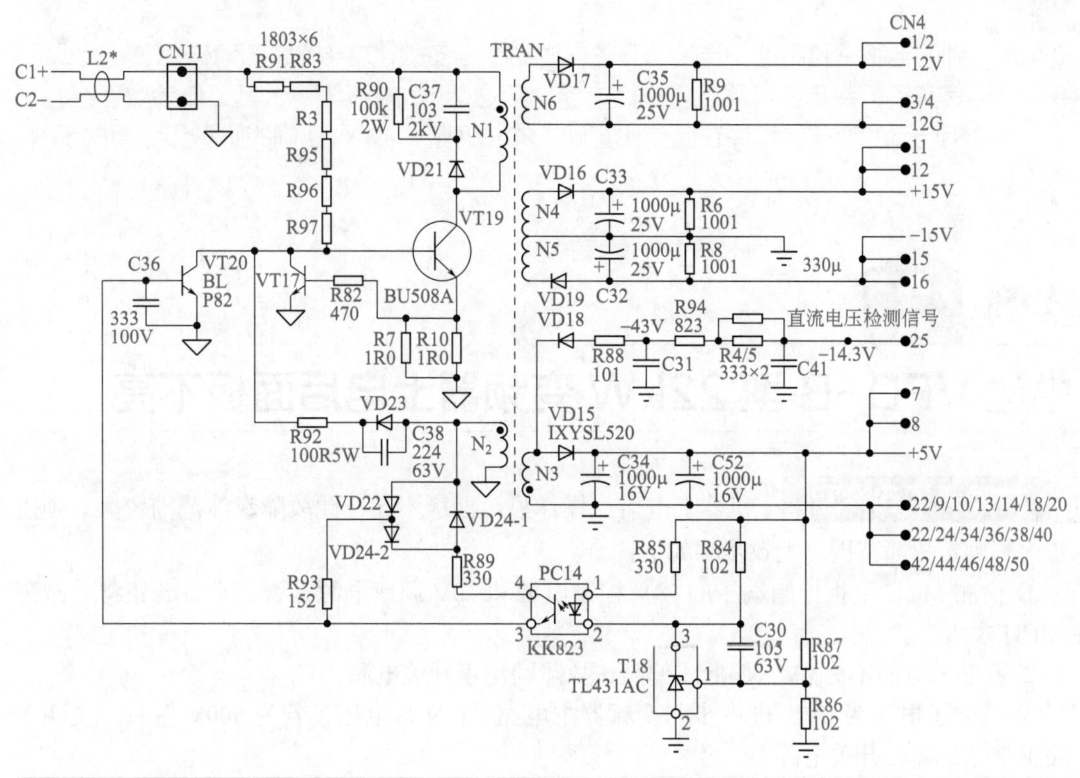

图 1-2　海利普 HLPP001543B 型 15kW 变频器开关电源电路

该电路特点为当发生过载时，N2 感应电压、电流降低，会引发自然停振，所以在较多同类电路设计中，会省掉 VT17 过载保护电路。

本机 MCU 主板和操作显示面板所需的 5V 电压，电压、电流、温度检测电路所需的 15V 电压，继电器控制与控制端子所需的 24V 电压，及驱动电路所需的四路 24V 左右供电电源，皆由此开关电源电路所提供。

故障分析和检修

当输出电压过低时，应先排除开关电源的稳压电路是否故障、负载有无过载后，再将故障锁定于振荡电路上。

本例故障，已对稳压电路 T18、PC14、VT20 做了检查，也用观测负载电流大小的办法，确定了稳压电路、负载电路没有问题。

检修的重点，又回落至电源开关管 VT19 基极电流的能量控制回路上。检测元件 VD23、C38 均无问题，在线测 R92 电阻值为 180Ω，感觉偏大些。细看标注色环，为 180Ω、3W 电阻（此电阻的取值多为 100 ~ 150Ω）。此电阻取值偏大，再加上电路器件经数年运行后的老化或劣化，造成 VT19 激励能量不足，使开关变压器 TRAN 的初级绕组储能不足，造成电源带载能力变差。

果断用一个 100Ω3W 电阻代换 R92，上电试机，电源电路恢复正常工作。

小结

别的电路姑且不论，当检修开关电源时，很多检修者卡在“照原样”修复模式上。其实运行数年的机器设备，比之新出厂之际的“新板子”，其工作参数已经有了相当大的变化，也许在此变化基础上的“调整”，才是正确的路子和必要的手段。

实例 3

中达 VFD-B 型 22kW 变频器上电后面板不亮

故障表现和诊断 机器上电后，操作显示面板不亮，此故障牵涉范围较大，须进一步检测确定故障范围。大致步骤如下：

① 检测 MCU 主板控制端子的 24V 控制电源和 10V 调速电源是否正常，若正常，故障在 MCU 主板上。

② 若端子电压不为 0V，偏低或偏高，故障锁定于开关电源。

③ 若端子电压为 0V，进一步测变频器主电路 P、N 端电压，若为 500V 左右，说明主电路正常，故障在开关电源上。

④ 若主电路 P、N 端电压为 0V，故障一般为储能电容预充电电路不良。

对本机器初步检修后，判断故障在开关电源本身。

电路构成 本机开关电源为双管单端逆变电路结构，见图 1-3。DU6（PWM 发生器芯片）输出的开关脉冲电压经推动变压器 DT2 隔离后产生两路同相但不共地的脉冲信号，同时对开关管 DQ19、DQ20 实施开关控制。DT1 为输出变压器。此类电路适用于 200 ~ 500W 功率的开关电源，由两个开关管串联分担电压和功率。稳压控制仍采用 2.5V 基准电压源和光耦合器组合的经典电路。

DVD25、DVD58 是 P、N 电平钳位二极管，为开关管截止期间初级绕组产生的感应电压（超过 P、N 电平时）提供能量释放回路。

另外，DQ19、DQ20 开关管激励回路中，以 DQ19 激励回路为例，DZ22 为 18V 稳压二极管，以钳制开关管 G、S 极间有可能出现的高电位（一般绝缘场效应管的极限安全电压为 ±20V）；正向开通电流 / 电压由 DVD21、DR40、DC26 所提供，反向关断电流 / 电压由 DVD9、DQ17 所提供，故开关电源工作异常时，此一回路也应为检查重点。

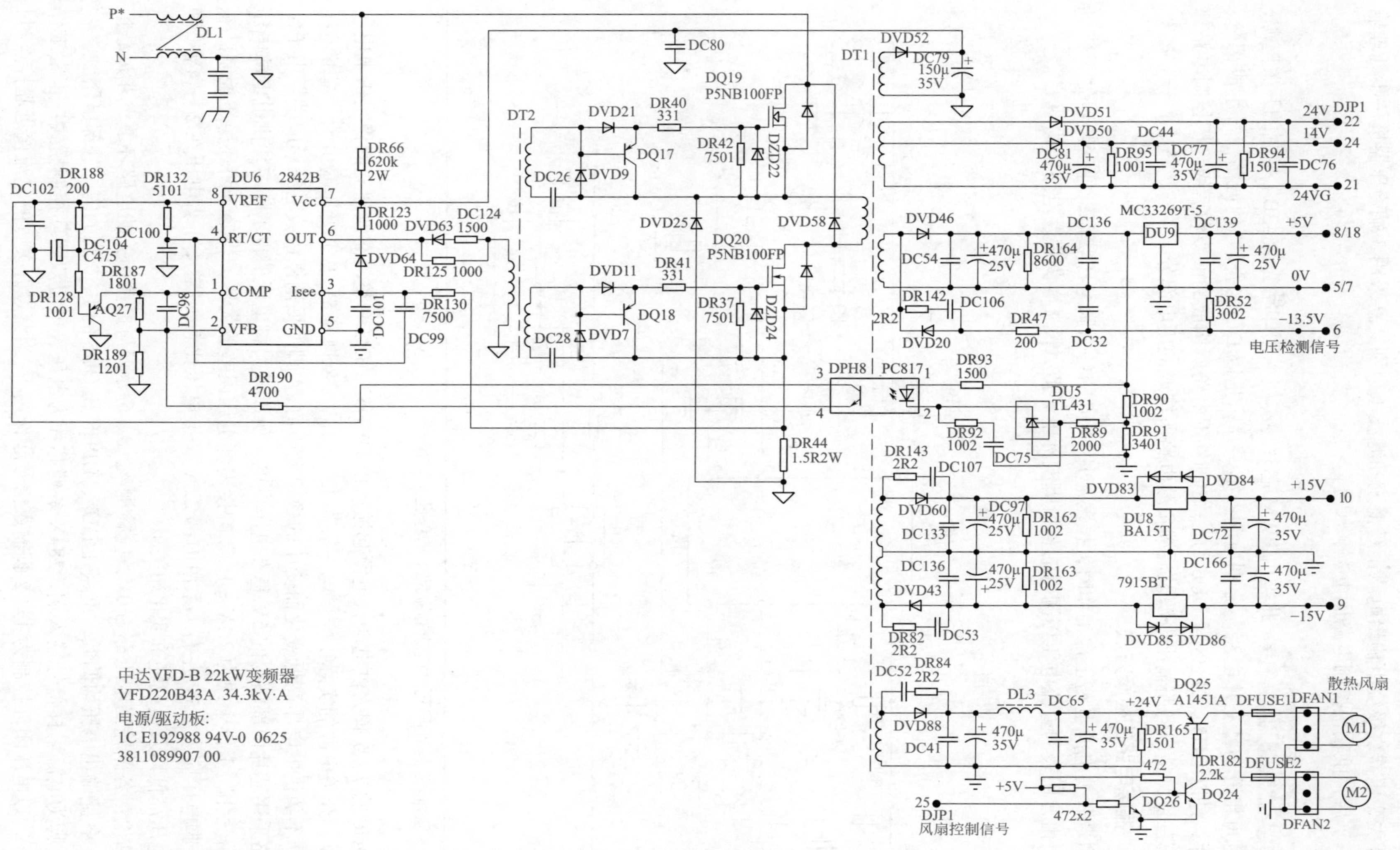

图1-3 中达 VFD-B 型 22kW 变频器开关电源电路

开关变压器次级绕组输出电压，经整流和滤波（个别支路采用3端稳压器进一步处理输出电压）后，供整机控制电路用电。

故障分析和检修 此类由PWM芯片（本机采用印字为2842B）控制的开关电源，检修时可粗分为“三片电路”分别检测：第一片，是以DU6为核心的振荡信号生成部分；第二片，是以DU5、DPH8及DU6的1、2脚外围电路所构成的前级和后级稳压控制电路部分；第三片，是以各路输出电源及后续负载电路所构成的用电部分。

1. 振荡电路的检修方法

测量开关电源电路正常工作时，振荡芯片DU6的各引脚电压状态，即变频器处于待机状态时由万用表的直流电压挡测得的各引脚实际电压值，图1-4为振荡电路结构图。

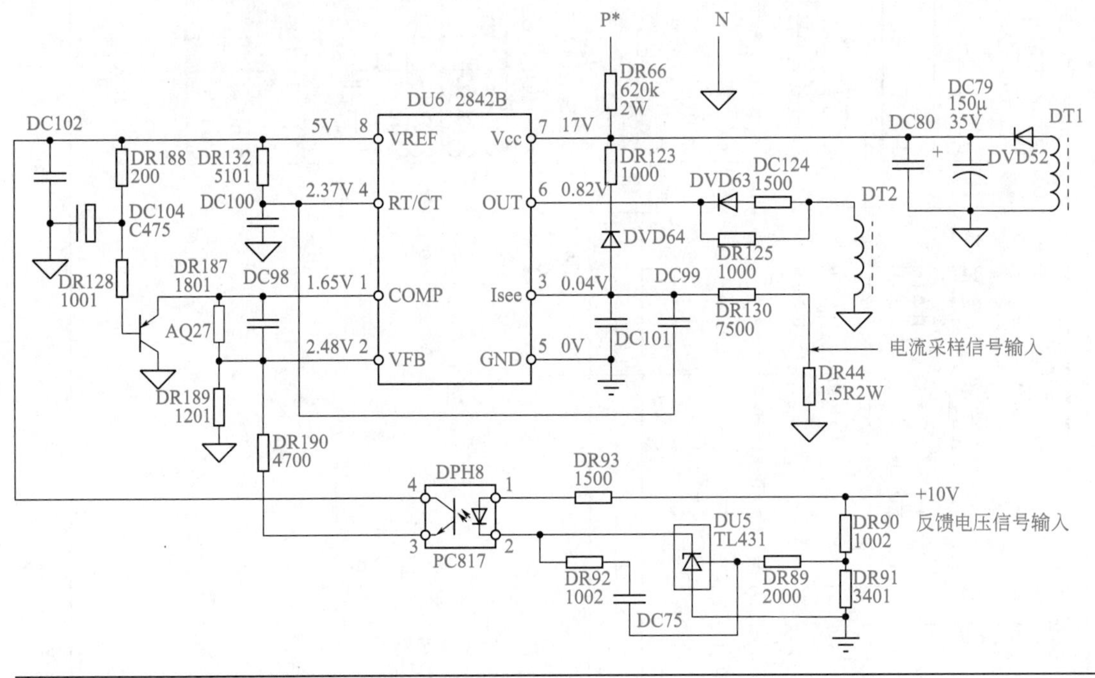

图1-4 2842B与外围元件构成的振荡（与稳压）电路

DU6的7、5脚为供电端，电源起振后由DVD52、DC79整流滤波建立的稳定供电电压为17V，开关电源的实际工作供电一般为13 ~ 18V；8脚为5V基准电压输出端，基准电压是一个不随供电电压高低变化而变压的稳定电压值；4脚为振荡锯齿波电压形成端，由于定时电路采用芯片内部输出的5V基准电压供电，所以该引脚电压值也不随芯片供电电源电压变化而变化，工作中约为2.1V；1、2脚接内部电压误差放大器，当处于闭环稳压控制状态下，2脚电压应为2.5V左右（系由内部2.5V基准电压比较而得），1脚电压在2 ~ 4V（和供电电压高低以及负载轻重变化相关）。

结论：各路输出电压都为0V，应检测4、8、6等脚与振荡相关的电路环节；非过载情况下，各路输出电压均偏低，重点在DU5、DPH8和DU6的1、2脚的内、外部电路。

3脚为电流采样信号输入端，284X系列芯片为电压、电流双闭环控制模式：正常工作电流下，以电压闭环控制为主（2脚输入信号起作用）；当流过开关管的电流接近起控点时，

3脚电流采样信号开始发挥作用，会使6脚输出脉冲占空比减小，以起到限流（限幅）作用；当3脚电流采样信号电压达1V峰值后，则引发过载起控动作，电路此时会出现间歇振荡。正常工作状态下，3脚信号电压接近0V，若测得脉冲电压0.3V以上，则一定为过载动作信号。

结论：过载情况下，因3脚限幅作用，会导致6脚的脉冲占空比减小，导致输出电压偏低，过载严重时会产生间歇振荡。此时应检查各路输出的整流滤波部分及负载电路有无过载；检查和判断3脚外部电路是否有异常。

6脚是PWM脉冲输出端，随负载电流变化而变化，输出脉冲的宽度也在随机调整中，一般在2 ~ 4V范围内变化。

若P、N端供电电压稳定，开关电源又同时处于较为稳定的空载或正常带载状态，也可认为1脚和6脚信号电压也为2 ~ 4V左右（或以内）的稳定值。

2. 振荡与稳压电路的检修方法

用外供低压直流电源为UC284X芯片振荡电路上电，对各脚电压进行检测和判断，如图1-5所示。

这样做的好处是不必对电路做任何改动，直接从振荡芯片的5、7脚端供入17 ~ 20V直流电源（用0 ~ 24V的可调直流稳压电源更好），通过测量IC1的各脚电压变化，即能大致判断振荡芯片及外围电路的好坏。

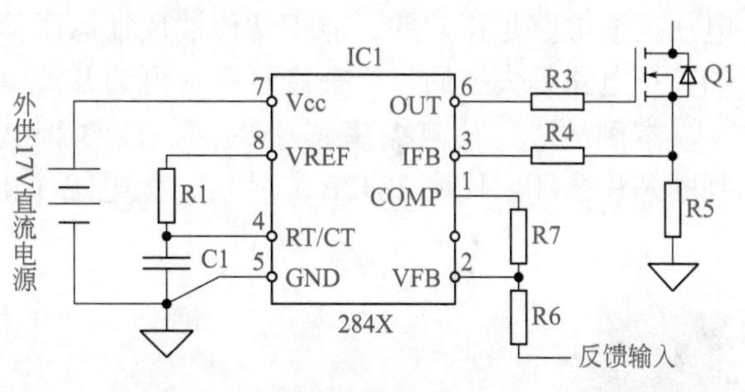

图1-5　振荡芯片单独上电示意图

解除变频器的主电路供电，单独为振荡芯片提供16V以上的直流电源，以避过芯片内部16V的欠电压保护动作阈值。外供电压从7、5脚引入。假定振荡芯片IC1是正常的，4脚定时元件R1、C1也是好的。引入16V以上直流电源后：

① 测量芯片IC1的8脚应有稳定的5V基准电压输出。

② 测量芯片IC1的4脚应该有2.1V左右的振荡电压，如用示波器测量，可测得振荡电压的幅度、频率和（锯齿波）波形，该电路4脚振荡频率应为40kHz左右（25 ~ 50kHz都为正常范围，当芯片型号为2842A/43A时）。

③ 此时因反馈电压和反馈电流信号电压俱为0V，6脚输出为最大占空比的脉冲信号，用万用表应测得幅值较高的输出脉冲电压（15V或7.5V左右），或用示波器测得脉冲信号电压波形，应为占空比90%以上（或50%）的矩形波，频率和4脚频率相等（或为4脚频率的一半），幅度应接近供电电源电压。

符合以上检测结果，则说明振荡芯片和外围定时电路都是好的，可以排除其故障可能性。若不符合以上检测结果，如4脚无锯齿波信号，排除R1、C1原因后可以判定为振荡芯片损坏。先换掉振荡芯片，再检查其它故障。

3. 芯片外部稳压电路的检修方法

图1-6为振荡芯片外部电压反馈电路。

外部输出电压反馈电路，主要以2.5V基准电压源和光耦合器DPH8为核心器件构成，将输出电压的变化最后转变为光耦合器DPH8的输出端3、4脚等效电阻的变化。

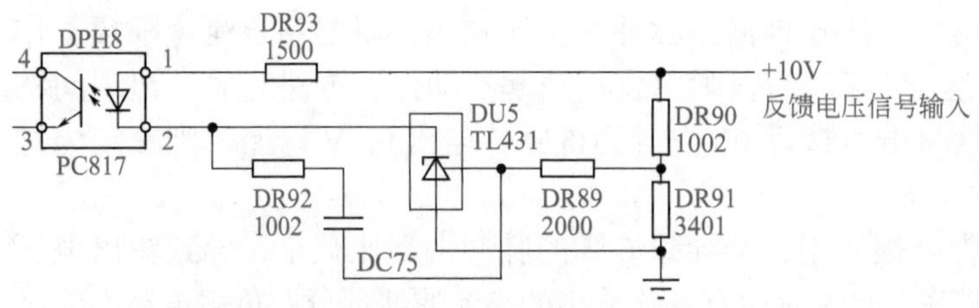

图 1-6　振荡芯片外部输出电压反馈电路

可用外加 0 ～ 12V 可调直流电压，测试如图 1-6 所示电路的性能好坏，即能否正常传输反馈电压信号。将 0 ～ 12V 可调直流电压加至电压采样电阻 DR90 上端，调整输入电压，当输入电压在 10V 以下时，测得 DPH8 的 3、4 脚电阻值为较大的固定值且不变化，随后随输入电压的升高（超过 10V），3、4 脚电阻值由数千欧姆变为数百欧姆，说明振荡芯片外部电压反馈电路是正常的，能正常传输反馈电压信号；若 DPH83、4 脚电阻值一直无变化，说明稳压电路是失控的，检查修复后，再为开关电源正常上电试机。

本例故障，检测振荡芯片 8、4、1、3 脚电压，发现均正常，但 6 脚无脉冲电压输出，判断芯片已坏。代换 2842B 芯片后，上电工作正常，故障排除。

其实检修故障的关键在于好的检修思路和检修方法，确定故障区域（此为宏观判断），化整为零后，找到坏的故障元件（此为微观操作）。

实例 4

中达 VFD-B 型 22kW 变频器上电后面板无显示

故障表现和诊断　一台中达 VFD-B 型 22kW 变频器，检查开关管 DQ19 已经炸裂，测 DQ20 的 D、S 极已经短路，开关变压器 DT1 的一次绕组的引线也已烧断，但测量后发现绕组还是好的。将绕组断头刮除绝缘层并带锡后，加延长导线接入电路板，检查开关管的 G、S 极附属元件，有损坏者换新。

故障分析和检修　变频器开关电源电路见图 1-3。为了检查振荡芯片及外围电路有无故障，可在不焊开关管的情况下，为 DU6 芯片单独引入 17V 左右的供电电源，检测 DU6 芯片的各脚工作状态，判断前级振荡电路是否正常。

经测量得知，4、6 脚有脉冲电压信号，说明前级振荡电路是好的。又检查 DU5、DPH8

等稳压控制环节，发现都正常。焊好开关管，在开关电源供电端送入限流 500V DC 维修电源，通电测试后发现各路输出电压正常，恢复原供电，变频器工作正常。

实例 5

中达 VFD-B 型 22kW 变频器开关电源输出电压偏高

故障表现和诊断 中达 VFD-B 型 22kW 变频器（开关电源电路参见图 1-3），除 5V 输出电压正常外，其它各路输出电压严重偏高，如 24V 升高至 35V 以上，14V 升高至 20V 左右。

原故障为：操作显示面板时熄时亮，初检，驱动电路芯片有数片严重发热，检测发现已经短路。拆掉短路芯片 IC 后，显示正常，但测得多路输出电压均偏高。判断故障在开关电源本身。

故障分析和检修 该机的 +5V 输出电压，是开关变压器 DT1 二次绕组的交变电压，经 DVD46、DC54 整流滤波为 10V 直流电压，再经稳压 IC 电路 DU9 稳压成 5V，输出至主板 MCU 电路。测得 10V 直流电压也为正常值，振荡芯片 DU6 所需的电压反馈信号，即取自 10V 输出点，由此可知，稳压电路的控制结果，即是使 DVD46、DC54 整流滤波电压值等于 10V，此点电压偏高或偏低，电路都会做出稳压调整动作，改变输出 PWM 脉冲的占空比（即改变 DT1 的储能），使此点电压等于 10V 时为止。根据测量结果，判断稳压电路已经实施了“正常控制动作”，稳压控制电路是“正常”的。但从其它输出电压偏高来看，稳压电路又是“失职”的，稳压控制电路貌似处于失控状态。

检查 DU5、DPH8、DU6 等相关稳压电路，未发现异常元件，从 10V 稳定来看，芯片内部误差放大器肯定也是好的，用示波器测得 4 脚、6 脚振荡频率为 25kHz 左右，芯片工作正常，测得 6 脚输出脉冲电压值在变频器停机状态时为 1.4V，也在正常范围以内。

由于 10V 输出还是正常的，说明 DU5、DPH8 和 DU6 的 1、2 脚内、外部稳压电路基本是正常工作的。用为 5V 加、减负载以引起反馈采样电压 +10V 变化的方法，检测其它输出电压有无变化（和变化趋势），来判断故障出在哪一环节。拔掉 MCU 主板 DJP1 排线端子时，相当于 10V 供电电源空载，电源开关管驱动脉冲的占空比减小，其它支路的输出电压相对降低，如 +24V 处由 35V 降为 32V；当插入 CPU 主板的接线排时，相当于 10V 供电电源带载，10V 的下降趋势使电压负反馈量减小，电源开关管驱动脉冲的占空比加大，使其它支路的输出电压大幅度上升。检查结果也符合稳压控制电路本身基本正常的推断。

那么，10V 正常背后隐藏的“不正常”因素究竟是什么呢？

① 10V 供电电源的带载能力变差，即输出电流能力不够，为了提高输出能力，维持 10V 电压值不变，稳压电路只有尽最大努力，使 DU6 输出脉冲具有较大的占空比，以补偿

电路的带载能力（提升其输出电压至 10V）。

② 10V（5V）负载电路过载，将 10V 拉低，稳压控制的结果，使 DU6 输出脉冲占空比加大，以维持 +10V 电压值不变。

因为输出电压采样信号是取自 10V 电源，以上两种故障原因，都会使开关电源电路“单方面照顾”了 10V 的稳定，而使其它各路输出电压大幅度上升。稳压控制电路越是对 10V 输出电压“恪尽职守”，其它各路输出电压就越是表现为“失控”。

拔掉主板 DJP1 排线端子，解除负载后，输出电压仍旧偏高，故可以排除上述故障原因②；又由于 5V 为经 DU9 稳压后提供的电压，并能保持于稳压值上，所以检查重点落在 DVD46、DC54 的整流滤波电路的带载能力差上。其故障原因有二：一是整流二极管 DVD46 的整流效率低，表现为正向电阻变大和反向电阻变小；二是 DC54 滤波电容的电容量变小，或有漏电现象。焊下电解电容 DC54，发现元件底部有漏液现象，用电容表测量电容值，其由标称值的 470μF 降为 20μF，近于失效，使 10V 电路的带载能力严重不足。

更换 DC54，开关电源的各路输出电压值都恢复正常。

本例故障最后的检修思路落实到了“嫡系电源”10V 整流滤波和负载电路的身上。开关变压器次级绕组通常有 10 路左右的输出电压，而稳压信号仅能采样一路，故可称之为“嫡系电源”。电路的稳压是为了保障“嫡系电源”的输出电压稳定，若“嫡系电源”本身（或其负载电路）出现问题，则会“殃及池鱼”，导致其它各路输出电压统统升高。

实例 6

H3000 型 2.2kW 变频器开关电源不工作

故障表现和诊断 机器上电操作，显示面板不亮，测变频器的主电路端子，发现整流和逆变电路的正、反向电阻值正常；测得 MCU 主板控制端子的 24V 和 10V 控制电压均为 0V；测得变频器主接线端子的 P、N 电压为 500V 左右。判断开关电源没有工作。

电路构成和检修 为方便叙述，将开关电源的相关振荡回路简化成图 1-7。

1. 基础检测

测得开关变压器 T1 的一次侧工作电流回路中 N1、Q1、R1 等元件均正常，检测负载回路，发现无明显短路故障，判断开关电源处于停振状态。

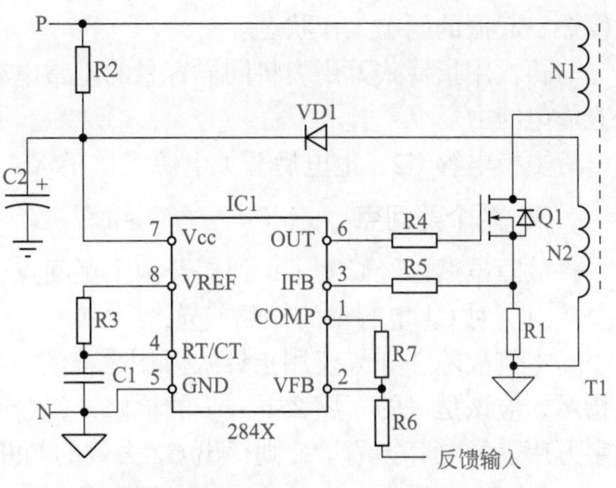

图1-7 开关电源振荡回路的简化电路

开关电源起振的正常工作过程简述：

变频器上电后，500V DC（维修电源）经R1启动电阻，为IC1的供电7脚提供不小于1mA的起振电流，随后8脚VREF端产生5V基准电压输出，R3、C1定时电路与内部电路构成的振荡电路得到5V电源而起振工作，在4脚产生锯齿波振荡信号，作为6脚输出频率的时间基准。6脚输出PWM激励信号，开关管Q1“微导通”，产生流经N1、R1的漏极电流，N2产生感应电动势，经VD1和C2整流滤波后供给IC1的7脚，形成IC1的稳定工作电源。N2、VD1、C2等元件，构成振荡芯片的自供电电路。

R1所在的启动电路，只提供IC1起振工作的“触发电流”，使电路起振。而IC1的正常工作电流，则由N2及VD1、C2所构成的电路所提供。

振荡形成的基本条件为：

① N1、Q1、R1工作电路是“通畅无阻”的。

② R1启动电路正常。

③ IC1芯片是好的，4脚外围定时电路正常。

如果以能量的角度来看，在由起振到正常工作过程中，IC1从电源吸取的约1mA的启动电流，仅能触发Q1进入“微导通”状态，如果自供电电路异常，IC1得不到及时的能量补充，则无法控制Q1的正常导通，表现为测量IC1的7脚供电电压，在6 ~ 12V之间摆动，测量8脚电压在零点几伏之间摆动，6脚输出电压也为零点几伏。

2. 本例故障实测

测量IC1的供电7脚基本上为稳定的15V，测得8脚和6脚都为0V。此时7脚的电压是否正常，尚有疑问：正常工作中为15V可视为正常，但上电瞬间电压若低于16V，则不能越过芯片的起振阈值（为16V），因而电源不能正常起振。但此15V的出现，已经说明启动电路是正常的。

停掉500V DC供电，单独在IC1的7、5脚施加17V DC电源，检测8、4、6脚的电压加以判断。检测结果为：8脚输出稳定的5V（正常），4脚电压值为2.3V（振荡电路工作正常），6脚输出电压为8V左右（此时因无反馈电压建立，输出脉冲占空比最大达50%），输出激励脉冲电压正常。故推断结论是：IC1芯片及外围定时电路均是正常的，电路不能正常起振原因可能为IC1的自供电电路产生了故障。

请注意以下检测过程：

停电，测得VD1的正反向电阻均正常；拔下电容C2，用指针式万用表检测其充电能力（表现为指针摆幅），发现均正常。依此判断，往后的维修方向需要调整，不要再在自供电电路上下功夫了。

正好数字万用表有电容挡，用2000μF电容挡测量C2容量时，显示0.33μF，换用20μF挡位测量，显示一样。依此判断，C2失容，无法为IC1补给充分的驱动能量，使电源处于停振、起振的间歇工作状态。

再次用指针式万用表将同样容量的正常电容与C2的测量摆幅相比较，C2仍有“正常的”充放电能力。

更换电容C2，上电后开关电源工作正常。

3. 两个疑问点

故障虽然已经修复了，但揭开两个疑问点，具有实际的检修引导意义。

（1）对C1电容量的检测差异

本例故障，如果仅用指针式万用表检测，电容C2既有充、放电指示，又无漏电电阻值指示，应该是好的。那么下一步的检修，就会南辕北辙、越走越远，钻了牛角尖儿。但用数字万用表的电容挡测量，则得出C2失效的判断。

将两表的测量方法对比，前者相当于用直流电源，提供充、放电电流；后者用一定频率的交变电流，测试电容的容量（性能）。可见，后者对电容容量的检测方法要优于前者。检测结果是C2对交变电流的“容电能力”已经丧失。手头有两种万用表，对比检测，会有令人惊奇的体验，能积累检修者的经验。

本例用指针式和数字式万用表测量电容量，所得出的结论截然不同，这是在应用性能不同的检测仪表或工具时应当注意的问题。

（2）IC1的7脚电压的静态和动态

① 当从外部施加17V直流电源、电源能充分满足IC1输出能力的需求时，表现为7、8脚为稳定直流电压（4脚振荡电压也是稳定的）。而一般情况下，PMW脉冲输出端6脚，因反馈电压尚未建立，其输出为最大占空比脉冲，测试直流电压可高达6 ~ 9V。

6脚脉冲电压的大小和有无取决于1、2脚的稳压控制和3脚的限流动作。当6脚输出电压为0V时，并不能因此判断无PMW脉冲电压输出，振荡芯片就已经坏掉。同时测量1、2脚（内部放大器）电压值，可以作出辅助判断。当测得1脚电压低于1V、2脚电压高于2.5V时，因达到内部电路的过压保护上限，导致6脚电压为0V；或测得3脚电压高于1V，因过流起控也导致6脚脉冲电压为0V。此时应对1、2、3脚外部电路元件进行检查。

上电期间，当IC1的7脚电压上升到16V起振阈点之后，8脚输出5V基准电压，振荡电路具备工作条件。此时若7脚的供电电压不能很快建立，起振能量不足以提供驱动电流的输出，会导致7脚电压快速跌落（低于10V以下），表现为间歇振荡现象，此时测7、8、4、6脚电压，均为波动电压，并且幅值较小。

测得7脚电压虽然较高，哪怕已达15V以上，但仍未到达起振阈点，振荡电路没有工作，IC1芯片不从电源吸取电流，表现为8脚的5V电压为0V，7脚的供电电压较为稳定。

确定芯片是否已经振荡工作，可用测量7、8脚供电电压是波动的还是稳定的加以辅助判断。若为波动电压，虽测量7脚直流电压的最大幅度未达到16V，8脚电压仅为零点几伏，仍可以确定IC1芯片及外围振荡电路环节都是好的。若测量7脚为稳压电压（但低于起振阈点），8脚电压为0V，则说明停振故障是由供电电压低落（起振能量不足）所引起。

② 通常，R1称为启动电阻或启动电路，实际上，供电端7脚所接电容C2也是启动电路的一部分。因R1电阻值较大（一般为300 ~ 750kΩ之间），芯片最小起振电流为0.5mA，一般以启动电路提供1mA启动电流为宜，C2较小的漏电电流（其漏电电阻在百千欧姆级）即形成对启动电压/电流的分压/分流，而使启动能量严重不足。当其电容量严重下降时，启动动力“后劲不足”会使启动失效。而往往，电解电容量下降与轻微漏电又是同步出现的。

284X 的供电端 7 脚电容，相比于其它电路的电解电容，好像更容易“失容或失效”，笔者在维修过程中，已碰到过多例，说明这不是一个偶然的现象，其背后一定有更为深层次的原因，容后文探讨。

③ 如果测得振荡芯片的 7、8、4、6 脚都有波动电压形成，哪怕 7 脚供电端的波动电压低至 3 ~ 8V 以下，也说明芯片及振荡回路大致是好的。电路不易形成正常振荡的原因大致有两方面：一是芯片电源所提供的振荡能量不足，如启动电阻阻值变大或设计取值偏大（大于 700kΩ），自供电电路整流二极管或电容不良；二是负载电路存在过流故障，引发芯片的过电流保护动作。前者的 7、8、4、6 脚波动电压幅值较低，后者的电压幅值较高。

如果配合测量电流采样信号输入端 3 脚电压值，可作出更为准确的辅助判断。当测得 3 脚近于 0V 时，则说明间歇振荡不是由过流原因所引起，检修重点在起振电路；若测得 3 脚电压达 0.2V（用示波器检测，信号峰值达 1V）以上，说明故障系由负载电路过流所引起，检修重点在开关变压器二次侧整流滤波电路和后级负载电路。

将本例故障检修归纳三点：

① 停振故障，单独为 IC1 芯片提供 17V 直流电源，检测 7、8、4、6 引脚电压，可快速确定芯片好坏及故障范围，是一个高效的好方法。

② 停振故障，先焊下 7 脚电解电容，测其容量（或直接代换试验），再检查其它环节，也不失为一个高效率的修复方法。

③ 8、4 脚电压正常情况下，6 脚无输出脉冲电压，则 1、3 脚为关键测试点——1、3 脚的电压状态决定 6 脚脉冲电压的有无和高低。

实例 7

微能 WIN-9P 型 15kW 变频器电源振荡小板的检修

许多品牌的变频器产品，其开关电源电路均采用将开关管、开关变压器及二次侧整流电路以外的振荡与稳压电路，集中于一个振荡小板上的方法，以达到精简电路、缩小电路板体积的目的。如图 1-8 所示，这样的振荡小板上集成了以 284X 振荡芯片、光耦合器及基准电压源电路为核心器件的振荡与稳压电路，若以光耦合器的输入侧、输出侧电路来划分，则可分为输出电压采样信号处理电路和振荡电路两个部分。

在故障检修中，如果先行确定了振荡小板外围（器件数量少，电路简单）电路元件，如开关管、开关变压器、二次侧整流电路都无问题，故障检修的重点便转移至对振荡小板的检修上来。而此振荡小板往往作为一个独立部件，垂直安装于电源 / 驱动板上，与周围开关变压器、开关管等元件相交错，检修起来相对困难。想彻底对振荡小板进行检修，一般需从电源 / 驱动板上焊下进行检测，而脱机后如何上电验证振荡小板是否工作正常，也成为一个棘手的问题。

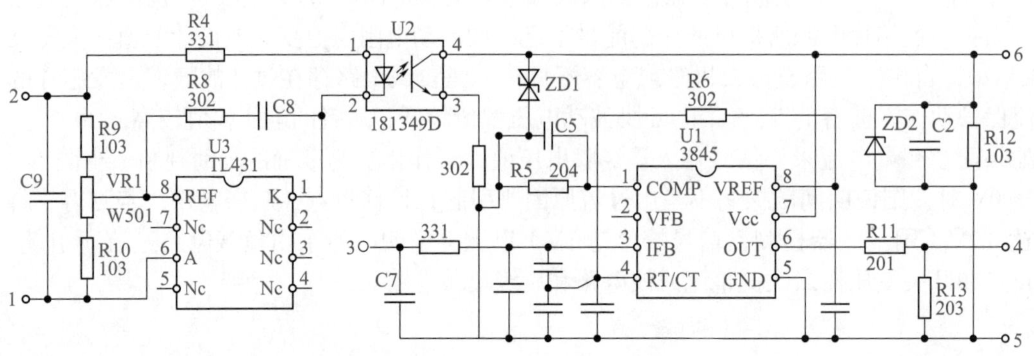

图1-8　开关电源中振荡小板电路图

因而，如何采用相关措施对振荡小板进行脱机检测，或者更进一步，如何在线对振荡小板有无故障进行快速和准确的判断，在故障检修中就显得非常有意义了。

电路构成

如图 1-9 所示电路为笔者在近期故障检修中，据实物测绘出的 WIN-9P 型 15kW 变频器开关电源电路，虚线框内为振荡小板内部电路，从图 1-9 中可以明显看到，振荡小板作为一个独立部件，为 6 线端元件，其中 VG+、VG− 为振荡芯片 3844B 的供电电源引入端；+5V、GND 为输出电压采样信号引入端；G 和 IF 则为脉冲信号引出端和电流反馈信号引入端。

以光耦合器 U1 的输入侧和输出侧为分界线，分为输入侧和输出侧两部分电路，在线或脱机状态下，分别提供 U1 输入侧电路和输出侧电路的供电电源，单独对振荡小板进行检修和故障确认。

从 VG+、VG− 端接入 17V 的直流电源，以满足振荡芯片的起振工作条件。注意，若为脱机状态，必须将小板的 IF 端与供电地端短接，以防因 3 脚悬空形成静态高电平，导致内部电流保护电路动作而禁止 6 脚脉冲信号的输出。此时若振荡芯片 U2 及外围电路元件是好的，则采用万用表直流电压挡，能测到以下工作电压：

① 首先能在 U2 的 8 脚检测到稳定的 5V 电压。

② 然后在 U2 的 4 脚检测到 2.1V 左右的振荡（稳定）电压输出。

③ 随后在 U2 的 6 脚检测到约为供电电源电压一半的脉冲信号电压输出。

以上检测，若①和②两步骤检测都异常，先换掉 U2 再试。若①和②两步骤检测正常，而在 6 脚无法测到脉冲电压的输出，首先确定 3 脚为 0V 低电平（不为 0V 时，应查 R7、R151、R135、R136 有无断路），继而检测 1 脚电压，若低于 1V，检查 1、2 脚外围电路有无漏电或短路元件，排除 1、2 脚外部故障后，则 1 脚电压上升为 4 ~ 7V，随之将会在 6 脚测到正常的输出脉冲信号。

一般经过①②③步骤，便可以找到故障原因或确定振荡电路的好坏了。

光耦合器 U1 的输入侧电路，如图 1-10 所示。这是一个输出电压采样与处理电路，从整个电压反馈处理电路来看，U1 输入侧与输出侧（即振荡芯片 U2 的 1、2 脚内、外部电路）构成了一个电压反馈放大电路。若以线性稳压的眼光来看，输出 +5V 电压高低的变化，导致了 U1 输入侧电流的变化，引起输出侧 3、4 脚导通电阻的变化。

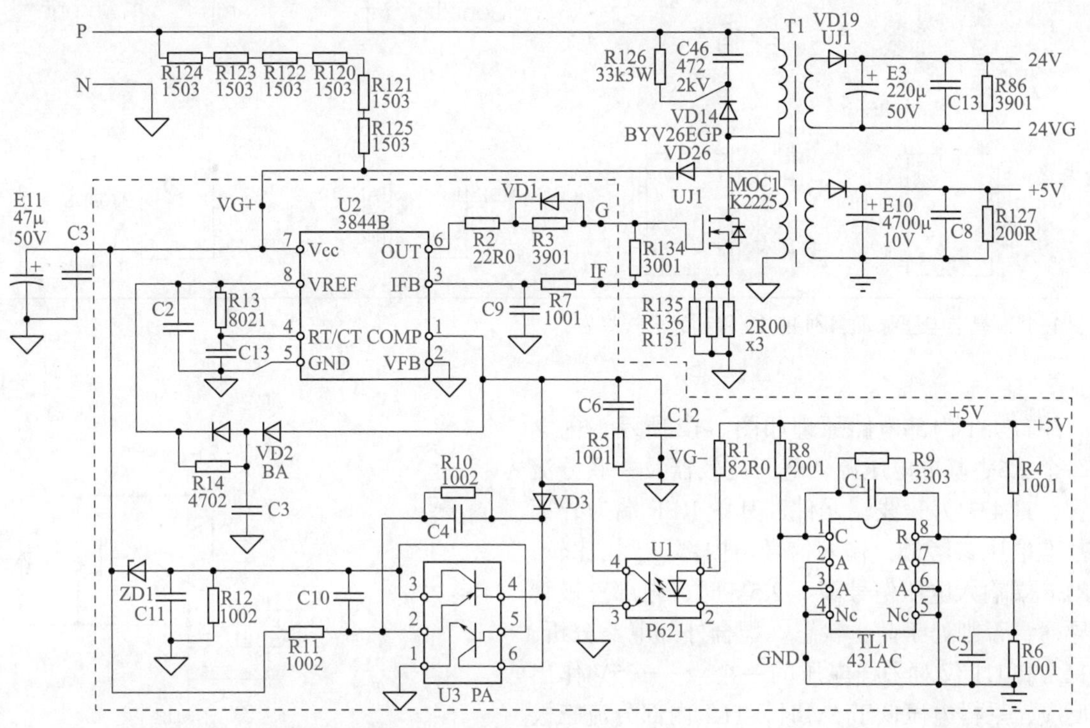

图 1-9 微能 WIN-9P 型 15kW 变频器开关电源电路

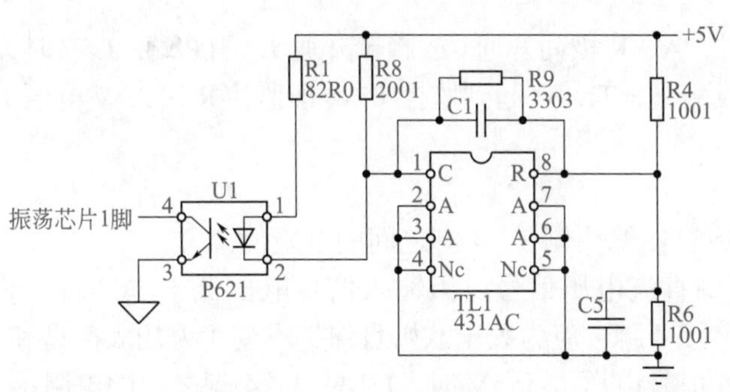

图 1-10 开关电源的输出电压采样电路（稳压回路之一）

在 +5V、GND 端输入 0 ～ 6V 的可调直流电压信号，以满足如图 1-10 所示电路的电压采样条件，观察 U1 输出侧电阻或电压的变化，可大致判断电路是否处于正常状态。

另外，2.5V 基准电压源器件，尚有多种型号或印字标注，封装形式和型号标注比较杂乱，如图 1-11 所示为 TL431 的 10 种封装形式。该器件广泛应用于开关电源的稳压反馈、电流检测所需的基准电压产生、MCU/DSP 所需基准电压产生、控制端子 10V 电压产生等电路，因而对该器件的快速识别与判断，对故障检修有重要意义。

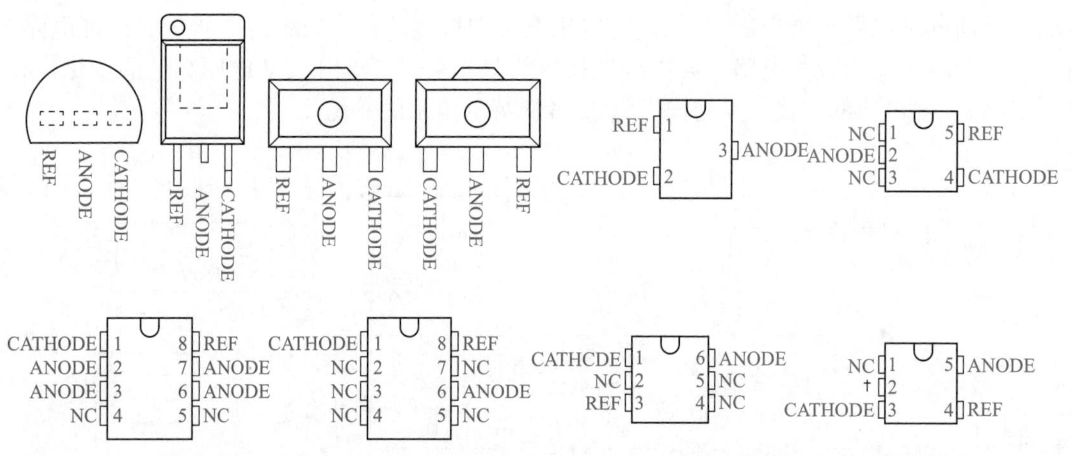

图 1-11　基准电压源 TL431 的 10 种封装形式举例

TL431 内部电路原理如图 1-12 所示，内含一个 2.5V 基准电压源、电压比较器及并联分流管。TL431 为三线端元件，其中 REF 端为外部基准电压参考端，输入信号与内部 V_{ref} 相比较，REF 端输入电压信号高于 2.5V 时，内部三极管导通，否则处于截止状态。配合外部电路分析，TL1 和 U1 仅对采样电压的一个点——5V 作出反应，采样电压低于 5V 时，TL1 内部分流三极管处于截止状态，光耦合器 U1 也无输入电流产生；采样电压高于 5V 时，TL1 内部三极管导通，提供 U1 的输入电流。

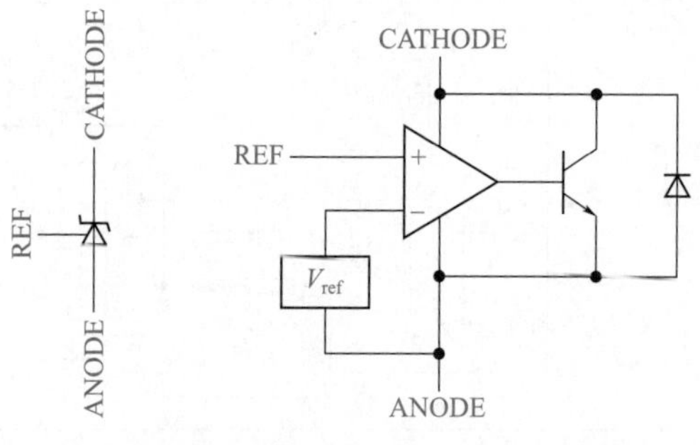

图 1-12　基准电压源 TL431 符号及内部原理图

如果单独看 TL431，当 R 端 >2.5V 时，A、K 极间开通（或趋于开通），当 R 端 <2.5V 时，A、K 极间关断（或趋于关断）。如果在线测量，TL431 起到监控 +5V（即监控 R 端 2.5V 电压）的作用。

稳压反馈回路的检测方法：

（1）停掉 VG+、VG− 端供电可以检测 U1 输出侧 3、4 脚之间的电阻值

在 +5V、GND 端输入 0 ～ 6V 的可调直流电压信号，当输入信号电压低于 5V 时，测 U1 的 3、4 脚之间的电阻值，万用表黑笔接 4 脚，应为数千欧姆且保持不变（万用表类型和电路设计不同，此值会有差异）。当输入信号电压大于 5V 时，U1 的 3、4 脚之间的电阻测量值应小于 1kΩ。

（2）VG+、VG− 端供电可以检测 U1 输出侧 3、4 脚之间的电压值

在 +5V、GND 端输入 0 ～ 6V 的可调直流电压信号，当输入信号电压低于 5V 时，测 U1 的 3、4 脚之间的电压值，应在 4 ～ 7V 之间。同时，检测振荡芯片 6 脚的脉冲信号，在正常输出状态。若测量电压异常，更换 U1 后再试。当输入信号电压大于 5V 时，测量 U1 的 3、4 脚之间的电压值，应低于 1V，此时测得 U2 的 6 脚输出脉冲信号电压为 0V，说明稳压控制是生效的，图 1-10 所示的电路是好的。

采用（1）或（2）方法检测，都能确定图 1-10 所示电路的好坏。

本例故障，检测振荡小板是好的，检查重点转移至小板外围电路上，查到 VD14 短路，代换后电源工作正常。注意 VD14 为高反压高速整流二极管，不能用普通二极管代换，通常选用耐压 1000 ~ 1600V、正向整流电流值为 1A 或 2A、反向恢复时间≤75ns 的器件进行代换。本例采用直插型 HER205 器件，两个串联进行代换。若采用贴片器件，可用 ES1M 等类似器件代换。

实例 8

英威腾 CHF100A 型 55/75kW 变频器开关电源上电无输出

故障表现和诊断

一台被雷击过的英威腾 CHF100A 型 55/75kW 变频器，损坏较为严重，除整流模块全部被损坏外，风机、接触器电源供电板及其它电路也有不同程度的损坏。

该机型散热风机与充电（直流）接触器线圈的工作电源为 24V DC，由一块单独的开关电源板提供，其输出 24V 电源接受 CN2 端子信号的控制，是二路受控电源，据 MCU 主板发送的信号，控制散热风机与接触器的动作。

观察 24V DC 开关电源板（见图 1-13），找到两片振荡芯片 U1（3844B）和 U2（SG3525A）、两个变压器元件 TR1（输出开关变压器）和 TR2（推动或激励变压器），以及两个开关管（K2225），初认为这是一个双端逆变开关电源，采用两个开关管，各走初级电源的正、负半波，避免直流磁化，提高效率。按道理只采用一片振荡芯片即可，为什么该电路采用了两片振荡芯片？

图 1-13　24V DC 开关电源板实物图（见彩图）

本例开关电源板的故障，为上电后无输出。该电源供电为 530V DC，从 CN3 端子的 +、- 端引入，而且输出 FAN、RLY 电源为受控电源，故不宜采用 24V DC 电源直接代用，电路整改也比较麻烦，最好还是将原板修复。

电路构成和检修

该板整体电路见图 1-14。

检修开始时，初认为 U1 是用于振荡的，故检测其定时元件外接端 4 脚，认为与供电地直通是不对的。后细查 U1 的外围电路，找不到 4 脚的定时元件，而且也找不到 6 脚输出脉冲的后续电路。最后将 U1 芯片焊离电路，并对外围元件进行检查，确定 2、4 脚是直接接地的，输出端 6 脚竟然是空置的，那么这个振荡芯片用在这里有什么作用？

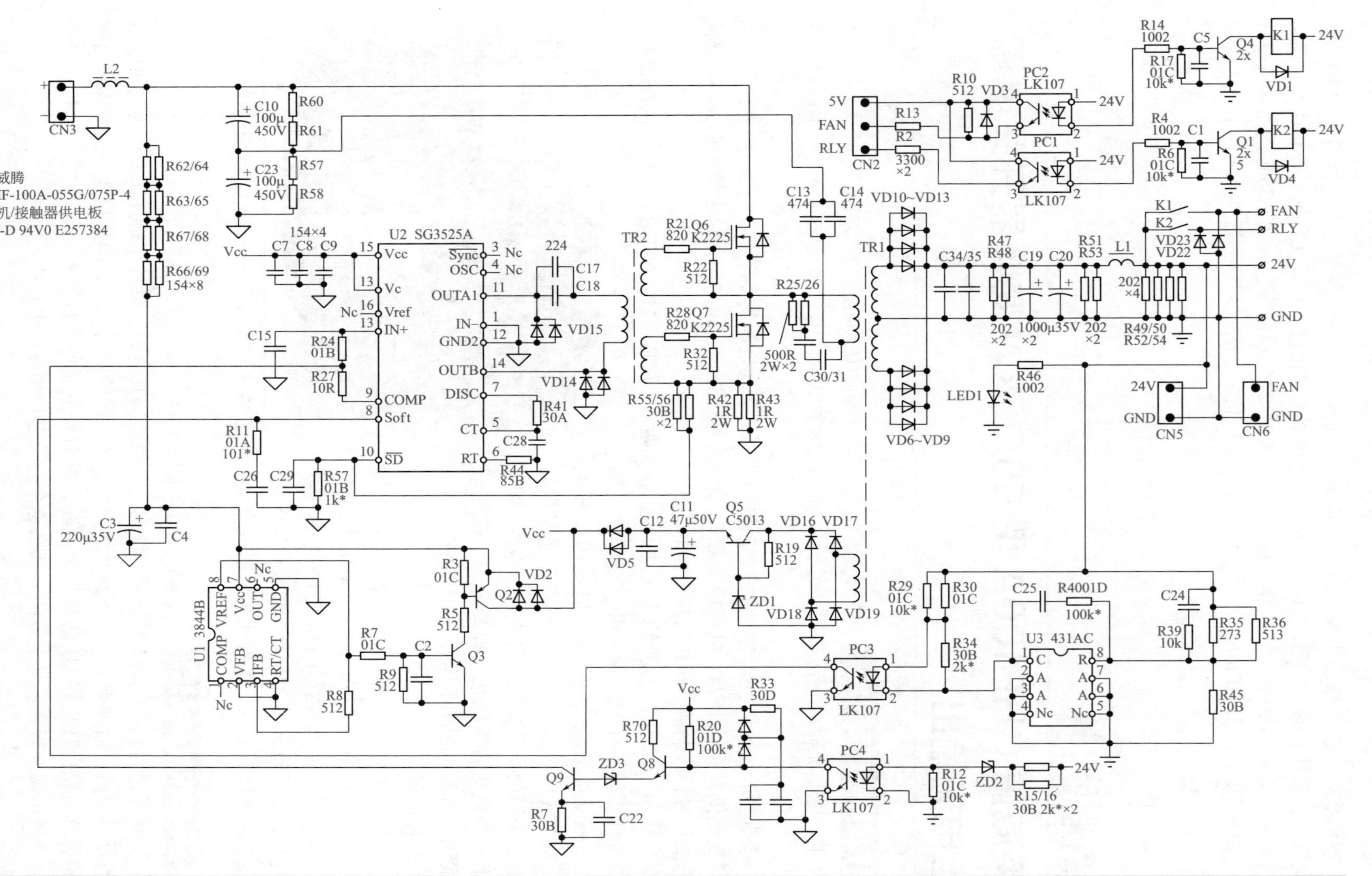

图 1-14 英威腾 CHF100A 型 55/75kW 变频器的 FAN、KM 电源电路

先把U1振荡芯片放下，看一下U2振荡芯片是起什么作用的。U2芯片外围电路如图1-15所示，不难看出，这是一个振荡与驱动的完整电路，是开关电源的核心电路。振荡、稳压、脉冲输出、驱动等环节均在内。

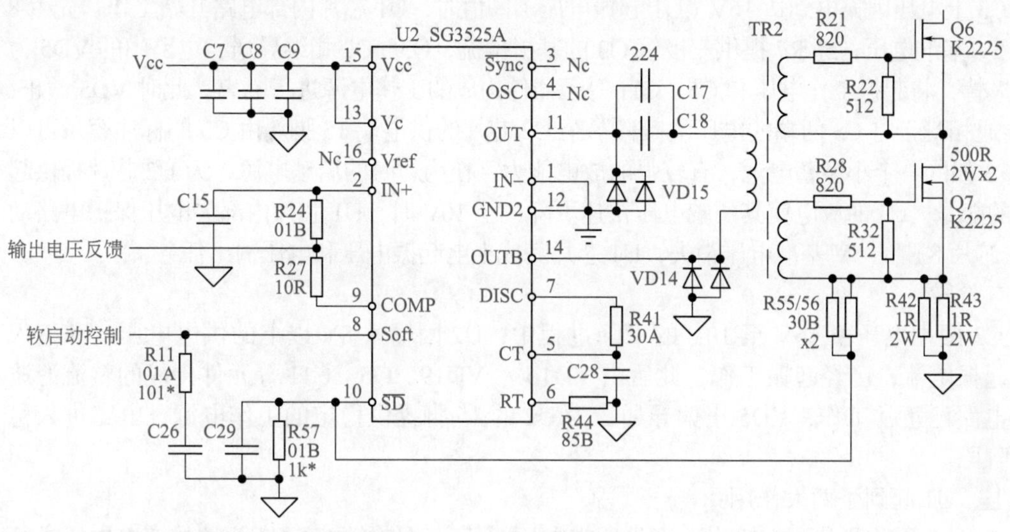

图1-15 U2（SG3525A）振荡电路

为了验证图1-15电路中振荡芯片与外围电路的好坏，单独从15、12脚引入15V DC，测得11、14脚已有脉冲信号输出，说明这部分电路基本上是正常的。在整块电路板连接500V DC的情况下，只要从15、12脚短时送入15V DC“激发”信号，测量输出侧24V DC，随之输出正常，整个电路便能正常工作起来。说明U2电路及开关变压器二次侧逆变、整流滤波等电路都是好的。U2不能正常工作是电路本身未能提供15脚的Vcc供电电源或启动电路异常所致。

回头再看U1芯片在该电路中的作用。该电路使用U1（3844B）芯片的目的，并非为了取得振荡和脉冲信号，而仅仅是为提供U2起振所需的电源。为说明问题，将图1-14中的启动电路整理为如图1-16所示的电路，进一步剖析U1在整体电路中所发挥的作用。

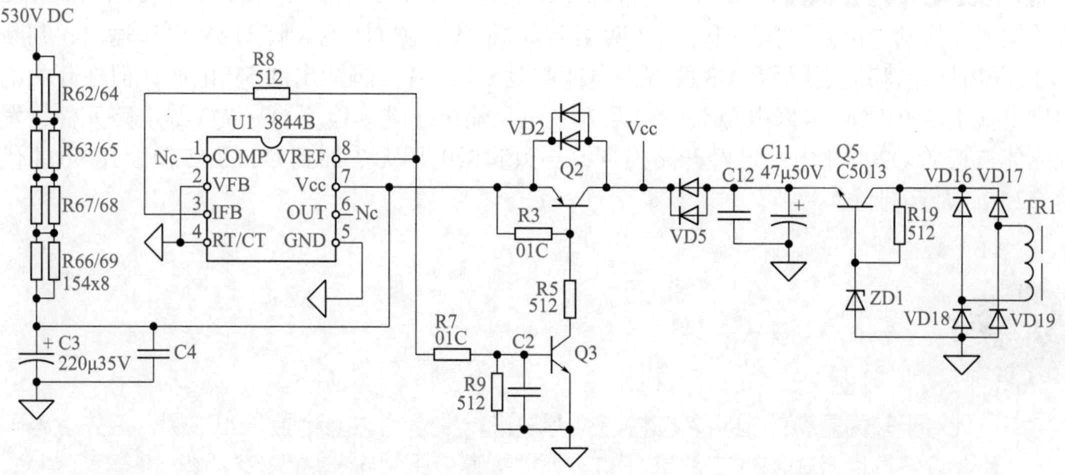

图1-16 振荡芯片U2的供电回路

电路板上电后 U1 的工作过程可分为两个阶段。

第一阶段：

变频器上电以后，530V 电压经 R62 ~ R69 等启动电阻引入 U1 的 7 脚，电容 C3 为储能电容，当 C3 上电压因充电到达 16V（U1 起振电压）阈值时，U1 芯片内部电路开始工作，先由 8 脚输出 5V 基准电压，经 R7 提供三极管 Q3 的基极偏流，Q3、Q2 相继导通，电路中的 VD5 为隔离二极管，将起振工作电压和 Q5、C11 等元器件构成的工作电源进行隔离，此时 VD5 截止，Q2 的导通相当于将 C3 两端的电压“搬移”至 U2 芯片的供电端 15 脚。由 C3 的标注容量可以得知，C3 如同一个小型蓄电池，有较强的放电能力，作为暂时的启动电源，为 U2 芯片提供起振所需的能量。C3 的放电使其两端电压快速下降，至 10V 时，U1 芯片内部欠电压保护电路动作，U1 芯片 8 脚的 5V 基准电压消失，U1 芯片完成上电起振电压和电压输出任务。

第二阶段：

在 C3 两端电压由 16V 至 10V 的下降过程中，U2 因输入 8V 以上的供电电压，和流入足够的起振电流，已经起振工作，此后由 VD16 ~ VD19、Q5、C11 等元件构成的整流滤波与稳压电路已正常工作，VD5 正偏导通，为 U2 的 15 脚提供稳定的工作电源，电路进入稳定工作阶段。

综上，U1 起到了两大作用：

① 起振电压监测和可控输出，满足所需电压幅值。对储能电容 C3 两端的充电电压进行监测，以保证其有足够的放电量使 U2 可靠起振，当 C3 两端电压达 16V 以上时，开通 U2 供电回路，利用 C3 的浪涌放电电流使 U2 起振。对起振电压监测是保证 C3 有足够的充电电荷存储量，以满足 U2 完成起振动作的电流激励要求。

② 迟滞电压比较器的作用，增强电路起振能力。U1 监测一个 10 ~ 16V 的电压段，使 C3 两端电压在此变化范围内，均能有效供给到 U2 的 15 脚，提高了起振可靠性。

事实上，当 C3 两端电压尚未降低至 10V 时，U2 已经可靠起振，U1 的 Vcc 供电上升为稳定的 14V 左右，电路进入正常工作阶段。

U1 芯片的作用，是上电瞬间“推”了 U2 一把，此后，U1 便“歇”了起来，U2 则在由 VD16 ~ VD19、Q5、C11 等元件构成的整流滤波与稳压电路提供的电源供电下，自行正常工作。

故障分析和检修 经上述分析，故障应在由 R62 ~ R69、C3、U1、Q3、Q2 等元器件构成的启动电路。单独在电容 C3 两端上电 16.5V，测 U1 的 8 脚无 5V 电压输出，判断 U1 已经损坏，将其换新后在 C3 两端上电能测到 U1 芯片 8 脚输出的 5V 电压，但在开关电源供电端上 500V DC 维修电源，仍然无 24V 电压输出。继续检测 Q2、Q3 等电路元件，发现晶体三极管 Q2 的集电结已经开路损坏，导致起振电压无法加到 U2 的 15 脚，用 9014 代换 Q2 后，故障排除。

对于较为复杂的电路，应将电路分块进行独立的功能测验。如本例，首先上电确认了振荡及输出环节都是好的，则将故障范围限定于由 R62 ~ R69、C3、U1、Q3、Q2 等元件构成的启动电路，从而快速地排除了故障。

实例 9

英威腾 CHF100A 型 55/75kW 变频器空载运行后散热风机不转

故障表现和诊断

正常运行当中，该变频器突然报故障代码停机。脱开和负载电机的连接，重新上电后，能执行运行操作，也有三相电压输出，但听不到散热风机的运转声音。

上电试机，未听到充电接触器的动作声音，空载运行后也未听到风机运转的声音。因为工作接触器与散热风机系由同一路 24V DC 电源供电，故初步判断为 24V 电源板不良。

电路构成

电路图参见实例 8 中图 1-14。

① 由 R62 ~ R69、C3、U1、Q3、Q2 等元件构成的启动电路。

② 由 U2 及外围元件、推动变压器 TR2、开关管 Q6 和 Q7 等元件构成的脉冲电路。

③ VD16 ~ VD19、Q5、C11 等元件构成的整流滤波与稳压电路——供电电路。

④ 由基准电压源 U3、光耦合器 PC3 和外围元件构成的稳压反馈电路。

⑤ 由 ZD2、PC4、Q8、Q9 等元件构成的软启动电路。

⑥ 由 VD6 ~ VD9、VD10 ~ VD13、C19、C20 等元件构成的 24V 整流滤波电路。

⑦ 由 PC1、PC2、Q1、Q4、K1、K2 等元件构成的 FAN、KM 控制电路。

故障分析和检修

对于此类由数部分电路组合而成的开关电源，其检修思路如下所述。

对独立电路板的检修原则为：

① 提供供电电源。

② 制作检测电路所需信号，满足检测条件。

③ 检测，确定故障电路或故障器件。

对于该电路，可提供 U2 工作电源，验证振荡环节的好坏；提供 U1 工作电源，验证启动环节的好坏；在输入端提供 500V DC 电源，检测整机工作状态；在输出端提供可调 24V 电压信号，验证稳压控制电路的好坏；提供 PC1、PC2 光耦合器的开通信号，验证 K1、K2 继电器动作状态是否正常。

从以上检测中，可确定故障电路部分（故障元件）。

具体到该例电路，检修方法如下：

① 测得供电端无明显短路故障，开关管 Q6、Q7 及外围元件无明显损坏。上电后若无输出，此时可用 +15V 电源“点击”U2 芯片的供电端，若电路恢复正常工作，则表明故障应产生在由 R62 ~ R69、C3、U1、Q3、Q2 等元器件构成的启动电路上。

② 若“点击”动作无效，在 500V DC 主电路供电和 U2 芯片供电脚 15V 供电模式下，电路恢复正常工作，则故障电路部分仅限于由 VD16 ~ VD19、Q5、ZD1、C11 等元件构成的自供电电路。

③ 若此时输出仍不正常，则去掉主电路高压供电，保留 U2 芯片供电脚的 15V 供电，检测 U2 芯片及外围器件有无损坏。

注意

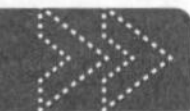

该电源为双端逆变电路，故 Q6、Q7 的 G、S 极脉冲信号和推动变压器 TR2 的三个绕组的脉冲信号，不宜用万用表的直流电压挡来测量（其结果是动、静态均为 0V），应采用万用表的交流电流挡串联 30 ~ 50Ω 限流电阻，检测与判断脉冲信号是否正常（正常时 TR2 的三个绕组两端的交流脉冲电流值约为 40 ~ 80mA）。

④ 对稳压控制电路的检修。在 24V 和 GND 输出端供给 20 ~ 26V 可调直流电压，测 PC3 的 3、4 脚电阻变化，判断其状态好坏。也可同时为 U2 芯片施加供电电源，测试输出端电压的变化是否能正常影响 U2 的工作状态，从而为判断稳压控制电路是否正常提供依据。

⑤ 电源能起振工作，但输出电压偏低，或带载能力很差。检修难点尤在于此。各电路元件以故障概率排其先后：

a. 供电电源滤波电容 C11、主逆变电流流经回路 C10、C23 和 C13、C14。

b. 激励能量传输电容 C17、C18。

c. 24V 电源滤波电容 C19、C20。

d. U2 芯片的 5 脚对地振荡电容 C28。若 C28 不良，开路、容量剧减或前检修者将其容量换错（如容量偏大 5 倍以上），会因频率过低导致过载限幅动作，或因频率过高，开关变压器感抗剧增导致储能减少，输出电压偏低。

由上述分析和检测得知，主逆变电流回路的隔直电容 C13、C14 已无容量，代换后，故障修复。

小结

本例检修方法，重点是对各电路电容器件的检测与判断，一般检修者往往忽略对该类器件的检测。而此类器件的不良，其隐藏性较强，不像开关管、芯片等器件的损坏，表现直接和明显，这也是考验检修者功力的地方。

实例 10

赛斯 SES800 型 55kW 变频器电源“负载异常”

故障表现和诊断 机器在应用中发出爆炸声，上电后无反应。

检查：观察制动开关管连接铜排处，有闪络造成的氧化物，但细查后发现逆变模块、整流模块与制动开关管（也为 IGBT 模块）均无损坏。

清除电弧闪络造成的氧化物，对相关线路进行绝缘强化处理。

电路构成

变频器开关电源电路如图 1-17 所示。开关变压器 TR1 的初级绕组、开关管 Q1 和与其 S 极串联的（电流采样）电阻 R44、R45 等构成开关电源的主电路；U11 振荡芯片和外围元器件构成脉冲生成电路；U11 芯片 7 脚和 1 脚之间的由 Q2、Q3、C29、VD9 等元器件构成的“过压锁——晶闸管效应”电路，起到稳压失控时停止开关电源工作的过电压保护作用；稳压控制电路，仍为基准电压源加光耦合器组合的经典电路。

本电源提供整机控制电路的 10 路左右的电源电压供给，图 1-17 中只画出了 +5V 整流滤波电路。

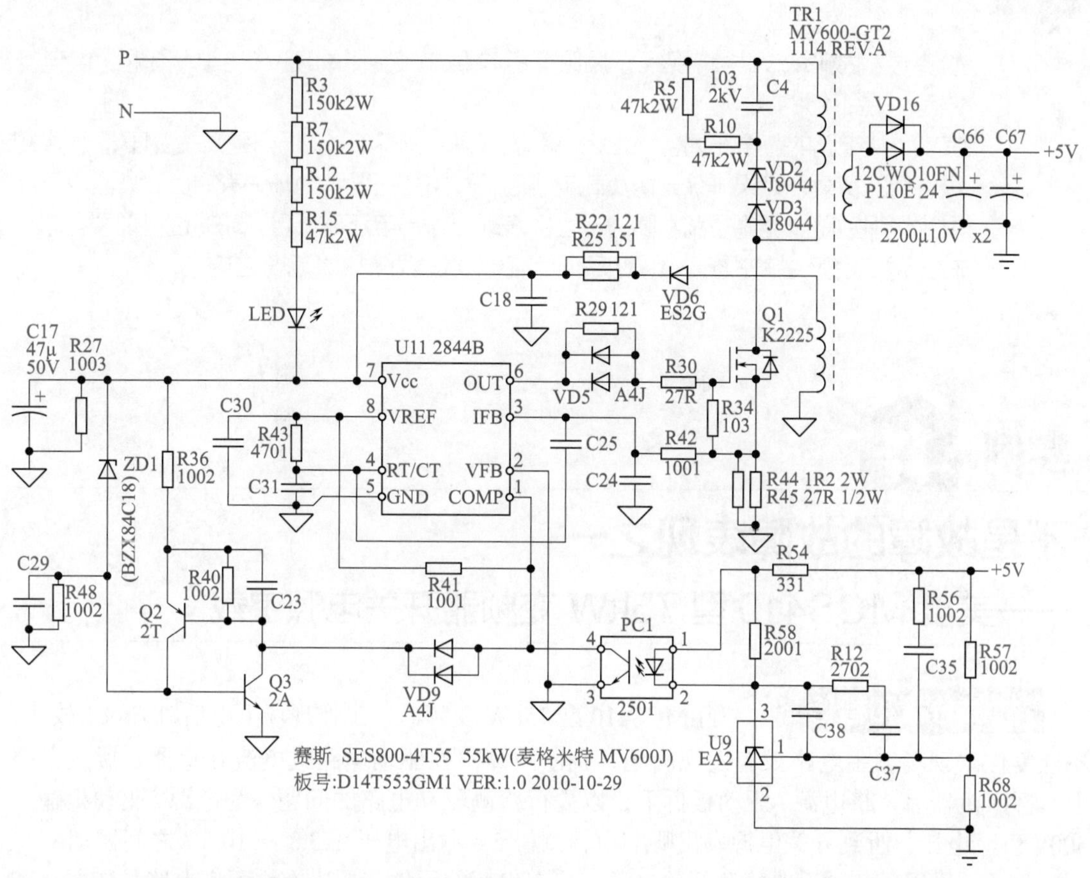

图 1-17 赛斯 SES800 型 55kW 变频器开关电源电路

故障分析和检修

观察开关电源电路，U11（开关电源芯片）已被前检修者拆除。据外围电路判断，应为 UC284X 系列芯片。检查外围电路，颜色正常，除拆掉电源芯片处，其它元器件无明显问题。试检测 Q3、Q2、ZD1 等元件，发现除 Q2 短路外，其它元件都似乎处于开路状态，如 VD9 明显是个二极管器件，在线测得正、反向电阻均极大。为慎重起见，最后拆下光耦 PC1，测得 PC1 的输出侧也已经开路。

由此索性将 U11 外围所有元件细测了一遍，更换 ZD1、Q2、Q3、PC1、VD9 以后，试换 UC2844B，上电试机，测得 5V 输出在 3.2 ~ 4.1V 左右变化，偏低且不稳定，开关变压器发出细微的吱吱声。测量 15V 输出，其值更低，在 1 ~ 2V 左右变化。

本电路的稳压及脉冲生成电路都已检查，并换过坏件。又将各负载电路检查了一遍，未发现明显过载现象。

后细致观察线路板上元器件，发现开关变压器初级绕组上并联的缓冲电路中的 C4 外观有形变，拆下后观察到电容本体上已有了裂纹，测得其电阻约为 3kΩ。

用耐压 1.2kV、容量标称为 103 的电容代换，试机正常。

检查过载故障，如果将视线仅局限于各个供电支路，如 5V、24V 和驱动供电支路等，是不够的。

其实，从电路的整个布局看：VD2、VD3、C4、R5 和 R10 仍旧是开关变压器 TR1 初级绕组的负载；如果排除一切负载电路后，开关变压器则为开关管的负载。当变压器发生绕组短路或匝间短路故障时，也会表现出输出电压偏低且波动的过载现象。

故上述二者产生的故障，也应归于负载电路过载的故障范畴之内。

实例 11

不是故障的故障表现之一
——美度 MCS410 型 75kW 变频器开关电源空载

故障分析和检修 一台 MCS410 型 75kW 变频器，工作现场上电后跳 Eroc1 故障，不能复位。现场测主电路没有发现问题，判断故障出在驱动电路或电流互感器及后续电路上。拆回机器后，将电源 / 驱动板拆下，以先行检测驱动电路的问题。为电源 / 驱动板输入 500V 直流电压，听到开关电源发出唧唧声，测得 5V 输出电压在 3.8 ~ 10.5V 之间摆动。

此后，采用了各种手段检测开关电源，未查出坏的元件，也未查到不良电路，如振荡和稳压部分，独立检测全是好的。

细看此板驱动电路，一大片大个头的电解电容，原来驱动电路所需的六路正负电源皆由 1000μF 35V 电容进行滤波。笔者认为，开关电源本来是高频电源，无须大容量电容滤波，一般驱动电路的滤波电容取值很少超过 470μF，再看 5V 等电源滤波电容，此板上也超过通常设计值的 3 ~ 5 倍。

整机连接状态下，开关电源明明是正常工作的，拆下后单独上电，怎么就产生间歇振荡了呢?

检修由 384X 系列振荡芯片构成的开关电源，一般来说，是可以为电源 / 驱动板独立上电进行检修的。稳压反馈信号往往取自 5V 供电，也就是说，在与 MCU 断开连接时，开关电源是近乎空载（此时驱动电路也因断开与IGBT的连接，而处于空载情况下）的。同时也因为稳压反馈信号取自5V，从道理上讲，即使是空载，5V及其它各路输出也基本上能维持一个稳定的电压值。

但该例电路，因滤波电容容量较大，电容全部空载时，二极管瞬间导通形成的充电电流幅度较大，会瞬时拉低输出电压，此时开关电源的反应是加大脉冲占空比以提升输出电压。随即因电源空载，电容上充电峰值又远远超出稳压起控点，故造成输出电压过冲，引发开关电源进入间歇振荡状态。

电路设计是按带载模式设计器件参数的，其参数不能匹配空载状态，故引发间歇振荡。其非故障表现，实为电源空载所致。

单独检修开关电源时，如果为稳压采样电路提供适度的负载，是否能避免“输出不稳故障”的产生呢?

可采用在稳压采样端（如5V滤波电容两端，或15V滤波电容两端）并联负载的方法，判断开关电源是否正常，具体方法如下。

① 若稳压采样取自5V，可在5V供电端，并联30Ω 3W的负载电阻。

② 若稳压采样取自15V，可在15V供电端，并联100Ω 5W的负载电阻。

③ 若稳压采样取自24V，可在24V供电端，并联200Ω 5W的负载电阻。

并联负载电阻目的是提供100 ~ 200mA左右的负载电流，减弱稳压反馈信号的波动，使输出稳定。

找到一个30Ω 3W电阻，接到5V输出端，上电测5V输出电压，非常稳定，电源也不再产生异常的唧唧声，在排除Eroc1故障电路后，连接MCU面板及显示面板，可以正常显示与操作运行。

小结

开关电源原本是好的，空载出现间歇振荡，而又查不出故障原因时，可以为其加入负载再试，也许就解决问题了。同时要形成一个观念，变频器开关电源也是需要带载的，空载可能无法正常工作。

实例 12

德力西CDI9200型30kW变压器开关电源输出电压低

故障表现和诊断 德力西CDI9200型30kW变频器，上电操作时显示面板不亮，测控制端子24V电压仅为2.4V，端子10V调速电源近于0V，由此判断为开关电源故障。

电路构成 该电路同上述由 284X 构成的开关电源电路大致相似。稍有不同的是稳压反馈电路部分，本机采用运算放大器加光耦合器的组合电路，与基准电压源加光耦合器的模式稍有不同，但在控制原理上，仍然是一样的，电路形式如图 1-18 所示。

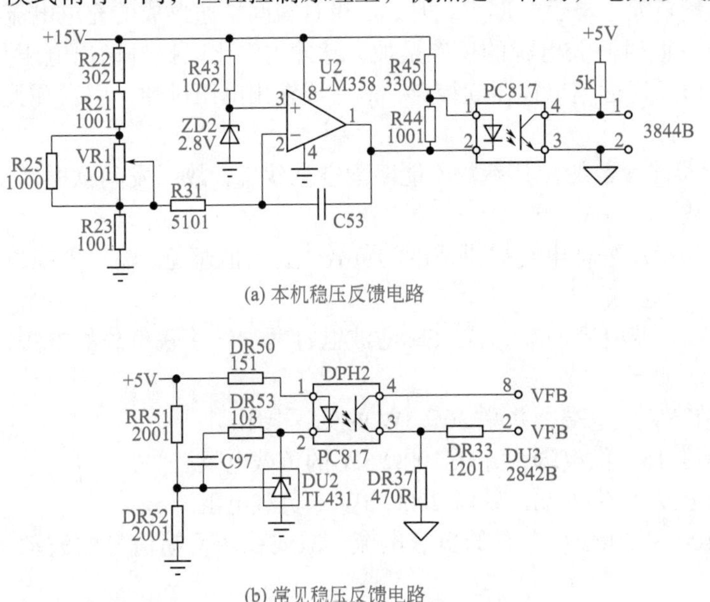

图 1-18 本机稳压反馈电路与常见稳压反馈电路形式

稳压控制原理简述：由 R43、ZD2 形成 2.5V 的比较 / 基准电压，与 R22、R23 等元件构成的采样电路输出电压相比较，当采样电压高于 2.5V 时，U2 输出端 1 脚变低电平，光耦合器导通，振荡芯片（3844B）1 脚电压随之降低，其输出脉冲占空比减小，输出电压下降。反之输出电压上升。

故障分析和检修 为本机稳压反馈电路单独外加 0 ～ 16V 电压试验，同时监测 U2 的 1 脚或 PC817 的 1、2 脚电压，结果如下。

① 测得 U2 的 3 脚 2.5V 比较 / 基准电压正常。

② 测得 U2 的 2 脚采样电压正常，当供电电源电压为 15V 时，此点电压为 2.5V。

③ U2 的 1 脚电压，在其 3 脚电压低于 2 脚电压时，一直处于较低电平，测得 R45、R44 电阻均无断路，由此判断运算放大器 U2 已经损坏。代换 U2 后，故障排除。

实例 13

德力西 CDI9200 型 22kW 变频器开关电源稳压失控

故障表现和诊断 该变频器，开关电源处于间歇振荡状态，测得各路输出电压都极低且不稳定，如 5V 仅为零点几伏，15V 输出仅在 2V 上下波动。由故障现象分析，该电路芯片及振荡环节应该没有问题，排除负载电路方面的原因后，判断故障根源在稳压电路。

故障分析和检修 为确定电压信号反馈电路［可参见 1-18（a）］是否正常，单独给 U2、PC817 提供 0 ~ 17V 可调电源，用万用表的电阻挡同步测量 PC817 的 3、4 脚之间的电阻值（黑笔搭 4 脚）。正常情况下，在未加电或供电电压低于 15V 时，3、4 脚呈现高阻（如 5kΩ）；当供电电压高于 15V 时，3、4 脚之间变为 1kΩ 以下的低阻值，如 300Ω 左右。

检测结果如下，只要给图 1-18（a）电路送入供电电压，即使此电压低至 3V，PC817 的 3、4 脚即变为低阻，说明稳压电路实现了“超前的误稳压控制”，强制使电源进入间歇振荡状态。详细检查图 1-18（a）所示电路，发现 R21 在线检测电阻值远远大于 1kΩ，拆下测量，发现该电阻已经断路。该电路的断路，使 U2 反相输入端 2 脚的电压为 0V，3 脚基准电压总是高于反相端采样信号，故 U2 的输出端 1 脚一直保持高电平，PC817 失去得电条件，开关电源处于稳压失控状态。

若上述分析成立，PC817 将丧失得电开通条件，开关管将以最大占空比输出，会出现输出电压超额定值、大部分电路烧毁冒烟的情况。但故障表现却为输出电压偏低，而且实测 PC817 的 1、2 脚，发现在采样电压远远低于 15V 时，就产生了误导通现象，因此仍有故障元件存在。

用 1kΩ 电阻代换 R21 后，查看 U2，发现其已被前检修者代换过，为了解除疑问，直接用网购的贴片 LM358 进行了代换，然后对图 1-18(a)电路施加 0 ~ 20V 可调电源进行试验。随着供电电压的变化，U2 的 1 脚也有相应的输出电压变化。

为开关电源引入 500V DC，还是间歇振荡，且电压幅度较低。测得 U2 的 3 脚输入 2.5V 基准电压和 2 脚输入采样信号电压都是正常的。从电路的静态看，U2 就是一个电压比较器的接法，输出状态就是 2、3 脚电压逻辑比较的结果。测得 1 脚电压随输入电压有变化，但不符合电压比较器输出状态，似乎进入了线性放大区。怀疑的重点在 C53 上，若 C53 有漏电，则相当于在 U2 的 1、2 脚之间并联反馈电阻，则电路便由电压比较器（或动态积分放大器）变身为反相放大器了。用烙铁焊下 C53，上电后发现故障依旧，由此判断 U2 损坏。用贴片 LM358 代换，连换 3 片，竟都不能正常工作。并且三次代换后，出现了三次不同的电压输出状态，要么在 2 脚电压高于 3 脚时，变为 6V 或 7V，但不能变为 0V，要么是保持一个 12V 高电平不变。这就不对了，只要芯片是好的，三次代换应该是一个结果才对，产生了两个甚至三个不同的结果，只能说明购得的这批芯片质量不佳，不能使用。手头另有 MB47358 宽体芯片，以前用过，质量没有问题。代换后上电，发现故障排除。

小结

① 网购 IC 器件，即使是新的，也未必是好的。在确诊故障后，新换芯片不能正常干活，有必要用同型号或同类型芯片另行代换。不要认为新换的一定是好的，不然检修会进入死胡同，不但劳而无功，而且会失去检修方向。

② 如图 1-18（a）所示电路，静态时为典型的电压比较器电路（虽然 C53 的引入对电路动态而言有积分的作用），输出是对两路输入信号进行逻辑比较的结果，静态测量如果出现线性放大，则是一种电路的异常状态，不是外围电路坏掉，就是放大器本身质量欠佳。

③ 普通运放电路的单电源应用的表现问题。LM358 运放电路适用单电源供电（同时也适用双电源供电）。在单电源供电（如 15V），而 LM358 又用作电压比较器时，输出端只有两个状态，要么是高电平，要么是零电平，两者的电平状态非常鲜明，不存在低于 13V 且高于 0V 的中间状态。

通常，双电源运放器件，如 LF353，当采用单电源供电，也用作电压比较器时，输出状态的转换就不是那么“干脆”了。如本例电路，当采样电压低于 15V 时，输出电压为接近电源电压的高电平；但当采样电压高于 15V 时，输出电压回落，但不能回落至 0V，输出端仍有 5 ~ 7V 电压的存在。这是其内部电压结构所决定的，与单电源运放确实有较大的差异。故应用时，不宜用双电源器件代换通用器件。

实例 14

开关电源的噪声来源

故障表现和诊断 开关电源的各路输出电压都正常，也能正常操作运行，但电源工作时发出较大的噪声。这种电源噪声，轻者是不稳定的吱吱声，重者是哧啦哧啦的声音（声同拉弧），虽然暂时看来，电源尚能正常工作，但总是觉得这种噪声也是一种潜在的故障。事实也确实如此，在有异常噪声的电源中，有时会毫无征兆地，开关管就爆裂了（有时波及振荡芯片外围大面积元器件）。

此种故障当然出在开关电源本身，即存在不良元件。

故障分析和检修 开关电源正常的工作状态是上电时有“唧”的一声，提示电源已经正常起振，然后从面板的正常亮起和电源无声的表现上看出开关电源在正常工作。如果非得在相对寂静的环境下细听，也能听出细微的吱吱声。但如果不是特意去听，基本上不会有明显噪声。

笔者的检修实践中，碰到过多例此类故障，有些是转修来的机器，检修者往往对电路中的无极性小容量电容关注不足。

先看电压采样与反馈（稳压）电路［图 1-18（a）、图 1-19］，图中的 C53、C228、C230 等电容，对开关电源的噪声抑制起到至关重要的作用。

将图 1-19 电路中 IC202 内部电路画出（见图 1-20），则可看到电容 C228 的作用。

TL431 的内部电路图为图 1-20 虚线框内所示，当 A、R 之间开路时，TL431 为一设定值为 2.5V 的电压比较器，放大倍数接近于无穷大，此时输入信号的微弱变化，即引发输出端的剧烈开、关式变化。将稳压控制作为一个控制系统时，需考虑三个量的平衡，即 P（比例系数）、I（积分时间常数）、D（微分时间常数）参数要适中。当 I 值过小时，导致控制过冲出现，引发剧烈振荡。所以挑选一个放大器时，灵敏度高的不一定是首选，应把稳定值高的放首位。系统误差处理速度过快，可能会矫枉过正，而在一定时间内逐渐减小误差，则是实现系统稳定的好方法。

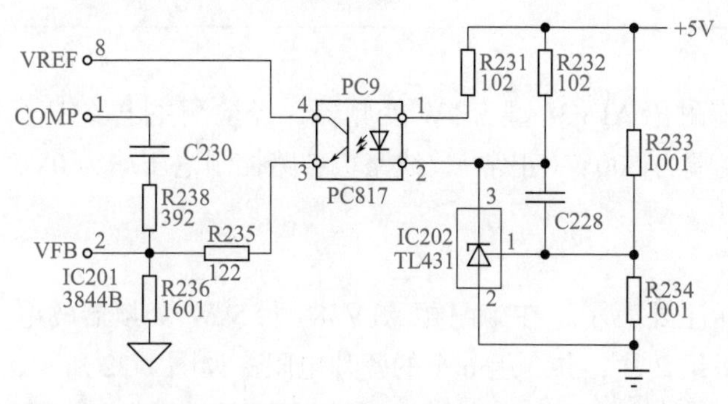

图1-19　台安 N301 型 3.7kW 开关电源的稳压电路

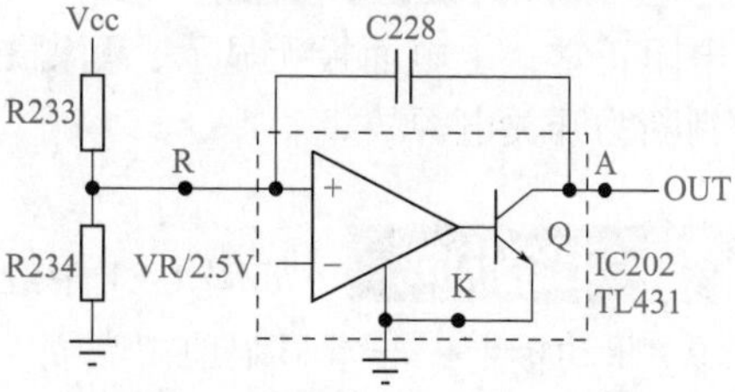

图1-20　IC202 的内、外部电路

所以在 IC202 的 R 和 A 端并联 C228，使电路由电压比较器变身为积分放大器（近似完成了 D/A 转换），达到使控制过程柔和化的目的，有效消除因控制过冲引发的电磁噪声。

图 1-18（a）中的 C53 和图 1-19、图 1-20 中的 C228，多采用贴片电容，无标注容量。据笔者翻阅的相关资料，该电容的取值范围一般为 0.1 ~ 1μF 之间，更多时候该电容值不是由计算所决定的，而由试验结果来取值。根据维修经验，怀疑此电容不良时，可用 0.1μF 电容做并联试验，若未达理想效果，可照 0.1μF 的增量进行累加试验。

就图 1-19 电路而言，当 C228 容量取得过大时，输出电压值会在额定值上下“飘动”；取值过小时，噪声变大。当噪声小到听不到，而稳定电压又极为稳定时，则说明取值适宜。

此故障在检测上的典型表现是：芯片 6 脚低于 10kHz——6 脚输出频率不再依赖 4 脚基准频率的控制，而“听命”于芯片 1、2 脚反馈电压信号。这说明反馈电路中的电压误差放大器由于积分电容失效，而由积分放大器变身为电压比较器，控制电路的积分效应弱化，电路由闭环工作变成了开环工作。

此外，当 +5V（采样电压）滤波电容不良时，也可能会引发工作噪声。

本例故障，当在 C228 上并联 0.1μF 63V 电容以后，工作噪声消除，则故障排除。

小结

“短路找 IC，噪声找电容。”输出电压正常但有异常噪声时，没必要在开关管、开关变压器、IC 器件等上“大费周折”（以上器件若有问题，不会有正常的稳压输出），寻找电路中的“专业消噪人士”，查证其是否有“渎职”行为，解决后则“天下太平”。

实例 15

施耐德 ATV38 变频器开关电源未工作
——6 个瓷片电阻的作用

故障表现和诊断 接手一台施耐德 ATV38 型 55kW 变频器，经检测主电路端子电阻正常，上电面板无显示，测得 P、N 端为 500V（正常），线路板各路控制电压均为 0V，判断为开关电源故障。

电路构成 如图 1-21 中红圈标注处所示，在施耐德 ATV38 型 55kW 变频器的电源 / 驱动板上，非常显眼地“矗立”着每组 2 片，共 3 组 6 个的瓷片电阻。如图 1-22 所示，电阻为长方体，厚约 1mm，高约 3cm，宽约 1cm，电阻上标注型号为 563K，是 56kΩ 5W 的瓷片式功率电阻。电阻以陶瓷为基，电阻体、引线贴敷碳膜，引脚镶嵌金属片。

图 1-21 ATV38HD64N4（X）变频器的电源 / 驱动板实物图（见彩图）

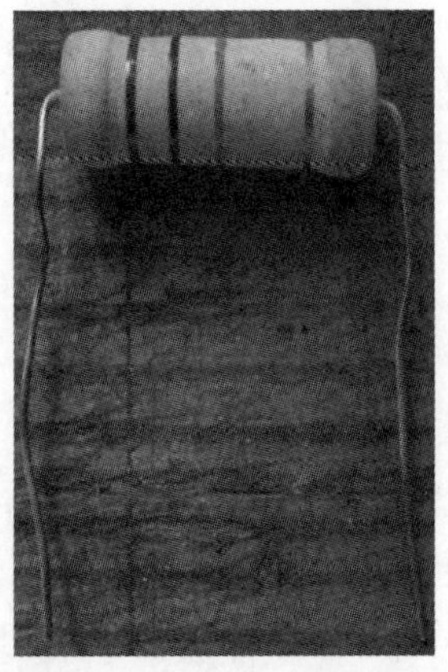

图 1-22 56kΩ 5W 电阻外形图片与代换元件图片

该电阻的应用位置和所起作用如图 1-23 所示，图中的 R137、R138、R103、R104、R133、R134 即为 6 个瓷片电阻，和大部分国产变频器产品的设计思路有所不同，这几个电阻大多是身兼两职的“角色”。

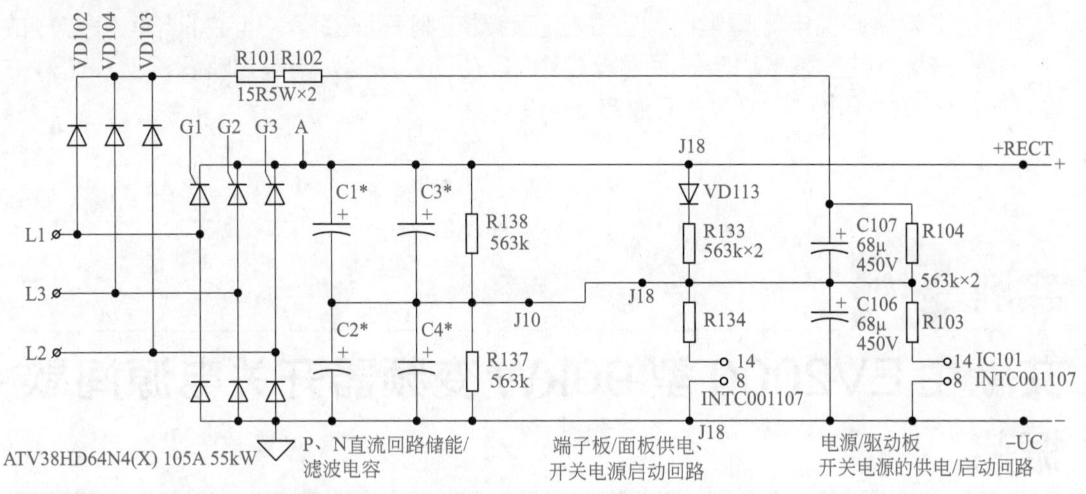

图1-23 6 个瓷片电阻在电路中的作用示意图

（1）R138、R137 正职为 C1* ~ C4* 的均压电阻

图 1-23 中 C1* ~ C4* 为 P、N 直流回路的储能 / 滤波电容，R138、R137 为其并联均压电阻。若以 J10 为测量基准点，C1*、C2* 两端的电压值均为 260V 左右。

（2）R133、R134 正职为开关电源启动电阻，兼职为 C1* ~ C4* 的均压电阻。

该机型端子板 / 面板的供电，由 J18 三线端子引入。J18 不单是为端子板 / 面板供电的，而且还是开关电源的启动回路。

530V DC 电源，在上电瞬间，经 R133、R134 加到开关电源振荡芯片的启动端，提供起振电流 / 电压。在正常工作状态下，如果忽略振荡芯片 14、8 脚之间的电压降，又可以看出 R133、R134 其实也是 C1* ~ C4* 的均压电阻。

R104、R103 是电源 / 驱动板开关电源的启动回路，来自于上电期间电容的缓充电支路。其作用和原理同 R133、R134 一样，不再赘述。

在 R133、R134 正常的状态下，J10 测试点恰巧为 530V DC 的中点。若 R133 或 R134 任一元件坏掉，上电后，变频器无显示。

在 R104、R103 正常的状态下，上电后，面板显示正常。

故障分析和检修 无显示故障的检修：以 J10 为基准电压点，测量 C1* 和 C2* 两端的电压值，如果偏差过大，如 C1* 两端电压变为 230V，C2* 两端电压变为 300V，而测得的第一组均压电阻 R138、R137 却是好的；再测量第二级均压电阻 R133、R134，发现 R134 阻值明显变大，拆下测量发现已经断路；代换 R134 后不但显示正常，而且测得 C1*、C2* 两端的电压也均压了。

可见，三组均压电阻，任坏一个，都会造成 C1*、C2* 两端约 60V 的偏压。其中，R133、R134 或 R104、R103 任坏一个，同时会造成电源 / 驱动板或端子板 / 面板电路的工作失常——丢失工作电源。

当两路开关电源异常时，首先检查启动电阻 R133、R134 或 R104、R103 的好坏，往往事半功倍。而测量 C1*、C2* 的分压值，更是判断 R133、R134 或 R104、R103 的好坏的有效方法。

实例 16

艾默生 EV2000 型 90kW 变频器开关电源间歇振荡

故障表现和诊断 据送修设备的客户所说,(二手)变频器放在那里，一直是好的。装机前试了下，还是好的。到现场装机后，就出问题了，开不了机。从现场拆回机器后，查了查，实在查不出坏件。

电路构成 涉及电路如图 1-24 所示。该机的 +15V、−15V 供电电路很有特点。如 −15V 供电电源和 24V 供电电源，其实是由 VD8、C33 整流滤波电源“裂变”而成的，两路电源虽不共地，但可经负载自成回路。上手测量时，发现稳压块 L7815CV 的输出端与 +5V 地端直通，顺了顺电路，发现可行。

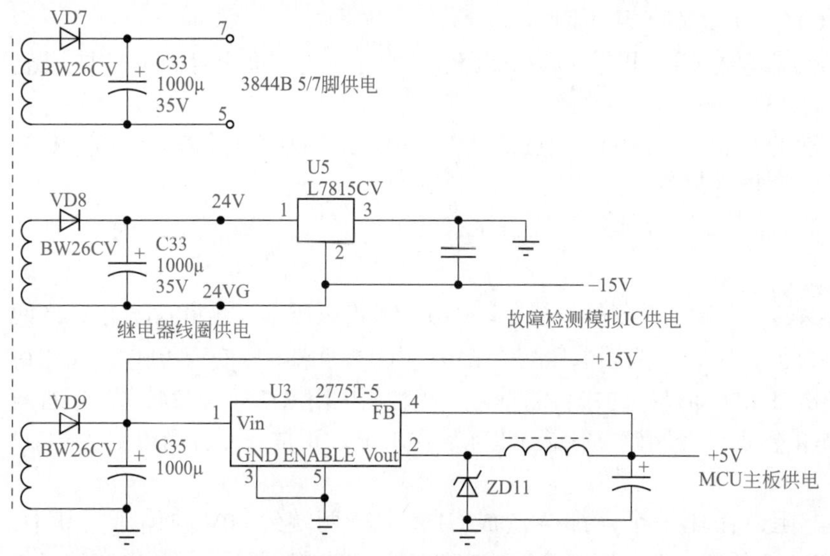

图 1-24 艾默生 EV2000 型 90kW 开关电源部分电路

故障分析和检修 开关电源的间歇振荡，大致有以下 3 种原因。

① 过载故障引起。负载电路中有元器件短路，或电源本身整流二极管有击穿、电容漏电严重等，引发过电流保护起控。

② 过电压故障引起。稳压所需的反馈信号异常或丢失，稳压环节变为开环；或反馈信号电路损坏，输入信号超出误差放大器的线性放大处理能力，引发过电压保护起控。

③ 带载能力差，或芯片供电电源的供电能力不足，引发欠电压保护起控。

上述任一种故障，都会表现为开关电源的各路输出电压处于不稳定的摆动状态。

检修步骤：

① 确认负载电路没有过载故障发生。方法是单独为某路负载电路提供工作电源，如 +15V 供电电压，查看电路工作电流的大小，由此判断是否有过载故障。

② 单独加电检测稳压电路好坏，上文实例 13 已述。

③ 检查振荡芯片的自供电电路，着重对滤波电容和整流二极管进行检测。

当检修进行到步骤③时，检测 VD7，表笔与二极管引脚出现接触不良现象。在用烙铁取下该元件的过程中，如图 1-25 所示，VD7 中间的小圆疙瘩自动滚了下来，整个元件由一变为三。细看小圆疙瘩两端和引线两端，已经发黑氧化。在线检测时，表笔压实以后，通断正常；松开表笔后，接触不良。上电后，出现断续通断现象，其提供能量不能满足 3844B 振荡芯片正常工作的需求，即出现间歇振荡的故障表现。

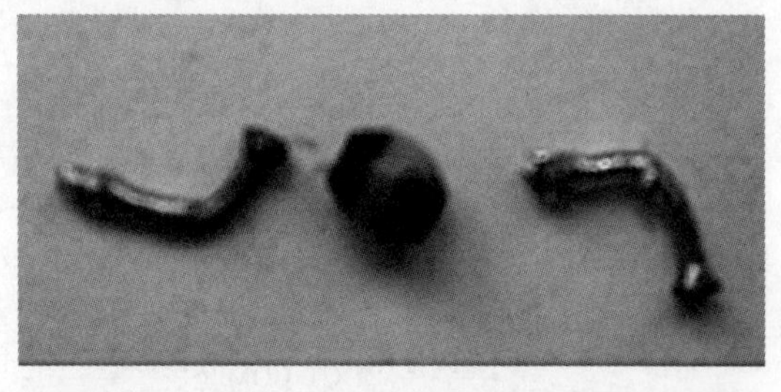

图 1-25　VD7、VD8 二极管焊接后一变三现象

该元件的标注型号为 BW26CV，属于高反压高速整流 / 阻尼二极管，现今市场上已经很少见了，购用原型号配件代换比较困难。

用 US1G 贴片代换后，间歇振荡故障排除。但上电后报 E019（意为电流检测电路故障），先检查故障检测电路的 +15V、−15V 供电，发现 −15V 处仅为零点几伏。拆掉 L7815CV 后，测其输入端 24V 正常。故障原因很明显在 −15V 负载电路或稳压块本身。另用 15V 电源供给检测电路，发现检测电路工作正常，工作电流仅为 10mA 挡。判断稳压块损坏，更换后，故障依旧，此时整流滤波后 24V 变为 1.3V。拆下稳压块，电压就有，安上稳压块，电压就无。继而判断是 VD8、C33 电路带载能力不行，有了 VD7 的经历，果断焊下 VD8。VD8 在焊下电路的过程中，又是一分为三了。

代换 VD8 后，上电试机正常，故障全部排除。

小结

VD7、VD8 应该是型号比较老的器件了，可能因制造工艺的缺陷，易出现因引脚氧化造成的接触不良等故障，往往较为隐蔽，检修时需予以警惕。

另外 EV2000 操作面板型号为 F1A452GZ1（内部电路不带 MCU），TD2000 型操作面板型号为 F1452GZ1（带 MCU），如果换错面板，会直接显示 88888。新机器不会有这种现象，但修旧机器尤其是二手机器时，有时面板搞混，会多费不少周折。

实例 17

开关变压器初级绕组并联尖峰电压吸收回路元件损坏

电路构成 图 1-26 为开关电源的电路模型之一，图 1-27 是摘取开关变压器 N1 绕组及并联尖峰电压吸收电路图，共有 3 种电路形式。

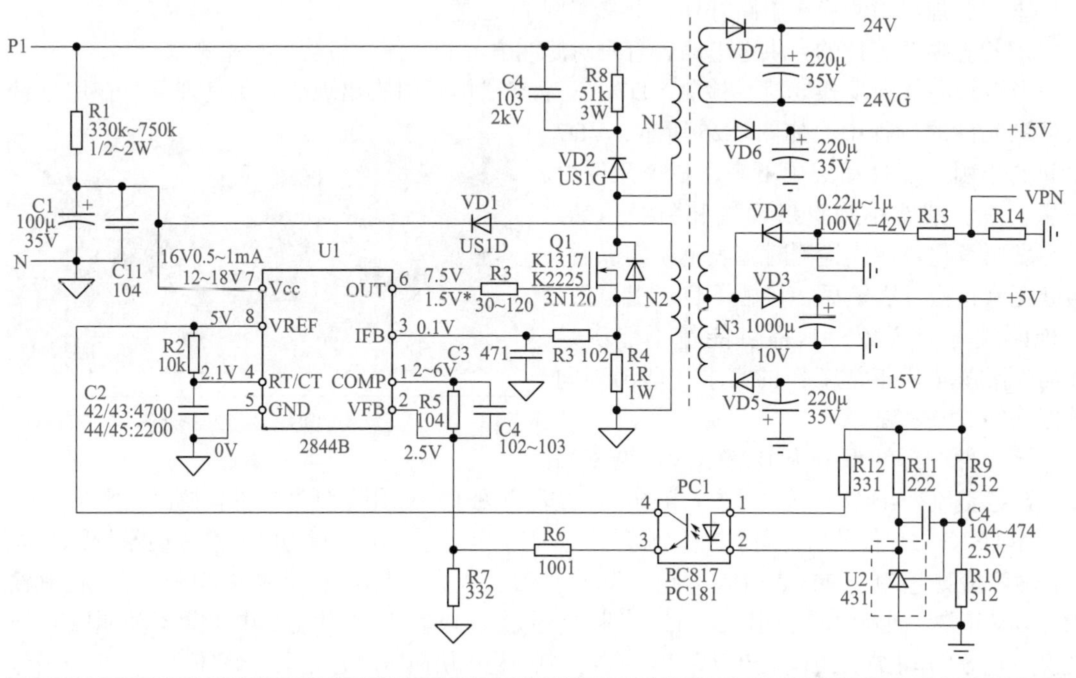

图 1-26 开关电源的电路模型之一

并联在开关变压器初级绕组 N1 两端的电压吸收电路也称为尖峰电压吸收电路，从其作用而言，其器件提供了开关管的反向电流通路。图 1-27 中（a）、（b）、（c）分别为常见的三路电路模式（如复合式等，都为笔者为叙述方便暂时命名），其目的是提供开关管的反向电流通路，抑制开关管截止期间漏 / 源极（或集电极 / 发射极）间反向电压的幅值，保护开关管的安全。

① 电路：在开关管截止期间，N1 绕组感应电压下正上负，此时 VD3A1、VD3B1 承受正向电压而导通，N1 感生能量由 C29 所吸收；在开关管导通期间，VD3A1、VD3B1 反偏截止，C29 所储蓄能量由 R44、R105 进行泄放。

② 电路：此为鉴别感应电压幅度达某一值后（通常 ZD1 ~ ZD3 串联反向击穿电压值约为 450V）才开通的泄放回路，可称为感应电压可控释放回路。

③ 电路：为（a）电路和（b）电路的复合模式电路，在开关管截止期间，当 N1 绕组感

应电压低于 ZD101 击穿值时，比较微弱的能量由 C118 储存，并联电阻 R113 等进行泄放；当 N1 感应电压较高，超过 ZD101 击穿值时，由 ZD101 进行后续式能量释放，此为带“后备式”能量释放回路的电路。

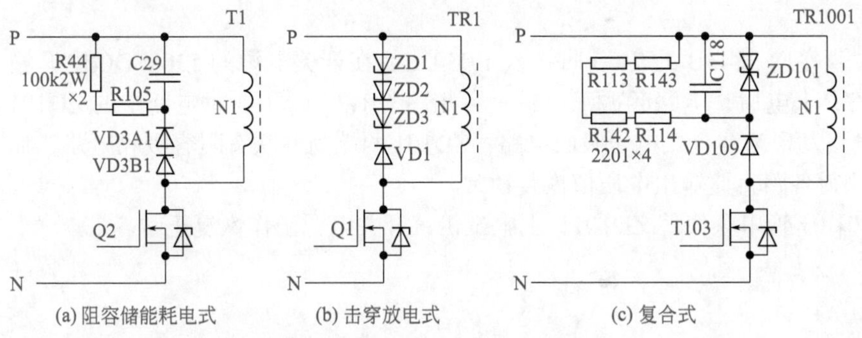

图1-27 开关变压器 N1 绕组及并联尖峰电压吸收电路

故障表现和诊断 开关电源上电后出现“打嗝”声，测得各路输出直流电压均极低，且不稳定。先从负载电路查起，发现无损坏元件。后来重点检测 N1 绕组所并联的电压吸收电路，未有异常。拿来成品振荡小板，将振荡芯片及外围电路全部代替，上电后发现故障依旧。说明振荡、稳压环节皆无问题，重查负载电路也无异常。检修一时之间陷入困境。

故障分析和检修 当以上所述 N1 绕组并联尖峰电压吸收回路中的电容漏电、击穿或稳压二极管击穿或漏电时，相当于 N1 负载电路短路，导致开关变压器过载，其次级绕组感应电压降低，开关管因流通较大电流而发烫。

以图 1-26 电路为例，N1 尖峰电压吸收回路故障会产生两个动作，引发电路的间歇振荡现象。

① 因 N1 回路的过载，导致开关管 S 极串联限流电阻上的电压降有可能超出 1V，引发过流起控动作。

② 因 N1 回路的过载，使次级绕组感应电压降低，当 U1 的 7 脚供电电压低于 10V 时，引发芯片内部的供电电压欠压保护起控动作。

二者都会使 U1 芯片 6 脚停止脉冲输出，然后故障信号消失，电路重新起振工作，由此形成电路的间歇振荡动作。

而该故障的难度在于故障器件并非处于彻底击穿或短路状态。比如器件不良，有一定的漏电流，其电阻值变小，当其漏电电阻达数千欧姆时，很容易在万用表电阻检测中被忽略（更由于 N1 的直流电阻值接近于 0，其并联电路的电阻值大小无法在线测量等原因）。当图 1-27 中（b）电路的 ZD1 ～ ZD3 击穿或漏电，但其击穿电压值仍达数十伏以上（超出万用表内部供电电池电压和万用表的测量能力）时，超出万用表的检测能力，测量过后也不会有确切的结论得出。

以图 1-27（a）中 N1 两端并联的电路为例，当 C29 的漏电电阻达数千欧姆时，如果用数字式万用表正、反向测量两次的话（将表笔搭于 C29 两端），显然，其中一次测量结果是 VD3A1、VD3B1 的正向串联导通压降，另一次测量显示为无穷大的“1”（VD3A1、VD3B1

的反向电阻值），是无法得出C4已经漏电的准确测量结果的。

综上所述，图1-27中的C29、ZD1、ZD101等元件损坏后，笔者对元件进行了细致检测，但仍被测量结果所蒙蔽，这时候的判断往往会左右检修思路——向一个不会有结果的方向走去，如果没有其它措施证实N1并联尖峰电压吸收回路的好坏，其检修结果几乎是可以预见的。

故障检测方法：直接向3844B的7、5脚接入17V DC，在开关电源的530V DC电源输入端，接入100V DC，上电后，电路起振工作，一会儿，图1-27（c）所示电路中的ZD101开始冒烟。观察此电路发现为复合式电压吸收电路，ZD101两端尚并联有阻容吸收电路，临时摘掉ZD101后，测得各路直流输出电压值恢复正常。

用3个160V1W稳压管串联代替ZD101，上电试机，开关电源工作恢复正常。

遇到有不易确诊的故障电路或故障元件时，在线、上电是最佳检测条件，能实施准确的测量和得到确切的检测结果——让故障元件自行暴露出来。

实例18

iS5型18.5kW变频器MCU供电电源异常

电路构成和检修 该机型电路有两块开关电源电路板，一块为六路驱动电路和散热风扇提供供电电源；另一块提供故障检测电路所需的±15V供电、MCU及面板所需的15V供电及端子24V电源。后者实物如图1-28所示。

图1-28 MCU及面板的供电电源板实物图（见彩图）

该电路为单管自励反激、分流式稳压控制电路，结构简单。

见图1-29，开关变压器初级绕组N1、开关管FET1和电阻R61、R62组成开关电源主工作电流回路。N1为正反馈绕组，提供正反馈振荡信号兼作稳压控制电路的电源；N3为负载绕组，输出电压经整流滤波后供 MCU 电路。

测绘当中，发现 R64 电阻值变大，拆下测量，发现实际电阻达 1MΩ 以上，证实其已经断路。代换后，开关电源的工作恢复正常。

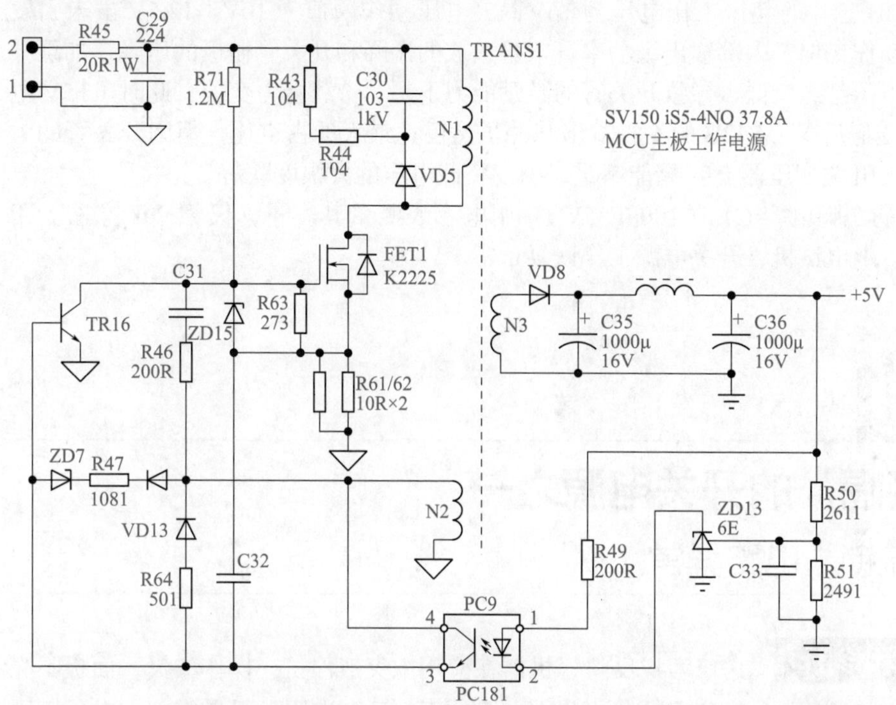

图 1-29　iS5 型 18.5kW 开关电源（之一）原理图

实例 19

欧瑞 7.5kW 变频器开关电源输出电压极低

故障表现和诊断

变频器上电后面板无显示，测量控制端子的 24V 电压，发现仅为 2.3V，判断为开关电源故障。

故障分析和检修

图 1-30 为故障电路示意图。脱开 MCU 主板后，单独为电源 / 驱动板上电 500V DC，测量开关变压器次级绕组各路输出电压值，均恢复正常，故障现象消失。当电源 / 驱动板与 MCU 主板经信号电缆相连接后，面板仍无显示，测端子的 24V 电压，又降至 2V 左右。

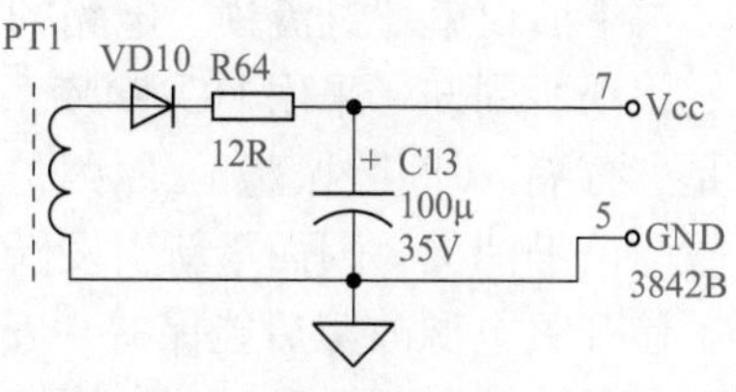

图 1-30　故障电路示意图

为判断此故障是由开关电源本身带载能力差，还是由负载电路有过载故障导致，脱开MCU主板后，试单独在+5V电源滤波电容并联33Ω3W负载电阻，测得5V电压此时降为3V左右，证实故障为电源带负载能力差。

此时，测振荡芯片3842B的7脚电压为12.5V，感觉偏低一些（正常供电电压应为13 ~ 17V）。3842B芯片的起振工作电压为16V，欠电压动作阈值为10V。12.5V虽未引发欠电压保护起控动作，但经内部输出级功率管本身造成的压降和开关管栅极的压降，加至开关管栅极的驱动电压已经较低，导致开关管的激励能力不足，带载能力变差。此时（+5V电压反馈采样电压变低后），3842B的6脚输出脉冲虽然已达最大的占空比，但因开关管的欠激励，使I_d偏小，开关变压器PT1储能不足，引发负载电压的大幅度跌落。

拆下3842B的7脚电容C13（100μF35V），用电容表测量其容量，仅为9μF左右。用优质电容代换后，上电试机，开关电源工作恢复正常。

实例 20

不会“打嗝”的开关电源之一——“过流锁”电路异常

故障表现和诊断 送修客户反映，机器在应用中突然停机，操作失灵，面板不亮了。该机为阿尔法5000型1.5kW变频器，测主电路的正、反向电阻，无异常，上电后测得P、N直流母线电压正常，MCU主板控制端子电压为0V，判断开关电源未正常工作。

电路构成 开机检查，测得开关电源的各路输出电压都为0V，开关管的D、S极间电压为500V，判断开关电源没有工作。

图1-31 开关电源振荡小板示例（见彩图）

开关电源除主电路以外，振荡和稳压电路都装配于一块电源小板上，称为开关电源振荡小板，如图1-31所示为某一开关电源振荡小板示例。

测绘电路如图1-32所示，振荡芯片U1的外围增设有Q1软启动电路和Q2、C9等元件组成的“过流锁”电路，故本例故障检测的思路和方法，也要产生相应的变化。

下面仅就“过流锁”电路的动作机制作一简述：

众所周知，采用UC384X系列振荡芯片做成的开关电源，其典型过载/过压故障特征即是“打嗝”（间歇振荡）。原因是过载或过压故障信号将引发电路的停振动作，而停振又导致故障信号消失，因而重新引发新一轮的振荡。如此周而复始，出现所谓的“打嗝”现象。为了使开关电源故障后能保持“安静”，一些设计人员想方设法增设外围电路，消除故障动作后的间歇振荡，如设计“过压锁”和“过流锁”保护电路，即出于此种目的。

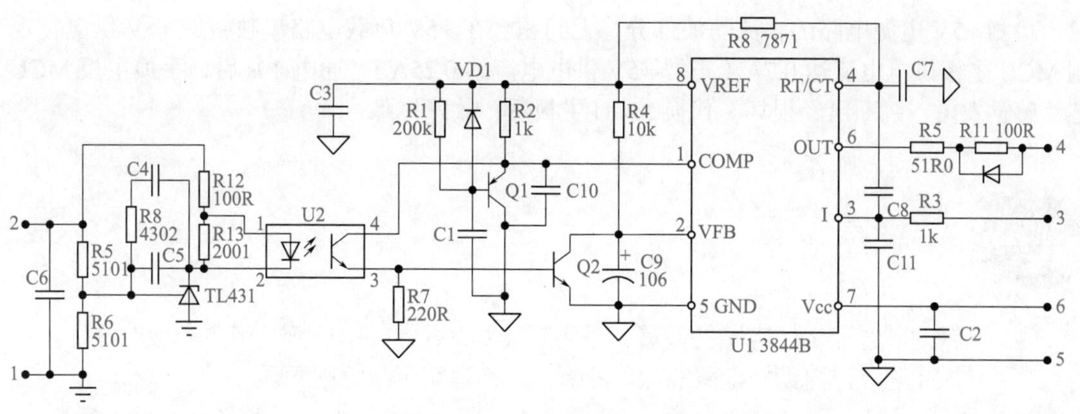

图1-32 阿尔法5000型1.5kW变频器开关电源小板测绘电路

故障分析和检修

对本例故障，检测开关电源的主电路（小板外围元件）正常，故障锁定于小板电路，单独给小板电路送电检修时，测得U1的2脚电压为5V，1脚电压为0.9V（低于1V过电压报警阈值），6脚无脉冲电压输出。

将小板从电路上取下，将小板端子的3、5脚暂时短接，以屏蔽过流检测。从端子的5、6脚上电17V，6脚仍无输出。此时只有分析如图1-32所示电路，从中找出检修契机。

当开关电源起振，+5V电压建立后，光耦U2具备导通条件，Q2随之导通，将U1的2脚接地，此时U1的1脚受U2的4脚电压影响，实现了稳压控制。如果+5V电压一直不能建立，U2、Q2无导通条件，则U1的2脚经R4引入5V为电容C9充电至2.5V以上高电平，U1不具备起振条件。

C9的作用在此时凸显：电路上电瞬间，在+5V电压尚未建立之际，因电容两端电压不能突变，U1的2脚（因C9充电作用）有一个低电平的持续时刻，1脚变为高电平，电路具备起振条件。若电路起振后，因负载回路过载等原因，Q2处于截止状态，此时U1芯片8脚输出的5V经R4为C9充电，当过载时间稍长，即C9充电电压达2.5V以上时，芯片1脚低于1V，引起过电压保护起控。此时+5V输出被关断，U2、Q2均处于截止状态，C9电压充至5V并保持，电路则被锁定于停振状态，而不会出现如常规电源那样的“打嗝”现象。由此可知，这是一个不会“打嗝”的开关电源。C9具有上电瞬间拉低2脚电位使电路起振的关键作用（可称为起振电容），当其容量下降时，会导致电路不能正常启动。

单独检修电源小板时，会发现只有上电瞬间（C9充电电压低于2.5V时），U1的6脚有脉冲电压输出，随即处于停振状态。此时只要将U1的2、5脚（即C9两端）暂时短接，便可使电路顺利起振，以方便检修。

对本例故障，当短接C9后，U1的6脚能正常输出脉冲电压，说明U1及处围电路均好。在电源小板的1、2脚送入0 ~ 6V可调直流电压，稳压反馈电路动作正常，因此振荡小板没有问题。开关电源的主电路包括开关管、开关变压器初级绕组、开关管S端串联电流采样电路，均正常，但开关电源依然不工作。

此时又回到开关电源无输出电压的故障表现之初，对图1-32作深入分析，如上所述，当+5V整流滤波电路或负载电路异常时，会引发“过流锁”电路保护动作。

检测 +5V 电源电路的整流滤波部分，无问题。在 +5V 负载电路单独施加 +5V 供电，观测 MCU 主板供电电流达 0.7A（正常 +5V 供电电流约 0.25A），通电 10s 后，手摸主板 MCU 芯片感觉发烫，判断已经损坏。代换 MCU 主板后，故障排除。

针对“过流锁”电路的设置，采用短接 C9 两端的措施判断电源小板的好坏。再加上对“过流锁”电路的深入分析，最终落实了故障根源。

实例 21

康沃开关电源屡烧 18V 稳压管的“幕后真凶”

故障表现和诊断 康沃开关电源振荡芯片采用 3844B，凡工作数年以上的机器，易出现电源无输出故障，检查损坏元件，往往是接于 U1 供电端 7 脚的稳压二极管 ZD6 击穿短路。有时换掉稳压管后电源能“正常”工作，但正常工作时间往往不会太长，很快变频器返修，检查又是 ZD6 短路。有时“修复”后上电还是会烧 ZD6。有些检修者干脆去掉该稳压管或换用 24V 稳压管，电源工作“正常”了。测 +5V、+15V 和 −15V 处，均为稳定电压。交付用户安装使用后，用不了几天又会再度返修：用户反映散热风扇不转了，运行时间一长，机器报 OH（过热）故障。

电路构成和故障分析 该机的开关电源电路见图 1-33。由次级绕组 N2、整流管 VD13、VD14、滤波电容 C31、C30 构成的 U1 芯片供电电源，同时作为稳压反馈信号采样点。该路电源算是“嫡系电源”，次级绕组输出为 +8V、+18V 和 −18V。其稳压精度不能满足后续负载电路的要求，因而又分别用 VOL1 ~ VOL3 等 3 个稳压器，处理为 +5V、+15V 和 −15V，送往后级负载电路。当开关电源工作工作异常（次级绕组输出电压过高）时，若仅仅测量 +5V、+15V 和 −15V 电压，势必又是稳定和正常的，这在一定程度上掩盖了故障的真相。

U1 的供电端 7 脚所接 18V 稳压管 ZD6 屡被烧毁，说明 N2 绕组及其它次级绕组的输出电压已远远超出正常值，例如 24V 变为了 32V，+8V 变成了 +10V，显然开关电源的稳压出现了一定程度的失控现象。去掉 ZD6 后开关电源好像暂时能正常工作了，但这种方法仍然是治标不治本，没有解决根本的问题——挖出故障根源。

那么谁才是 ZD6 屡被烧毁的“幕后真凶”呢？倒过头来再看 U1 的芯片供电和电压反馈回路，二者取自同一个供电绕组，反馈信号电压由 VD13 整流、C31 滤波，为了增加反馈电压信号的稳定性，在 C31 两端并接了 R38 负载电阻。U1 供电则由串联 VD14

整流和C30滤波后供给，此处串联VD14，也有互相隔离的作用，在一定程度了减轻了芯片工作电流变化引发的反馈电压信号的变化。当C31容量严重减小（或高频特性变差，此时用万用表测量其容量几乎不见减小）时，由于反馈电压信号严重跌落，U1的6脚输出脉冲占空比加大，以保障C31两端的稳定电压值（约为15V）不变（此电源稳压控制目标是C31两端电压）。由于C31的失效，开关电源这一调整动作，使其它各绕组输出电压被动升高，VD14、C30整流滤波电压超过18V，导致18V稳压二极管ZD6的击穿损坏。也正是因二极管VD14的隔离作用，C31两端电压是低的，而此时C30两端电压反而高于C31反馈信号电压。测量中会发现隔离二极管VD14的阳极电压低，而阴极电压高。

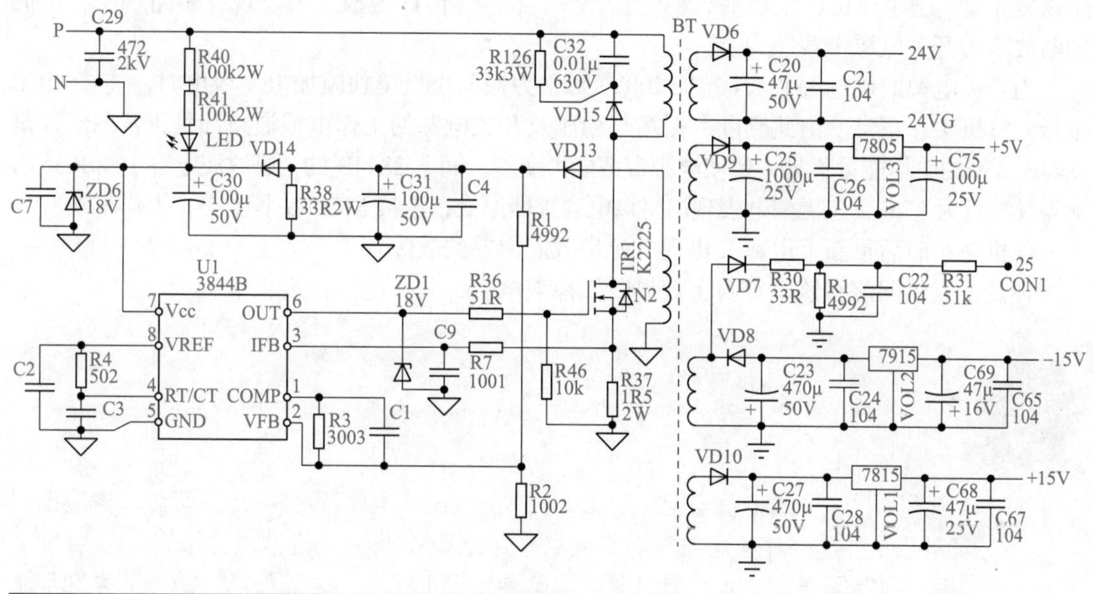

图1-33 康沃CVF-G型5.5kW变频器开关电源电路

实际上，C31失效后，此时C31的测量电压值（也可认为是平均值）为15V。又由于峰值电压是远远超过15V的，故C30的正常滤波与储能作用使C30两端的电压值超过C31两端的电压值许多，从而导致了ZD6的击穿。

因此电容C31失效，才是屡烧ZD6的真正原因。

故障与电路结构有关，这近乎是该款产品的一个通病。遇有频烧ZD6故障时，要警惕C31的隐性损坏。

实例 22

艾默生 EV2000 型 7.5kW 变频器开关电源输出电压偏低

故障表现和检修 机器上电无显示，测控制端子发现 24V 降低为 6V。判断为开关电源电路故障。检查电源各部分电路，未发现问题。摘去 MCU 主板后，测得各路输出电压恢复正常。连接 MCU 主板后，5V 变为 2V，检查 MCU 主板，未发现有短路现象，由此判断故障为开关电源带载能力差。

当开关电源的供电端 P、N 端加 200V DC，为振荡小板单独施加 18V 供电时，连接 MCU 主板，整机工作正常。由此判断，振荡与稳压及开关电源的工作电流通路都是正常的。仅是 3844B 所需的工作能量不足，致使电源带载能力变差。摘下 3844B 的 7 脚滤波电容 100μF 35V，测得其容量为 97μF，也无漏电表现。将该电容焊回原处，连接 MCU 主板上电，工作正常。

停机 2 小时后重新上电，又出现电源带载能力差的故障现象。

怀疑重点仍旧落在该电容身上。果断换掉该电容，开关电源恢复正常。

小结

测量元器件（如电解电容）时，有时候万用表、电容表并不十分可靠，得靠自己的判断才行。有些元件性能劣化后，用烙铁烫一会儿性能就上去了。温度降下来，又恢复原状。尤其是电解电容这种装了水的器件，其正常、故障的表现与温度变化相关。

实例 23

富士电源芯片型号的辨别

故障表现和诊断 富士 5000P9S/G9S 型 11kW 变频器，测得变频器主端子的正、反向电阻正常，上电无反应，直流母线电压 530V（正常），判断开关电源电路故障。

电路构成 电源芯片型号为 SA51709500，为 20 引脚贴片 IC 器件。主要器件的资料查不到，如何判断电路故障及各脚工作状态？

变频器开关电源测绘电路如图 1-34 所示，为方便检测，特地标注了维修后各脚的正常

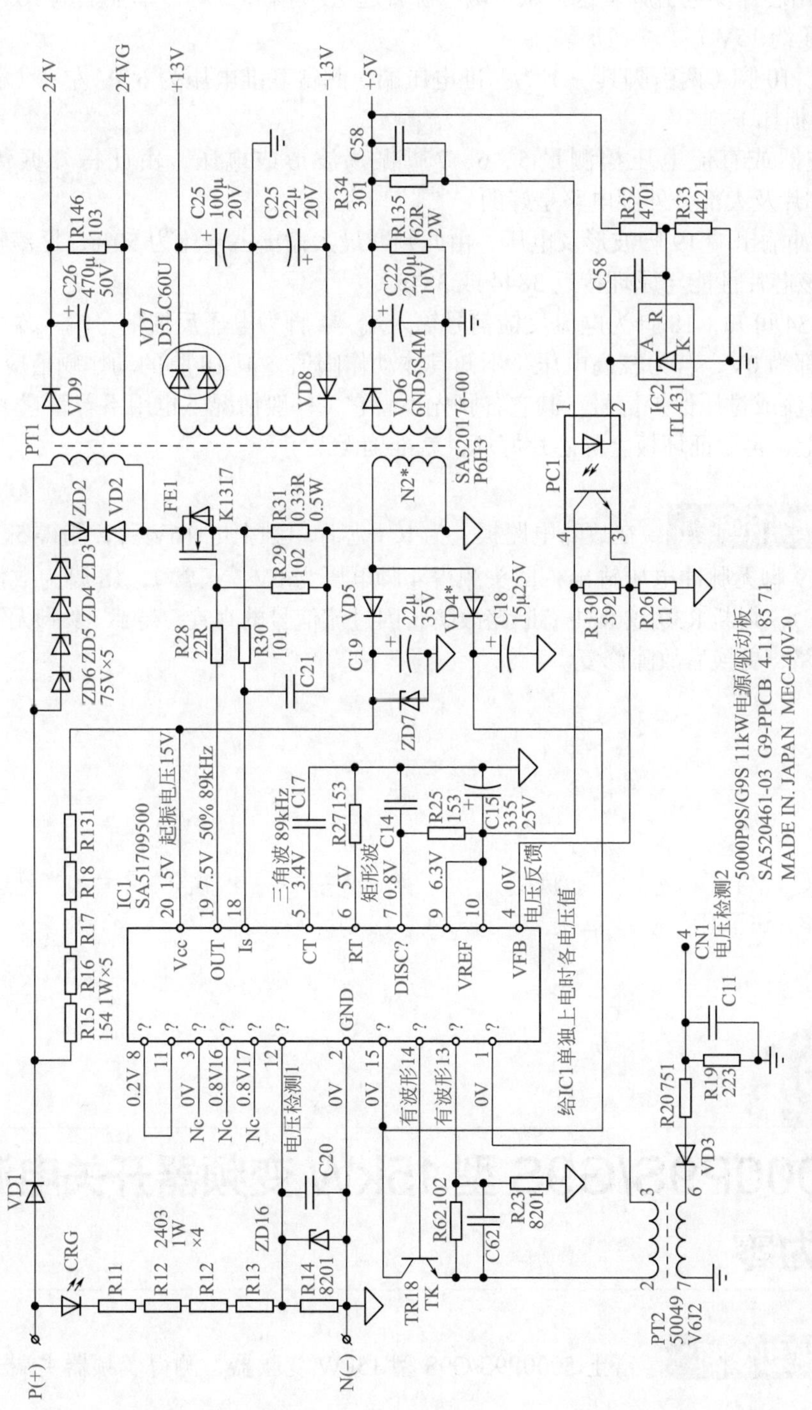

图1-34 富士5000P9S/G9S型11kW变频器开关电源电路

工作电压值。实际上，并非所有的故障检修都需找到资料或确定芯片引脚功能，得知各脚工作电压值后，才能实施检修。如本例，缺少芯片资料和不清楚引脚功能，可以采用最笨却最直接和最有效的方法，即先将芯片外围电路故障排除掉，包括开关管工作电流通路，以IC2、PC1为核心的电压反馈通道，芯片其它外围元件和负载电路。

其实在无芯片资料的情况下，仍能通过上电检测、对比等手段找到验证芯片好坏的方法。找一个好的电路板，或故障电路板换用一个好的芯片，实施测量与判断。试简述之：

① 首先找出芯片供电引脚（这个从供电电源查起）20脚和2脚，单独上电16V DC（实测电路起振电压约15V）。

② 确定9、10脚（两引脚其一）为基准电压端，测得基准电压为6.3V左右（若此电压为0V，则IC1损坏）。

③ 用示波器或直流电压挡测量5、6、7脚振荡波形或电压，由此得知振荡频率为89kHz。说明芯片及大部分外围电路是好的。

④ 测量脉冲输出端19脚波形及电压，由此判断最大输出占空比为50%，振荡频率 = 输出频率。可知该芯片性能与原理接近3844或3845。

⑤ 由图1-34可知，18脚为电流反馈信号输入端，4脚为电压反馈信号输入端。芯片单独上电时应该都为0V，若为较高电压（不知具体动作阈值，但18脚的动作阈值应为1V或以下），即为过流或过压保护信号。其它各脚先不管它（一般情况下也用不着管它）。

确定了以上，再验证坏板上的芯片好坏，就准确无误了。

故障分析和检修 在故障电路板上为IC1芯片单独上电16V后，测得5、6、7脚电压皆正常，19脚无脉冲电压输出；回头测得4脚电压为0V（正常），18脚为数伏高电平（存在过流信号），判断R30或R31有断路故障，因过流信号的存在，导致19脚无输出。检测发现R31断路，更换后故障修复。

小结

无IC器件资料时，简易测绘一下电路，或捋顺电路的结构来大致判断器件引脚功能，进而用给芯片单独上电的方法来检测其好坏。

实例 24

富士5000P9S/G9S型15kW变频器开关电源输出电压为零

故障表现和诊断 富士5000P9S/G9S型15kW变频器，测得变频器主端子参数正常，上电无反应，直流母线电压 530V（正常），判断开关电源电路故障。

故障分析和检修 本机电路请参见图 1-34，为 IC1 芯片单独上电，9、4、18 等脚电压正常，但 PWM 脉冲输出端 19 脚电压为 0V，判断 IC1 芯片内部电路损坏，更换后故障排除。

实例 25

中达 VFD-B 型 22kW 变频器双开关管开关电源故障

故障表现和诊断 检查故障机器，发现 DQ19、DQ20 两只开关管损坏。检查电流采样电阻 DR44，栅极电阻 DR40、DR41 等，发现均损坏。DU6（2842B）芯片损坏。全部换新后，为芯片上电 16.5V，测得 6 脚脉冲电压为 13V（据经验此电压应达 15V 左右）。又加电测试稳压反馈电路（DU5、DPH8 等），反应正常。

电路构成 中达电源为双开关管、双开关变压器电源，与其它电源稍有不同。采用此种类型的开关电源，原是为了在较大输出功率下，减轻开关管的负担。但其小功率机型，也有采用这种电源模式的。

电路可参见图 1-3。

故障分析和检修 500V DC 正常上电后，测得各路负载电压均为 0V，测得开关管的 G、S 端为 2.5V，说明脉冲信号已经到达开关管的 G、S 极。检查负载电路无过载故障，证实负载电压为 0V 非过载所引起。怀疑振荡频率不对，用示波器测试，振荡频率高达 806kHz。焊下 DU6 的 4 脚振荡电容 DC100，发现已经有碎裂现象，4 脚接 8 脚电阻为 5kΩ，试将两个 103 瓷片电容并联，为 DU6 单独上电，测得振荡频率约 40kHz，此时测 6 脚输出脉冲电压，发现变为正常值。

各路负载电压均为 0V 的原因已经找出：当 DC100 断路后，定时元件为 DR132 和线间等效电容（线路分布电容，或称线路寄生电容，其电容容量极小，约为百皮法级），因而测得超高的振荡频率。在此频率下，开关变压器一次绕组的感抗上升数十倍，其流入电流值极其微小，所以二次负载电路的电压近乎为 0V。开关电源的能量输送路径中，输入绕组为进水口，其它次级绕组为出水口。此时因振荡频率升高、开关变压器感抗剧增的缘故，进水口的水流极小，出水口（次级绕组）则无电流流出，故开关电源虽在“工作”中，但输出电压近于 0V。

为开关电源送入供电 500V，工作正常。装机试运行正常。

小结

电容和电感器件的工作状态均与其工作频率有关，故有容抗和感抗一说。而且振荡电容 DC100 断路后，并非就会处于停振状态，此时线路寄生电容（分布电容）参与进来，电路照常处于振荡状态，这给判断带来一定的难度。

实例 26

中达 VFD-B 型 18.5kW 变频器开关电源稳压失控

故障分析和检修 故障表现同实例 25，电路构成请参阅图 1-3。

单独给振荡芯片加 16.5V，在 P、N 端用调压器缓慢升压上电，从 100V DC 开始起调，同时监测 +5V 电源输出端，到达 5V 后继续上升，证实稳压电路失控。

测得 DU6 的 1、2 脚电压都为 2.49V 左右，且变化甚微，似乎工作于稳压起控点边缘。测 1、2 脚外围元件，1、2 脚电阻值仅为 400Ω 左右。因 DU6 芯片刚刚换新，判断是补偿回路电容 DC98 不良，折下电容后，测 1、2 脚电阻发现恢复正常。搞不清电容量多大，拆一同类机测试，约为 0.1μF，换用 104 瓷片电容后，工作正常。DC98 电容漏电，内部误差（反相）放大器变身为电压跟随器，跟踪于内部基准 2.5V，故无法起到稳压控制作用。

提示

该电源上电过程，也有纠结之处。为稳妥起见，用调压器串灯泡限流，送入 0 ~ 500V 可调直流电压（限流电源），电压较低时，DU6 为最大占空比输出，开关管近乎直接导通，限流灯泡点亮，使电压拉低，灯泡一直点亮，无输出电压。需在非限流（确保稳压反馈是正常的）模式下，监测输出电压，同时调高供电电压。经试验，电压达 280V DC 以上时，电路纳入正常稳压范围。如果采用非限流电源，则供电电压在 100V 左右能正常稳压输出。这是应用限流维修电源时，需要注意的地方。

小结

本例故障，在稳压失控状态下，如果采取限流措施贸然上电，会使故障扩大、开关电源严重损坏。若送电方式不合适，会使限流灯泡常亮，负载电压一直为 0V，引起开关变压器一次侧电路有短路故障的误断，需要注意。

实例 27

从能量供应角度看开关电源故障

故障表现和诊断

开关变压器二次侧绕组整流后电压偏低，如5V变为3V以下，是常见故障情况之一。此时若负载回路无短路，整流二极管、滤波电容等元件无损坏，往往是由开关电源一次侧工作绕组流入能量不足，即开关变压器储能不够，造成能量转换不足，使输出电压跌落。从稳压回路来看，因此时输出电压大幅度跌落，电路的稳压闭环已经被破坏，开关管正在以最大占空比的脉冲驱动（能量转换正常时，这是极度危险的状况——会造成输出电压数倍升高），而此时各路输出电压反而偏低，这似乎是一个怪异的现象。

此时，从“硬元件（指开关管、集成电路芯片、电阻、变压器、整流二极管、负载电路等）”方面着手检查，往往一无所获，从“软元件（贴片电容、电解电容）”着手检查故障，因检修设备的局限，甚至也很难发现故障所在——开关电源的各个部件都在“干活”，但就整体来看，各部件又都有“消极怠工”的嫌疑。

排除负载方面的原因后，开关电源输出电压低，是流入开关变压器初级绕组的电流减小所致，从能量供应角度来看，即开关变压器一次侧的能量供应不足，又或者说是开关管的激励能量严重不足。

故障分析和检修

原因如下：

（1）开关管D、S极间支路

一般由开关变压器一次绕组，开关管的D、S极，S极所接电流采样电阻构成回路。①此支路若因开关电源的工作频率变高、变压器感抗剧增，致使流入电流减小，会导致输出电压过低；②开关管的S极限流电阻若人为换错或出现故障因素（电阻值变大），会引发错误的过流限幅，导致输出电压过低；③开关电源的主电路流通能量受阻，如回路隔直电容失效等。

（2）开关管G、S极间支路

D、S极间支路电流的大小，是受控于G、S极间控制回路电压或电流大小的，其影响因素更多，如开关管效率，栅极电阻值，驱动电压、电流值，驱动开关管的脉冲频率过高或过低，等等。

下面以英威腾中大功率机型散热风机电源电路（参见图1-14）为例分别加以说明（重点针对“软元件”的检查）。

（1）开关管D、S极间支路

这是一个由开关管Q6、Q7和储能电容C10、C23“四角元件”构成的双端逆变电源，运行效率高而且电路结构简单。

① 开关变压器TR1的一次侧绕组流入能量均由并联电容C13/C14（0.47μF×2）提供，当其失效后（表现为容量减小或交流内阻增大），电容变身为电阻，使开关变压器TR1储能严重不足，此时测得输出24V，降至18V以下或更低，但检查“硬元件”发现都无

异常。

② 储能电容 C10、C23 不良，电路的主逆变能量变弱，导致输出电压偏低，但检查“硬元件”都无异常。

③ 开关管工作电流采样电阻 R42、R43 变值，其原因可能是工作过程中质量上的衰变也可能是前检修者换用元件偏差值过大，当其值 >5Ω 时，正常工作电流下，会引发错误的过流起控或电流限幅动作，引起电源的间歇振荡或输出电压偏低。

④ 开关电源的工作频率偏高或偏低，此可归类于 G、S 极间支路异常。

（2）开关管 G、S 极间支路

这是一个较大范围的电路，包含 U1 芯片、C3 等起振电容、C11、Q5 的工作供电支路、C28、U2 振荡电路、并联电容 C17 和 C18、TR2 驱动电路等。电路工作的目的，是形成电流、电压幅度和频率值均合乎要求的 Q6、Q7 的激励脉冲。

① C11 电容，即逆变电路控制回路的总能源供应处的“处长”，当其容量减小或内阻增大时，整个振荡电路的元器件都因“饥饿”而“有气无力”，会使开关管 Q6、Q7 因激励不足使等效导通内阻变大，二次侧输出电压变低。C11 电容性能劣化严重时，可能会造成无输出故障。

② 当 U2 的 5 脚所接定时电容 C11 容量剧减或断路时，会造成振荡频率异常升高，如从 40kHz 左右变为数百千赫兹，开关变压器 TR1 的感抗由此上升数倍或十几倍，使一次侧绕组流入电流剧减，二次侧换能不足，输出电压剧减。

③ U2 的 5 脚所接定时电容 C11 因容量变大（如前检修者换错所致），使开关电源工作频率偏低，达 10kHz 以下时，会令开关变压器的感抗剧减，工作中流通峰值电流增大，以至于引发过载保护或限幅动作，表现故障现象有：振荡频率过低，过载保护动作导致间歇振荡；引发限幅动作——开关管激励脉冲占空比过度减小，使输出电压偏低；空载时正常，带载时输出电压跌落，仍为限幅动作导致开关脉冲占空比偏小所致。

④ 推动变压器 TR2 的初级绕组所串联电容 C17/C18，其容量减小或交流内阻增大时，会使 Q7、Q8 的激励电流大幅度减小，迫使开关管由开关区进入放大区，导致开关变压器 TR1 储能不足，使输出电压降低，同时伴随开关管发烫的故障现象。

需要重点说明的是：当以上电容失效（如容量减小），尤其是交流内阻变大时，此时的电容已经不能算是电容了，把它改称为电阻就更合适一些。此时“渎职”的电容非但不能提供和流通电路正常工作的能量，反而对流通能量起到堵塞和衰减作用，致使输出电压大幅度跌落。而关键是当电容出现此种失效时，常用的测量电容漏电、测量电容容量等的常规测量手段，往往很难奏效。检修走到这一步，往往就在“渎职电容”跟前跌了个跟头。

此处摘下的电容，若放于低频环境（如 50Hz 整流滤波环境）下，可能会表现优良。但放于 40kHz 的中频环境下，则变身为电阻，不再是电容。笔者有时称电容的此种“衰变症状”为“高频疲劳”。手头如果没有测量电容的高档设备，代换法和并联电容试验就成了最好的测量办法。

本例故障，测开关电源输出为 17.8V，查无故障元件，怀疑 C13、C14 不良，摘下测得其容量为 0.43μF（在误差范围之内），用电容内阻测试仪测得其电阻值也在正常范围之内。果断进行代换试验（到了这一步，不能全依赖仪表进行判断），测 24V 输出发现恢复正常。

实例 28

施耐德 ATV31 型 37kW 变频器开关电源异常

故障表现和诊断 拆机后观察电源 / 驱动板上的开关电源部分，有元件碎裂，线路板有区域变色。只有先修复开关电源后，再对其它电路进行进一步的诊断。

电路构成 电路简易测绘图如图 1-35 所示。下文分成 5 个部分进行简述。

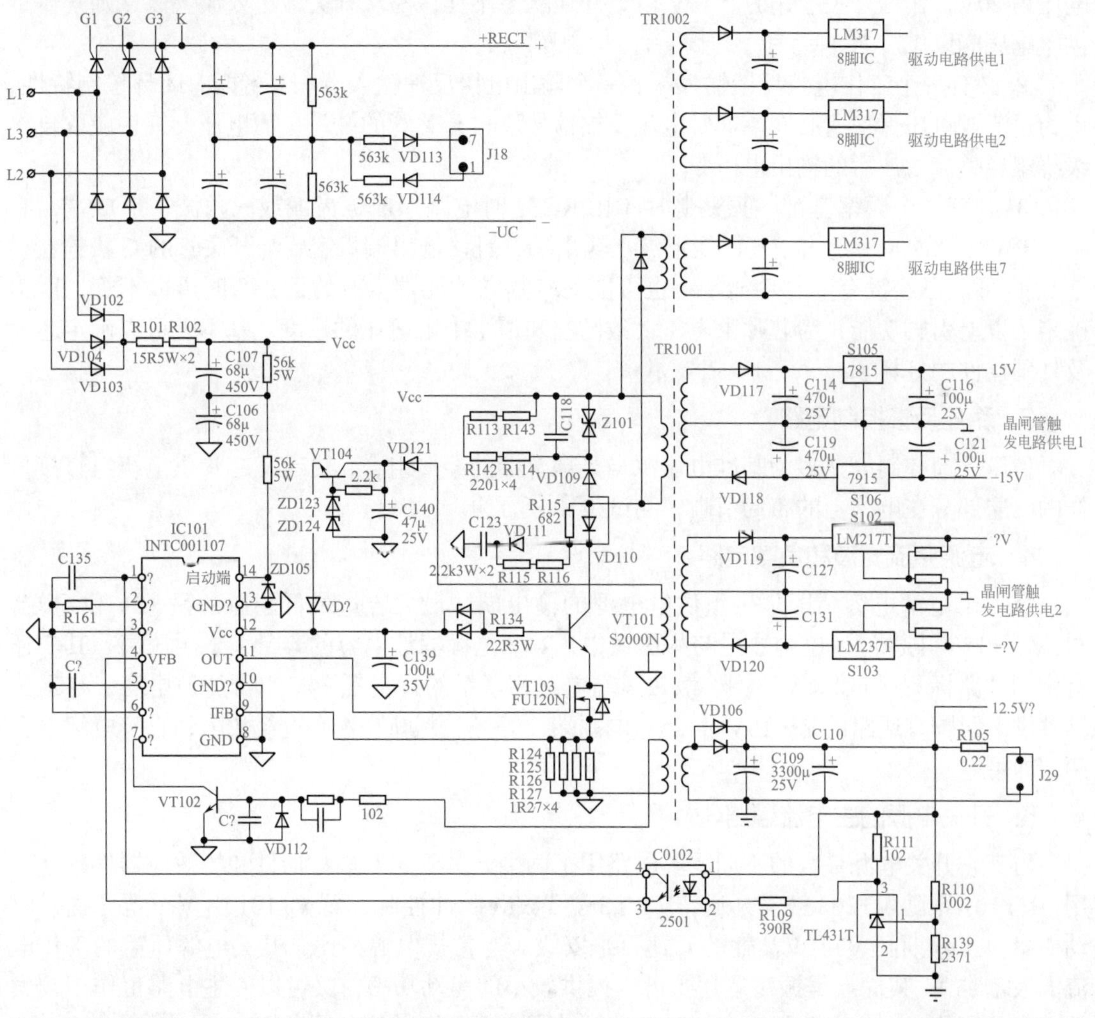

图 1-35 施耐德 ATV31 型 37kW 变频器开关电源电路图

1. 开关电源的供电来源

该机型主电路采用晶闸管半控桥器件，完成对输入三相交流电压整流的任务。上电期间，晶闸管无开通条件，故开关电源的初始上电，即由 VD102 ~ VD104 和晶闸管的 3 个下桥臂构成三相桥式整流电路，经 R101、R102 限流和电容 C107、C106 滤波后，取得开关电源的供电来源。

2. 脉冲形成电路

PWM 发生器芯片 IC1D1（INTC001107）与外围电路构成脉冲形成电路。该器件的资料不易查找，故只对电路进行简易测绘，得到图 1-35 所示的电路。

对不易查找资料的 IC 器件，仍然可以从开关电源振荡芯片所必须具有的功能特点出发，判断其引脚功能和进行相关检测。8 脚 284X 系列芯片可作为参考模型，那么一个电源芯片的引脚功能不外乎如下所述：

① 必有两个供电引脚（无论有多少个引脚接地或接 Vcc 端，多个接地端可暂时视为一个引脚），而在驱动场效应管类器件中，其供电电压应在 13 ～ 17V（该类器件的极限控制电压为 20V，作为开关应用时，10V 以下开通状态不佳，易从开关区进入放大区，则其典型供电电压应以 15V 左右为宜）。

② 必有一个工作电流反馈输入端和一个输出电压反馈输入端。二者既有闭环控制特性，也为过流或过压保护所必需。通常电流反馈信号取自开关管的 S 端，而电压反馈一般取自次级绕组经整流滤波后的输出电压。

③ 必有一个频率基准—振荡脉冲（由 RC 定时电路形成锯齿波或三角波）形成端，有一个 PWM 脉冲（一定占空比的矩形波）输出端，且该输出端肯定要与开关管的 G 极连接。

④ 可能已经没有其它功能端，也可能尚有其它功能端。有的话，暂时可以不管，因为确定了以上引脚功能，为芯片上电（大致已经知道了上电电压的幅度）基本上可以确定芯片及外围器件的好坏了。

3. 稳压反馈控制电路

稳压反馈控制电路多为基准电压源与光耦合器的经典组合，也有从芯片供电绕组直接采样的。这部分在电路上的布局清晰，测试也比较方便。

4. 电源整流滤波和负载电路

每一个电解电容，即是一组供电电源的输出端。最大容量最低耐压的是 +5V 供电端，+15V、−15V 电源滤波电容容量与耐压适中，24V 电源滤波电容的容量大、耐压高。其实还有辨别“路标”：与如 KA 线圈、散热风扇电路相联系的肯定是 24V 电源滤波电容，与运放器件供电引脚有通路的是 +15V、−15V 电源端，等等。判断是否有过载故障，直奔电解电容两端即可。

5. 开关电源的主电流通路

与其它开关电源最大的不同是本电路用了两个开关管，双极型器件和场效应器件串联采用，VT101 跟随 VT103 被动开通，VT103 受 PWM 脉冲控制，而 VT101 由 Vcc 电源提供驱动能量。工作期间 VT101 消耗的 i_b 达百毫安级（与常规电源相比，开关电源所需的工作电流大大增加）。其优点是振荡芯片既可以提供较小的驱动功率，又可以使主电路工作于较大的逆变功率状态，主电路的功率损耗和电压冲击由两个开关管共同分担。

故障分析和检修 初检发现 VT103、VT101、R134、R124 等器件已炸裂，IC101 变色（已坏），负载电路无异常。

① 恢复主电路，更换 IC101。

② IC101 单独上电检测，当限流 50mA 供给电源时，出现电压、电流波动现象。后考虑到 VT101 所需驱动电流较大，故限流 200mA 供给电源，测 IC101 的 11 脚输出脉冲信号。

③ 慎重起见，单独上电检测稳压反馈电路，发现动作正常。

在 Vcc 和地端上电 500V DC，试机正常。

小结

器件暂时没有资料并不妨碍检修，按照开关电源的“共性”，找出芯片的关键引脚。检测思路和方法：开关电源只有一个，没有两个；开关电源的检修方法也只有一个，没有两个。

实例 29

施耐德 ATV71 型 30kW 变频器开关电源异常

故障表现和诊断 主电路端子的测量值无异常，上电测得 P、N 端直流母线电压正常，测得控制端子的电压都为 0V，判断开关电源电路没有工作。

电路构成 与实例 28 电路形式相比较，除芯片换用 2844B 外，稳压反馈采样电压取自共地的 15V 电源，故无须光耦合器隔离；仍采用晶体管和场效应管的双管串联法构成主电路；启动电路的两个 R2003、R2004 串联电阻，既为启动电阻，同时又是电容 C2001、C2002 的均压电阻，身兼两职。

开关电源的供电模式仍有其特点：增设了继电器 K100 用于开关电源电路供电来源的切换控制。

① 上电瞬间，因主电路的三相整流电路也采用晶闸管半控结构，故在主电路晶闸管开通之前，K100 继电器不动作，由其常闭触点引入 S202 端子进入的整流电压，经 C2001、C2002 滤波后，暂时作为开关电源的供电来源。

② 当系统工作正常，主电路晶闸管移相开通，主电路储能电容充电完毕，整机自检结束进入待机工作状态后，继电器 K100 得到动作信号，常闭触点断开，此时开关电源的供电电源改由 S200 端子连接的直流母线电源提供，VD226 为两路电源的隔离二极管。

故障分析和检修 如图 1-36 所示为施耐德 ATV71 型 30kW 变频器开关电源电路图。检修方法和步骤如下：

① 单独检修开关电源故障时，可在 S202 端子送入维修电源 500V DC，或此供电也可以直接在 C2001、C2002 两端引入。

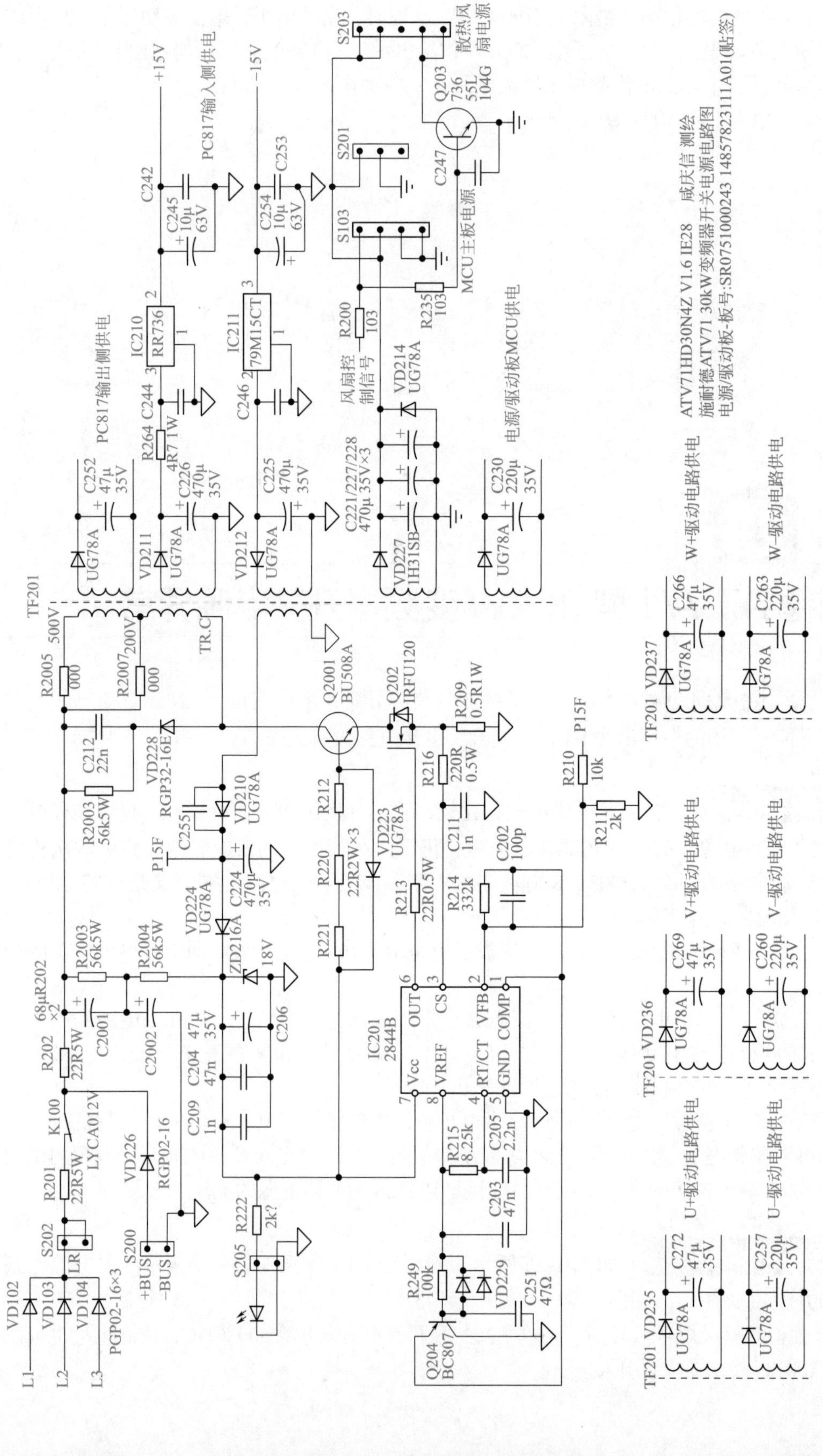

ATV71HD30N4Z V1.6 IE28　咸庆信 测绘
施耐德ATV71 30kW变频器开关电源电路图
电源/驱动板-板号:SR0751000243 14857823111A01(贴签)

图1-36 施耐德 ATV71 型 30kW 变频器开关电源电路图

② 当需要单独加电检测 IC201 电源芯片好坏时，因开关电源主电路的双管串联模式，Q2001 晶体三极管工作中的基极电流达百毫安级，仍需外加电源提供较大的电流供给。电流供给能力不足时，表现为间歇振荡的“故障现象”，可能会带来开关电源存在过载故障的误判。

③ 另外对 P15F 电源的整流、滤波环节及稳压采样电阻 R210、R211 需细心检测，避免 500V DC 上电时，稳压开环造成输出电压异常增高，导致大面积器件烧毁。

④ 开关变压器次级绕组的输出电压，有几路是经三端稳压器处理，再送往负载电路，测试供电电源电压，注意对三端稳压器件的检查。

本例故障中，IC201、开关管 Q202 及引脚外接电阻全坏掉。Q202 原型号配件，手头暂时没有，考虑到可用 IRF640 管子代换 Q202，但体积稍大，好在线路板有多余空间，将铜箔部分刮皮，贴敷 IRF640 后，顺利进行了安装与焊接。

采用给 IC201 单独上电的方法，测振荡芯片各引脚电压值，判断芯片内、外部元器件有无问题。检测各部分电路工作正常后，在 C2001、C2002 两端上 500V DC 维修电源试机，显示与操作正常。

整体装机后，再上电试运行正常，交付用户。

施耐德 ATV71 型 55kW 变频器开关电源异常

故障分析和检修 判断为开关电源故障，电路构成请参阅实例 29 图 1-36。为 IC201 单独上电 16.5V，限流 200mA，发现工作电流为数毫安级，判断 IC201 没有起振工作。测得 6 脚电压为 0V，继而测得 3 脚电压为 0V，正常；再测 1 脚电压，为 0.6V，2 脚为 0V，判断 1 脚内、外部电路有异常。

停电测得 Q204 的集电极与发射极电阻值为 100Ω 以内，摘下 Q204，测得原焊盘电阻值恢复为 10kΩ 以上。用印字为 2T（型号为 MMBT4403）的贴片三极管代换 Q204 后，测得 IC201 及外围电路工作正常。

整机上电后试机正常，故障得以修复。

2844B 芯片 4 脚线路板漏电

故障表现和诊断 2844B 芯片单独上电，测得 6 脚脉冲输出端电压为 0V，测得芯片 1、2、3 脚电压均正常。4 脚电压为 1.8V，略低于正常电压（2.1V 左右），用示波器测 4 脚发现无锯齿波脉冲。

前检修者怀疑振荡芯片不良，连换四片芯片后均无效。

测 4 脚对地电阻，明显偏小，其它正常机器上该引脚对地电阻为 10kΩ 以上，本机为 3kΩ 左右，明显偏低。拆下芯片及其外围元件，使 4 脚焊盘悬空，测得焊盘对地电阻值约为 9kΩ，不为无穷大，判断 4 脚过孔或铜箔对 5 脚接地点有漏电点存在。因此非电子元件损坏，而是线路板有漏电故障，不能判断能否修复。

故障分析和检修 此时在 4 脚与地之间，试加 30V DC，显示电流值为几十毫安，且随施加电源时间变长，此电流值愈来愈小，待此电流小至数毫安且为稳定值时，停电再测 4 脚对地电阻值，变为 60kΩ 以上。恢复芯片和 4 脚元件，上电发现故障排除。

某点电压异常，不一定就是该点元器件损坏，电路板本身不良也是故障原因之一。可试拆除该点元件使之悬空，用加较高电压“烧一下”的办法进行修复，仍有修复的可能。

实例 32

变频器上电后开关电源输出电压偏低

故障表现和诊断 机器上电后，感觉开关电源起振困难：操作显示面板有时能顺利亮起来，有时需停电再重新上电一次或数次，面板才能亮起来（此前已排除面板电缆接触不良的原因）。电源工作后测得输出 15V 处电压为 11V，24V 处为 19V，都偏低，稳压采样为 +15V，+5V 为三端稳压器处理所得，故面板能正常显示。初步判断稳压反馈电路有问题。

故障分析和检修 示波器测振荡芯片（2844B）6 脚脉冲占空比偏小。分析原因为输出脉冲占空比小，与芯片 1 脚和 3 脚状态相关。1、2 脚接反馈光耦 3、4 脚，稳压电路没有问题。3 脚与 7 脚之间接有 18V 稳压二极管，怀疑此稳压二极管不良，拆除后，开关电源工作正常。

输出电压低，如果不是自供电不足，可能是发生了稳压误控或过流起控的原因。本例为后者。

该例开关电源，增设了ZD1、R1过电压保护电路（图1-37），ZD1的击穿值一般选取18～22V左右，R1为限流电阻，一般取值为数千欧姆。正常工作中，U1的供电电压低于ZD1击穿值，过压保护电路不动作；当发生稳压失控故障时，ZD1击穿，使3脚电压高于1V，变过电压保护为过流保护，从而引发芯片内部过流起控动作，起到停振保护作用。如果电路未采用其它保护措施，则故障表现仍为间歇振荡。

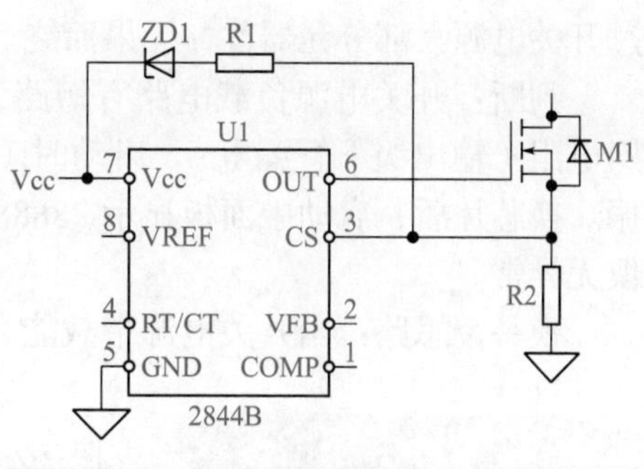

图1-37 过压保护电路简图

实例33

变频器上电后开关电源未工作

故障表现和诊断 开关电源采用3842B芯片。初步检测未发现明显坏件。

① 整机连接，从R、S、T端上三相380V电源，开关电源不工作，各路输出电压都为0V。

② 检测开关电源各部分电路未见异常，为芯片单独上电和为稳压反馈电路单独上电，检测正常。

③ 当R、S、T端上三相380V电源和芯片供电电源17V一块供电时，整机工作正常。

④ 开关电源工作正常后，撤掉外加芯片17V电源，开关电源能保持正常工作。

结论为开关电源的自供电电路无问题，故障在启动电路。

启动电路的电阻值（680kΩ）无问题，当将电阻值减小至300kΩ时，仍不能正常启动。

其中：查无负载短路，开关管无温升；自供电不足原因也得以排除；上电激励能力不足，将启动电阻减小后也无变化；振荡芯片外围都无问题。判断是芯片本身的问题。

代换3842B芯片后工作正常。故障为振荡芯片性能劣化所致。

实例34

开关电源带载能力差故障之一

故障表现和诊断 变频器启动时面板短暂熄灭，电路板上继电器吸合或释放，启动失败，面板重新正常点亮，貌似经历了一个重新上电的过程。对此例故障，前检修者已换过开关电源大部分元器件，无果而终。

判断：开关电源负载电路有短路，查驱动芯片 A3120，其中一片的 5、6 脚之间有百欧姆电阻（输出级下管漏电），启动时（上管导通）造成驱动电源短路，开关电源因过载而停振。换芯片后，启动中面板显示“88888”，继电器也有动作响声。查负载电路及 IGBT 模块，俱无异常。

换一个思路：当开关电源带载能力差时，也会发现此类故障。

故障分析和检修 查振荡小板供电电源（振荡芯片采用 UC384X 系列器件）电路，其 7 脚启动与供电电路，外围元件数量多，如图 1-38 所示。

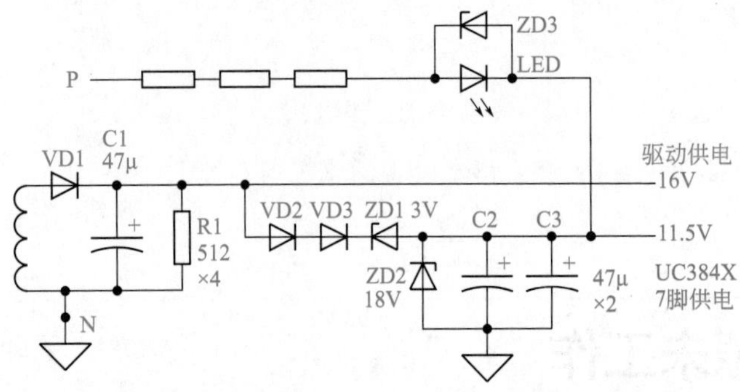

图 1-38 振荡芯片 7 脚外部启动与供电电源电路

测得 C1、C2、C3 容量与交流内阻均无异常，对串入 ZD1 稳压管的供电支路结构表示不解。通常，1W 稳压二极管的典型工作电流仅为十毫安级，根据经验，芯片回路的常态工作电源约在 12 ~ 15mA，串接 Z1，几乎无电流裕量，而 C2、C3 的峰值充放电电流显然会远超 ZD2 的流通能力，会造成其老化、内阻变大等现象。另外，16V 驱动供电，再经 VD2、VD3、ZD3 的串联降压，使振荡芯片 7 脚的供电电压低至 11.5V（稍高于芯片 10V 欠电压动作阈值），但对于开关管而言，芯片脉冲电压的峰值很可能仅为 10V 左右，则会令其开关动作性能大打折扣。

对图 1-38 中所有元器件细加检测，没有发现问题。

果断将 VD3 与 ZD1 短接，上电启动运行，工作正常。

小结

此故障又是一个未发现故障元件，但开关电源已不能正常工作的例子。检测仪表或工具无能为力之后，最后的决定因素是人的思路，修复与否还是在方法上，而非在检测仪表和配件。

代换元件是检修，增加元件是检测，减掉一些元件，同样还是检修，而且可能是唯一能保障检修成功的方法。

痛说“三大电源”

本例故障不是针对某一台故障变频器，而是凡是够得上“三大电源”资格的，都会表现为查无故障元件，修复难度为五星级以上，常规修理无路可走，具有需“减件”才能修复的特点。

故障表现

大致有 3 种故障表现：

① 上电后测得振荡芯片 384X 的 5、7 脚供电电压偏低（如 11.5V）。开关电源空载（断开 MCU 主板及面板的连接）时，各路输出电压（如 +5V、+15V、−15V 等）为正常值；带载后，各路电压值偏低（如 5V 降为 4.3V，15V 降为 13V）。停机状态，面板正常显示，启动过程中面板无显示，或显示“88888”或显示“-----”。

② 上电测得振荡芯片 384X 的 5、7 脚供电电压稍偏低（如 11.5V）。且各路输出电压均偏低一些（如 15V 为 13.5V，5V 为 4.6V）。相关操作失灵，操作显示面板显示“88888”或“-----”，意味着 MCU 主板因 +5V 电压偏低已处于程序运行停止状态。

③ 上电后测得振荡芯片 384X 的 5、7 脚供电电压更低，如 7.6V 或较低的波动电压。操作显示面板不亮，各路输出电压为 0V，显然开关电源没有起振工作。

故障诊断与检测

如上述，电源不起振、输出电压低、带载能力差等 3 个方面，都和开关电源本身有关，重点是振荡芯片的自供电支路和开关管的驱动支路。在检测中未发现异常元件。将有疑点的元件，如电解电容和整流二极管、振荡芯片、基准电压源、开关管、开关变压器等关键器件大部分进行了换新，没有效果。

检修电路故障一般的常识是：电路工作失常必有故障元件，找出（并代换）故障元件，故障必然修复。但该类故障的结论是：查无坏件，但工作失常。

电路构成

数十年之内，修复过多例此类故障后，笔者总结出该类电源具有三大特点，可称之为“三大电源”。归纳为如图 1-39 所示的电路。

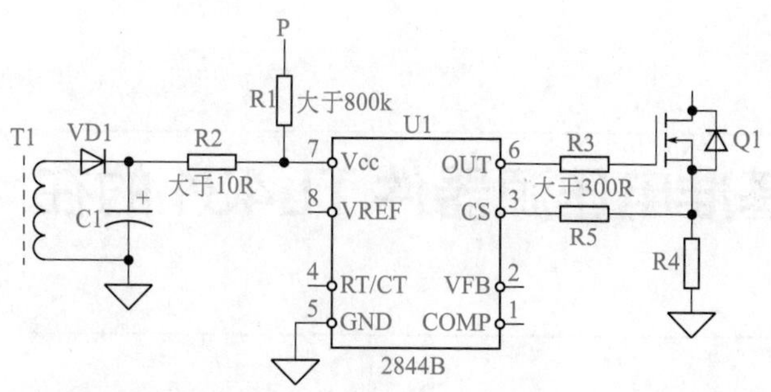

图 1-39 “三大电源”示意图

何谓“三大电源”：

① 开关管栅极电阻 R3 取值过大，有可能使 Q1 出现欠激励状态，从而导致输出电压低或带载能力差。R3 电阻值的常规取值约为 20 ～ 120Ω。若取值大于 300Ω，可视为过大。

② U1 振荡芯片的 7 脚启动与供电支路中，R1 为启动电阻，阻值以能提供芯片 7 脚 1mA 左右的起振电流的值为适宜阻值。芯片需要提供最小为 0.5mA 的起振电流，R1 提供两倍余量的起振电流刚刚好。在 500V DC 供电电压条件下，可知此电阻的合理取值范围为 300 ～ 750kΩ。

该电阻取值若大于 800kΩ，则可判断起振成功的概率大大减小，甚至造成上电不能起振的故障。

③ 芯片 7 脚供电电源支路中，串联电阻 R2 的正常取值等于 0Ω（即无需此串联电阻）。

供电支路串联电阻 R2 以后，增大了电源内阻（设计者初衷可能是为了增大滤波时间常数，使电源电压更加稳定），由此增大了电源起振失败概率。

某些实例取值 10Ω（尚可）、30 ～ 91Ω，开关电源工作一段时间后某些元器件老化，会导致起振困难、输出电压低或带载能力差等故障；取值 91Ω 或至 100Ω，更会增加故障发生概率。

故障修复方法 变“三大”为正常，即为根本修复方法。其步骤是：

① 如果电路中存在 R2，摘掉，短路线连接其焊盘。故障就此修复的概率最大。

② 有改善，但未彻底解决问题，进一步调整 R1 为 500kΩ 左右。可能就此修复，也可能未能奏效。

③ 继续调整 R3 为 75Ω 左右。一般情况下彻底修复。

④ 仍有问题，可能 R4 阻值变大或换错，调整至 1.5Ω 左右（大于 4Ω 即为异常）。

修复成功后的开关电源，测量芯片 7 脚供电，多能恢复至 14V 左右，因而测 7 脚工作电压，若低于 12V，则可判断为自供电偏低，导致输出带载能力差的现象发生。

查无故障元件，但不能正常工作。开关电源出现了亚健康状态，单纯的元件代换已经不能解决问题。

坚决调整：变“三大”为正常，代换不能解决问题，可以调整电阻值，改善微循环，彻底解决问题。

实例 36

开关电源反馈电路中基准电压源器件 TL431 的在线确诊

故障表现和诊断 开关电源稳压电路失控，必有两个结果：

① 要么各路输出电压变得很高（如 24V 成了 42V），通电时间稍长，既会导致部分器件烧毁，又形成短路过载故障，使开关电源处于间歇振荡状态。

② 要么输出电压偏低或极低，各个负载电路均不能正常工作，整台机器处于“罢工期”。

稳压反馈电路，通常由基准电压源 TL431 器件和光电耦合器及附属元件构成。

故障分析和检修 在线与上电状态，已经营造了测量 TL431 的最佳的测试条件。具有在线电阻检测或离线电阻测量所无法具备的优势。

① 检测方便简单，仅需采用万用表的直流电压挡。

② 检测精准到位，基本上能确诊元器件的好坏。

以 2.5V 基准电压源 TL431 的在线检测为例（参见如图 1-40 所示电路，图中 LED1 是光电耦合器的输入侧），万用表的表笔仅须搭上两搭，即可得出对图 1-40 所示电路中 U1，乃至 U1 外围所有元件好坏的判断。

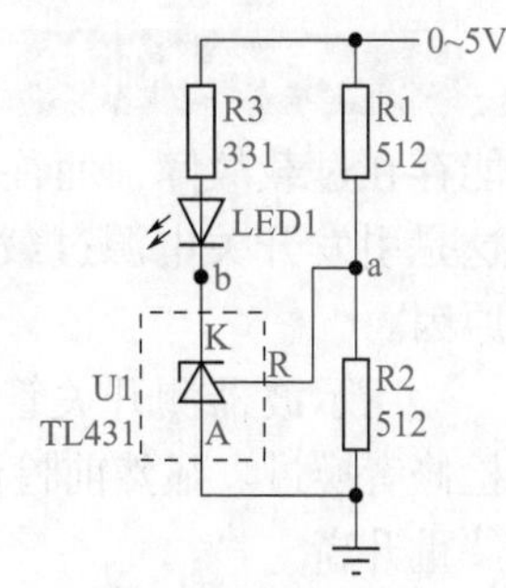

图 1-40　TL431 基准电压源在线测试示意图

单独针对 U1 进行检测时：

① a 点电压低于 2.5V，b 点电压随外加 0 ～ 5V 的高低而变化并等于外供电压。

② a 点电压高于 2.5V，b 点电压低于 2V（约为 1.8V）。

若符合上述检测结果，则 U1 及外电路均好。此处，可把 U1 称为 2.5V 电压的检测开关，当其 R 端低于 2.5V 时，A、K 极间等效开关是断开的；当其 R 端高于 2.5V 时，A、K 极间等效开关是闭合的。

以上是好的工作状态。略说几种坏的情况：

①（采样电路供电 5V 时），a 点不为 2.5V，测得 R1、R2 正常，则 U1 坏。

②（采样电路供电 5V 以上时），a 点电压高于 2.5V（分压正常），b 点也高于 5V，U1 坏（A、K 极间断路）。

③（采样电路供电低于 5V 时），b 点有电压，但此电压低于 2V，说明 U1 坏（A、K 极间漏电或短路）。

④（采样电路供电电压无论为多少时），b 点电压为 0V，R3、LED1 有断路，或 U1 的 A、K 极间短路。

实际检修中，U1 损坏的概率较高。另外，采样电路的电阻变值或虚焊故障，也易发生。

实例 37

开关电源带载能力差故障之二

故障表现和诊断 一台机器，启动时面板熄灭，变频器停振，瞬即又恢复显示。同步监测开关电源各路输出电压，同时降为零点几伏，然后又有输出电压。

电源停振和启动动作有关，引发电源停振的原因如下：

① 驱动电路如末级功率对管有问题，启动时造成驱动电源的短路。

② 风扇损坏，启动之际达到运转条件，造成 24V 电源短路。

③ IGBT 模块有软击穿，在维修电源限流供电模式下，导致直流母线电压严重跌落至开关电源停振水平。

④ 开关电源带载能力变差。

检修者往往容易忽略第 4 点，开关电源的带载能力变差，启动运行中微量增加的驱动电路的输出电流，或风扇运转电流，会造成输出电压跌落。

故障分析和检修 检查无问题。发现开关管上电数分钟后温升异常。按经验，可能存在过载故障，而往往必定有与开关管同时温升异常的元件（如吸收回路二极管漏电），这是引发开关电源过载的根源。检查各路负载电流，均在正常范围以内。由此排除了过载原因。

用示波器测开关管 G、S 极波形，赫然显示脉冲频率为 393kHz。检查振荡电容，被前检修者换过。显然前检修者已查到故障点，但代换定时电容的容量不合适，导致其振荡频率严重升高。

振荡芯片为 2842B，将定时电阻换为 10kΩ，将定时电容换为 4700pF，测得开关管 G、S 极间的脉冲频率约为 38kHz，开关电源恢复工作正常。

小结

因换错定时电容，致使振荡频率上升，开关变压器感抗剧增、储能剧减，各路输出电源的供电能力变弱（电流 / 功率输出能力差，空载电压尚正常），反馈回路停止工作，使振荡芯片输出最大占空比的脉冲电压，开关管开关损耗增大是温升异常的原因。启动电路投入工作形成的加载动作，使各路输出电压跌落，导致面板熄灭，表现出带载能力严重不足的故障现象。

实例 38

开关电源带载能力差故障之三

故障表现和诊断 一台西川 XC5000 型 18.5kW 变频器，待机状态正常，启动时面板显示“88888”，工作表现异常。因为故障表现与启动动作相关，故首先查看两个散热风扇（供电 24V 额定电流 0.3A）。将风扇供电端子脱开电路板后，变频器运行正常。单独加电检测散热风扇，运转正常（实际工作电流 0.25A，小于标称额定电流），故排除掉散热风扇不良的原因。

脱开散热风扇供电，电源减载后工作正常，由此判断故障为电源带载能力差。启动后因风扇运行致使 MCU 器件供电低落，引发系统复位动作。

电路构成 如图 1-41 所示为西川 XC5000 型 18.5kW 变频器开关电源电路图。

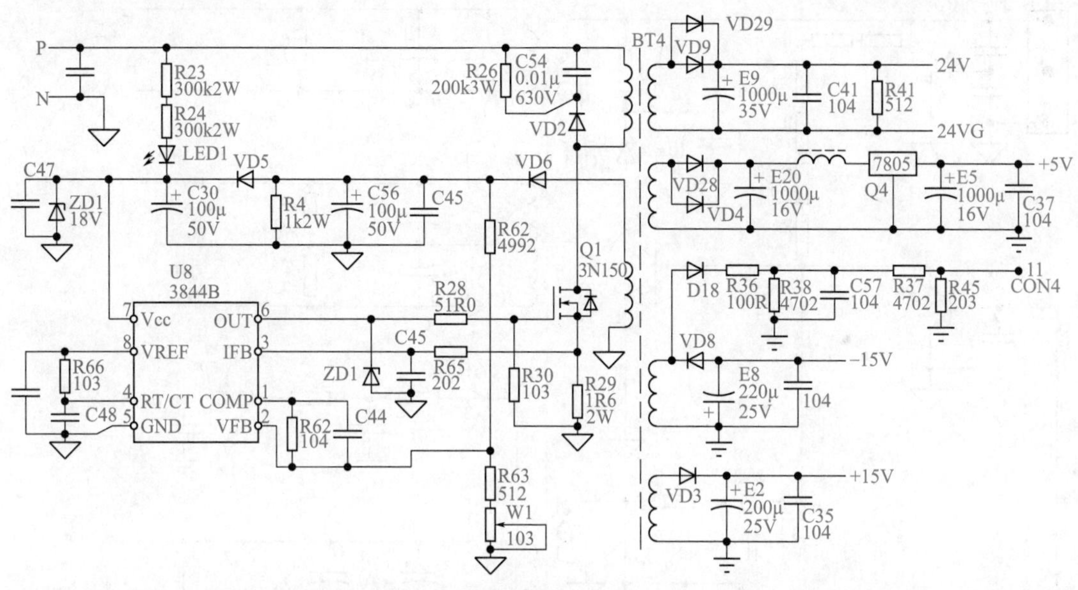

图1-41 西川 XC5000 型 18.5kW 变频器开关电源电路图

故障分析和检修 查看 +5V 供电电源，为 +6.8V 整流滤波电压，经 L7805LV 三端稳压器取出 5V。想到 78 系列稳压器为（3V）高压差稳压电源器件，查资料证实 L7805LV 器件的最小压差是 2V，对 6.8V 输入供电来说，其实就差那么一点儿。进一步测其它供电，如 +15V、−15V 等，均已达额定值以上。判断可能是设计者对器件选型不当或前检修者换件不当所致，此处应选用低压差（1V）器件为宜。修复方法：

① 试换用 LM2940-5.0（最小压差为 0.8V）稳压器，上电试机正常。

② 还可以微调电位器，使输出电压由 6.8V 升至 7.1V，则 MCU 主板供电电压可以恢复正常值。

实例 39

开关电源带载能力差故障之四

故障表现和诊断 某品牌 7.5kW 变频器上电显示正常，启动时操作显示面板显示“8888”，不能正常运行。经初步检测，判断为开关电源带载能力差。

电路构成 本机型开关电源电路如图 1-42 所示。开关变压器的 N1、N2、N3 回路元件为了分析方便，另行标注（相关元件值为实际值）。

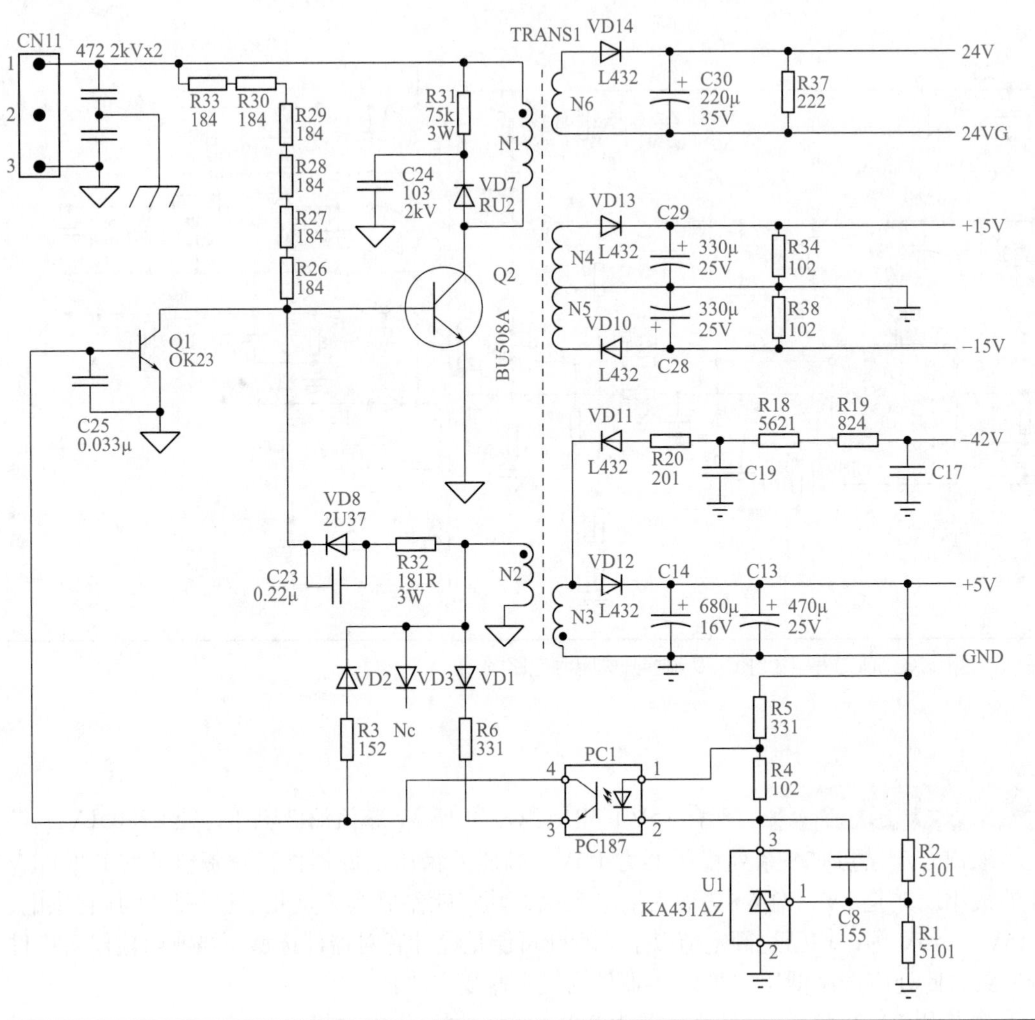

图 1-42 某品牌 7.5kW 变频器开关电源电路图

故障分析和检修 本例故障为拔下 MCU 主板后各路输出电压正常，接上主板，开关电源出现间歇振荡。检查后发现反馈光耦 PC1 的 3、4 脚颠倒了。

排除过载原因后，检查剩下的振荡与稳压回路，无问题。

问题可能在于 PC1 的接法，倒过来一试，间歇振荡现象更严重了。显然不是问题所在。

对比类似电路，此开关电源电路中 R32 取值偏大，用 100Ω 电阻代换，开关电源工作恢复正常。

笔者还是郁闷于 PC1 的接法，思考后想到：PC1 的输出侧为光敏三极管，而三极管——测量过其放大倍数的人均有此经验——反向也能通，只不过不如正向应用通得好。如此利用反向电流控制 Q1，实现分流式稳压控制也是成立的，只不过控制灵敏度会降低一些。

小结

带载能力差，实质上是 R32 取值过大，导致 Q2 激励能力偏小所致。因而试图将 PC1 的 3、4 脚"正"过来的做法，和人渴了反而吃盐一样，加剧了 Q2 激励能力偏弱的境地，故障现象反而加重了。

顺便说明一下，笔者修复后忍不住又试验了一下：将 R32 调整为 100Ω，将 PC1 的 3、4 脚改为正常接法，开关电源工作正常。

实例 40

报警母线欠压故障，原来为开关电源故障

故障分析和检修 深川 SVF-EV-G18.5/P22T4 型变频器，启动报 E10，查说明书故障代码为母线欠压故障。

检测直流母线电压值，上电 500V，显示 480V，有点不甚要紧的小偏差。启动过程中测 +5V 等控制电源电压，均有瞬时回落现象，判断开关电源带负载能力稍差。

这种情况下，开关电源的大部分器件查无异常，按"三大电源"的思路查了一下，本电源尚未能列入其中。

试在启动电阻 474（电阻体上印字）上并联 1MΩ 电阻，变频器运行正常。

小结

开关电源的启动或运行瞬间，对开关管的"激励能量"欠那么一点点，整机工作即处于"异常状态"下。要想办法提升开关管的激励能量，开个"补气养血"的方子才好用。

实例 41

开关电源各路输出电压均偏低

故障表现和检修 一台故障变频器，操作显示面板不亮，开关电源已经工作，

+5V 由三端稳压器取得，7805 输出为 4V，输入为 5.4V，+15V 电源电压为 +12V，对于 24V 散热风扇电源，用万用表笔努力测了两次电压，未显示数值（当时怀疑是测试点漆皮厚的原因）。

检测六路驱动电路的供电电压，相当奇怪，三相驱动电路的供电电压逐次变低：

① U 相驱动电路的工作电压 +17V，−9V。

② V 相驱动电路的工作电压 +14V，−9V。

③ W 相驱动电路的工作电压 +12V，−9V。

其特点是正的开通电压逐次降低，而负的供电电压保持不变，说明 −9V 为稳压输出，故不变，正的供电非稳压处理，故逐次降低。但逐次降低的缘由何在？

停电查驱动电路供电电源各元件，无异常。

又想起 24V 散热风扇电源，仔细测量其电压，确实为 0V，经检查原来是并联的两个整流二极管的其中一个短路。如图 1-43 所示。

图 1-43 中采用 VD1、VD2 两个二极管并联，是考虑到散热风扇所需工作电流较大（0.2 ~ 0.8A），故并联整流器件而扩流。VD1 的短路导致开关变压器 T1 磁饱和现象的发生，致使各路电源电压大为降低。

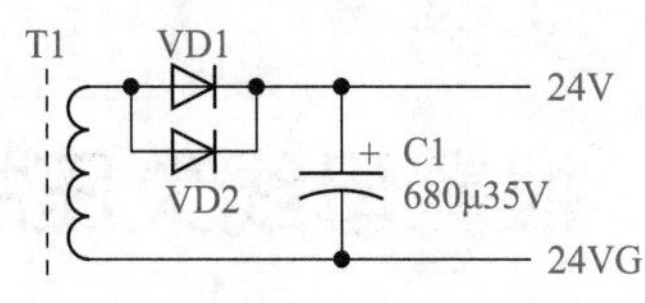

图 1-43　开关电源 24V 散热风扇电源电路

将 VD1、VD2 都取下，也不管整流二极管原来的型号了，用手头的一个型号为 US2G 的整流二极管来取代。上电后待风扇运行 10 分钟，手摸所换二极管无明显温升，故障修复。

小结

因尚未达到振荡芯片过载起控点（可能是开关管 S 极所串联电阻设计值过小所致，如取值 0.33Ω），所以当负载回路有短路时并不一定会引发过流保护动作（间歇振荡），导致各路供电电压偏低，且表现怪异。

实例 42

开关电源空载正常，带载后出现“打嗝”声

故障表现和诊断 英威腾风扇供电板，空载正常，带载后输出电压波动。

单独检修此电路板，在 CN3 供电端接入维修电源 500V DC，测得空载电压约为 24.5V，正常。为了检验电源的带载能力，采用 20Ω 100W 瓷片式功率电阻作为负载（计算出的正常负载电流略大于 1A），接入电阻负载后，开关电源出现“打嗝”声，即出现间歇振荡现象，电源输出端电压在 5 ~ 13V 之间摆动，判断为开关电源带载能力变差。

故障分析和检修 就本电路（参见图 1-14）而言，带载能力差，牵涉较多的故障环节，故应注重对电路中电容器件的检查。

电源的间歇振荡，由 3 种故障原因所导致：

① 稳压反馈电路工作异常，因稳压失控导致了过电压情况的发生。（本例此项可排除）

② 芯片自供电能量不足，或开关电源中开关管的激励脉冲能量不足，或逆变主电路能量不足，导致振荡芯片欠电压保护起控。

③ 过载故障导致振荡芯片的过流保护起控，或因故障引发误过流起控动作。

本电源电路检修内容：

a. 先按上述②所述，重点检测了有关“能量供应”的数个电容，如 C13、C14、C17、C18、C19、C20、C11、C28 等，均无异常，对 C13、C14 进行了代换试验（据经验，一般的检测手段对此电容效果不大），也无效。

b. 由上述③，判断该电路可能因电流反馈信号电路异常，引发了错误的过流起控动作。

工作电流采样与反馈信号电路，由并联电阻 R42、R43 和 R55、R56，R57 分压电路及芯片 U2 的 10 脚内部电路构成，在线测得 R57 电阻两端的阻值为 10kΩ 以上，而此电阻体上的印字为 01B（电阻值为 1kΩ），判断该电路已经断路，代换 R57 后，故障修复。

PWM 型电源芯片，往往为电流、电压双闭环，电流信号异常时，也会影响到输出电压值。需注意，空负载电流达 1A 后出现输出电压波动，可见稳压电路是好的，显然是发生了过电流保护动作。

实例 43

散热风扇运转无力，除 +5V 正常以外，其它电源电压均偏低

——中达 VFD-B 型 22kW 变频器开关电源输出电压偏低

故障表现和诊断 启动运行后风扇运行无力，时有停转现象。检测开关电源的各路输出电压，除 +5V 正常外，其它各路输出电压均偏低，如 15V 变为 11.5V，24V 风扇供电电源电压变为 15V。虽然偏低于正常值，却都为稳定值。确定为开关电源电路带载能力差。

电路构成 参见图 1-3，电路原理分析从略。

故障分析和检修 检修步骤：

① 排除负载过载原因。

② 按带载能力检查。a. 测试振荡芯片 7 脚供电的滤波电容 DC79，脉冲传输电容 DC26、DC28 的容量和交流内阻；b. 测振荡芯片 4 脚振荡频率，应为 40kHz 左右，偏差过大时查 DC100 电容的容量；c. 查 DQ17、DQ18、DR40、DR41 等脉冲传输电路元件是否正常；d. 查 DR44 有无变值，引发错误的脉冲限幅动作；e. 查 D D25、D D58 正反向钳位二极管有无漏电，引发过载起控。

以上都没有问题。随之采用各部分电路单独上电测试的方法，意图由此找出故障点。

① 试调整 P*、N 端供电电压的高低，监测各路输出电源电压，基本上稳定不变，说明稳压控制起作用，但稳压值偏低。

② 单独上电（在反馈采样电路 DR90、DR91 上 0 ~ 10V 电压）检测 DU5、DPH8 等稳压反馈电路，动作正常。按 DR90、DR91 推算其稳压（或称稳压反馈动作起控点）值在 9.8V 左右，送入 0 ~ 10V 可调直流电压信号，检测 DPH8 的 3、4 脚电阻变化，发现正常。

③ 为振荡芯片供电引脚单独上电 16.5V，检测其各引脚电压，测两个开关管的 G、S 极波形，均正常，未发现可疑之处。

④ 检修进入攻坚阶段。采用将稳压反馈电路和振荡芯片同时上电的办法，同样送入可调 0 ~ 10V 电压采样信号，同时监测振荡芯片 1 脚和 6 脚的电压变化，终于发现问题所在：当稳压反馈电路送入的采样电压为 7.8V 左右时，DU6 的芯片 1 脚电压变为 1V 以下，同时 6 脚脉冲电压变化为 0V。稳压电路的反馈信号的起控点已经不是 9.8V，而变成了 7.8V。问题仍然出在稳压反馈的环节上。

如上所述，已经单独上电检测 DU6、DPH8 稳压反馈电路，并且测试结果是正常的。余下的电路环节仅剩下振荡芯片 1、2 脚的内、外部电路。

在线检测 DR190 的电阻值（标注为 4700），其值为 4kΩ 以上，判断已经坏掉，用新品代换后，上电试机，各输出电压恢复正常值。

分析：DR190 可视为光耦合器的负载电阻，是振荡芯片外部误差放大器的负载电阻，当其阻值变大时，相当于大大提升了误差放大器的电压放大灵敏度，此时当采样电压未上升至 9.8V 时，因 DU5 的微弱导通形成了 DPH8 的微弱导通电流，即在 DR190 上产生了相当大的信号电压降，从而使 DU6 芯片内部放大器提前起控，DU6 芯片 6 脚输出占空比减小，各路输出电压降低。

若 DR190 为正常值，此微弱电流流经 DR190 形成的电压降微小到可以忽略不计。

稳压反馈电路的任一环节出现问题，都会使输出电压偏离正常值。单一电路的独立检测，确有其局限性。有时候两个或两个以上电路共同工作时，才能将故障环节暴露出来。电路检修，既需要细节功夫，也需要统观全局的宏观眼光。

日立 SJ300 型 7.5kW 变频器上电无反应

故障表现和诊断 日立变频器一台，上电无反应。经初步检测，落实于开关电源电路故障。本例电路采用 IC1（16107FP）芯片，与常见 384X 芯片不同的地方略述如下（因无相关中文资料，仅据测绘图纸进行分析）。

① 差分反馈电压信号输入电路。即有 IN+ 和 IN− 两个输入端（11、14 脚），单端应用时，通常将 IN+ 接地。

② 3 个引脚（6、7、8 脚）决定频率基准。RT1、RT2（定时电阻：分别决定充、放电时间）和 CT（定时电容）等 3 个引脚，不仅决定基准频率值的多少，也可由设计者决定输出脉冲最大占空比和脉冲死区时间，以适应开关变压器的初、次级匝数比。

③ 电流输入信号端有 CL+ 和 CL− 两个输入端口（3、5 脚），仍为差分输入模式，单端输入时将 CL− 接地。

④ 过压保护或软启动，或为欠电压（开关管欠激励检测）保护（16 脚）。待上电验证之。

故障分析和检修 图 1-44 为日立 SJ300 型 7.5kW 变频器开关电源电路。测得 IC1 的 1 脚电压为 0V，停电查得启动电路 R184 断路，启动电压为 0V，导致开关电源停止工作。在修复故障之前，单独给 IC1 芯片的供电端 1 脚和 12 脚之间上电，进而验证和确定比较“陌生”的各引脚功能。

IC1 的 9 脚为基准电压输出端，正常值为 6.4V。当 1 脚常态电压低于 15V 时，9 脚无 6.4V 基准电压输出，说明芯片的起振电压值为 15V。

图 1-44 中 ZD1 为稳压二极管，击穿值为 15V。ZD1 击穿后影响到芯片 IC1 的 16 脚和 1 脚电压波动幅度，并进而控制 2 脚形成脉冲输出或停止脉冲输出。

换 R184 后开关电源工作正常。试机输出正常。

对于欠缺相关资料的 IC 器件，可通过对芯片单独上电的方法，由器件的工作表现、引脚外围电路形式和检测结果，大致判断器件引脚功能及故障点是在芯片内部还是在外围电路。

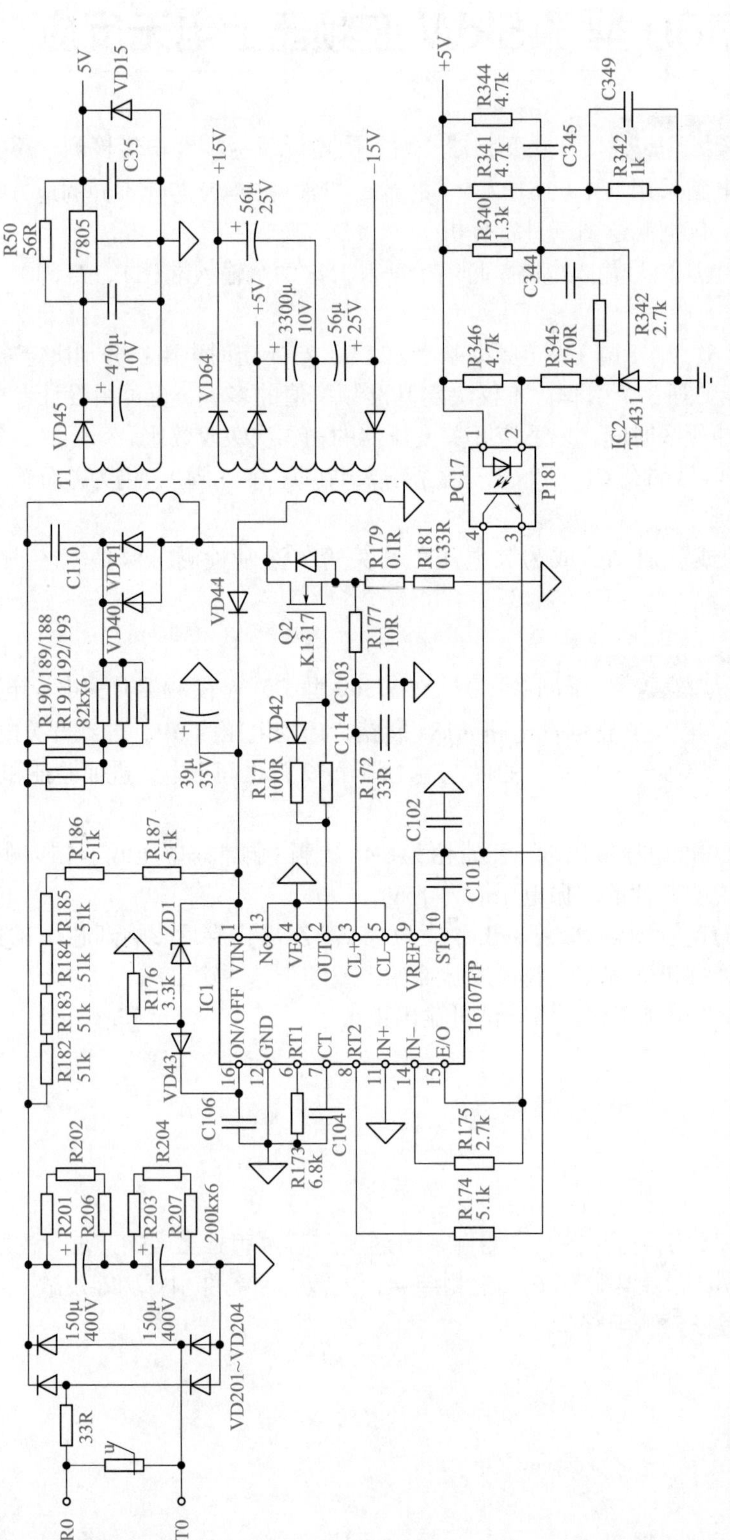

图1-44 日立 SJ300 型 7.5kW 变频器开关电源电路

实例 45

海利普 HLP-P 型 15kW 变频器自激式开关电源检修

故障分析和检修 海利普单管自激式开关电源，其电路图可参见图 1-2。检查出开关变压器、开关管及分流管损坏，换新后，测得 +15V、+5V 等输出电压均偏低且为稳定值。但驱动电路的 6 路供电电压均极低，其中有 5 路为 2.4V 左右，有 1 路为 0.7V 左右，手摸该路驱动芯片感觉烫手，更换后电源正常。该电路负载短路或过载后（但未达到过载停振水平），引起正反馈绕组感应电压降低，而使开关管的驱动能力不足，导致输出电压降低。

小结

根据经验，开关电源的输出供电电压均偏低，且程度不一时，哪路供电电压特低，哪路即存在负载故障。此时可将各路输出电压都测一遍，找出故障点。

作为自激式开关电源，当输出电压偏低时，不仅仅是由稳压失控所造成，负载电路产生过载故障，但并未达到设定过载动作阈值时，也会引起开关变压器次级绕组感应电压降低，至一定程度后引发输出电压偏低或输出电压波动等故障现象。

实例 46

不会“打嗝”的开关电源之二
——英威腾 CHF100 型 45kW 变频器开关电源上电不工作

故障表现和诊断 一台英威腾 CHF100 型 45kW 变频器，在生产线停机检修 3 天后，重新开机时，变频器面板不亮，对操作动作无反应。

测试主电路端子的正、反向电阻值，判断主电路无异常。上电 380V AC 后，测得 P、N 直流母线电压在 500V 以上，控制端子的 24V 和 10V 电压均为 0V，判断故障为开关电源没有工作。

电路构成 本电路（图 1-45）采用 284X 振荡芯片构成“精简模式”开关电源电路，有以下特点。

① 开关管的信号回路，开通、关断各行其道。芯片 2844B 的 PWM 脉冲输出端 6 脚信号，经 RP15、RP16 提供开关管 QP1 的开通信号；经 RP16、VDP3 提供关断信号。

② 外设“过压锁”电路，过电压保护后电源停止工作，不再产生间歇振荡现象。晶体三极管 QP2、QP3 及外围元件构成具有“晶闸管效应”的“过压锁”电路。稳压二极管 ZDP2、ZDP1 未击穿前，“晶闸管效应”的 QP2、QP3 电路不具备导通自锁条件，由稳压反馈电路控制芯片 1 脚电压的高低，实现稳压控制。异常状态下，因稳压失控造成芯片 7 脚电压升高，使 ZDP2、ZDP1 发生电压击穿，晶体三极管 QP2、QP3 导通并处于自锁状态，将芯片 1 脚接地，使开关电源停止工作，不会出现像其它开关电源一样的因故障导致“打嗝”的现象。

③ 外设“软启动”电路，避免上电期间输出电压出现过冲现象。由 VDP2、CP10、RP12 构成“软启动”电路，达到上电瞬间，使 1 脚电压由低缓慢升高，控制 6 脚输出脉冲占空比缓慢加大的效果，从而在上电期间使各路输出电压缓慢升高，避免输出电压瞬间过冲现象的出现。

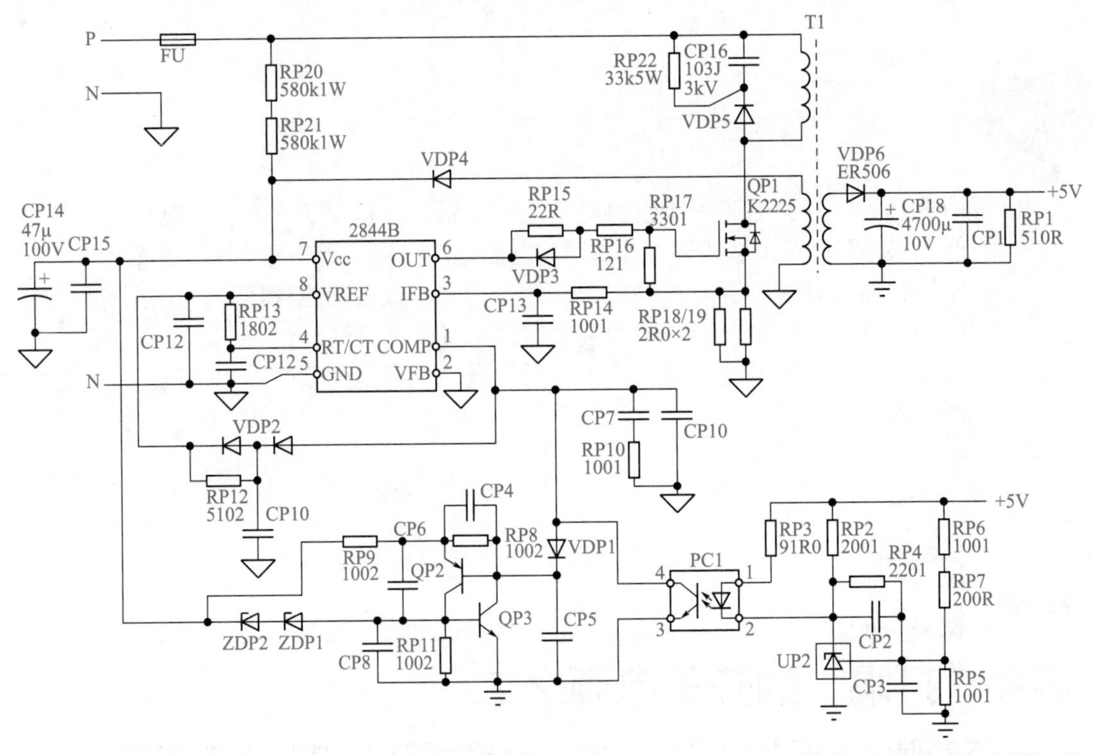

图 1-45　英威腾 CHF100 型 45kW 开关电源电路图

故障分析和检修 本例故障，单独检测振荡芯片与稳压反馈电路，发现均良好，直流母线上电 500V DC，开关电源不工作。停电检测图 1-45 所示电路各元器件都没有发现问题。重新上电测得 1 脚为 0.3V，说明由 QP2、QP3 及外围元件构成的具有“晶闸管效应”的“过压锁”电路已经处于过电压故障锁定状态。试断开 ZDP2、ZDP1、QP2、QP3 等任一元器件，电路即能恢复正常工作。但测量上述元件都正常。

那么是什么原因“触发”了由QP2、QP3构成的“晶闸管”呢？

疑点落在电容CP8身上，其并联于QP3的发射结上，起到吸收上电瞬时干扰，防止QP3误导通的作用。当其容量减小或失效时，会导致上述故障现象的产生。CP8为贴片电容，无标注容量，故原设计容量为未知量，试用4.7μF 50V电解电容并联在CP8上，上电开关电源起振工作，故障排除。

小结

查无坏件，但工作失常，其实往往是忽略了对电容元件的检测。

实例47

不是故障的故障表现之二

——佳乐JR8000型5.5kW变频器“拒绝”运行

故障表现 JR8000型5.5kW变频器，开关电源损坏，修复后试机，上电显示正常，能调参数，但无论改为面板控制还是端子控制，皆无反应，细看所供电源电压：原来是500V维修直流供电电源偏低、供电电压不足所致。调高供电电压值到500V左右，操控正常。

小结

直流母线供电电压低时，不报欠电压故障，也“拒绝”运行。千万不能把正常表现当成故障来检修。

实例48

不是故障的故障现象之三

——三垦SPF型7.5kW变频器“电源输出电压低”

故障分析和检修 开关电源故障，检查修复后，电源/驱动板单独上电检测，开关电源已经有了输出电压，但除 +5V 正常以外，其它各路输出电压均偏低，如驱动电路所需的 VU+、VU− 电源电压，仅为 10.5V，明显偏低。开关电源电路如图 1-46 所示。

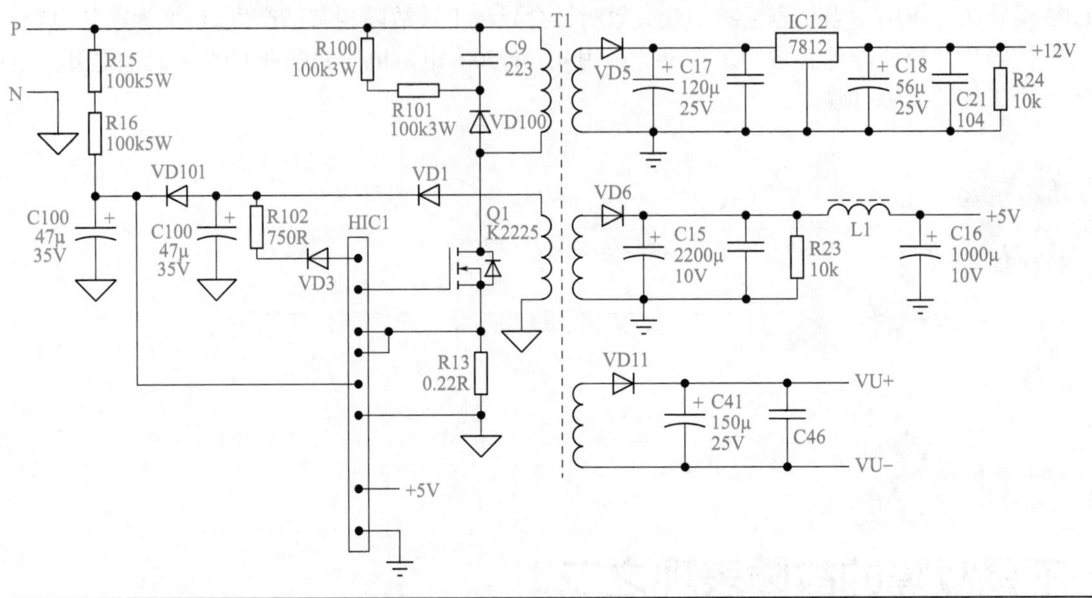

图 1-46　三星 SPF 型 7.5kW 变频器开关电源电路简图

反复检测图 1-46 中各元器件及单元电路，均无问题。暂停检测，需要思考一下：+5V 正常，说明稳压控制基本上是正常的，稳压控制采样自 +5V，此为“嫡系”电源，其它各路输出电压与稳压控制之间为“庶出”关系，其电压值自然不会如 +5V 一样精准，但应该也不会偏差太多，因为开关变压器各次级绕组之间大致是符合电压 / 匝数关系的。

再者，开关电源的稳压目标是保持+5V的恒定，其它各路输出电压的精度就“鞭长莫及”了。本机型 +5V 的滤波电容设计容量“特大”，总计为 3300μF（一般机型为数百微法级），空载时因电容储能作用，开关管工作于极小的脉冲占空比，即能满足保持 C15、C16 电容两端电压为 +5V 的幅度，则其它各路输出因滤波电容容量小，储能作用不明显，导致输出电压值统统偏低。

因此 +5V 正常，其它均偏低的“故障”为电路空载所致，并非是真的存在故障！

想至此，把 MCU 主板和面板与开关电源板连接起来上电，显示正常，测得各路输出电压均恢复正常值。

另外一个办法，也可以确认开关电源是正常的，在 C16 电容两端并联 30Ω3W 电阻，为电源“加载”，使控制开关管的脉冲占空比拉宽，令开关电源纳入正常工作轨道，则其它各路输出电压必然也会相应升高至正常值。

莫把“正常”当“故障”：当稳压采样点滤波电容容量“特大”时，须注意该种开关电源不宜空载，若空载将导致采样控制电压正常、其它各路输出均低的“故障”现象，或引起间歇振荡的“打嗝”现象。可由正常的电路连接或额外加载法，判断开关电源本身有无问题。

康沃 CVF-G 型 11kW 变频器上电无反应

故障分析和检修 康沃 CVF-G 型 11kW 变频器，确定为开关电源故障，电路可参见图 1-33。为 U2 振荡芯片单独上电，发现电源电流比一般机器要大些。检测芯片的 5、7 脚供电端，无明显短路元器件。上限流电源 17V，加到供电端，电压即变为 14.3V。

U2 芯片供电端并联有 ZD6 稳压二极管，用于稳压失控时的过电压保护，其击穿电压值一般采用 18 ～ 20V。摘下 ZD6 单独检测击穿电压值，为 14.3V，故障在此。

稳压二极管的损坏情况，一般为击穿或断路故障，较为常见，而本例所遇的击穿电压值“漂移”故障，稳压值由 18V 变为 14.3V，应该“存档备忘”了。

当 ZD6 击穿电压值“漂移”时，导致 U2 芯片起振电压为 16V 的工作条件无法具备，开关电源因此不能正常工作。

代换 18V 稳压二极管后故障排除。

正常元器件的表现都是一样的，而故障元器件则有多种多样的故障表现。如开路、短路、接触电阻变大、不稳定漏电等。成熟的检修者，要习惯元器件故障表现的多样性，从而作出正确判断。

实例 50

光耦合器劣化造成开关电源输出电压升高

故障分析和检修 开关电源稳压失控故障，前检修者换过 TL431 等元件，仍旧未排除不稳压故障，上电过程中因各路输出电压过高（驱动 24V 电源升高至 42V）造成多片驱动 IC 芯片烧毁。确定故障在开关电源的稳压回路（见图 1-47）。

单独给振荡芯片 IC201 的供电端上电，待其输出脉冲信号正常后，短接图 1-46 中的光耦 PC9 的 3、4 脚，测得 IC201 的输出脉冲消失，证实 PC9 的输出侧及 IC201 的 1、2 脚内、外部电路均正常，故障局限于 PC9 的输入侧及 IC202 外围电路上。

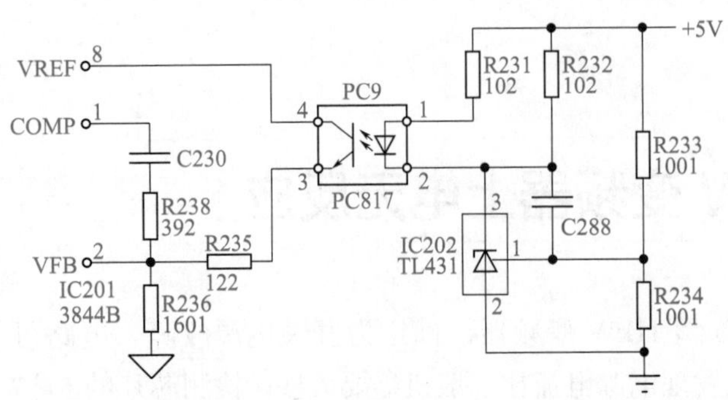

图1-47　稳压控制电路示例图

直接从光耦PC9的1、2脚送入10mA恒定电流信号，测3、4脚之间的电阻值变化情况：输入侧未给10mA信号时，为4kΩ左右；输入侧送入信号后，变为1.8kΩ（正常值应为300Ω）左右。证实该光耦器件已经劣化、失效，代换PC9后故障排除。

PC9光耦合器衰老或劣化、低效，造成输入至振荡芯片（印字3844B）2脚的电压信号降低，振荡芯片1脚的电压幅度过高，开关管的脉冲占空比增大，导致输出电压飙升，大面积IC器件烧毁。幸而未连接MCU主板，否则机器基本上报废。接下来检修驱动电路故障后，试机正常。

实例 51

士林SH-040型15kW变频器上电误报故障

士林SH-040型15kW变频器，上电或报ERROR，或报EI.FAN故障代码，有时能复位，有时不可复位。复位后能正常执行启、停操作，但U、V、W输出端无输出电压。

一时不能判断故障出在何处，先执行初始化操作，无效。

后测运放电路供电（图1-48），−15V正常，但+15V仅为+0.5V，判断+15V供电丢失，使检测电路信号状态异常。查三端稳压器7815两端滤波电容，仅为数欧姆。单独对+15V供电端上电15V，流通电流大于500mA，一会儿滤波电容C68发烫，更换损坏电容后修复。

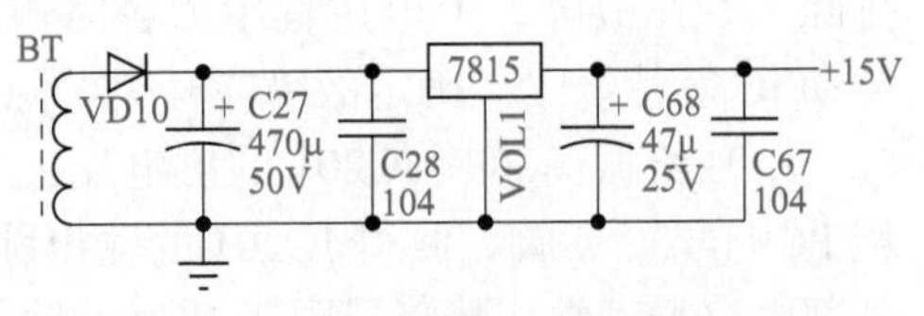

图1-48　+15V供电电源电路示例图

实例 52

艾默生 SK 型 2.2kW 变频器上电后开关电源“打嗝”

故障表现和诊断 两块艾默生 SK 型 2.2kW 板子，故障为电源 / 驱动板上电后出现间歇振荡现象，测得输出电压均偏低且波动。

此种故障现象与以下因素相关：

① 开关电源的负载电路有过载故障，引发限流乃至停振动作。

② 振荡芯片供电电源的能力不足，导致芯片出现欠电压保护动作。

③ 开关电源本身故障原因导致振荡频率过高或过低，前者使开关变压器感抗剧增，储能变少，后者导致感抗过小，引发过流限幅动作。

④ 其它原因。

电路构成 如图 1-49 所示，R203、R201、6Z 等构成储能电容均压与振荡芯片的启动电路，为典型的“身兼双职”。上电期间，6Z 尚不具备导通条件，此时 R203、R201 等元件作为 3844B 芯片的启动电路，为供电端 7 脚提供起振电流。开关电源起振工作后，开关管 6Z 具备开通条件而导通，R203、R201 等元件作为启动电路的“使命”已经结束，“转业”成为储能电容的“均压战士”。

因为 +5V 电源与直流母线共地，所以稳压反馈信号无须经光耦和基准电压源取得，而是直接由 +5V 经两个 18B 电阻分压后输入 3844B 芯片的 2 脚，实现稳压控制。

3844B 的 6 脚输出脉冲也以开通（经 330R）、关断（经 10R0 电阻和串联隔离二极管）各行其道的方式送至开关管 TR326 的 G 极。

故障分析和检修 据上述四个方面的原因逐一检查，确实未发现坏的元件，电源工作频率约为 40kHz，也是对的。单独给振荡芯片上电，测开关管 TR326 的 G、E 极波形，感觉不够“方正”(其它机器可是很方正的)，但测得的芯片 6 脚输出波形不为漂亮的矩形波。问题何在?

慢慢地疑点聚焦在330R的电阻身上，想到开关管G、E之间为电容效应，330R电阻(后文称作 RG）和开关管极电容（约为数千皮法）构成积分电路，若时间常数过大，会影响波形。常见 G 极电阻的取值范围为 30 ~ 120Ω，先将 330R 换为 51Ω 电阻，给芯片上电，观测开关管 TR326 的 G、E 极间波形，如图 1-50 所示。

给开关电源上电试机，“打嗝”现象有所缓解，输出电压也有一定程度的上升，电路仍然工作不正常。

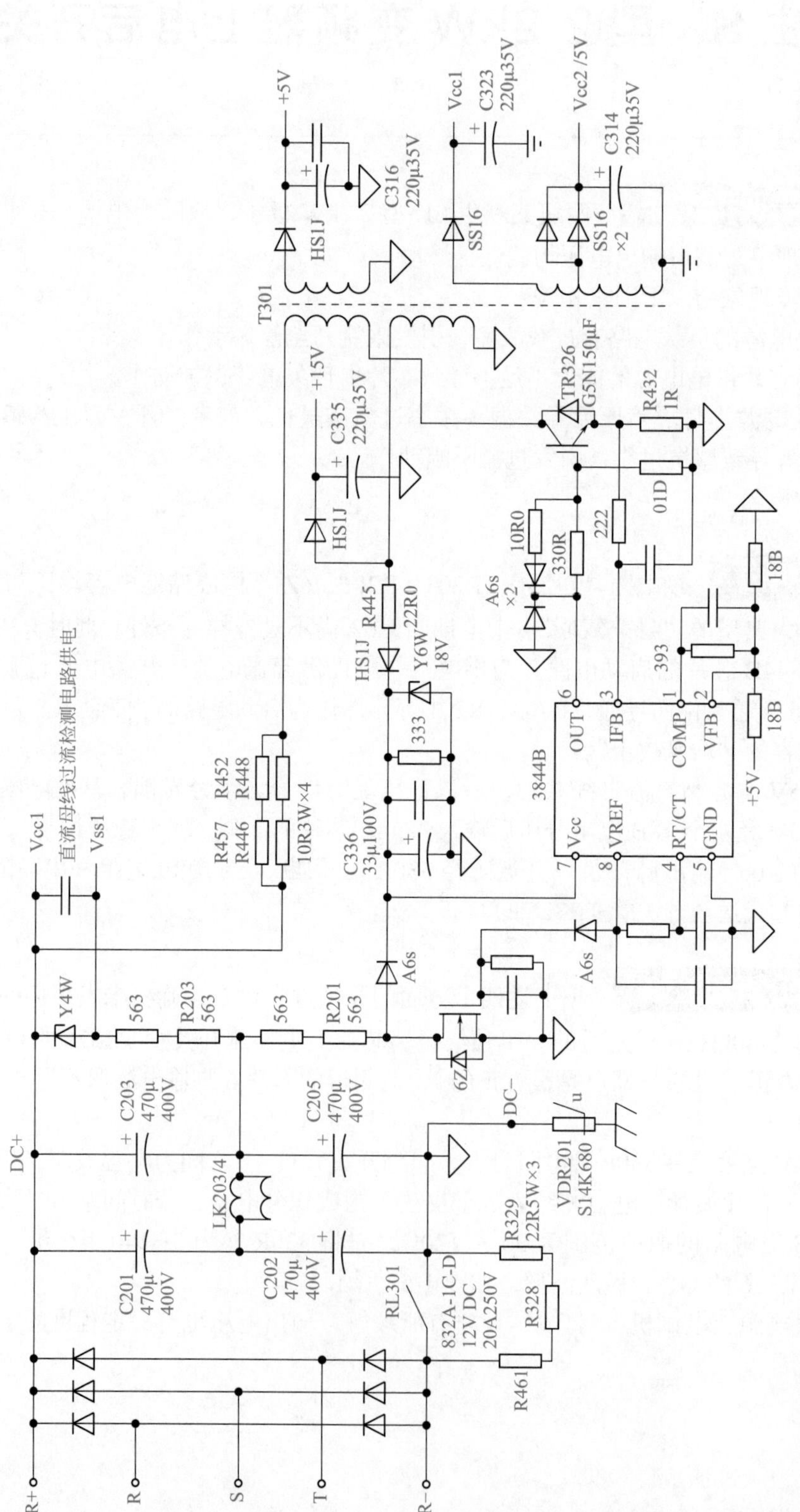

图 1-49 艾默生 SK 型 2.2kW 变频器开关电源电路图

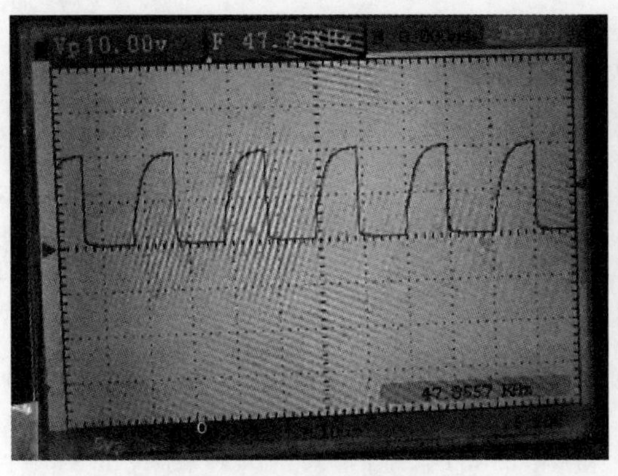

(a) RG为330R时的波形图

(b) RG为51Ω时的波形图

图1-50 更换RG电阻前后，开关管G极对地波形对照图

将DC+、DC- 高压端供电和3844B芯片5、7脚17V低压供电一块儿上，电源输出稳定的正常工作电压，通电十几分钟，由开关管和其它电路温升情况判断不存在过载故障。由此判断故障点仍在3844B芯片的7脚外电路上。7脚的供电电源由开关变压器次级绕组、电阻R445、HS1J整流二极管和滤波电容C336等有限的几个元件组成，检测了一遍并无坏件。整流回路中串联R445的原因可能是为增大滤波时间常数，使供电电压纹波更小，但客观上却使电源的电流输出能力降低了。笔者尝试将R445短接，上电试机，开关电源工作正常，故障排除。

小结

笔者和前检修者一样，也是未发现坏的元件，没换重要器件，只是调整了两个电阻的阻值，将其修复。

实例53

ABB-ACS800型110kW变频器上电“打嗝”

电路构成 电源/驱动板原机的开关管损坏，前检修者进行修复后出现上电“打嗝”故障。

手头刚好有75kW开关电源电路图，如图1-51所示，可作参考。

开关电源的供电取自UDC+、UDC- 直流母线电压，经X1端子引入。振荡芯片采用3844B器件，7脚起振电流和工作供电的引入，均由VD11及外围元件组成的恒流供电电路来提供，所以初看本电源有两个开关管，其实VD11并非工作于开关状态。另外，二极管VD5、VD11的G、E极回路元件，起到稳压控制作用，以保障振荡芯片的稳定工作。

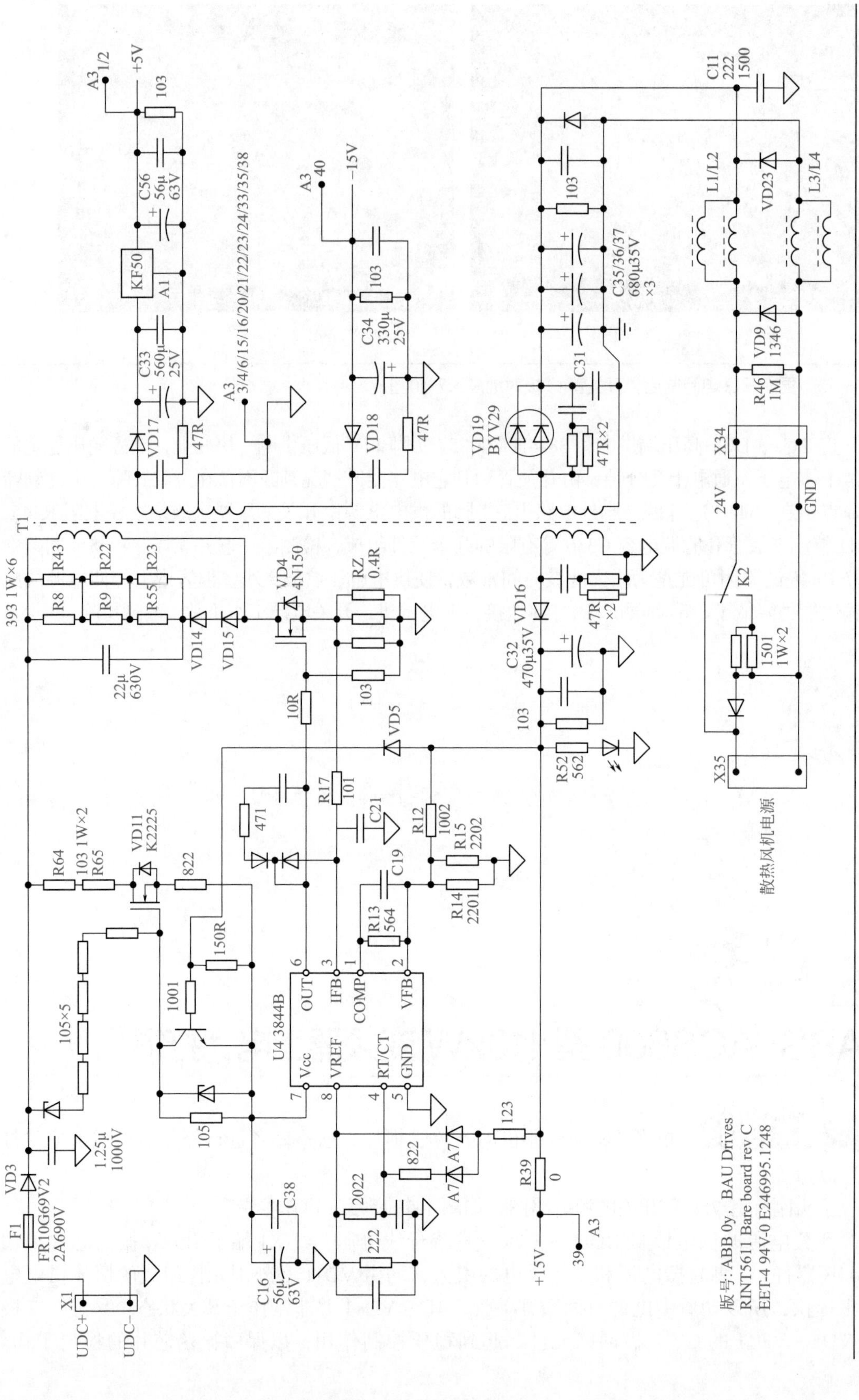

版号：ABB 0y，BAU Drives
RINT5611 Bare board rev C
EET-4 94V-0 E246995.1248

图 1-51　ABB-ACS800 型 75kW 变频器开关电源电路

因 +15V 电源和直流母线电压共地，所以直接经 R12、R14 分压得到输出电压采样信号，输入振荡芯片的 2 脚，实现稳压控制。RZ 是指开关管 S 极接地电阻（4 个并联电阻的总阻值），将工作电流信号转化成电压信号，输入至振荡芯片的 3 脚，实现电压、电流的双闭环控制。该信号电压小于 1V 但接近 1V 时，引发 6 脚输出脉冲的限幅动作（占空比急剧减小，输出电压极低），大于 1V 时则导致停振动作（间歇振荡）。

故障分析和检修 据故障表现，先将各负载电路检查了一遍，排除负载过载原因导致的“打嗝”；又在振荡芯片的 5、7 脚另行供入 16.5V 工作电压，排除因自供电能力不足引起的“打嗝”。至此结论已经呈现：仍然是由过载故障造成了“打嗝”。原因有三：

① 负载电路有过载现象，此点已经排除。

② 电流采样异常导致“打嗝”，这是一种错误的过载误报警，如 RZ 电阻值变大，将正常工作电流信号“处理”为过载信号。

③ 振荡频率严重偏低，如低于 10kHz，导致开关（脉冲）变压器 T1 感抗剧减，开关管饱和导通时瞬时流入电流值过大，引发过载起控动作。

检修步骤：

① 测得 U4 芯片 6 脚输出频率值为 7kHz，调整 4 脚定时电容至 1000pF 后，6 脚输出频率为 40kHz，上电 500V 以下，“打嗝”现象缓解，“打嗝”的间歇时间变长了，“打嗝”的声音变弱了。上电 530V 以上能稳定输出，供电 500V 以下不能“干活”，电源仍然有问题。

② 检测开关管 VD4 的 S 极电阻 RZ，在线测得电阻值达 1.3Ω，据经验，该机型开关电源的输出功率较大，此电阻有阻值变大之嫌，拆除两个贴片电阻，用一个 1Ω 电阻代换，测得 3 个电阻的总阻值为 0.7Ω。试机上电 200V 左右起振工作，输出电压稳定，故障排除。

开关电源“打嗝”的原因和牵扯电路较多，一定要思路清晰，检测到位，避免乱拆乱换造成故障扩大化。

实例 54

查不到坏件的开关电源故障之一

故障分析和检修 欧瑞 F1500 型 15kW 机器，上电闪烁显示 HF 代码，测 +5V 变低为 4.6V。确定故障在稳压控制环节（见图 1-52）。查稳压采样自下臂驱动供电正压 VN+，

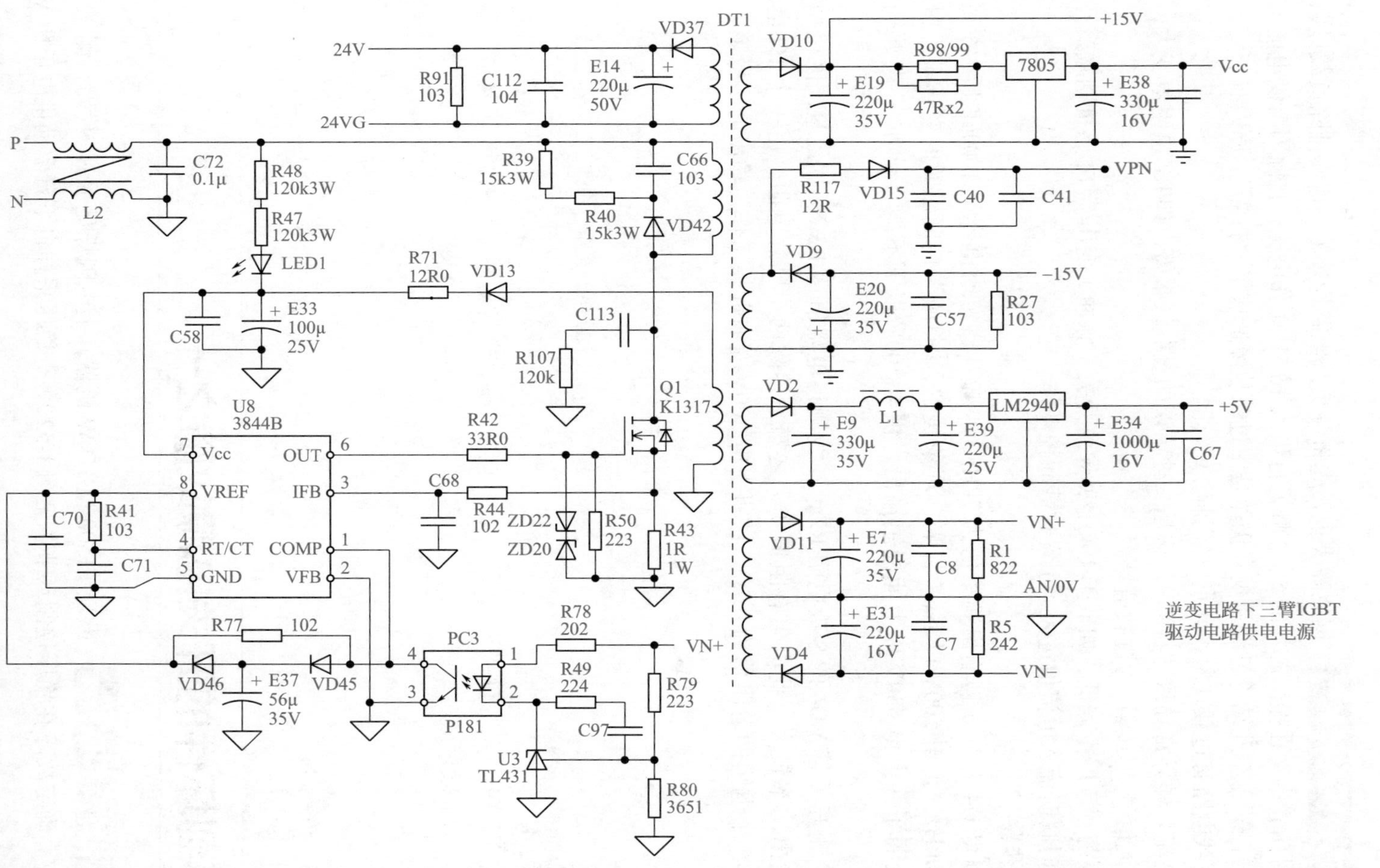

图1-52 欧瑞 F1500 型 15kW 开关电源电路图

按分压电路R79、R80电阻设计值推算稳压值应为17.5V左右，但实测值为14V。在线进行测量有较大误差，拆下R80检测正常，拆下R79测量阻值变小。代换R79后，输出电压上升为17.5V（正常值）。

笔者以为故障就此修复，但连接MCU主板后，故障表现依旧，除VN+为正常值以外，各路输出电压虽然稳定，但都普遍偏低，面板仍然显示HF故障代码。检测陷入困境，查无异常。

开关电源输出电压偏低，与以下因素相关：

① 有较轻微过载故障，尚不致引发过载启控动作。

② 振荡芯片的工作供电能力不足。

③ 工作频率过高或过低。

④ 电流采样异常引发振荡芯片输出脉冲限幅动作。

⑤ 开关管栅极电阻变大，使开关管未充分开通。

⑥ 其它原因。

按上述①～⑤项检查，俱无异常。考虑到或有其它原因，即⑥。其它原因到底是什么？

本机开关电源的稳压目标，即保证其"嫡系"VN+的电压稳定，驱动电路的空载工作电流一般为10～30mA，轻者甚至为几毫安。开关管工作的脉冲占空比很小，即能满足VN+的幅度要求。本例故障，除VN+正常以外，其它均偏低，肯定有一个共同的原因在起作用——稳压采样的控制作用，只是为了保障轻载驱动电路VN+的稳定，其它各路输出电压"受其牵连"则表现为输出电压偏低。为VN+电源加载能提升开关管激励脉冲占空比，使各路输出电压抬升至正常值。

方法：找一个680Ω 2W电阻作为负载并入滤波电容E7两端，测得其它各路输出电压升为正常值。上电试机正常，故障排除。

稳压采样电源空载或轻载，会导致"嫡系"电源正常、而其它输出电压偏低的故障。为采样电压"加载"是"扭转不利战局"的有效办法。

实例55

查不到坏件的开关电源故障之二

故障表现和检修 普传8018F3 18.5kW变频器开关电源（图1-53），原为开关电源故障，前检修者修后（电路中的关键器件，如U1、U2、U3和开关管、脉冲变压器、滤波电容等元器件都已换过），输出电压偏低，上电面板显示8888，检查不出故障所在。

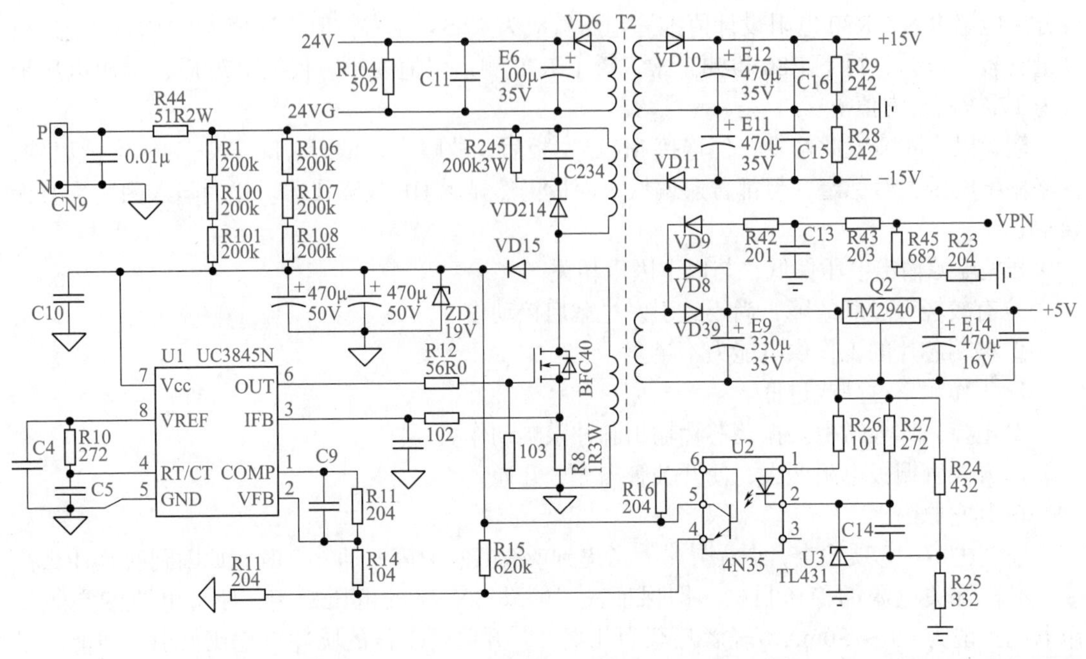

图 1-53　普传 8018F3 18.5kW 变频器开关电源电路图

上电检测，MCU 主板 5V 电源低至 4.5V，Q2（LM2940-5 低压差三端稳压器）输入侧电压为 5.2V（正常应为 5.7V 左右），MCU 器件工作条件不满足，因此面板显示 8888。

为振荡芯片 U1 单独上电进行检测，尤其注重对工作频率和驱动能力方面的检测，没有发现问题。

单独上电检测由 U2、U3 及外围元件构成的稳压控制电路，发现外加电供电为 5V 左右时，光耦合器 U2 即已经处于导通状态，检测 R24、R25 分压（输出电压采样）电路却没有问题。因此故障原因是 U3 和 U2 的“超前导通”。怀疑 U3 不良，代换后无效。

一时无解，找不到损坏或者劣化的元件。按实例 54 所述①～⑥细查，也得不到明确结论。

试图靠找出坏件来修复的想法，在一般故障情况下是管用的，但到了开关电源的特殊故障表现，如本例，就显得“天真”了。

问题仍然出在稳压控制回路，对哪一个元件动一下，能产生“牵一发而动全身”的效果，使电路的“工作之轮”由滞涩转变为“欢快运行”呢？

图 1-53 中的 U3、U2 可视为振荡芯片 U1 的外部电压误差放大器，U1 的 1、2 脚内部则可称为内部电压误差放大器，R11 故可称为外部电压误差放大器的负载电路。R11 阻值偏大时，放大器的动作灵敏度偏高——表现为 U3 和 U2 的“超前导通”。要想使其正常工作，相应降低放大器的灵敏度，即减小 R11 的阻值，许能从根本上解决问题。

试将 R11 调整为 22kΩ，约缩小为原来的 1/10，上电试机，面板显示正常，测得各路输出电压已为正常值，故障排除。

用“调整法”修复查不到坏件的开关电源故障，在本章中已有数例，若学会这个方法，开关电源即不存在“疑难故障”。检修上，一忌乱动，二忌不敢动。该动的地方一定要动，哪里能动，能动到什么程度，宜深思之。

常规检测与换件无效之后，启用“中医思维”进行电路参数的调整，也许是“起死回生”之途。

实例 56

四方 E380 型 55kW 变频器上电无反应

故障分析和检修 机器上电无反应，测得 P、N 直流母线压正常，控制端子的 24V 和 10V 电压为 0V，判断为开关电源故障。

本机型共有两个独立的开关电源电路（图 1-54），其中脉冲变压器 BT1 次级绕组输出电压，主要为六路驱动电路提供电源供应和为 MCU 主板、显示面板提供 +5V 工作电源；BT2 次级绕组输出电压，主要提供电压、电流、温度检测电路所需的 +15V、−15V 工作电源，及散热风扇、继电器线圈所需的 24V 供电。两组电源的稳压反馈采样信号，均取自振荡芯片供电电源。

测得六路驱动电路的供电电源均为 0V，判断脉冲变压器 BT1 没有工作。测得振荡芯片 IC1 供电端 5、7 脚电阻极小，近于短路状态，摘下 ZD1 后电阻值正常，将 ZD1 换新后上电试机，面板亮一下，熄灭。测驱动电路的供电电压，又变为 0V，再度检测稳压二极管 ZD1，已经处于击穿状态。

检测各个部分大致上无问题，拆下 ZD1，P、N 母线送入 100V DC，IC1 芯片 5、7 脚送入 17V 上电，开关电源能起振工作，测得六路驱动电源都为 30V（偏高，正常 24V 左右），三端稳压器 VOL3 的输入端电压达 10V（偏高，一般以 8 ～ 9V 为宜）。测 IC1 的 5、7 脚供电电压，达到 22V，击穿 ZD1 的原因在此。测隔离二极管 VD3 的两端电压，不禁让人大跌眼镜：VD3 的负极电压为 22V，正极电压为 14.8V，VD3 貌似处于反偏截止状态。（显然又不成立，芯片工作电流是如何得到的呢？）

稳压反馈采样于振荡芯片供电电源，电路的稳压目标是保持滤波电容 C15 两端为稳定的 14.8V。当 R17 失效之际，其负载能力变差（R17 为负载电阻），振荡芯片会自动提升输出脉冲占空比，以保障 R17 两端的稳压值不变，其它各路供电电压则会被动相应升高，以至于 ZD1 被反复击穿。

摘下电容 C15，测量容量和等效串联电阻值，均为坏的表现，代换 C15 后上电，测得振荡芯片 IC1 的 5、7 脚供电电压已为正常的 14.2V，故障排除。

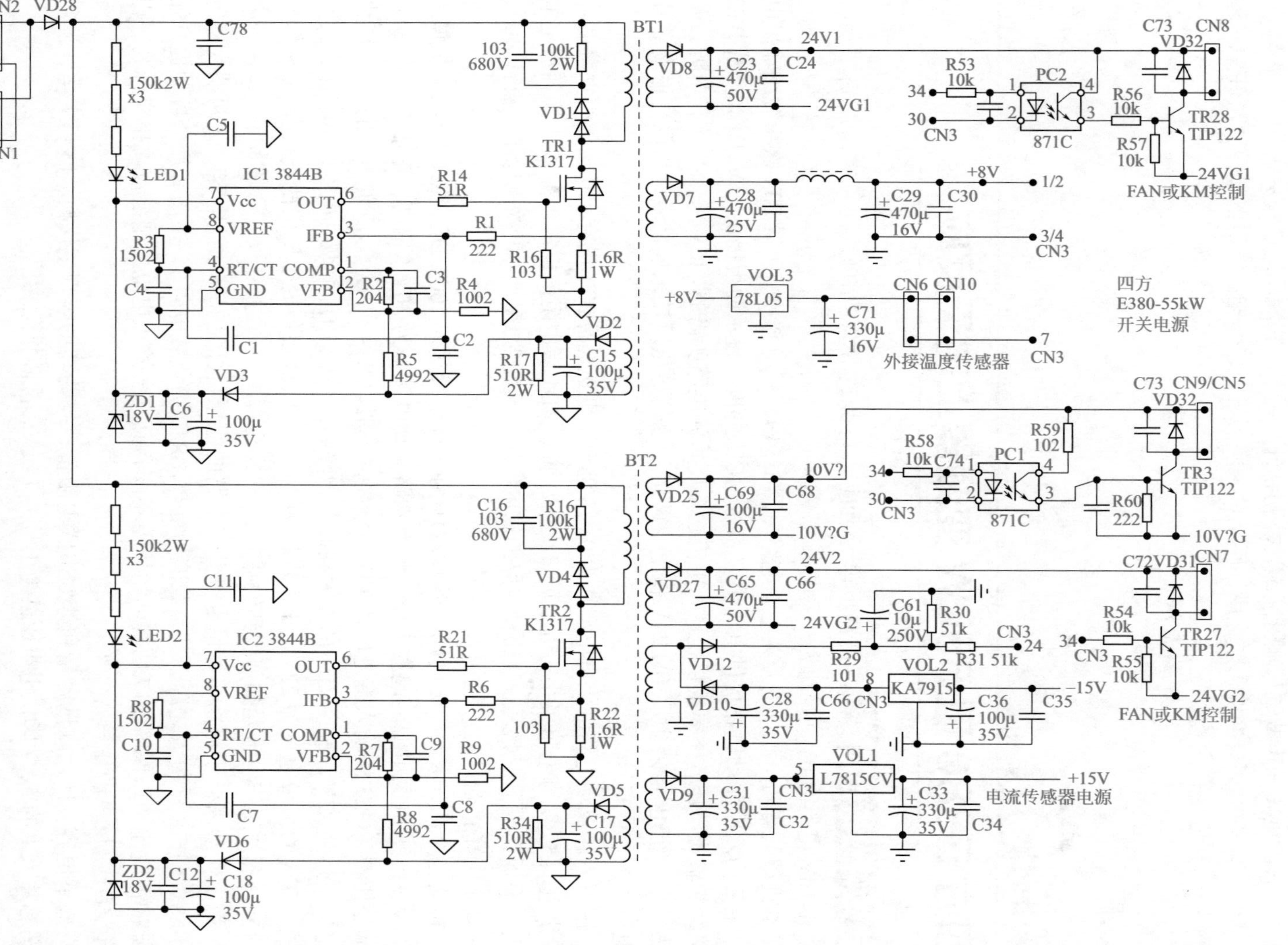

图1-54 四方E380型55kW变频器开关电源电路

故障中测量 VD3 的两端电压降，真是既有“问号”又有“感叹号”。而实质上当 C15 失效，会保障其直流 14.8V 不变，开关管主动加大开通时间，C15 两端峰值电压已超过 22V，故经后续电容滤波达到 ZD1 的击穿值以上，将其损坏。

类似本机设计模式的开关电源，当机器运行数年后屡烧稳压二极管，成为常见故障。

实例 57

三菱 FR-A700 型 15kW 变频器开关电源芯片损坏

电路构成 如图 1-55 所示。开关电源电路的供电电源可从三相电源输入端 R、S 取得，也可脱开 S1 端子后，由直流母线引入，前者为默认模式。电源振荡芯片采用型号为 M51966 的 16 引脚器件。16、14 脚为供电端，工作电压为 15V 左右。8 脚为 7.8V 基准电压输出端，可反映供电电压是否达到要求。6 脚为电压反馈信号输入端，15 脚为电流反馈信号输入端，10、11、12 脚为基准频率信号生成端。2 脚为 PWM 脉冲输出端，接开关管 TR2 的 G 极。其它引脚功能暂时先不管。

稳压控制是采样 +5V，经 2.5V 基准电压源和光耦合器处理，送入振荡芯片的 6 脚。

本机所有控制电路的供电，均取自于此。

故障分析和检修 上电无反应，经查，滤波电容 C70、C69 上已有 500V 以上供电电压，而开关电源各路输出电压俱为 0V，判断开关电源没有正常工作。

可能原因：

由 T1 的初级绕组、开关管 TR2、电阻 R155 构成的开关电源的主电流通路有断路性故障。开关管 TR2 的 D、S 极间电压有 500V，进而检测 TR2 是正常的。

IC11 振荡芯片因各种原因没有工作，对本例电路而言，主要体现在：

① 16 脚启动和供电电路是否正常；

② 8 脚基准电压输出端，是否有正常基准电压输出；

③ 10、11、12 脚的基准频率信号是否正常；

④ 6 脚反馈电压信号和 15 脚电流反馈信号是否正常；

⑤ 芯片本身是否正常；

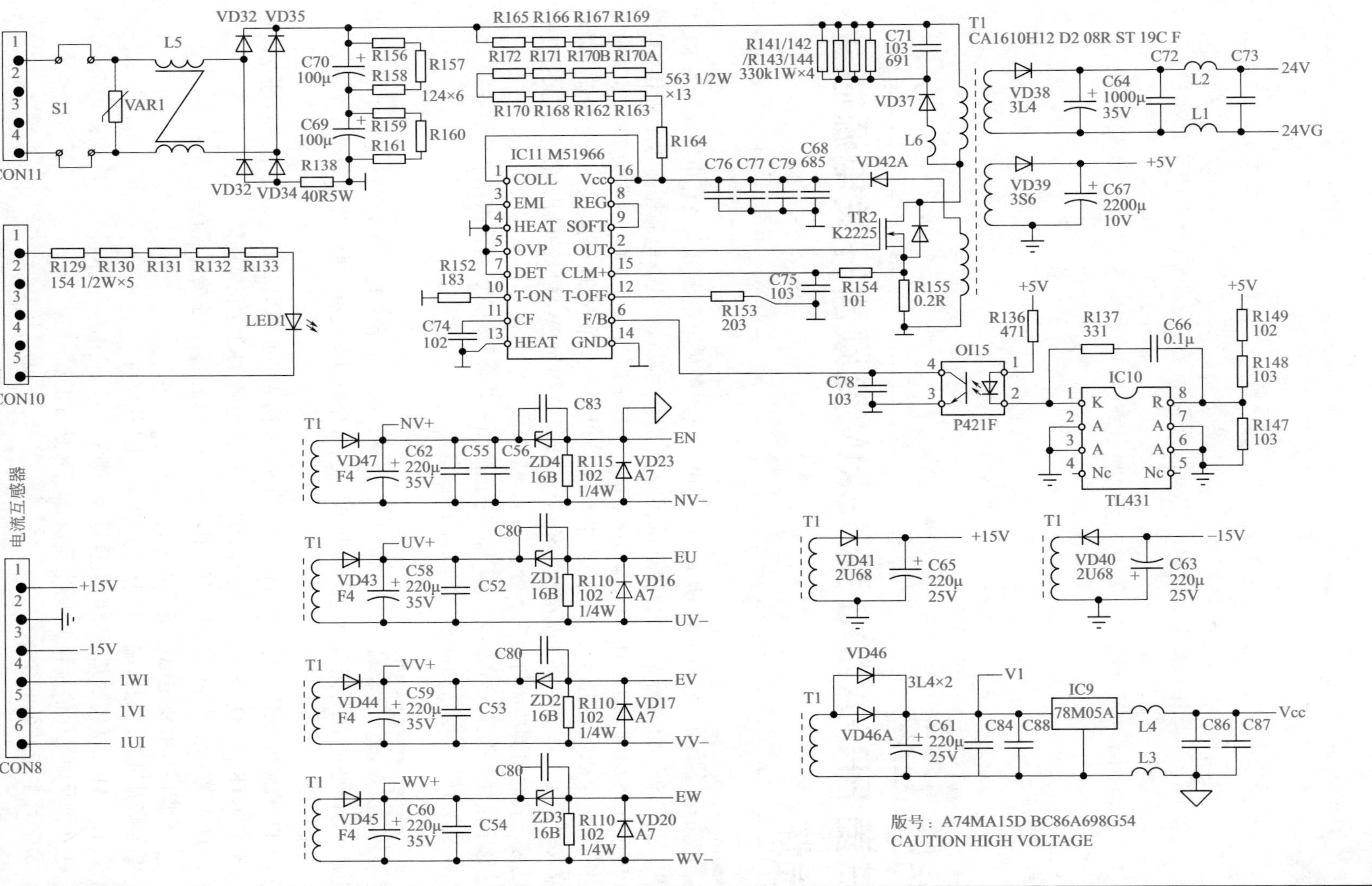

图1-55 三菱 FR-A700 型 15kW 变频器开关电源电路图

⑥ 负载电路是否有短路。

为 IC11 芯片单独上电会排除掉大部分因素。为 16、14 脚单独供电 17V（一般电源芯片 16V 为准许工作电压值，10V 为欠电压动作值，正常供电在 13 ~ 18V），检测上述①~⑤项，由检测结果判断故障所在。

为 IC11 供电后，测得 8 脚有 7.8V 电压输出，10、11、12 脚无脉冲信号（正常时在 11 脚应有三角波脉冲），判断 M51996 芯片损坏。代换 M51996 芯片后故障排除。

实例 58

从能量供应角度出发检修开关电源不起振、“打嗝”和输出电压偏低等故障

——中达 VFD450B43 型 45kW 变频器开关电源上电后“打嗝”故障

故障分析和检修 本例机型，有两路独立的开关电源，结构形式相同：一为驱动电路提供所需的六路供电；二为检测电路、DSP 主板等提供电源供应，如图 1-56 所示。

像过载、开关管击穿、芯片损坏等故障，比较直观易查。上电不易起振，或起振后“打嗝”，或输出电压偏低，是开关电源常见故障，若测无坏件，往往使人茫无头绪，无从下手。

本例可将图 1-56 中开关管的激励回路简化成图 1-57 所示电路，从能量供应角度分析故障所在。

上电不起振、“打嗝”、输出电压偏低，在排除负载过载故障和欠电压因素以后，如果单纯从电路元器件的好坏检测入手，似乎已经无路可走。

冷静下来，此三种表现最终可以归结为图 1-57 中开关管的开通或激励能量不足所致。图 1-57 中画出了两个虚线回路，即 Q1 的激励能量回路。

第一个回路：U1 振荡芯片输出脉冲电流由 U1 的 6 脚→ R4（150R）→ C3 → T1 的初级绕组→地。

第二个回路：由 T1 的次级绕组→ VD3 → R6（330R）→ Q1 的 G、S 极→ C4 → T1 次级绕组。

从此两条脉络可以清楚看出阻碍能量流通的因素：因 C3、C4 的高频容抗较小，视为通路，能量在 R4 和 R6 上产生较大损耗。当然，当 C3、C4 高频特性变差或失去电容特性时，同样造成回路能量的损耗。

而实际上，Q1 工作于开关状态，关断控制的能量回路如果不够通畅，同样会导致开关管工作失常。图 1-58 给出 Q1 关断期间的能量传输回路示意。

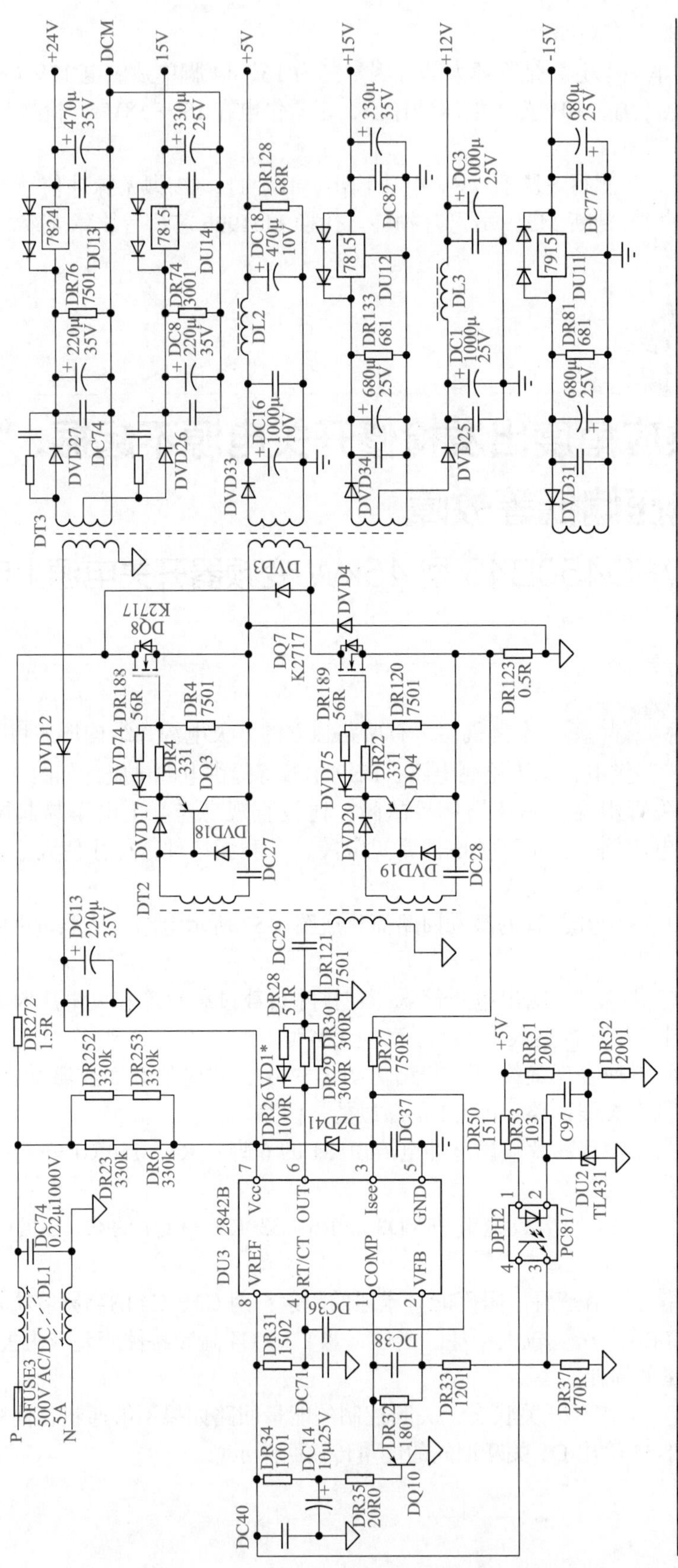

图 1-56　中达 VFD450B43 型 45kW 变频器开关电源

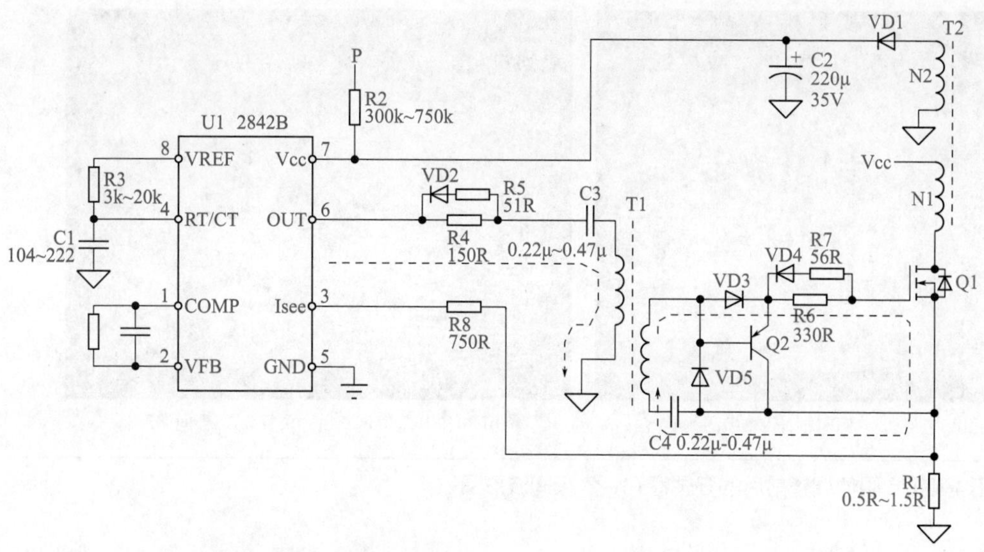

图1-57 开关管激励脉冲的开通能量传输回路

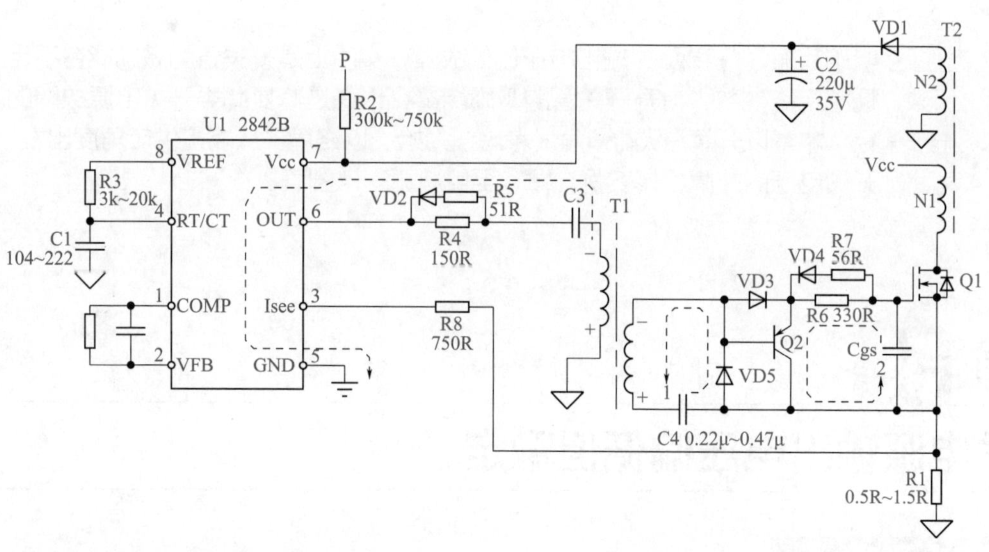

图1-58 开关管激励脉冲的关断能量传输回路

开关管激励脉冲的关断能量传输回路，一共有3个小环路，即电容C3的放电回路，C4和Q1的G、S极间等效电容Cgs的放电回路。因串联回路中的电阻值为50Ω左右，可以忽略其对能量传输的阻碍作用。

故障检修的重点是关注图1-57中开通能量的传输回路，R4和R6的电阻值有调整余地。本例故障，当用两个75Ω贴片电阻代换R4和R6后，开关电源的工作恢复正常，故障排除。

R4和R6阻值调整前后，开关管G、S极间波形产生了显著的变化，如图1-59所示。

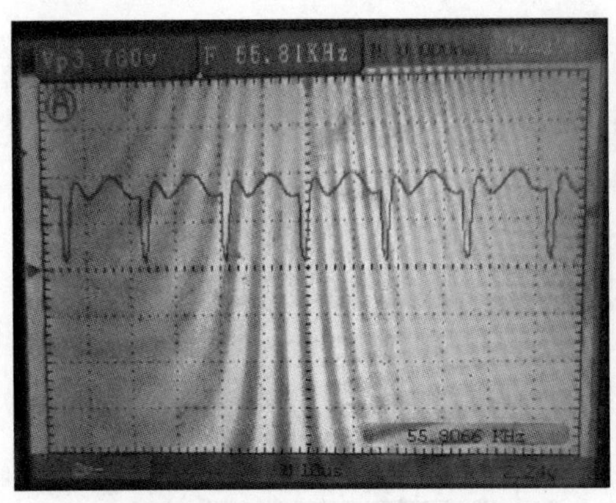

(a) R4和R6阻值调整前开关管G、S极间波形

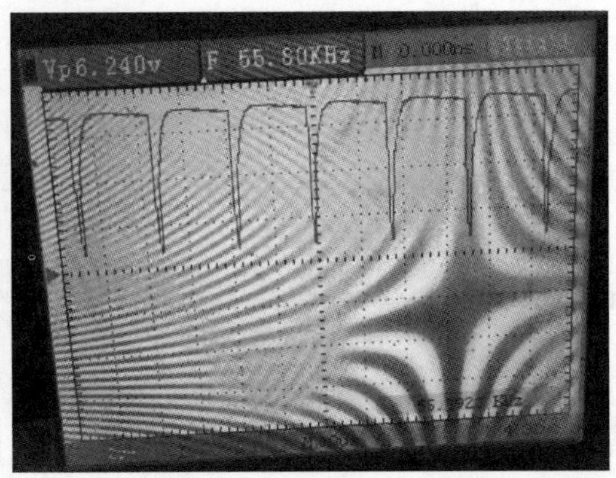

(b) R4和R6阻值调整后开关管G、S极间波形

图 1-59　R4 和 R6 阻值调整前后的开关管 G、S 极间波形图

遭遇上电不起振、“打嗝”、输出电压偏低故障，实质上是开关管的激励能量不足所致。调整电路参数，提升开关管的激励能量，也许是修复此类开关电源故障的唯一途径。本章以开篇“从能量角度考虑”为始，以终篇“从能量供应角度出发”为止，开关电源的故障检修实例一章，至此总算得以圆满。

实例 59

开关电源输出电压偏低但稳定

故障表现和诊断　客户送修一台 JR7000 型 5.5kW 变频器，反映最近易出现不定时面板熄灭、自动停机故障，有时候能恢复正常，但从昨天起就不能用了。

测试变频器的输入、输出端子电阻，大致正常，上交流三相 380V 维修电源，测开关电源各路输出电压均偏低，如 +5V 约为 +3V，但比较稳定，其它各路输出电压也有相应比例的降低现象。

将维修电源电压调低或调高，观测 +3V 及其它电压，能很好地保持稳定。判断故障出在开关电源的稳压反馈环节，故障点得以落实。

电路构成、分析与检修　该机的输出电压采样与控制电路如图 1-60 所示。为了方便分析，将元件标序重新进行了编排。

本机电路稳压采样自 +5V 输出端，现在变为较为稳定的 +3V，故障仅仅局限于图 1-60 的 R3、R4 采样（串联分压）电路。

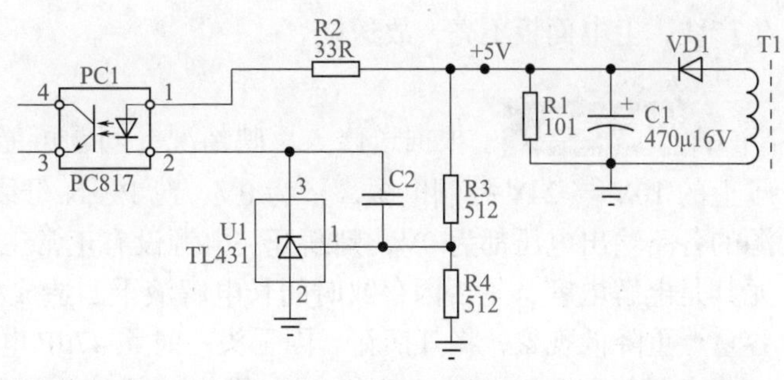

图 1-60　JR7000 型 5.5kW 变频器开关电源输出电压采样与控制电路（部分）

单独在电容 C1 两端施加 0 ~ 6V 可调电压，测 PC1 的 3、4 脚电阻值，施加电压达到 3V 时，其电阻值变小，测 R3、R4 分压点电压，跟随 0 ~ 6V 可调电压而变化，已失去分压效能。判断 R4 电阻值严重变大或断路。

停电，分别测 R3、R4 的电阻值，均为 5.1kΩ 左右，且值相等，一时有点纳闷：电阻是好的，为何不能分压了？

再观察电路，在 C1 滤波电容两端并联 R1 负载电阻，是为了避免空载时电压波动影响稳压性能。当 R4 完好时，R3 与 R4 必然形成近似并联关系，检测其电阻值应为 5.1kΩ 的一半左右才对。若测得 R3、R4 为原标称值，二者必有其一已经断路。烧烙铁焊下 R4，测量已呈开路状态。用同值电阻代换 R4，上电面板显示正常，整机恢复正常工作。

在线测量电阻值，应考虑并联或串联支路的影响，如本例，R4 断掉了，因 R1 的影响，测 R3 或 R4 两端电阻值，恰恰为标称值。

另外，当 R4 断路后，输出电压由 +5V 变为 +3V 的谜底也在此揭开：当 R4 开路后，输出电压上升至 2.5V 以上之际，U1 因 R 端采样电压高于 2.5V，而具备开通条件 1；但 PC1 和 U1 串联回路需采样端电压达 3V 以上（PC1 的 1、2 脚工作电压降约为 1.1V 左右，而 U1 的 2、3 脚通态压降约为 1.8V 左右）时，U1 才具备开通条件 2。所以，当 R4 虚焊或断路时，供电端电压达 3V 左右时，PC1 和 U1 恰恰满足开通条件，故将其供电端“稳定在了”3V 左右。

实例 60

欧瑞纺织机专用 XS1000 型 22kW 变频器开关电源不工作

故障表现　工厂送修电工反映，这是一台好的备用机，放库房里三四个月后装到生产线，上电面板不亮，故送修。

故障检查 根据送修人反映情况，问题可能出在开关电源电路，上电检测控制端子上的10V与24V控制电源，皆为0V，测P、N母线电压正常。开机重新上电，测开关电源的各路输出电压都为0V，判断开关电源没有正常工作。大致检查开关电源的各部分器件，尤其是电解电容，是否因存放时间长电解液干涸造成相关故障。测得E11、E13等电容有电容量严重降低现象，将其换新。因手头一时无47μF电容，故暂用33μF电容更换E13电容。

在开关电源供电端上直流500V维修电源，上电后出现异常工作电流，供电端电压迅即降为20V左右，测开关管V1的G极波形与电压，为最大占空比脉冲，但此时各路输出电压均为0V。

电路的故障表现貌似是发生了过载故障，检测各路负载电路，均无异常，一时之间检修陷于困境。

电路构成和原理简析 测绘电路如图1-61所示。输出绕组电路仅画了反馈电压来源的一组，其它无关电路已经省略。

该电路的稳压控制反馈信号取自逆变驱动下三臂的工作电源，由电压采样电路R44、R48和R45的取值可推算出，正常时VN+对N端电压值约为16V左右。

振荡芯片采用3842B，其最大输出脉冲占空比可达100%。

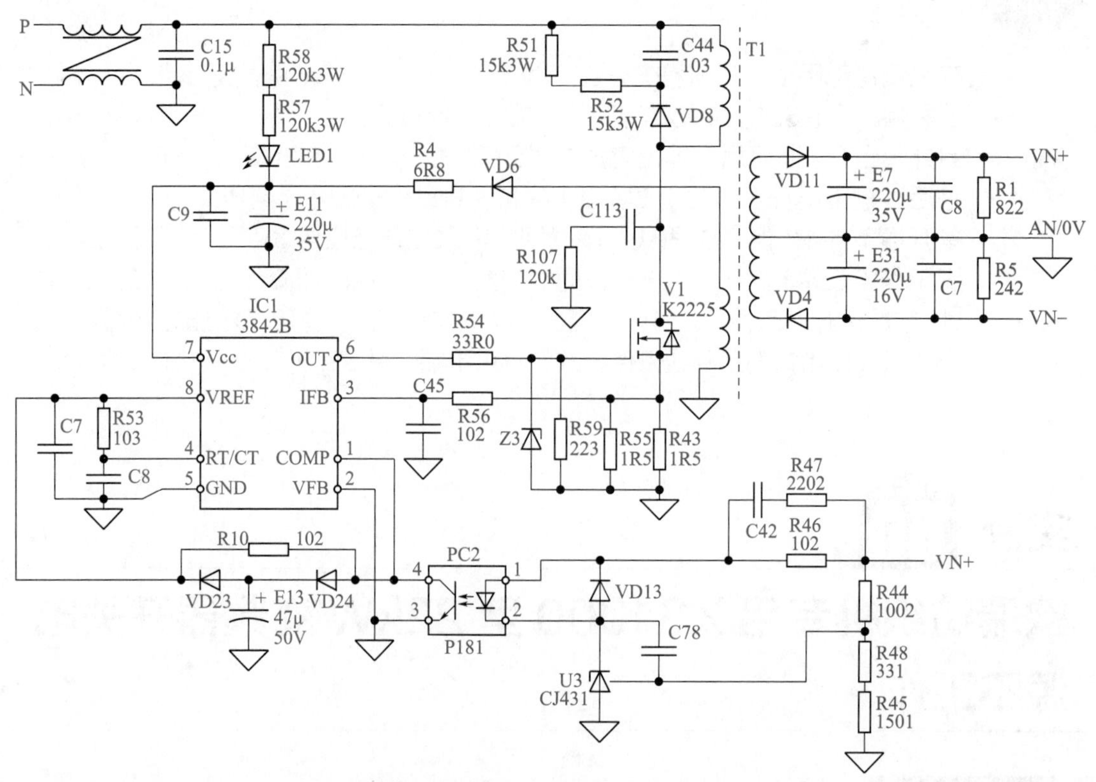

图1-61 欧瑞XS1000型22kW变频器开关电源电路（部分）

IC1 的 1 脚接有软启动电路，由 D23、D24、E13 和 R10 等元件构成，与常规的软启电路在结构上稍有不同，电源芯片 1 脚软启动电路的时间常数非常小，系二极管 VD24 直接为电容 E13 充电，上电瞬间将 1 脚电压拉低，使 6 脚输出脉冲占空比变小，达到上电期间避免输出电压过冲的作用。

又将电路中的各元器件全部检测了一遍，没有异常。将故障疑点关注于振荡芯片 1 脚外围的软启动电路上，头脑中跳出以下几个问题。

① 振荡芯片型号采为 3842B 器件，输出反馈电压未予建立之前，其输出脉冲占空比为 100%，开关管 Q1 近似于直流状态下直通，故可能会造成将供电电压拉低的现象。

② 为避免此种现象出现，本电路在芯片 1 脚专设软启动电路，目的是在输出反馈电压建立之前，将振荡芯片 1 脚电压拉低，使 6 脚输出脉冲占空比缓缓拉开，为 VN+ 电压的建立争取时间。

③ 而问题的关键在于，该芯片 1 脚软启动电路的设计时间常数过短，这样一来，极可能导致在 VN+ 电压尚未正常建立，PC2 未及开通的情况下，振荡芯片的软启动过程已经结束，从而令开关管进入直通状态，造成前文所述的故障现象。

④ 将 E13 用 33μF 容量的电容替代，是加剧了软启动电路时间常数过小的弊端！

思路理顺以后，将 E13 用 100μF 35V 电容替代，上电试机，开关电源电路恢复正常工作。

电路中电解电容的取值，一般情况下都会有较大的富裕量，代换时容量偏大或偏小一点，并不会导致故障的发生。但特定场合下，如本例软启动电路中的 E13 电容，原设计值可能已经接近故障发生的临界点，故代换电容量的“缩水”引发了故障现象的发生。

由此想到一点：对于输出 100% 脉冲占空比的芯片，设置软启动电路应该是优先于输出 50% 脉冲占空比的芯片的，由此保障稳压反馈采样电压有足够的建立时间，以使电路纳入正常的稳压控制。

实例 61

换用振荡芯片不妥造成工作异常

故障现象 送修欧瑞 XS1000 型 22kW 变频器一台，表现为开关电源故障，测绘电路如图 1-61 所示，检查为振荡芯片 IC1 损坏，手头暂无同型号器件，查资料知 3842B 与 3843B 的各项工作参数接近，区别仅仅是 3843B 的起振工作电压为 8.5V，停振电压为 7.6V。

而 2842B 的起振工作电压为 16V，停振电压为 10V。将 3842B 代换 3843B 后应该更容易起振工作。

同时根据笔者维修经验，已成功实施过近百例振荡芯片不同型号时的代换维修，几乎都是成功的。以往维修经历中得到了如此结论：只要经过调整使芯片 6 脚输出频率达到接近原设计值，384X 系列芯片就完全可以互相代换。

故果断用 3843B 代换了原 IC1 芯片，上电测开关电源不能起振工作。

查无异常。冷静下来，想到了以下两点问题。

故障分析 用工作和起振电压低的芯片换掉工作和起振电压高的芯片，电路是更容易起振还是不容易起振了？影响电路起振工作的因素还有哪些？

首先，起振与工作电压高的芯片，上电瞬间供电端滤波电容两端的电压储蓄到足够高的时候，也即是储蓄起振能量比较足的时候，芯片开始起振工作，当然电源起振的成功率会相应提高，反之电压起振成功率会有所降低。认为换用低工作和起振电压芯片更容量起振工作的想法，应该是错误的，长期以来，笔者竟然将此问题想反了。

起振电压阈值高，积蓄的能量更多，则起振成功率相应提高。衡量能量的一个重要参数，即是时间。能量的建立与耗散需要时间来成全。

另外，起振的容量与否，还应该与输出供电回路负载的轻重有关系，较轻负载的更容量起振，反之起振困难。

本例故障，芯片的正常工作电流（达到 37mA）为其它机型的两倍以上，因而起振难度大于一般机型。

想通了！搞到 3842B 芯片换下 IC1，意料之中，开关电源工作正常了。

想到一个问题：芯片型号不同能否代换？有的电路可以代换，有的不可以代换，单纯说可换不可换，是不确切的，得具体情况具体分析才成。对于具备各方面因素使电压更容易起振的电路，代换可行性较佳。工作电流大或负载较重的机型，则不宜轻言不同型号的芯片也可以互相代换。

实例 62

意大利产 OPD34 型纺织机专用变频器开关电源故障

故障表现和初步诊断 本机器无操作显示面板，上电后测控制端子的相关控制电压为 0V，但直流母线电压为 530V，判断为开关电源故障。

电路构成和原理简析和故障检修 开机检查，观测开关电源的主电路为双管型单端电源，与一般机型稍有不同的是对开关管 MF2 的驱动，是采用 IC16 光电耦合器，以泵升电源模式来驱动的，从而无须再采用推动变压器。观察开关管 MF2 的焊盘周围，有过热发黑的痕迹，检测开关管MF2、光电耦合器IC16，IC16的2脚输入稳压二极管Z7都已损坏。电路图如图1-62所示。

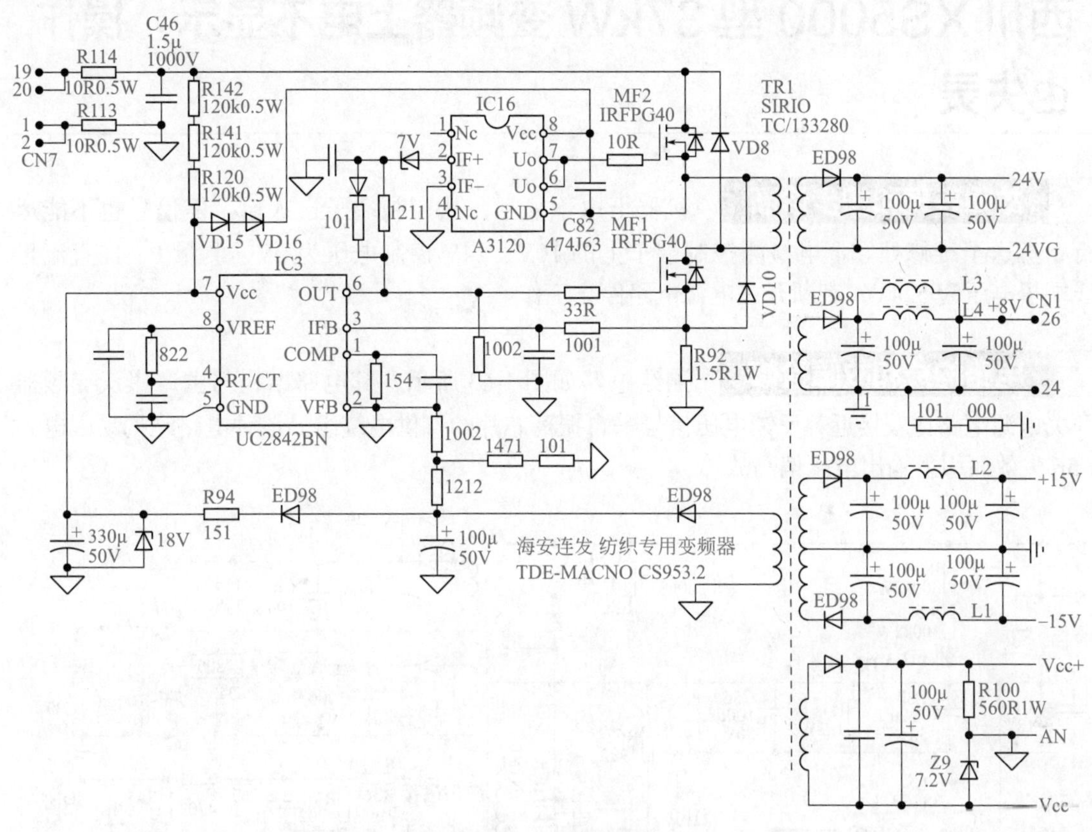

图1-62 意大利产OPD34型纺织机专用变频器开关电源电路

将损坏元器件全部换新，并检查芯片及外围电路均无异常后，上电测试，开关电源各路输出电压均恢复正常。

但通电时间几分钟后，停电手摸开关MF1和MF2表面，MF2的温升明显高于MF1，感觉MF2的工作状态仍然让人担心。

分析电路，MF2为IC3芯片驱动，一般不会处于欠激励状态。而MF2驱动状态的良好与否取决于泵升电容C82是否“合格”。粗测电容C82的容量，尚在许可范围以内，但还是果断将其换为22uF50V电解电容，以保障其充足的驱动能力，以改善开关管MF2的工作环境。

上电试机，通电半小时后，手模开关管表面温升，两管非常接近，为微温的正常状态。

MF2的焊盘过热现象，由此也真相大白：由于C82不良，使开关管MF2处于欠激励状态，故使MF2导通损耗增大，因发热量过大导致焊盘发黑。

实例 63

西川 XS5000 型 37kW 变频器上电不显示，操作也失灵

故障表现和初步诊断 机器上电不显示，从控制端子送入启、停信号也不能运行，拆送至维修处。上电检测控制端子上的 10V、24V 控制电压为 0V，测量 P、N 直流母线端子电压为 524V，判断开关电源电路停止工作。

电路构成和故障检修 测绘电路如图 1-63 所示，其电路结构与国产康沃变频器开关电源电路比较接近，反馈电压信号采自振荡芯片的自供电绕组。该种电路结构易因电容 C56 失效而引发输出电压偏高故障。

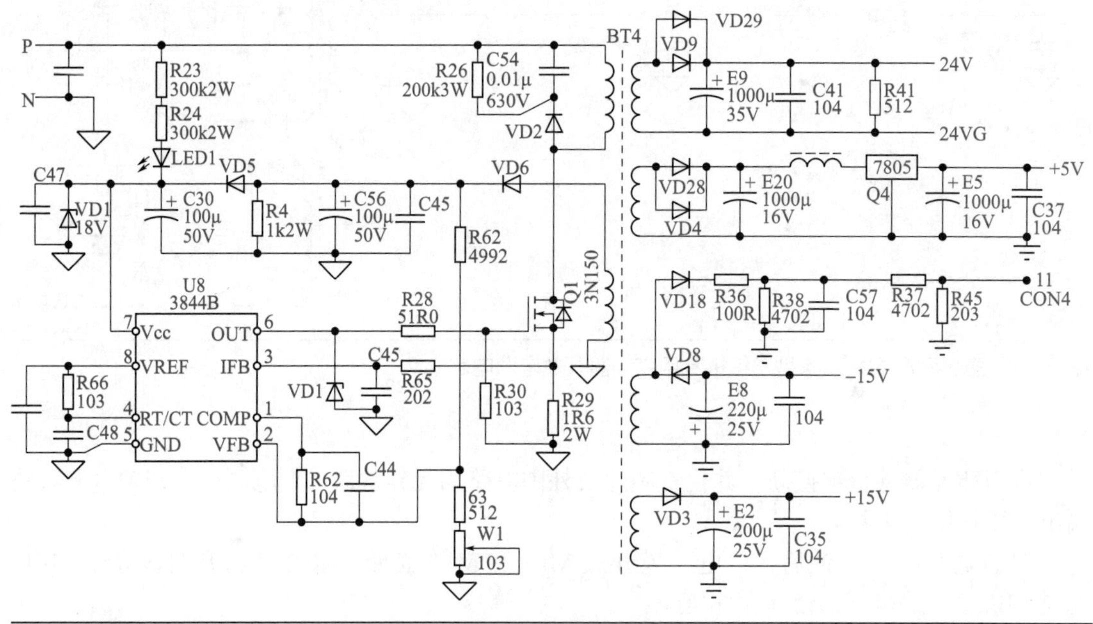

图 1-63　西川 XS5000 型 37kW 变频器开关电源电路

但本例故障表现为电源停振，并非输出电压失控。因用户生产急需催修，故采用快修法：P、N 端高电压供电和 U8 的 5、7 脚低压供电一块儿上的办法，让故障自行暴露出来。

高、低压供电端同步上电后，测各路输出电压正常，故障仅仅局限于 U8 的 7 脚启动与供电电路上。测启动电路 R23、R24、LED1 均正常，测 D6、D6、C30 等供电支路元件也正常，测开关变压器 U8 芯片供电绕组已经发生断路故障，使开关电源因供电丢失而停止工作。

将 BT4 开关变压器从线路板上拆下，发现绕组引出线端部已呈断裂状态，用小刀细心剥去一段绝缘护套，连接一段导线重新焊接，将 BT4 修复后焊回线路板。上电试机恢复正常工作。

ABB ACS400 型 2.2kW 变频器上电听到打嗝的声音

故障表现和初步诊断 测量变频器主接线端子电阻无异常，上电后听见打嗝的声音，测量控制端子的 10V 和 24V 端子电源，均极低且在波动变化中，判断发生了开关电源负载发生短路，或开关电源本身发生了故障。

电路构成和原理简析 测绘电路如图 1-64 所示。电源振荡芯片采用 14 脚封装形式的 UC2844BD，注意其标注序号为 A1（与国产机的标注习惯有所不同）。与一般变频器机型相比，该电路特点如下：

① 从 A1 芯片 14 脚输出的 5V 基准电压除作用 7 脚振荡电路取用外，尚供给电压、电流、温度检测电路，用做模拟量信号处理的基准电压。

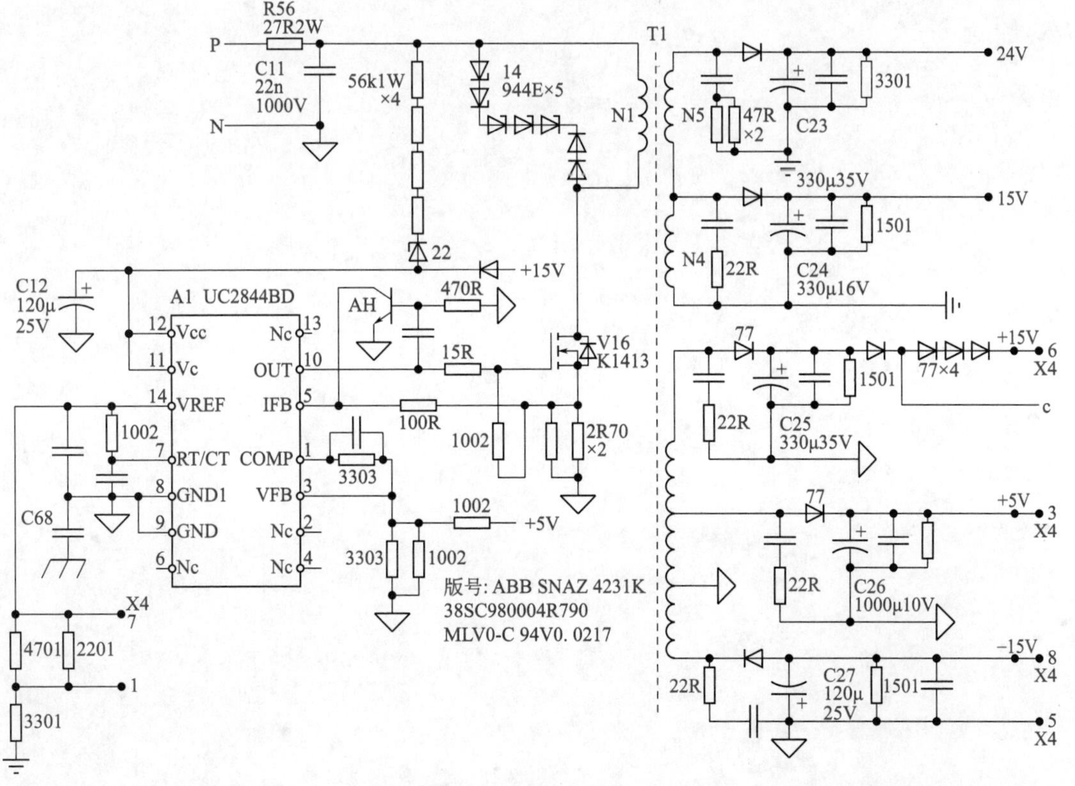

图 1-64　ABB ACS400 型 2.2kW 变频器开关电源电路

② 各路输出电源电压，除控制端子电路所需 24V、15V 为隔离电源外，其它各路电源均与 N 共地，检修中注意安全！

③ 稳压反馈所取的采样 +5V，直接取自共 N 端电源，故无须光电耦合器来处理。

故障分析和处理

检测过程：

① 检测各路输出电源的负载电路，无过流现象。排除负载电路过载原因；

② A1 振荡芯片的 7 脚供电电路无异常，排除芯片供电欠电压原因。

如果负载电路无异常，检修思路还可以做出如下延伸：

① N1 绕组并联二极管及稳压二极管等元件，异常时必然成为 N1 绕组的过流性负载；

② 当开关变压器 T1 本身损坏时，必然成为开关管 V16 的过流性负载。

观测 N1 绕组并联二极管及稳压器等元件，似有超温轻微变色现象，测量 5 只稳压二极管的反向电阻，均呈现 kΩ 级电阻值，用 3 只 120V1W 稳压二极管串联将其取代。

上电试机，故障排除。

第2章

驱动电路故障实例

47

例

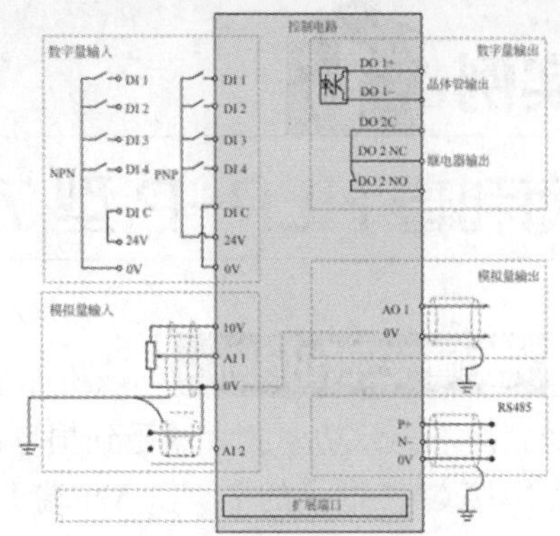
控制电路
数字量输入
DI 1
DI 2
DI 3
DI 4
NPN
PNP
DI C
24V
0V
模拟量输入
10V
AI 1
AI 2
数字量输出
DO 1+
DO 1−
晶体管输出
DO 2C
DO 2 NC
DO 2 NO
继电器输出
模拟量输出
AO 1
RS485
P+
N−
扩展端口

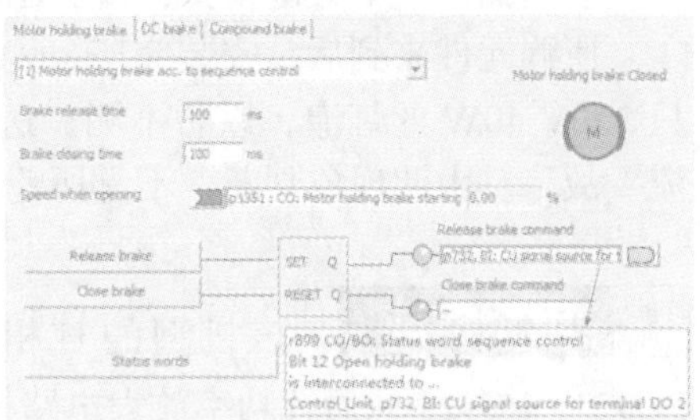
Motor holding brake
DC brake
Compound brake
Brake release time
Brake closing time
Speed when opening
Release brake
Close brake
Status words
SET
RESET
Release brake command
Close brake command
r899 CO/BO: Status word sequence control
Bit 12 Open holding brake
is interconnected to ...

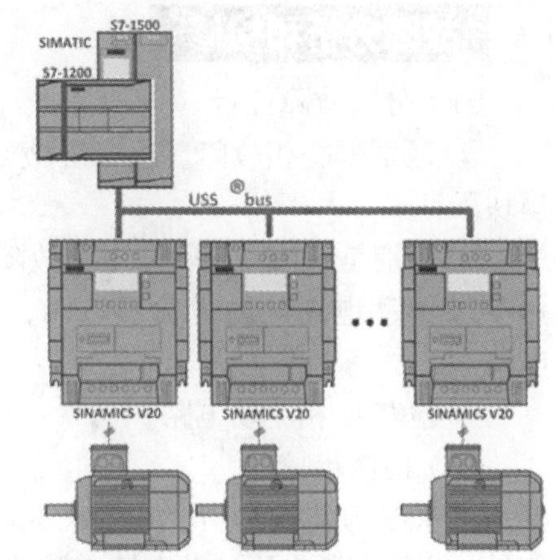
SIMATIC
S7-1500
S7-1200
USS
bus
SINAMICS V20
SINAMICS V20
SINAMICS V20

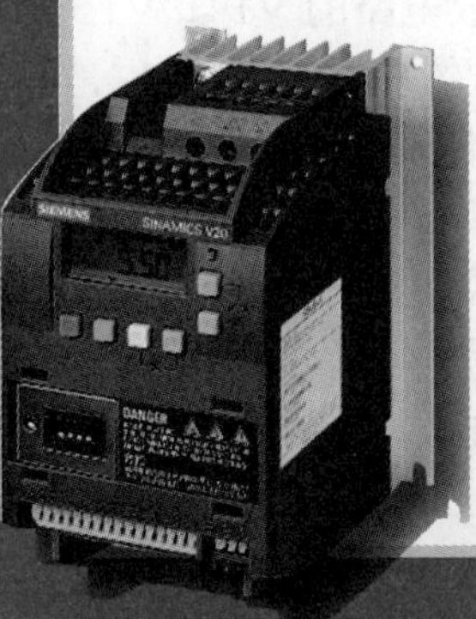
SIEMENS
SINAMICS V20
DANGER

实例 1

海利普 HLP-P 型 75kW 变频器驱动电路检修

故障表现和诊断 该机原故障是整流模块与一块逆变模块损坏，同时相关驱动电路受到冲击，致功率放大器受到损坏。修复后，在脱开主电路的情况下，将 OC 报警信号屏蔽（短接 CN7 端子的 EU 和 AN 端）后，为驱动电路上电试机，测得脉冲输出端子上的静态负电压与脉冲电压都“表现正常”。只等购到模块，就可装机试验了。

上述漏掉一个关键步骤：检测驱动电路的电流输出能力。

所购元件来到后，安装完毕，先拆下逆变电路供电支路中串接的 200A 熔断器，串入两只 220V 40W 的灯泡，以防不测。送入启动信号，灯泡亮了一下，报 E.OC.A（加速中过电流）故障。由此现象判断，不是所购逆变模块不良，就是驱动电路还存在故障。

电路构成 该机型的 U 相电路如图 2-1 所示，每相逆变驱动电路由配对芯片 PC923、PC929 和后续功率放大电路构成。

故障分析和检修

（1）分析故障位置

① 区别哪一相故障。逐一屏蔽 OC 报警信号，确定故障出在 U 相驱动电路或 U 相逆变模块不良。

② 区别是模块还是驱动电路故障。将 U 相脉冲端子排线与 V 相脉冲端子排线代换试验，用 V 相驱动电路驱动逆变模块时，不报 OC 故障，说明模块是好的，故障出在 U 相驱动电路。

③ 检查 U 相驱动电路。

（2）检修步骤

① 将驱动电路脱开主电路，短接 CN7 端子的 EU 和 AN 端屏蔽 OC 故障后，送入启动信号，测静态负电压，动态输出脉冲电压，均表现正常。

② 观察末级功放电路的 VT4、VT5 对管及 R25，还是原来的器件未曾动过（说明该电路未受到模块损坏时的冲击），测量也是好的。用一个 10Ω 2W 电阻，串联于万用表 200mA 挡，测得 XG、AN 端脉冲输出电流达 90mA 以上，与中、小功率变频器经验值——感觉一般为 50 ~ 100mA 即可——相比，认为 U 相输出电流能力“正常”。

至此，模块与驱动电路貌似都是好的，与其它支路的脉冲电压峰值详细对比，故障支路总比其它支路要偏低一些。再进一步检测其它支路的电流输出能力，用 200mA 挡测，结果超量程，说明该级输出电流能力偏小，不足以驱动 IGBT。

③ 电流对比检测完成后，细查 U 相驱动电源滤波电容相关电路，用数字万用表 20kΩ 电阻挡测量 R17（10Ω），无反应，打到高挡位，测得其电阻值为 31kΩ。发现这才是故障根源。

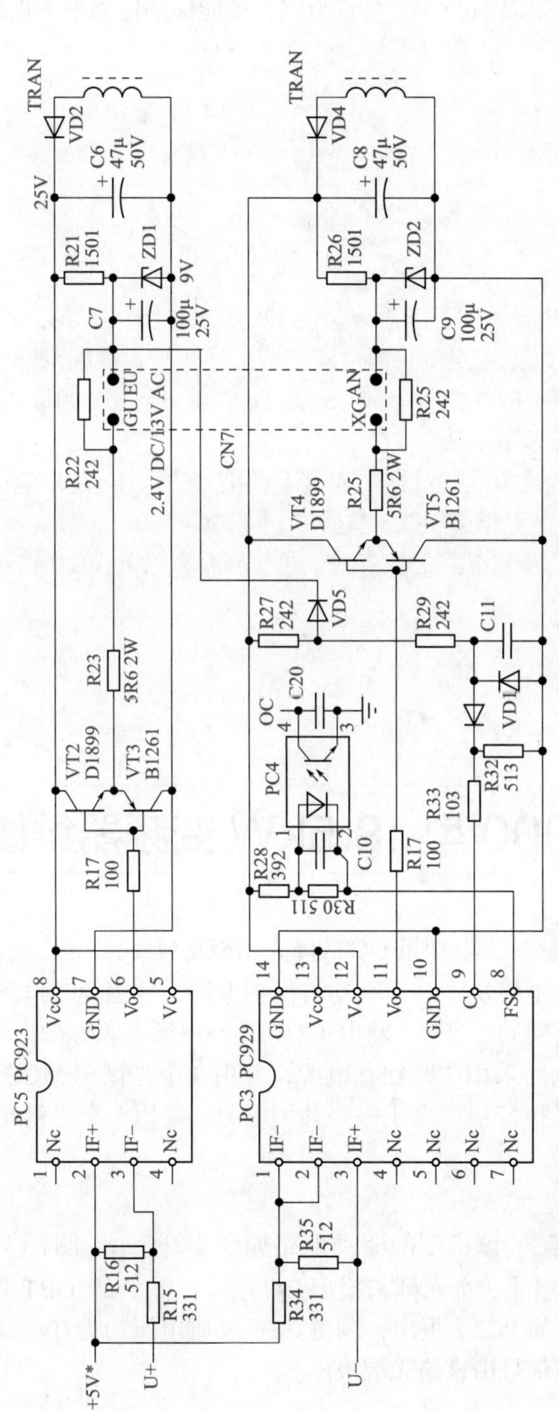

图 2-1 海利普 HLP-P 型 75kW 变频器 U 相驱动电路

此电阻的阻值变大，使 VT4 由饱和区进入了放大区，故电流输出能力大为降低。又因为 VT4、VT5 未坏，电压输出正常，故想当然地以为该驱动电路未受冲击，这是错误的。

再将各支路输出电压重测一遍，测得 GU、EU 端子静态电压为 0V，无负电压。经检查为 ZD1（9V）稳压管击穿短路损坏，更换后输出正常。

该电路原来是好的，怎么突然变坏了呢？分析原因，可能是因测其输出电流能力时，串接表笔的 10Ω 限流电阻值过小，引发稳压二极管过载而损坏。测量驱动电路的电流输出能力时，电流挡串联限流电阻以 50Ω 3W 左右为宜，则能保证检测中不损坏元件，并得出较为明显的检测效果。

总结检修过程中的不足之处：

① 判断驱动电路是否工作正常，应同时检测其电压表现和电流输出能力，且应同时检测两个以上支路，并将检测结果进行比较，得出判断结果。

② 不要被头脑中的“固有数据（经验值）”所囿，如该例故障，电流输出达 90mA，仍为故障状态。

③ 检测电流输出能力时，注意限流电阻的选取，以电路能承受（安全第一）为原则，据机型、电路类型的不同而灵活选取。

④ 采用检测比较法测其它各路的工作状态，来验证该路是否存在故障。

实例 2

科姆龙 KV2000 型 18.5kW 变频器维修

故障表现和诊断 上电即报 OC 故障，不能复位。

该机型采用智能 IGBT 模块，内含驱动与保护电路，外围驱动电路用 A4503 传输脉冲信号，并采用四个光耦返回 OC 信号。将 IGBT 模块与电源 / 驱动板脱离后，仍报 OC 故障。其中上三路 IGBT 驱动电路采用 3 路独立电源，并由 3 个光耦向 MCU 主板返回 OC 信号。下三路 IGBT 驱动电路因共 N 极，采用一路共用电源，并用一个光耦向 MCU 主板返回 OC 信号。

故障分析和检修 该机型的驱动电路如图 2-2 所示。测得 3 个光耦输出端 3、4 脚之间电压值为 5V，显然此 3 个光耦未报出 OC 信号；下三路 IGBT 管压降检测信号由另一个光耦合器（图 2-2 中的 PC2）报出，测得其 3、4 脚电压约为 0V，1、2 脚电压为 1.2V，满足导通条件。确定故障信号由该路光耦报出。

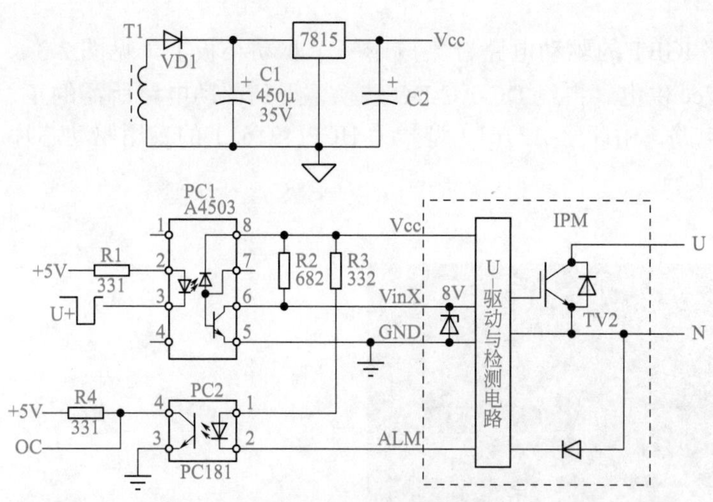

图 2-2　科姆龙 KV2000 型驱动电路示意图

进一步检测 PC2 的输入回路及供电情况。发现上三路 IGBT 驱动电路的供电电压为 14.9V，但下三路 IGBT 驱动电路的电源电压仅为 9.2V。查看电源电路，共采用 4 只 7815 三端稳压器供电，显然下三路 IGBT 的供电异常。

测 7815 的电源输入侧电压，仅为 12V，偏低。该路电源的整流滤波电容 C1 型号规格为 450μ35V，拆下后用电容表测其容量近乎为零，换电容后上电试机，运行正常。

该机故障原因是电源电压偏低，致使 IPM 内部驱动电路不能正常工作：

① 内部驱动电路或有供电电源欠电压检测与报警功能。

② 输出脉冲电压不足以正常开通 TV2，导致 OC 报警。

实例 3

大功率变频器专用驱动板故障检修之一

——正弦 110kW 变频器 IGBT 驱动板电路检修纪实

故障表现和诊断　空载启动过程中测量输出缺相，换用直流电压挡，测得 V 相 P、N 端直流电压均接近 0V，判断 V 相 IGBT 功率模块或驱动电路没有工作。测得 IGBT 功率模块正常，故障点定位于 V 相驱动电路或 V+、V− 脉冲传输环节。

电路构成 该机型每路 IGBT 的驱动电路皆集成于一个驱动小板上（见图 2-3）。工作电源是由开关电源送来的 Vcc 供电，再经 DC-AC-DC 转换，得到驱动电路所需的正、负工作电源电压；V+、V− 驱动电路，由印字 A316J（型号为 HCPL-316J）的专用驱动芯片及外围电路组成（见图 2-4）。

图 2-3　正弦 110kW 变频器 IGBT 驱动小板实物图（见彩图）

中、大功率变频器，其驱动电路一般由独立的电源电路供电，该机型由 3 块驱动小板分别驱动 U、V、W 等 3 组逆变电路。

从电源 / 驱动板来的 Vcc（电压幅度一般为 15 ～ 19V），经 U1（印字 1455B 的时基电路芯片）和开关管 M1、M2 及脉冲变压器 TF1、TF2 等外围元件构成双端逆变电路，将 Vcc 转变成驱动电路所需的正、负两路工作电源（正电压幅度一般在 +14 ～ +18V，负电压幅度在 −12 ～ −5V）。

图 2-4 中的 U3 和 U4 为专用驱动芯片，含 IGBT 驱动脉冲传输和 IGBT 导通管压降检测功能；U2 印字为 14504BG（型号为 MC14504B），是同相缓冲 / 驱动器电路，将 MCU 主板送来的脉冲信号传输至驱动芯片输入端。

故障分析和检修 据检测结果，U、W 相输出状态正常，仅 V 相无输出，且 V 相逆变的上、下臂 IGBT 器件同时未开通。芯片 U3、U4 同时坏掉的可能性要小于工作电源同时丢失的可能性，故检修重点应在脉冲变压器 TF1 和 TF2 的输入侧振荡、双端逆变控制电路上。

上电测得振荡电路 U1 的输出端 3 脚电压（正常时应为 Vcc 的 1/2 左右）为 0V，外围元件无问题，判断 U1 芯片损坏，代换后故障排除。

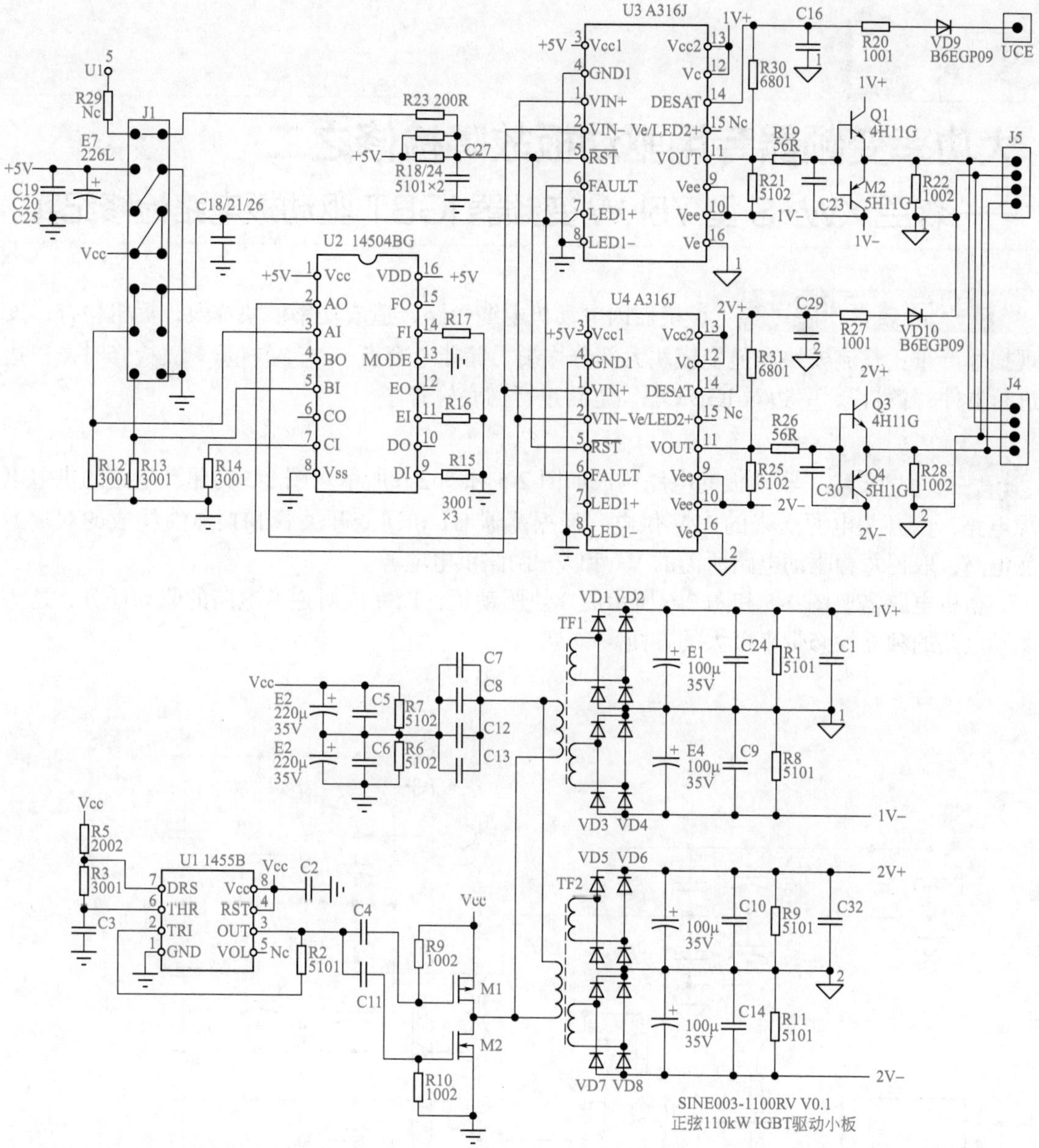

SINE003-1100RV V0.1
正弦110kW IGBT驱动小板

图 2-4 正弦 110kW 变频器 IGBT 驱动小板电路图

当驱动电路的两个或两个以上支路采用同一电源供电，出现同时停止工作时，其影响正常工作的共同原因，可能为供电电压异常。

实例 4

大功率变频器专用驱动板故障检修之二

——森兰 XW-S 型 75kW 变频器 IGBT 驱动板电路检修纪实

故障表现和诊断 该机器因电动机电缆短路，造成功率模块炸毁，拆机检查，发现损坏严重：整流模块和逆变模块大部分炸裂，储能电容有一半“鼓包”。故检修时，一边进行器件“备料”，一边对 IGBT 驱动电路进行彻底检修。

电路构成 驱动板的电路构成如图 2-5 和图 2-6 所示。图 2-5 为驱动电路的供电电源电路，由开关电源送来的 12V 供电，经振荡器 U1 和逆变开关管 M1、M2 构成的双端逆变电路，取得每相驱动电路所需的 V+ 和 V− 两路供电电源。

整机电路需要图 2-5 和图 2-6 所示的 3 块驱动板，以完成对逆变电路的驱动任务，这为驱动电路的独立检修带来极大的方便。

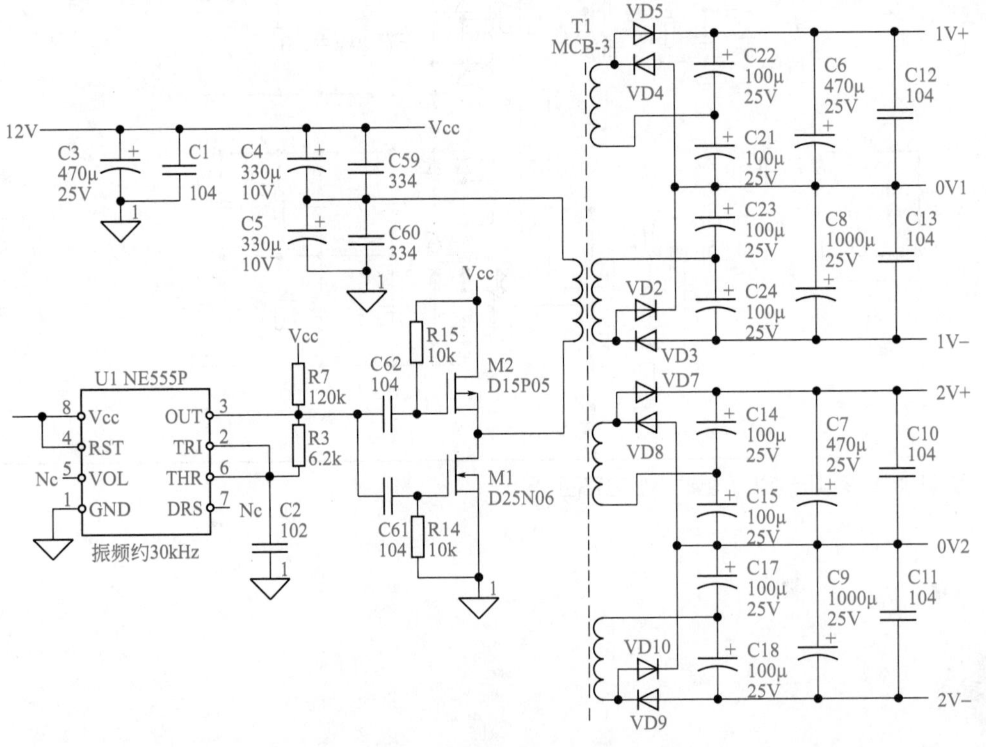

图 2-5 森兰 XW-S 型 75kW 变频器驱动板电路之一

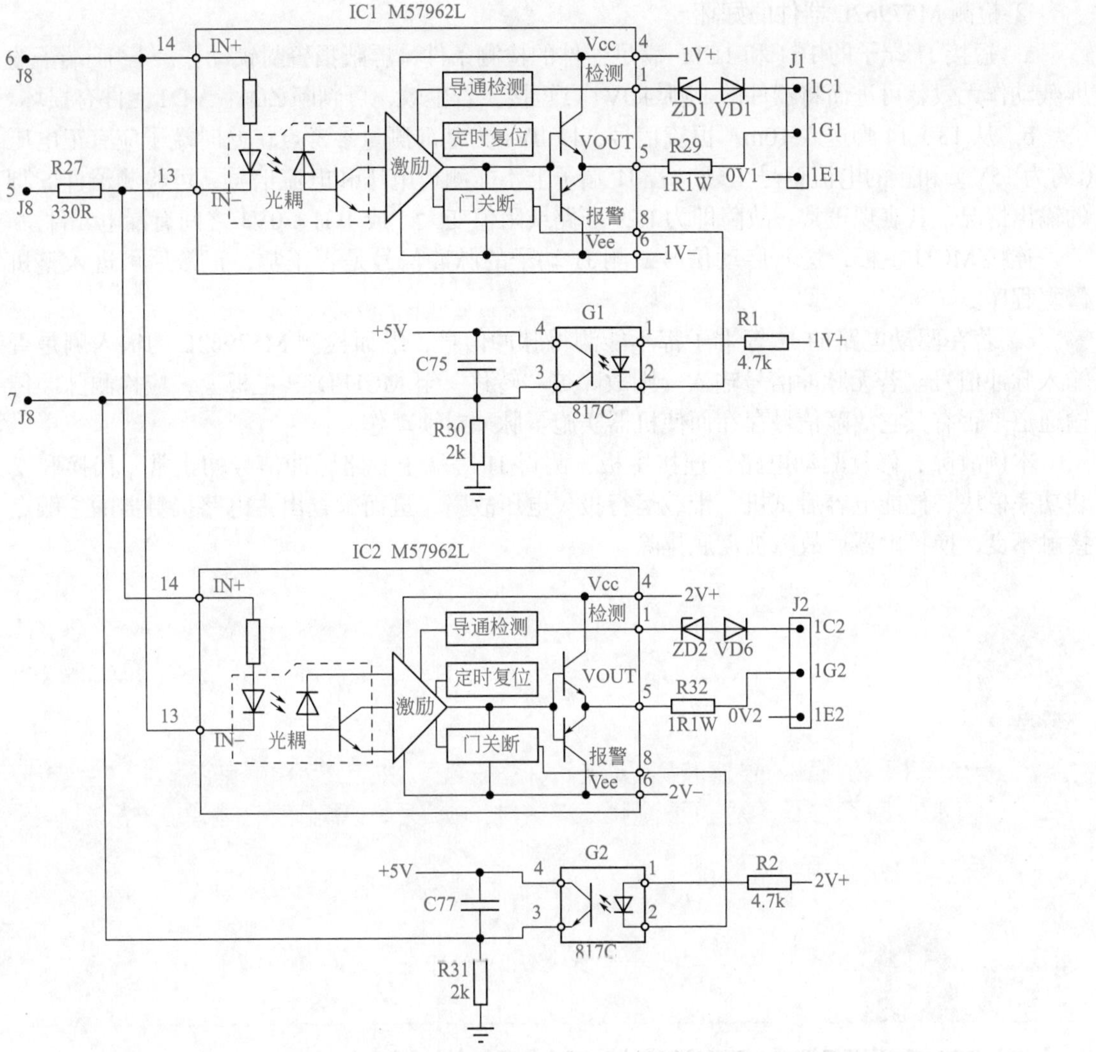

图 2-6　森兰 XW-S 型 75kW 变频器驱动板电路之二

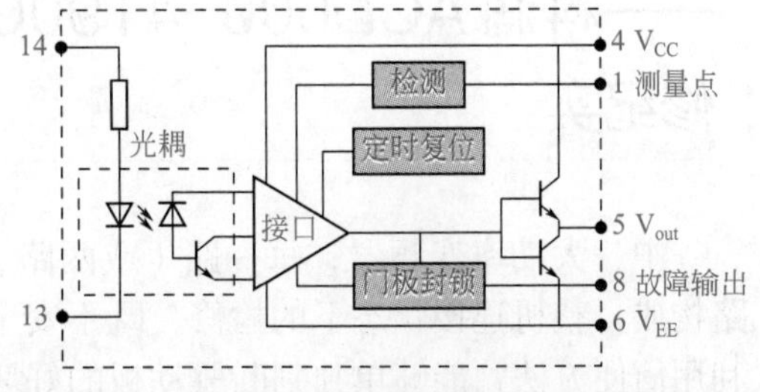

图 2-7　M57962L 芯片内部原理框图

本机驱动电路采用“软包装”或称“软体”“厚膜”驱动芯片，将驱动电路几乎所有元器件封装于一块电路基板上，留出输入、输出信号端、供电电源端、检测信号输入端和报警信号输出端焊接于线路板上，保障了电路的优良性能，简化了外围电路设计。

器件 IC1（印字 M57962L）的内部原理如图 2-7 所示，其 13、14 脚为脉冲信号输出端，5 脚为脉冲信号输出端，1 脚为 IGBT 导通管压降信号输入端，8 脚为 IGBT 模块故障报警信号输出端，4、6 脚为器件供电电源端。其它引脚或许不用，也可以不管，检修中用得着的仅此 7 个引脚。

故障分析和检修

检修步骤（以图 2-6 中 IC1 器件检修为例）：

① 检查和修复工作电源，确保驱动电路所需的正、负供电电压正常。

② 检测 M57962L 器件的好坏。

a. 短接 J1 端子的 1C1 和 1E1，满足器件的检测条件，屏蔽报警封锁动作。若 J1 端子的屏蔽动作无效，可进而将器件的 1 脚与 0V1 点短接，若生效，可判断 ZD1、VD1 元件有损坏。

b. 从 13、14 脚送入 10mA 恒流信号，以 0V1 为基准测量参考点，此时端子应有正电压（约为 15V）和正的电流信号出现。若 J1 端子上不能测得电压和电流信号，可检测器件 5 脚的输出情况，若表现正常，故障即为 R29 断路或阻值变大，或 1G1、0V1 之间有漏电元件。

连接 MCU 主板，送入启动信号，测 J1 端子的脉冲信号是否正常，正常后可进入整机修复程序。

c. 若在驱动电路的 J1 等端子都不能测得脉冲信号，继而检测 M57962L 的输入侧是否输入脉冲信号。若无脉冲信号输入，则故障被“转移”至 MCU/DSP 主板上，应检测脉冲传输通道是否有其它故障信号存在而使机器实施了脉冲封锁动作。

本例故障，修复驱动电路，连接主板，测得 J1 等端子 6 路脉冲信号均正常，代换和安装功率模块、储能电容后试机，带载运行报欠电压故障，进而检查出主电路接触器的主触点接触不良，换接触器后故障被彻底排除。

功率模块的损坏，故障波及驱动电路、开关电源、主电路等中的其它器件，甚至波及 MCU\DSP 主板。须全面检测、落实并排除故障后，才能安装功率模块进行试机。

实例 5

大功率变频器专用驱动板故障检修之三

——科润 ACD600-4T90G 型 90kW 变频器驱动板电路检修纪实

中、大功率变频器，每一路（或两路）IGBT 的驱动电路，均由独立电源电路和驱动电路构成，整机连接状态下的检修，既不安全又不便利，而该区域电路故障发生频率高。如果利用简便方法，能够单独判断驱动板的好坏，就能大大提高检修效率。

电路构成 驱动板供电电源电路如图 2-8 所示。

由开关电源送来的 Vcc（15V 左右）电压，经由 U3、Q1、Q2、T1 等元件组成的双端逆变电路，得到 U 相上、下路 IGBT 驱动电路所需的供电，即两路 +14.5V 和 −11.5V 的电源电压。

采用 M57962AL 厚膜驱动模块，完成 IGBT 功率模块的开通、关断控制及 IGBT 导通管压降检测等任务。其内部电路框图见图 2-9，工作原理在此不赘述。IGBT 功率模块内含检

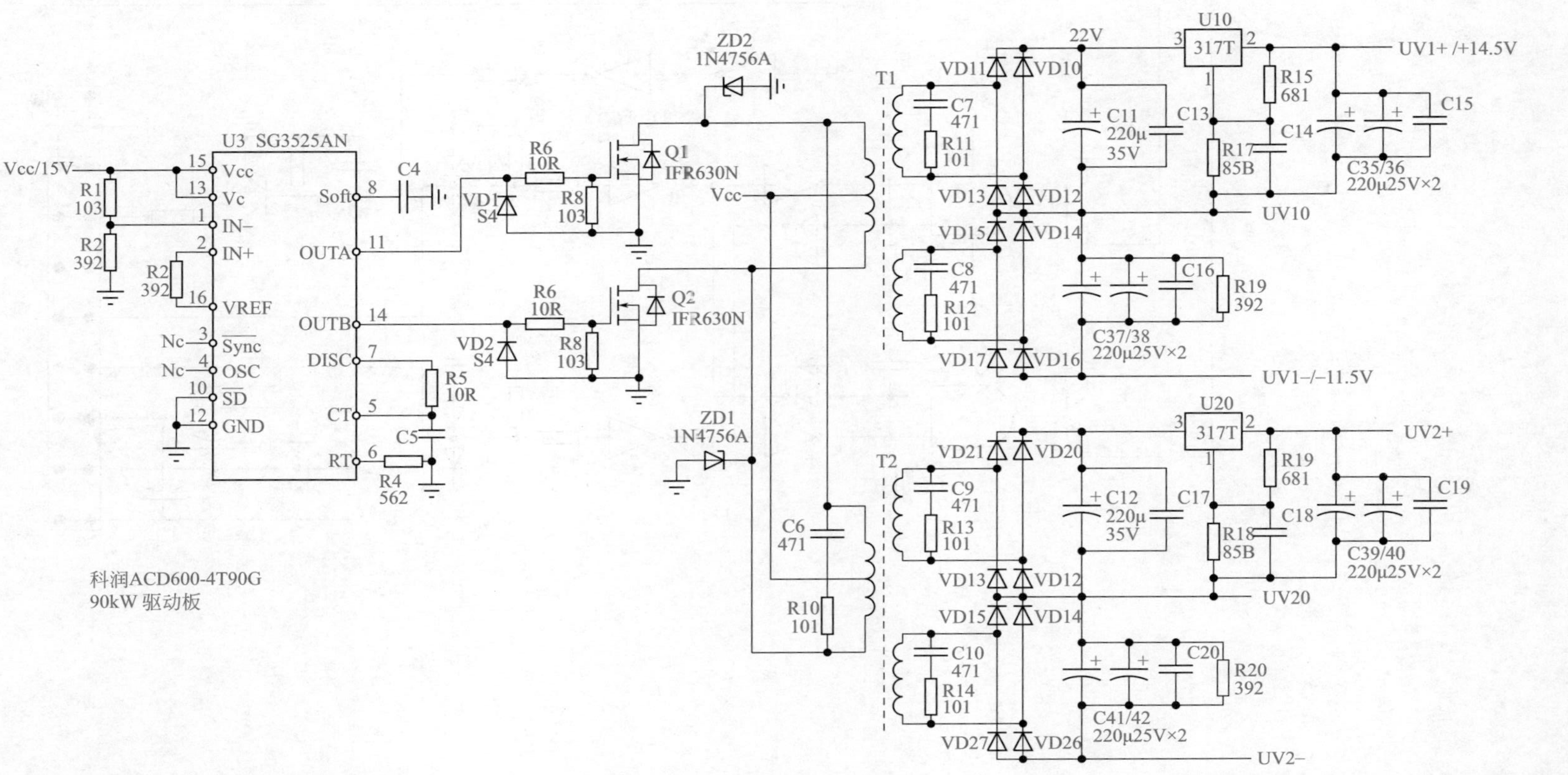

图 2-8 科润 ACD600-4T90G 变频器驱动板电源电路

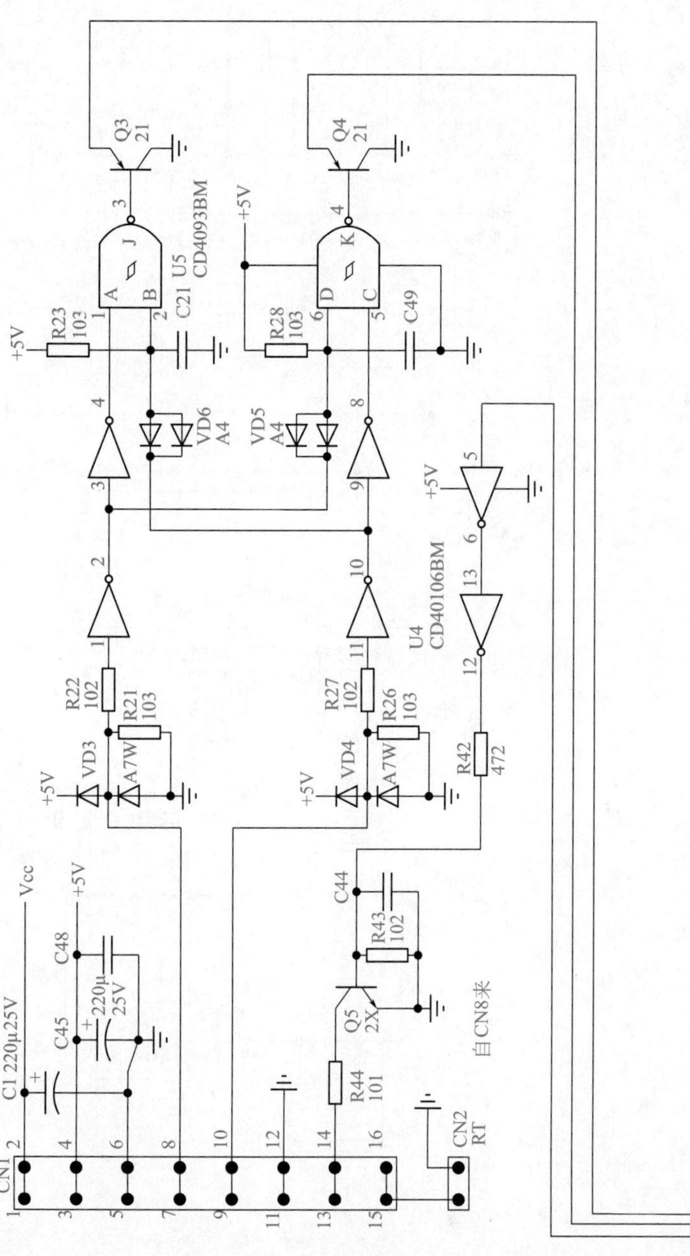
Q3
21
Q4
21
U5
CD4093BM
+5V
R23
103
C21
R28
103
C49
VD6
A4
VD5
A4
U4
CD40106BM
R22
102
R21
103
R27
102
R26
103
VD3
A7W
VD4
A7W
R42
472
C44
R43
102
Q5
2X
R44
101
Vcc
C48
C45
220μ
25V
C1 220μ25V
CN1
CN2
RT
自CN8来

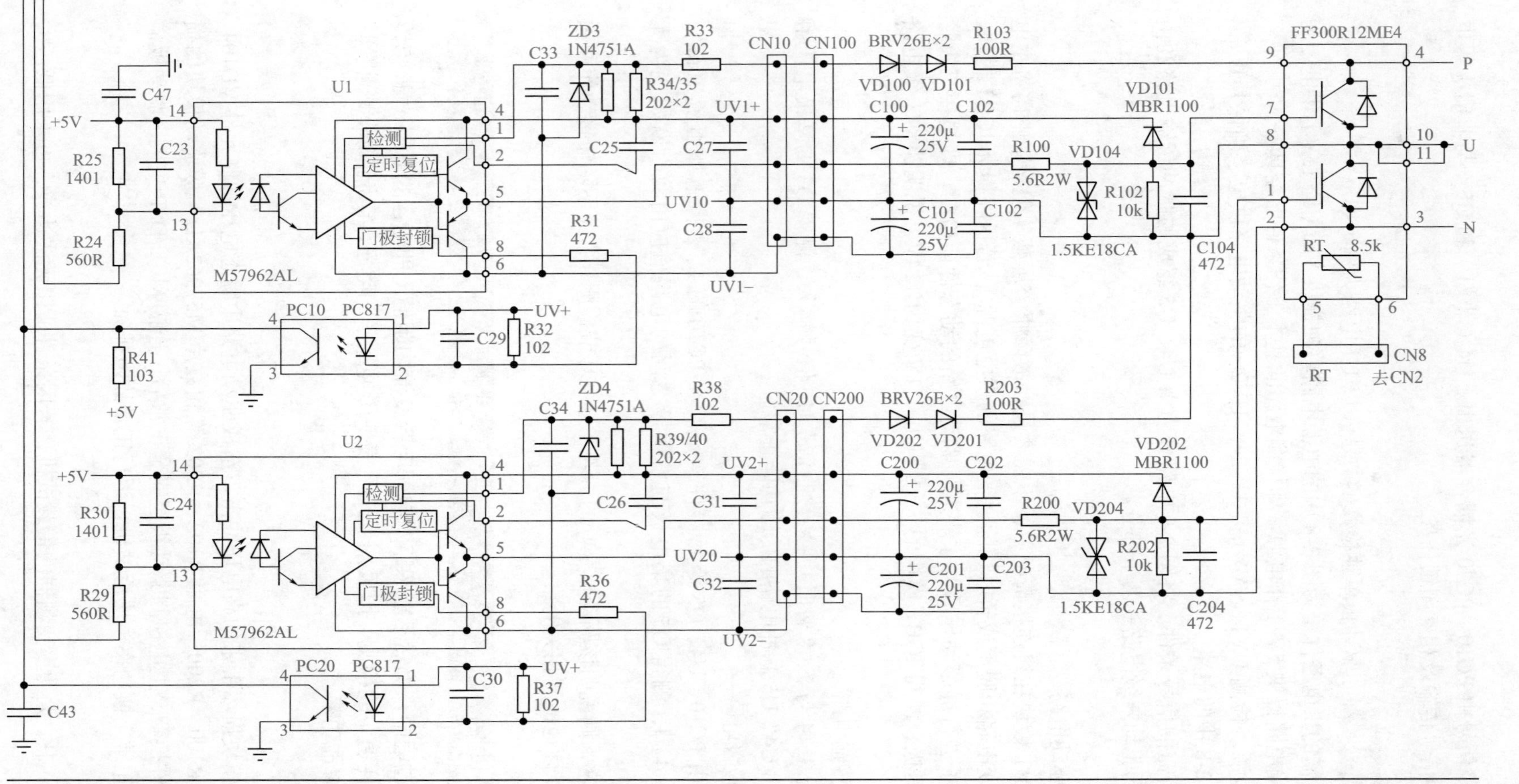

图 2-9 科润 ACD600-4T90G 变频器驱动板的 IGBT 驱动电路

测传感器，OC 报警信号由 PC10、PC20 光耦合器送出。U4（非门）和 U5（与非门）等电路完成 U+\U- 脉冲信号传输及相互闭锁任务。

故障分析和检修 驱动板单独检修的方法（以 U1 电路为例）如下：

① 满足检测所需的供电条件。为图 2-8 中的电源电路单独提供 Vcc（约 15V）供电，为图 2-9 中的脉冲传输电路提供 5V 工作电源。即检测电路的基本工作条件已经具备。

② 检修供电电源。检测 UV1+、VV1-，UV2+、UV2- 的驱动电路供电，确保其正常。如有异常，检修图 2-8 中的电路。

③ 满足检修所需的信号条件。将图 2-9 电路分为由 U4、U5 组成的脉冲传输电路和由 U1（或 U2）构成的驱动末级电路等两个部分。

检修步骤：

（1）检测末级驱动电路

在不拆机、IGBT 模块在线连接情况下，不需要进行故障报警屏蔽（但检修中需将主电路电容与 IGBT 逆变电路相脱离或暂时切除逆变电路的供电电源）。若拆除损坏 IGBT 模块，须在 IGBT 脉冲端子进行屏蔽动作后，才能进行驱动电路的动态性能检测，即短接三极管 Q3 的集电极和发射极，测得 IGBT 模块的 7、8 脚由 -11V 变为 +14V，说明驱动末级电路完好。

（2）检测脉冲传输电路

将 CN1 端子的 3、4 与 7、8 暂时短接，“制造”U+ 信号输入，测得 Q3 的基极电压由 0V 变为 0.7V，说明 U4、U5 脉冲电路的传输功能正常。

（3）检测 OC 报警电路

OC 报警电路由 PC10、U4、Q5 等元器件构成。在 PC10 的 1、2 脚施加恒流 10mA，或短接 PC10 的 3、4 脚，测得 Q5 的集电极与发射极之间的电阻值应由数百欧姆变为无穷大。

若以上检测正常，则说明该驱动板是好的；若在某一环节检测异常（不随短接动作而做出反应），则有选择性地检测相关电路。

注意

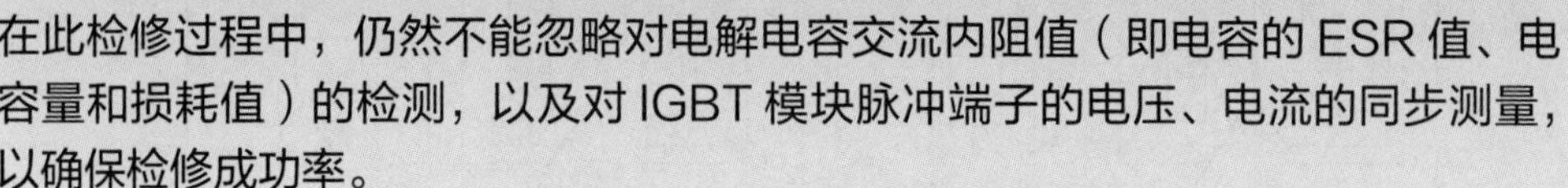

在此检修过程中，仍然不能忽略对电解电容交流内阻值（即电容的 ESR 值、电容量和损耗值）的检测，以及对 IGBT 模块脉冲端子的电压、电流的同步测量，以确保检修成功率。

本例故障，因模块损坏带来的高电压冲击，造成驱动电路中瞬态电压抑制元件 VD104、VD204，栅极电阻 R100、R200，电阻 R102、R202 等和数片 M57962AL 厚膜驱动模块的损坏。将全部故障元件换新，上电检测驱动板至完全正常后，连接 MCU/DSP 主板，驱动板输出的 6 路脉冲信号正常。换功率模块后试机，运行正常故障排除。

技能拓展 中、大功率变频器的带载试机，若因条件所限无法达成，可采用低压大电流法（用直流电流发生器取得电流信号）模拟带载试机，以确保检修成功率。另外，若实在无试机条件，应对驱动电路、电流检测电路、IGBT 功率模块等进行尽可能准确与详细的检测（万用表检测的局限性较大，有必要时须“升级”检测设备），避免无计划地靠现场试机检验修复是否成功的行为，使检修工作变得被动。

大功率变频器专用驱动板故障检修之四
——丰兴 FX-ABB 型 160kW 变频器驱动板电路检修纪实

故障分析和检修 变频器运行一两年后，开始启动或运行中报 OC 故障，查得 IGBT 逆变电路、电流检测电路、驱动电路均正常，询问厂家技术人员，回答说可能是驱动板的问题，新购驱动板代换后果然修复。

笔者绘制驱动板电路如图 2-10 所示，初步检测也没发现问题所在。但感觉电源电路中 E1 和 E10 的容量取值有所偏小，故将两个电容全部换为 680μF50V 的元件，审视电路，又将栅极电路元件 R8 和 R15 调整为 7.5Ω 3W 的电阻，由前检修者装回原机试验，几天后回复试机成功了，运行中不再报 OC 故障。

查不出问题所在，而又可确定故障仍在驱动板上，说明驱动电路也处于“亚健康状态”，静下心来检查，会发现蛛丝马迹，由此调整一番电路，电路也不再“闹意见”了。

修复此类故障不仅仅是靠侥幸。有老师傅讲，故障电路板必有故障元件，只要用扫雷法找出故障元件，也就修好了电路板。但该块故障板上的故障元件，又是哪个呢？各位读者可自行判断。

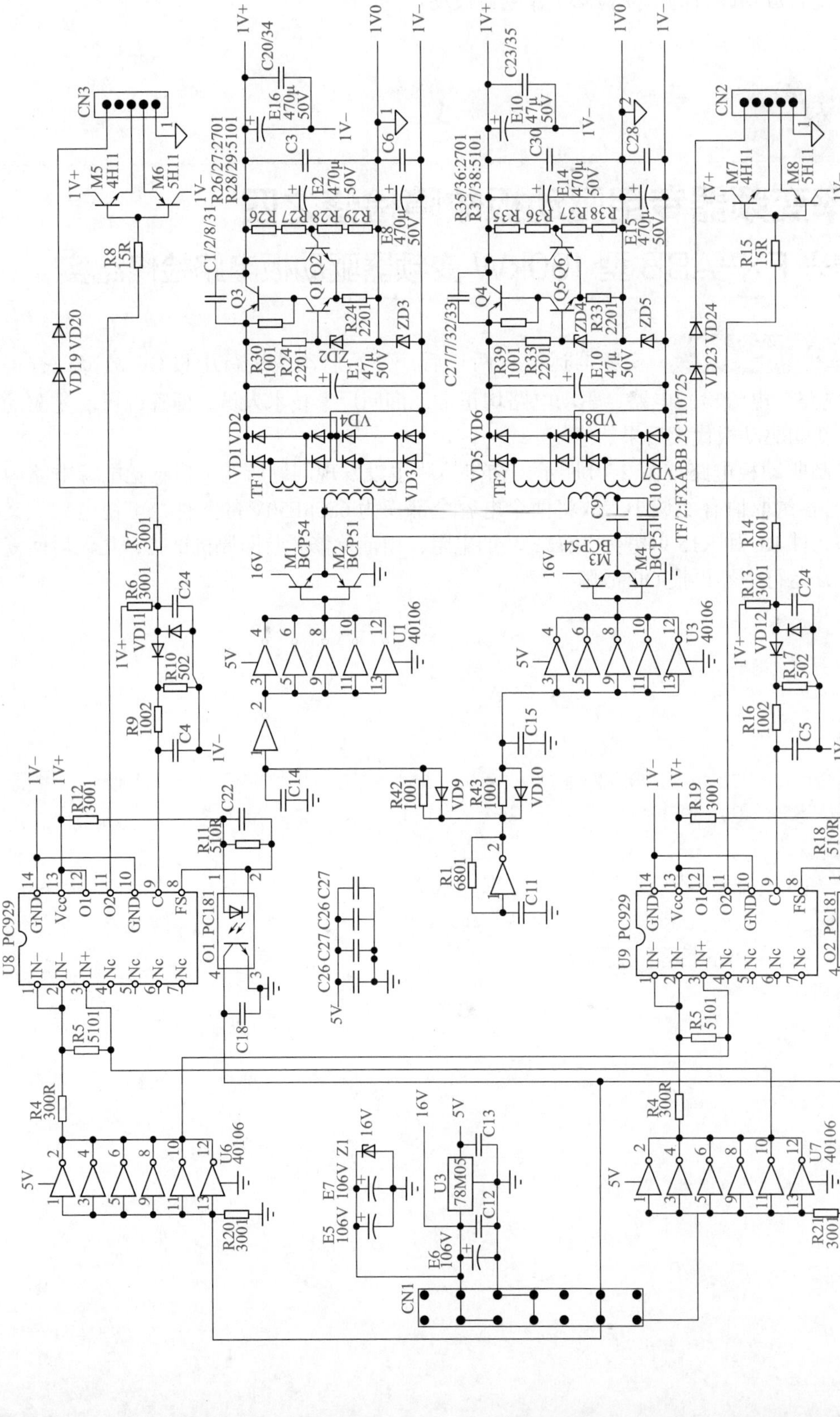

图 2-10　丰兴 FX-ABB 型 160kW 变频器驱动板电路

实例 7

欧瑞 F2000 型 3.7kW 变频器空载运行正常，带载报 OC 故障

故障表现和诊断 机器空载运行正常，三相输出电压平衡。带载报 OC 故障（电流显示值与实际运行电流值一致，排除电流检测故障），单独检测逆变电路的 IGBT 器件，无异常，判断故障点在驱动电路。

电路构成 图 2-11 中仅画出了 U、V 两相驱动电路及检测电路，W 相驱动及检测电路省略未画。电路构思非常巧妙，并且用电压比较器与驱动芯片相配合，能同时对驱动芯片的工作状态及 IGBT 管压降进行检测，是一款比较优良的低成本驱动电路设计方案。

为便于信号分析，将电路中元件重新进行了序号标注。以 U 相驱动及 OC 检测电路为例，试加分析。

（1）驱动供电回路与脉冲传输过程

在停机状态，驱动电路中 U2 的 5、8 脚供电端可测到 17V 供电，但在 U1 的供电端，测得其供电电压为 2.7V。由图 2-11 所示的电路分析可知，电容 C2 在脉冲传输过程中有一个动态的充、放电过程，其放电能量提供 U1 的供电、VT1 导通的驱动电流。工作过程中，当驱动芯片 U2 工作、VT2 导通时，相当于短接了 U、N 端，C2 负极瞬时接 N 端形成充电电流，此时 VT1 处于截止状态；此后，VT2 截止，驱动芯片 U1 工作，VT1 导通，C2 充电能量经 VT1 的 G、E 极回路泄放（VT1 受激励而导通）。C2 在工作过程中被反复充、放电，VT1 得到激励脉冲的前提，是 VT2 首先能够正常导通。

VD2、VD5 为隔离二极管，其反向耐压要高（一般采用反向耐压 1000 ~ 1600V，正向整电流 1 ~ 2A 的元件），足以抵抗 VT1、VT3 导通时所施加的反向电压。C2、C3 的高频特性要好，即高频工作状态下有优良的充、放电能力，以实现对 VT1、VT3 的可靠激励。

（2）驱动芯片的状态检测与 IGBT 管压降检测电路（以 U 相驱动电路为例）

电压比较器 U3-1、光耦 PC1 和 ZD1、ZD2、VD3、VD4 等元件构成了 IGBT 导通管压降检测电路。

停机状态：U3-1 的同相输入端 5 脚为 R6、ZD1 所形成的 2.5V 基准电压，而此时因 U2 的 6 脚为 0V，VD3 导通使 U3-1 的反相输入端 4 脚也为低电平（约 0.7V），故 U3-1 的输出端为高电平，光耦合器 PC1 不具备开通（OC 报警）条件，变频器处于停机状态，不产生 OC 报警信号。

正常运行状态：在 U- 脉冲到来期间，U2 的 6 脚变为脉冲高电平，VD3 反偏截止，但 VT2 的导通使 U=N，VD4 因而导通，仍然使 U3-1 的 4 脚为低电平，U3-1 的输出端为高电平，光耦合器 PC1 不具备开通（OC 报警）条件，变频器在运行中，也不产生报警信号。

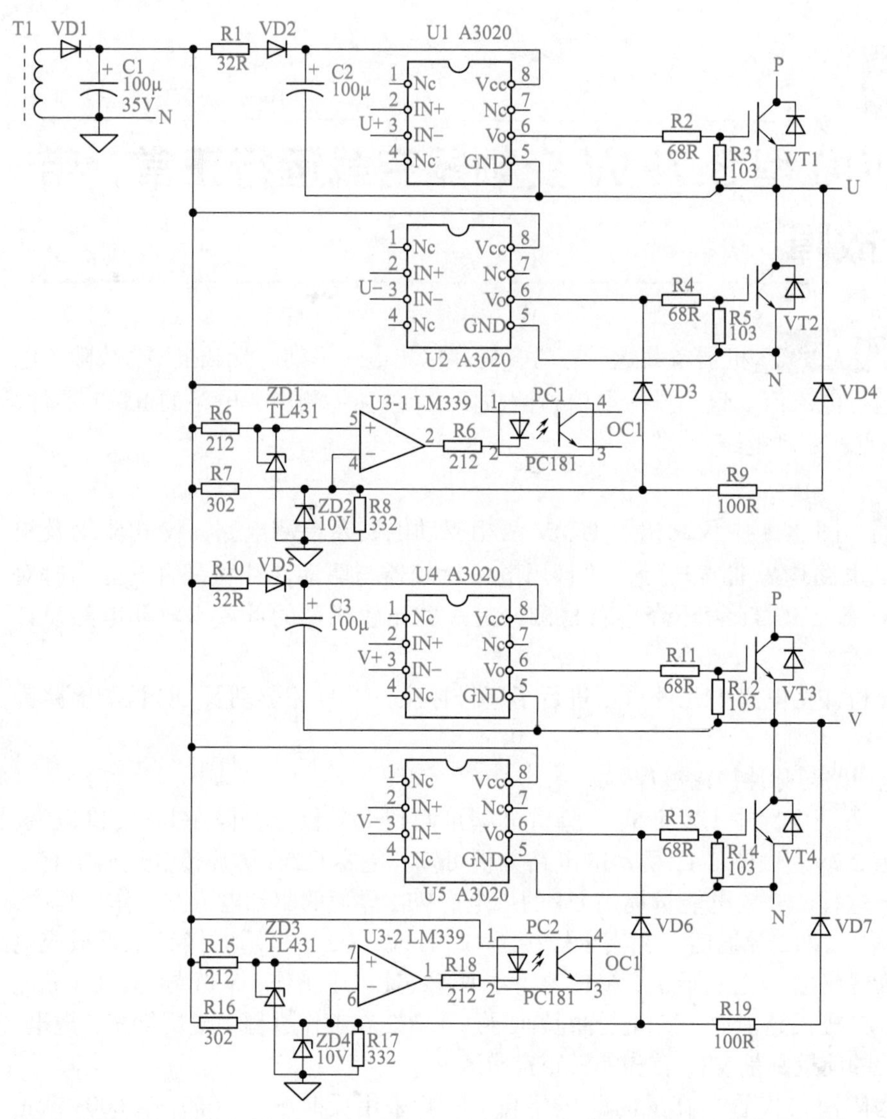

图 2-11 欧瑞 F2000 型 3.7kW 变频器 U、V 两相驱动电路与检测电路

运行中异常报警状态：运行中若因故障原因导致 VT2 未能正常导通（即导通管压降大于 2V）时，VD3 和 VD4 均反偏截止，U3-1 的反相输入端电压高于同相输入端电压，输出端变为低电平，PC1 具备开通条件，将 OC 故障信号输入 MCU 主板电路。故产生报警条件有两个：

① 运行中检测电路正常。

② VT2 导通管压降大于 2V。

故障分析和检修 空载运行不报警，说明二极管 VD3、VD4 在停机和运行状态切换时，交替导通的状态是正确的，故能正常运行。换言之，导通管压降检测电路是正常的。

带载报 OC 故障，因 VT2 导通时的电流导致了管压降大于 2V，检测电路的报警动作是正常的。

VT2 导通管压降大的原因：

① VT2 低效劣化，导致正常工作电流下管压降大于 2V，或根本未能导通。

② 驱动电路的激励能力不足，造成 VT2 导通不良。当驱动信号正常时，VT2 如同开关闭合，导通电压降是微小的；当驱动能力不足时，VT2“变身”为电阻，产生较大的管压降，引起检测电路报警。

本例故障，检测电容 C1、C2 发现均已失效，导致驱动电路对 IGBT 器件的激励能力不足，运行时报 OC 故障。代换 C1、C2 后故障排除。

电容 C1、C2 工作于高频、较大工作电流的充、放电状态，极易引高频疲劳而失效。

实例 8

欧瑞 F2000 型 15kW 变频器空载启动报 OC 故障

电路分析和检修 图 2-12 为欧瑞 F2000 型 15kW 变频器驱动与 OC 报警电路，其中加 * 标示元件，为自行加注，非加 * 元件为实际电路板上的标注。

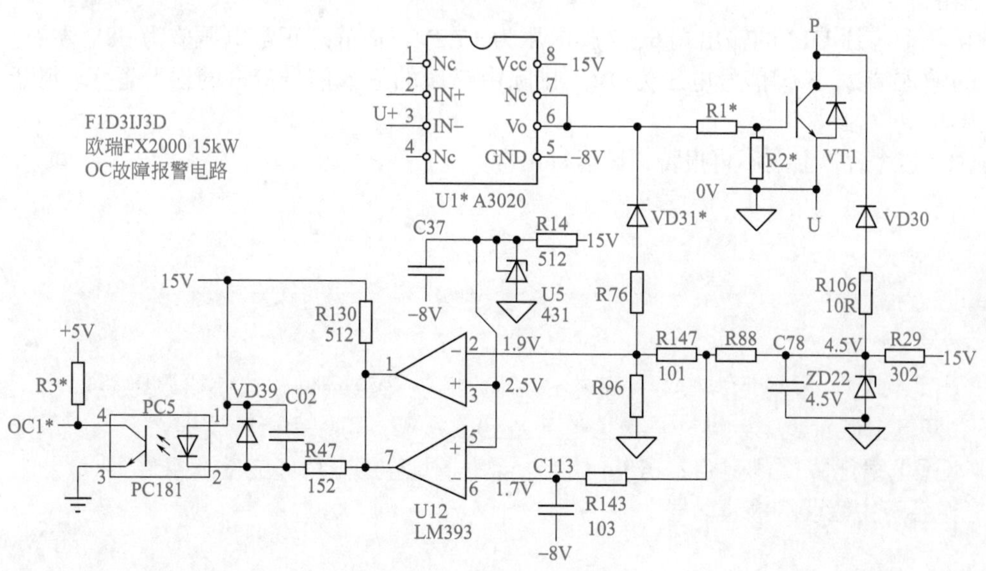

图 2-12 欧瑞 F2000 型 15kW 变频器驱动与 OC 报警电路

VD31、VD30与U12构成两高出低的或非门电路，其输入与输出符合“两低出高、有高出低”的逻辑关系，避免了停机状态时的误报警。停机状态，虽然VD30反偏截止，但U1*的6、7脚为低电平，VD31*正偏导通（使管压降检测信号变为低电平），符合“两低出高”的逻辑关系，PC5无导通条件（不报OC故障）；U12在U+脉冲发送期间，VD31*反偏截止，如果IGBT能正常导通，则VD30正偏导通，仍旧符合“两低出高”的逻辑关系，PC5无导通条件（不报OC故障）。如果此时IGBT未能正常导通，则此时VD31*、VD30均处于反偏截止状态，管压降检测电路形成“两高出低”的逻辑条件，PC5导通，将OC1*信号输入MCU主板，达到停机保护的目的。

本例机器空载启动即报OC故障，测得光耦合器PC5的输入侧1、2脚电压值为1.2V，说明由U12电压比较器为核心构成的IGBT管压降检测电路输出了错误的OC报警信号。

此时测得ZD22的负极为4.5V，判断电阻R106断路，停电检测，在线测得R106电阻值变大，代换后故障排除。

实例 9

欧瑞 F2000 型 15kW 变频器上电报 OC 故障

故障分析和检修 驱动和检测电路请参见图2-12。

检修方法步骤如下：

① 上电检测光耦合器PC5的3、4脚为0V，1、2脚为1.2V，说明PC5已经处于开通状态，IGBT管压降检测电路处于错误的故障报警状态。

② 检测到电压比较器U12的反相输入端电压高于同相基准电压2.5V，说明二极管VD31*未能正常导通。

③ 测得驱动芯片U1*的输出端6、7脚电压为+7.2V，而静态正常电压应为−8V左右。测得U1*的输入端2、3脚信号电压为0V（排除由错误的输入信号带来的误开通），判断U1*芯片损坏。

代换U1*芯片后，上电不再报警，试运行正常。

当U1*芯片损坏后，破坏了静态时VD31*的导通条件，故使检测电路符合了“两高出低”逻辑条件，导致上电产生OC报警。可见，上电误报警，不仅仅是IGBT管压降检测电路本身的问题，当其外围电路异常造成检测条件不满足时，也会产生错误的报警信号。

实例10

海利普 HLP-P 型 15kW 变频器带载启动时报 OC 故障

故障表现和诊断 测量 U- 脉冲端子，停机时的电压约为 −8V，其它各路驱动电路脉冲输出端正常时均为 −8V。启动后用直流电压挡测脉冲电压为 2.6V，也与其它各路驱动输出相接近。用示波器测了 GX、AN 端子的脉冲波形，显示正常，电压幅值与其它驱动也差不多。空载试运行，测三相输出电压也是平衡，变频器貌似没有什么问题。

为变频器加载试机，启动即报 OC 故障，报警与启动动作相关，故障范围基本上可锁定于驱动电路。

电路构成 海利普 HLP-P 型 15kW 变频器 U 相驱动电路如图 2-13 所示。其是一款经典的 PC923L、PC929 组合电路，U 相下臂驱动电路有 IGBT 管压降检测功能。单独检修驱动电路时，将脉冲端子的 AN 与 EU 短接，可屏蔽 OC 报警进行检修。

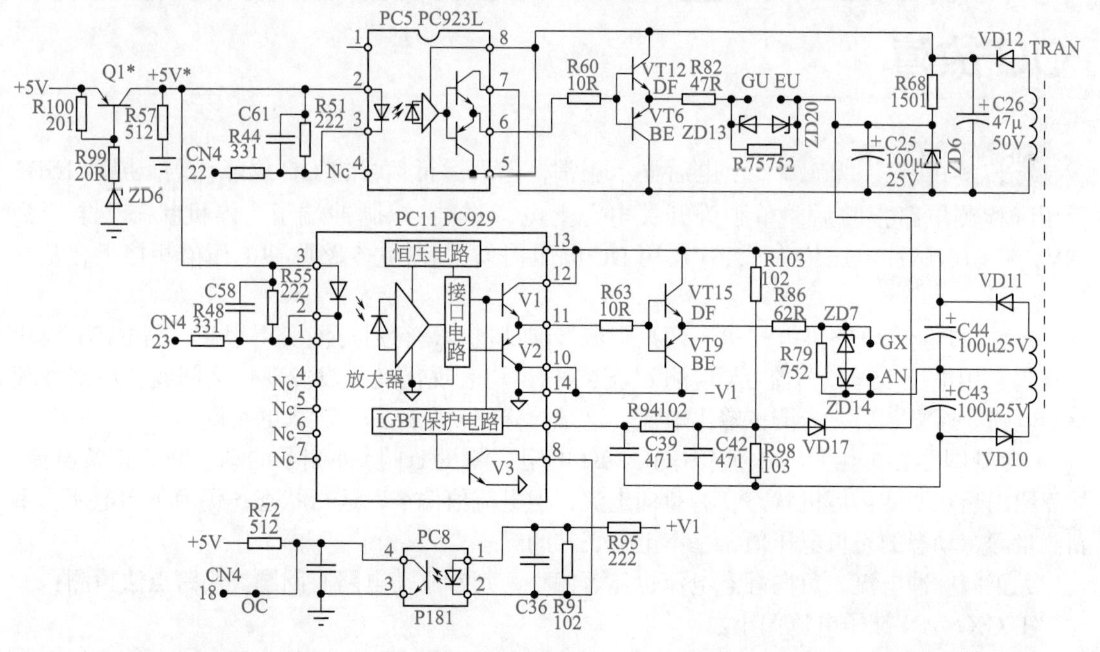

图 2-13　海利普 HLP-P 型 15kW 变频器 U 相驱动电路

故障分析和检修 将脉冲端子的 AN 与 EU 短接后，送入启动信号，检测 GX、AN 脉冲端子的电流输出能力，发现脉冲电流值仅为几毫安，对比其它各路脉冲电流值，严重偏小（其它各路的脉冲电流接近百毫安），判断启动时产生 OC 报警的原因，为驱动能力不足。

停电检测电阻 R86 的在线电阻值，远远大于其标称值 62Ω，代换 R86 后，脉冲电流值正常，故障排除。

本例故障检修的启发意义不言自明。对于依赖于电压和波形测量的检修人员来说，因驱动电路检修不到位造成了一定的返修率。在一定程度上，电压和波形检测都不能被视为“终极的判断”，用电流法检测才能得出正确的检修结果。

实例 11

海利普 HLP-P 型 7.5kW 变频器空载启动时报 OC 故障

故障分析和检修 上电后显示正常，送入运行信号报 OC 故障代码。屏蔽 IGBT 管压降检测电路报警后，单独为开关电源上电，测量 U+ 脉冲端子，停机状态下电压为 −8V，启动后脉冲电压约为 +2.6V（用 DC 电压挡），与其它 5 路脉冲电压值相接近，基本“正常”。

在 IGBT 逆变电路供电端串入两只限流灯泡试机，运行后灯泡变得很亮。是 IGBT 模块不良吗？用电压 15V、恒流 3A 检测 6 个 IGBT，均表现优良，没发现什么问题。后来发现驱动电路“修复”后，未测试输出电流，这是检修驱动电路一个大大的纰漏。

（参见图 2-13）用直流电流挡串入 30Ω 电阻，测量 U+ 脉冲端子的动、静态正负电流，故障原因豁然明朗：停机状态，有负向电流，但电流值偏小；运行状态，仍为负向电流。重新测量静、动态的正负电压值，基本上是正常的。

无正向脉冲电流，负向静态电流也显著偏小，判断驱动电路有问题。用跨点法检测：

① GX、AN 端子电流偏小。

② 测得开关功率放大器 VT15、VT9 的基极电流值仍然偏小。

③ 测得驱动芯片 PC11 的输出端 11 脚电流值正常，故障立即锁定于 R63 阻值。检查 R63 在线电阻值发现明显变大，焊下后测量为 570kΩ 左右，代换 R63 后驱动电路工作正常。

检修驱动电路，电流法优于电压和波形法，用跨点电流检测法，更能快速有效地锁定故障元件！

实例 12 海利普 HLP-P 型 7.5kW 变频器带载启动时报 OC 故障

故障分析和检修 空载运行正常，带载运行报 OC 故障。故障来源有：

① IGBT 模块不良，当运行电流增大时，其导通管压降超过驱动电路报警动作阈值。

② 驱动电路的驱动能力严重不足，IGBT 功率模块因而处于未充分开通状态。

③ 电流检测电路或有不良，即检测信号值“虚高”，造成故障误报。

检修步骤：

① 大电流发生器单独验证 IGBT 开通能力，其额定电流下的导通管压降尚在允许范围之内（小于 3V）。

② 加轻载运行，观察运行电流显示值与输出端钳形电流表检测显示值，基本上一致。

以上检测，排除掉 IGBT 功率模块和电流检测方面的问题。

③ 单独检测驱动电路，测量静态负电压和负电流能力，正常；测量脉冲电压、电流值，6 路脉冲值基本上相互接近；看波形，也没发现问题。

但 OC 报警原因何在？

用 SER 电容内阻表在线测量供电电源的滤波电容，即图 2-13 电路中的 C25、C26、C43、C44 等元件，均有 3 ~ 10Ω 等不同的阻值指示，说明电源滤波电容大部分已经失效。摘下几个电容，测其电容量，尚在标称值的 10% 以内。

据了解，该台变频器已经运行三年以上，这为电容器的高频衰变带来依据。全部滤波电容代换后，满载试机工作正常，故障排除。

单独检测驱动电路，即使电压、电流、波形均正常，仍存在检测漏洞！电容器的交流内阻变大（意味着高频衰变、疲劳和失效），在驱动电路未连接 IGBT 之前，并不能真正地反映出来。如果单靠常规的电容量检测，极易被忽略！

对电容器，尤其是电解电容器的检测：低频电路看容量，因输入信号的时间常数较大，电容器小的内阻对其充、放电能力几乎无影响；高频应用看内阻，此时输入信号的时间常数小于电容器本身因内阻造成的时间常数，造成电容器的充电不足、放电不净，以致彻底失效。

实例 13

富士 5000G9S/P9S 型 11kW 驱动电路检修

故障表现和诊断 送修变频器的功率模块已经损坏，拆除故障模块后，须检测驱动及其它电路，无问题后，再代换好的模块试机。

电路构成和故障分析 一般来说，驱动电路的六路脉冲信号输出，因选用的IGBT功率模块内部的六个IGBT管参数是接近的，因而其六路驱动脉冲电路的相关参数也是越接近越好。如静态负向截止电压，动态正向脉冲电压，和动、静态信号电流值应该尽可能地保持相近或一致。若差异过大，貌似控制特性便会变差。真是这样吗？

六路脉冲驱动电路，其静态电压、脉冲电压幅度有了显著的差异，还能正常“干活”吗？答案是出人意料的。

本例驱动电路如图2-14、图2-15所示。其U+、V+、W+脉冲驱动电路，如图2-14所示，驱动芯片的供电电源为22V。从驱动电流的回路看，负向截止电压为 -7V 左右，正向激励电压约为 +15V，三路脉冲信号的动、静态电压值，是非常接近的。

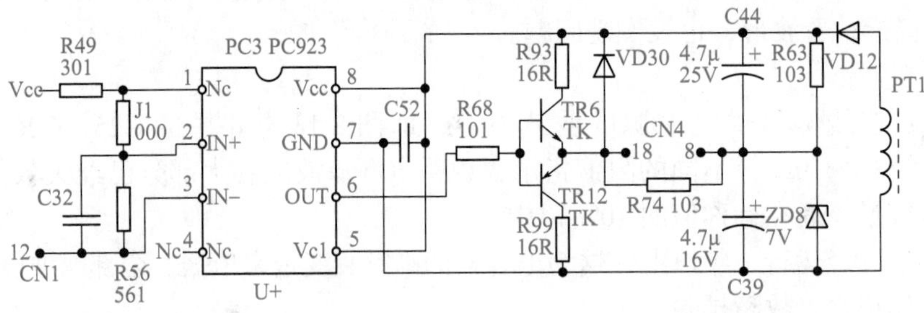

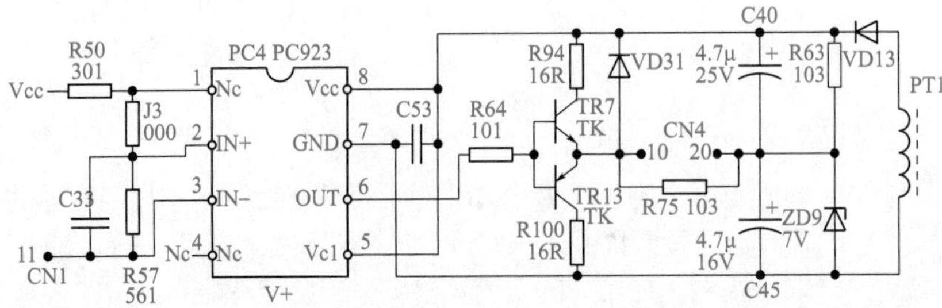

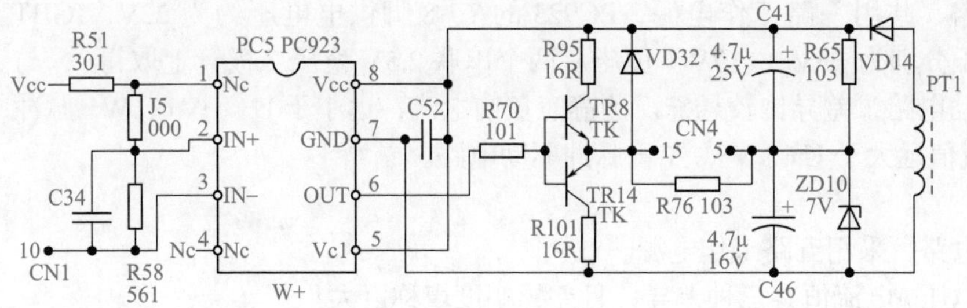

图 2-14　U+、V+、W+ 脉冲驱动电路

其 U−、V−、W− 脉冲驱动电路，如图 2-15 所示。检测一下感觉有问题。细查一下，还真是没有问题——原电路原设计就是这样的。PC6 的 7、8 脚供电电压约为 22V，IGBT 的截止与驱动回路电压分别为 −8V、+14V（负压从两个串联 4V 稳压二极管上取得），测得静态负向电流大于 U+、V+、W+ 脉冲驱动电路，而脉冲电流值小于 U+、V+、W+ 脉冲驱动电路。

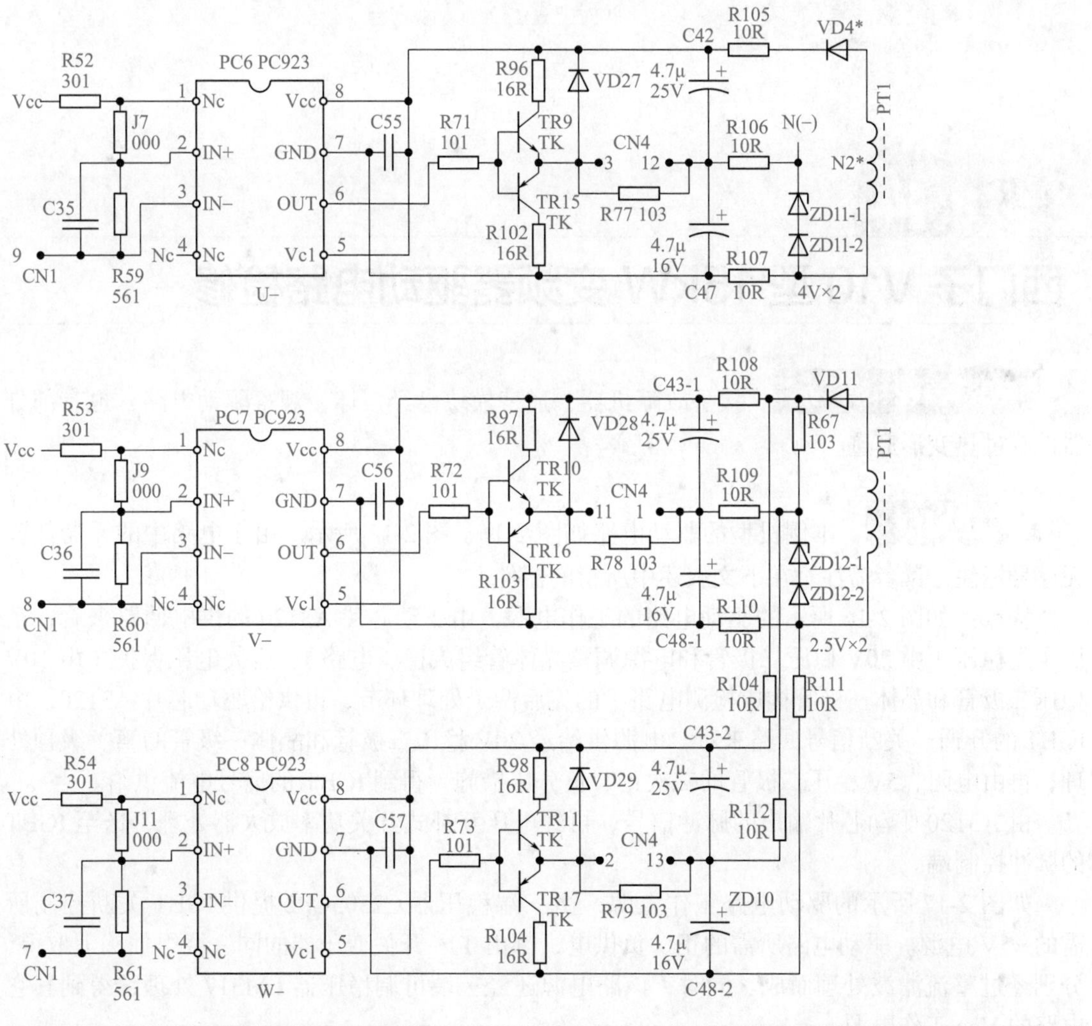

图 2-15　U−、V−、W− 脉冲驱动电路

V−、W− 驱动电路，共用一路工作电源，PC923 的 7、8 脚供电电压约为 22V，IGBT 的截止与驱动回路电压分别为 −5V、+17V（负压从两个串联 2.5V 稳压二极管上取得），与 U+、V+、W+ 脉冲驱动电路，差异比较悬殊。测静态负向电流，远小于 U+、V+、W+ 脉冲驱动电路，而脉冲电流值远大于 U+、V+、W+ 脉冲驱动电路。

总结如下：

① 六路脉冲驱动电路，采用五路工作电源。

② 动、静态脉冲电压 / 电流值有三种差异，且差异幅度堪称巨大！

本例故障，检测驱动电路未发现异常，代换 IGBT 功率模块后试机，运行正常。

富士 5000G9S/P9S 变频器的驱动脉冲电路，呈现了“个色”（特殊）的设计特点，若不从电路的实际构成出发，很容易由“正常检测结果”得出“电路异常”的结论。常例中总有个例，个例也是正常状态之一。

实例 14

西门子 V10 型 15kW 变频器驱动电路检修

故障表现和诊断 接手故障机器，逆变模块已经损坏，观察驱动电路，也有部分器件有过热变形痕迹。

电路构成 本例机型的驱动电路如图 2-16、图 2-17 所示。由于电路中的元器件皆无序号标注，读者需注意在下文叙述中所指的器件。

特点：如图 2-16 所示的驱动电路的工作电源，由驱动芯片 A3120 的供电回路来看，经历了先稳压（由 20V 稳压二极管和电源调整晶体管组成稳压电路）、后欠电压保护（由 10V 稳压二极管和晶体三极管构成检测电路）的先后两个处理环节，再供给驱动芯片 A3120；由 IGBT 的开通、关断信号回路来看，电源供给经 20V 稳压二极管和晶体三级管的第一级预处理，再由电阻、5V 稳压二极管的二次正、负分压措施，得到 IGBT 的信号电流供给。

由 A3120 驱动芯片输出的脉冲信号，再经电压互补式开关功率放大器处理，送至 IGBT 的脉冲控制端。

如图 2-17 所示的驱动电路工作电源，由三端稳压器 C2505CP2 提供 IGBT 关断控制所需的 −5V 电源。驱动电路所需的正、负供电，都由 T1* 开关变压器的同一绕组抽头上取得，分别经过整流滤波处理而成。同时，该路电源还经三端可调稳压器 LM317 处理，得到其它电路的 Vcc 工作电源。

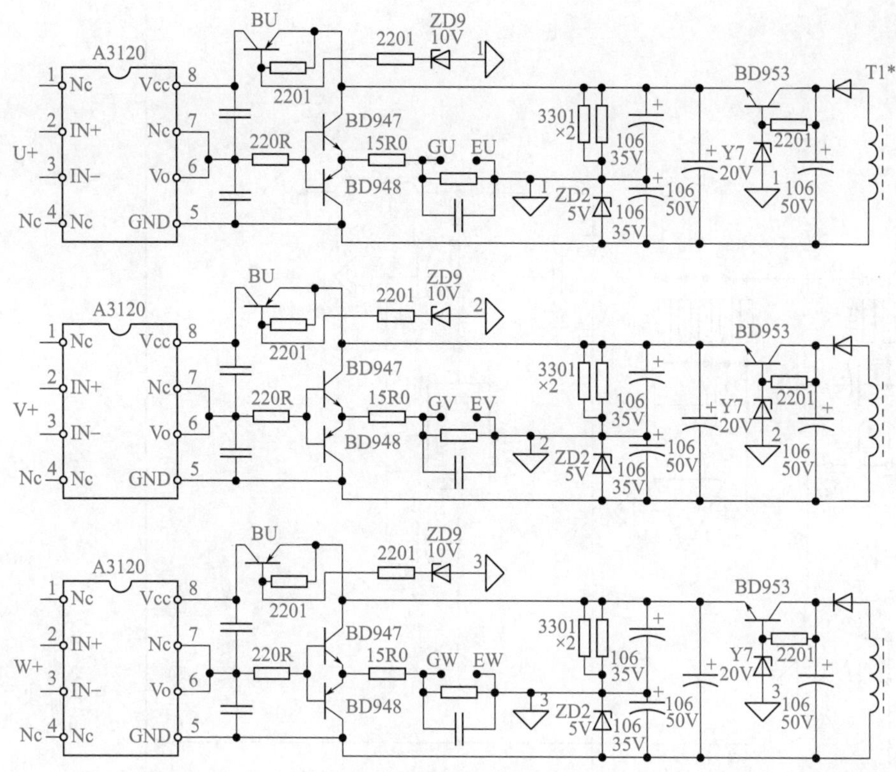

图 2-16　西门子 V10 型 15kW 变频器驱动电路之一

故障分析和检修　根据观察，第一步，先清除驱动电路板上的部分已坏元件，如电压互补电路中的晶体管及基极 220Ω 电阻、其它稳压二极管和晶体管等。为开关电源上电，在线与正常的驱动电路对比测量，确定了稳压二极管的击穿电压值，用同击穿电压值的稳压二极管进行代换。

第二步（一定不要漏掉这一步），在线检测电源滤波电容的 ESR 值，大于 0.5Ω 者皆判为坏件，用高频特性好的电容予以代换。

第三步，上电检测电路中的静态工作点，如正、负电源电压是否正常，GW、EW 端子的负电压、负电流是否正常，驱动芯片的 5、6 脚是否等电位（若有电位差，A3120 损坏）。由此进一步排除损坏元器件。

第四步，为驱动电路送入 IGBT 的开通控制信号，以检测电路本身对脉冲信号的传输能力。

脉冲信号的来源：

① 连接 MCU/DSP 主板和面板，经启动操作得到脉冲信号。

② 在 A3120 的输入侧送入 10mA 恒定电流，生成 IGBT 开通的测试信号。

③ 用单片机板开发的脉冲信号发生器送入信号。

④ 其它方法：如对地短接 A3120 的 3 脚，获得 IGBT 的开通信号，等等。

如上所述，由“四步法”确定了驱动电路故障已经完全修复，更换损坏功率模块后，上电试机运行正常。

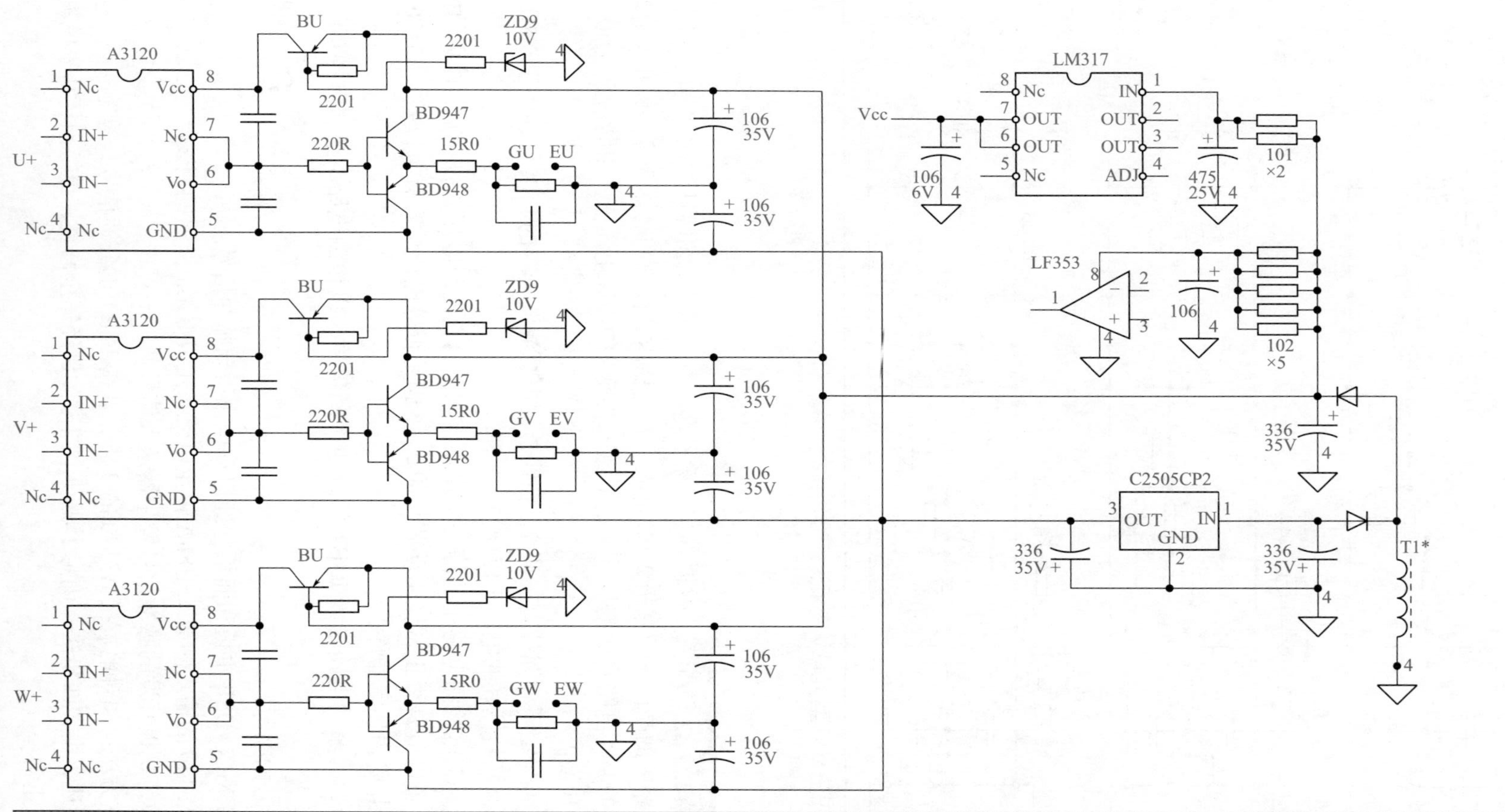

图 2-17　西门子 V10 型 15kW 变频器驱动电路之二

小结

修复次序是先驱动电路后功率模块，“四步法”保障低的返修率和提高检修工效。

实例 15 森兰 SB70 型 7.5kW 变频器上电报 OC 故障

故障表现和诊断 送修森兰 SB70 型 7.5kW 变频器，上电即报 OC（输出短路）故障，为典型的相关检测电路误报警。报警来源有：

① 电流检测电路异常，有过流、短路故障信号输入至 MCU 器件。

② 驱动电路中的 IGBT 管压降检测电路，产生错误的 OC 报警信号。

前者概率较大。

电路构成 本例故障机型的驱动电路如图 2-18 所示，电路具有脉冲传输和 IGBT 导通管压降检测功能。

① 逆变脉冲传输电路。光耦合器 OP7（印字 A4504，型号为 HCPL-4504 高速光耦合器）将 MCU 主板送来的脉冲信号进行隔离，再经 U6（印字 40106，型号为 CD40106 施密特触发器 / 同相驱动器）内部多路并联输出以提高驱动能力，控制电压互补式功率放大器 Q16（印字 BL，型号为 BCX56-16、NPN、80V、1A）、Q17（印字 AL，型号为 BCX53-16、PNP、80V、1A）进行功率放大，驱动 IGBT 器件。

② 晶体管 Q18、Q3 和光耦合器 OP9 及外围元件，构成 IGBT 导通管压降检测电路。停机状态和正常运行状态，OP9 不具备开通条件；脉冲信号传输期间，当 IGBT 器件未处于良好开通状态时，晶体管 Q18 和 Q3 导通，光耦合器 OP9 具备开通条件，OP9 的 3 脚变为象征 IGBT 器件损坏的高电平信号，送入 MCU 主板。

故障分析和检修 本例故障，须先确定故障来源，缩小故障区域，进而进行有效的检修。方法是：暂时短接光耦 OP9 的输入侧 1、2 脚，若报警信号消失，则故障在驱动电路误报警；若短接动作无效，故障在输出电流检测电路。

经短接光耦 OP9 的动作确定，故障发生在如图 2-18 所示的驱动电路。

测得 U6 输入端 1 脚为 15V 高电平，说明晶体管 Q18 及基极回路元件均好。测得 U6 的输出端 2 脚为 8V 高电平，进而测得隔离二极管 VD22 是好的，判断此 8V 高电平为 U6 的 2 脚内部电路损坏所致。

更换 U6，上电不再报警，试运行正常。

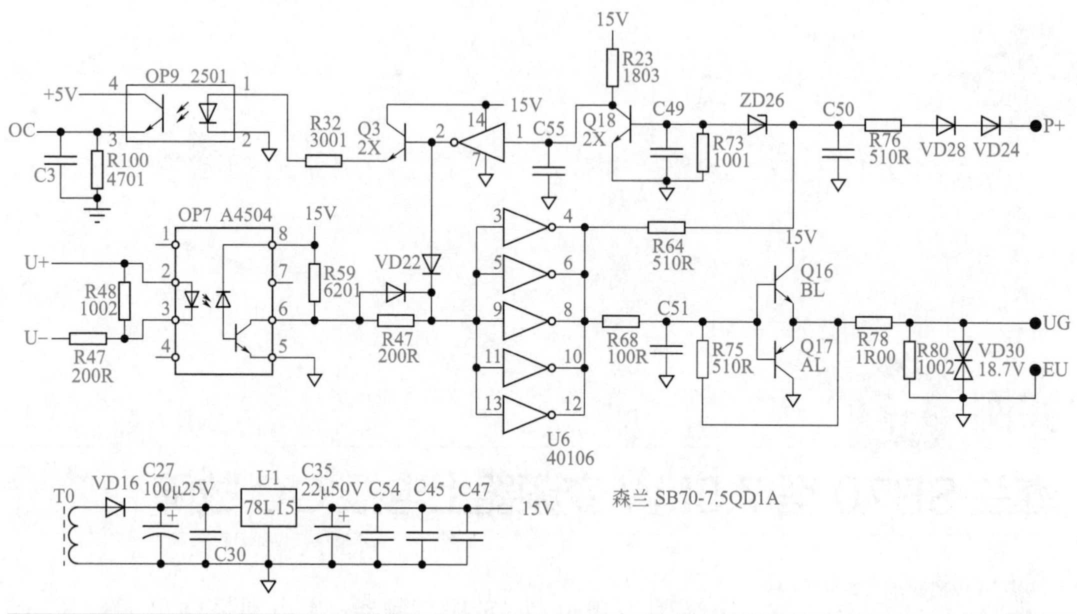

图 2-18　森兰 SB70 型 7.5kW 变频器 U 相驱动和输出状态检测电路

当报警信号来源有多个时，需采取措施确定报警点，进而开展检修工作。切忌漫无目的、大面积地检测和代换相关元器件，人为造成故障扩大化。

实例 16

海利普 HLP-A 型 3.7kW 变频器启动过程中报 EOC 故障

故障分析和检修　送修机器的 IGBT 模块已损坏。检测驱动电路，停机负电压、负电流均正常，启动过程中跳 EOC 故障代码而停机。

将 PC929 的 9、10 短接屏蔽故障，测得脉冲正电压、脉冲正电流值均正常。去掉屏蔽线后上电试机，故障现象依旧。将 IGBT 器件与驱动电路解除连接后上电，试在 IGBT 脉冲端子屏蔽故障（如短接 U 和 AN），无效。检查管压降检测电路，只有 R6、R7、ZD1、VD1 等数个元件，确认并无问题。电路如图 2-19 所示。

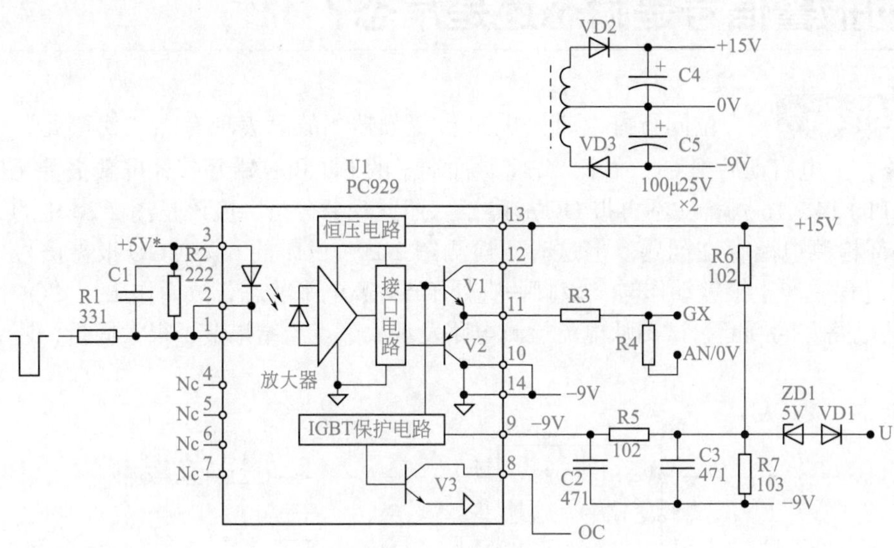

图 2-19　PC929EOC 故障检测电路（元件为随机标注）示意图

将 VD1 正极或负极与供电地端 AN 点短接，无法屏蔽 EOC 故障；将 ZD1 稳压二极管的负极与 AN 点短接，或将 PC929 的 9、10 脚直接短接，均能屏蔽故障。感觉 PC929 的 9 脚在脉冲传输期间的正电压幅值似乎偏低，未能达到令 ZD1 反向击穿的水平。

将三路都屏蔽后能运行，只要有一路不屏蔽即报 EOC 故障代码，说明三路管压降检测电路均检测到未开通信号。三路驱动电路都不能正常工作且表现一致，反而说明三路驱动电路都是好的，问题应该是出在供电电源上（三路驱动因信号共地，共用一路供电电源）。供电电源电路如图 2-19 的右上角电路所示。

摘下电容 C4（100μF 25V）测量，无漏电，电容量在 96μF，正常。检测其 ESR 值，其交流电阻值已达 23.5Ω，代换后故障排除。

小结

当多个电路表现为同一故障现象时，应查其“公共资源”（公用的供电电源）是否不良；对于高频环境（开关电源的工作频率约为 30 ~ 60kHz）下应用的电解电容器，仅靠对电容量的测试判断好坏是远远不够的，检测交流内阻的重要性远超出对电容量的检测。

实例 17

A316J的报警信号是瞬态还是常态?

故障表现和诊断 一位同行好友带来的一台变频器，故障表现有点“拐弯儿”。单独检修驱动电路，上电启动后报OC故障，先将脉冲端子的EU和N端短接，屏蔽报警无效，但短接A316J的14、16脚，就不再报OC故障了。照此现象分析，应该是图2-20中的C1、R4、VD1外部检测电路存在问题。但这时，检测图2-20中U1的6脚（OC报警信号输出端），在启动过程中产生报警动作时，该脚一直处于5V高电平状态，故而作出了“OC报警来源不是驱动电路”的判断，试图从电流检测电路发现故障点。结果费了很大周折，还是没有结果。

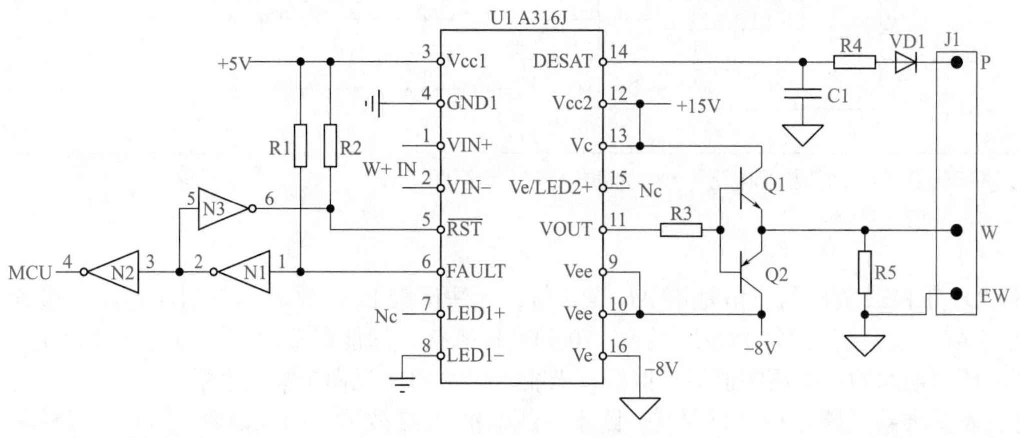

图2-20 A316J应用电路示意图

又或者说，A316J输出的报警信号，也有可能并非常态，说不定和PC929芯片一样，也是瞬态的呢?

A316J的6脚由稳态OC信号变成了瞬态OC信号，貌似是不可能发生的事情。这是由A316J芯片内部结构所决定的，如果说保护特性变了，芯片的命名也得有所变更。如图2-20所示，该例机型A316J的5、6外电路接法和其它机型有所不同：从U1的6脚产生的报警信号，经N1、N2两级反相器处理后送入MCU器件，而又从中由N3将此信号馈入复位控制端5脚。这说明芯片每向MCU发送一次故障信号，也必然同时向5脚发送一个自复位信号，使6脚从报警时的低电平马上又恢复为高电平。这样一来，A316J芯片所具有的故障信号锁存功能，刚好被N3电路取消了，使报警信号由常态变成了瞬态!

由于此复位过程时间极短，以至于用万用表的电压挡监测6脚电压时一直表现为高电平，并不能觉察到这一自复位过程。

故障分析和检修 由此谜底已被揭开，故障判断的走向仍然是U1的14脚外围电路元件异常，至于电流检测电路，暂时还没有必要管它。停电测量C1（正常电容量应为

500pF 左右）、R4（电阻取值范围 300 ~ 1000Ω）、VD1（高反压高速二极管）等器件，貌似也没有损坏，如 VD1 在线测量，有明显的正、反向电阻特性。

问题确实出在三个元件和连接铜箔身上，但检测都无异常。

这才想到，用恒流源设备调整输出电压为 3 ~ 5V，输出电流能力为 100mA，在线加至 VD1 两端，显示流通电流 10mA，电压降为 5V。故障显露：VD1 已衰变成 500Ω 电阻，不再具有二极管的作用。

代换 VD1 后，故障排除。

有两点值得总结：

① A316J 故障报警的常态特性，不仅仅依靠芯片本身的功能来决定，外电路的参与也会将常态信号变为瞬态信号。芯片的性能没有变，但外围电路变了，也会决定信号的状态。

② 万用表测过的器件，如二极管，仅仅是万用表测试条件下（如 3V、1mA）的判断结果，可能是“假数据”，不能全然依赖，工作电流下看导通电压降，才接近真相。

实例 18

生产厂家对电容量取值有误，造成检测保护失效

故障表现和诊断 一台故障机器，是启动后报 OC 故障，检测 IGBT 功率模块坏掉。拆掉模块后检修驱动电路，是由 A316J 实施 IGBT 导通管压降检测和故障报警与保护的。上电未屏蔽 OC 故障，投入启动信号后，面板竟然显示上升的输出频率，从芯片 11 脚也测到了“像模像样”的脉冲电压，竟然不需屏蔽就能运行！

检查 14 脚外围电路构成（请参照图 2-20 电路），和常规电路相似，用 C1、VD1、R4 搭建而成，测得 14 脚运行时直流电压约为 1.2V，貌似是屏蔽以后的电压值，怪不得不报故障，但明明是未采取屏蔽措施，14 脚的低电压信号从何而来？

测三路 A316J 芯片驱动电路，14 脚电压幅度都差不多，是三个芯片一齐坏掉了？换一片测试，无效。三片都能输出正常的脉冲，因此共同的原因应该是电源，可能为滤波电容内阻变大，脉冲状态时其峰值不足以达到报警电压所致。代换了电源的滤波电容，也无效果。用示波器测 6 脚检测电压，竟然为锯齿波电压（正常信号应该为规规矩矩的矩形波），其峰值（波峰尖顶，持续的时间短）不足 5V，未到报警电压水平。测三路波形全是一模一样的，不会是凑巧 14 脚外电路全异常得一模一样。

结论是三路驱动电路的IGBT管压降检测功能全部失效！原因出在哪里呢？

拆下A316J芯片14、16脚并联电容，测得电阻值为无穷大，不存在漏电故障；测其容量，三只均在3000pF左右（正常值在500pF左右）。突然明白该电路的元件取值有误，R4、C1时间常数决定保护灵敏度，取小了，容易误动作；取得过大，干脆不动作。试用510pF瓷片电容代换一路试验，一接启动按键，显示OC故障。三路驱动电路依次代换，全部恢复正常，此时采取屏蔽措施后，测14脚波形，变为“老实听话”的矩形波了。

误报OC，和应该报OC时偏不报OC故障，都是14、16脚并联的这个电容的问题。

此时检测6脚OC报警状态，又遭遇了“瞬态信号”。用示波器测量，在OC报警时，6脚5V高电平有下跌现象（瞬间又恢复成5V），说明有了报警动作。而马上又变为5V高电平，说明在输送OC信号的瞬间，其5脚也紧接着输入了复位信号，使电路瞬时复位，用万用表的电压挡很难检测到此瞬时的变化。用示波器测量5脚，果然也捕捉到了瞬时的下拉电平，这一切原来都是电路设计者的“作为”，将常态报警信号变为了瞬态动作信号。

因产品制造者粗疏大意，元件取值错误造成的IGBT功率模块易损——检测保护完全失效，如果不对元件值加以修正，则很难保证在故障修复后昂贵的功率模块短时间内不会再度损坏！

一个故障检修者，多一点设计思路，对常规电路元件的取值范围做到心中有数，还是很有必要的。

实例 19

驱动IC输入侧信号电压为0V不等于没有信号
——互锁式脉冲输入电路检测方法

故障分析和检修 检测一台变频器的驱动电路（图2-21），在驱动IC的输入侧2、3脚检测动、静态直流电压值均为0V，即图2-21中的a、b点动、静态信号电压值均为0V。是前级电路异常导致信号丢失，还是MCU没有脉冲信号输出？

停机状态，测得N1、N2的输出端皆为5V（也可能皆为0V），启动信号生效后都变为2.5V，说明本级已将MCU输出的脉冲信号传送至驱动电路。

驱动IC输入侧信号通路的连接方式，具有机电控制线路的正、反转互锁效应，降低逆变电路位于上下桥臂位置的两个IGBT同时导通的可能性。

较为常见的信号输入电路形式，PC1的输入侧静态为0V，运行后约为0.7V直流电压，脉冲信号的有无非常清楚。

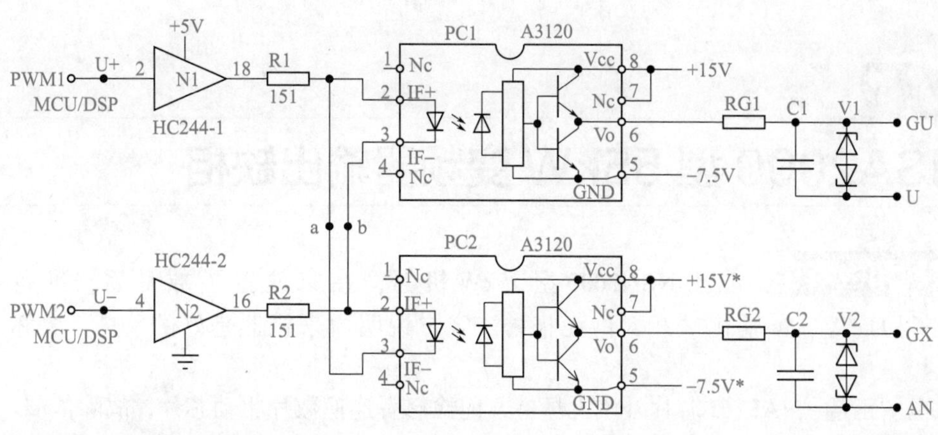

图 2-21　互锁式脉冲输入的驱动电路

本例电路形式，会给习惯于测量 PC1、PC2 输入端电压变化的检修人员带来判断信号有无的困难。

在运行状态（MCU/DSP 器件发送脉冲期间），N1、N2 的输入端对地直流电压变为 2.5V 或 1.6V 左右，输出端对地直流电压也为 2.5V 左右。但此时测量驱动芯片 PC1 和 PC2 的 2、3 脚之间的直流电压值，仍为 0V（这是直流电压测量值有平均化作用的缘故），两引脚电压互为反相、互相抵消，表现得和待机状态一样。

〈技能拓展〉 对于图 2-21 所示电路的驱动 IC 输入侧信号有无的测量，可以采用以下方法。

① 对地检测 PC1 的输入侧 2、3 脚电压值。静态时各为 5V，动态时各为 2.5V。如此显著的动、静态电压对比，可以判断脉冲信号的有无和好坏。

② 换用交流电压挡测 PC1 的输入侧 2、3 脚电压值。静态时为 0V，动态时约为 4V（这是交流电压测量值有峰值化倾向的缘故）。

本例故障，采用以上检测方法，判断出 PC1 有正常的脉冲信号输入，但没有脉冲信号输出。代换光耦合器 PC1 后驱动电路的工作恢复正常。

实例 20

驱动电路信号输出变化“慢镜头”化

在驱动芯片 A316J 输入侧施加直流开通信号 +5V（或其它方法），IGBT 脉冲端子负压（−8V）缓缓变为正压，十几秒后再上升到 +15V（参见图 2-20 电路）。A316J 输出侧反应如此“迟钝”，是首次见到，IC 器件貌似变成电解电容，有了令人费解的充电现象。

代换 A316J 芯片后，工作正常。

实例 21

能士 NSA2000 型 55kW 变频器输出缺相

故障表现和检修 能士 NSA2000 型 55kW 机器，在家放置了数月后，准备装机之前，测得 U、V、W 输出缺相，但无报警。客户说明原来机器是好的，是“放坏了”的。

查驱动供电“正常”，A316J 芯片外围无坏件，前检修者连换数片驱动芯片，故障依旧。启动后 A316J 的 1、2 脚输入脉冲信号正常，11 脚输出端为负压不变（无脉冲信号输出），6 脚高电平不变（未有报警动作）。

怀疑 14、16 脚之间检测电路可能有问题，造成无脉冲输出。查无异常，无意中测量两脚之间的电阻值，发现该路电阻值趋于无穷大，无充、放电现象，而正常的驱动电路，有电容充、放电现象，其电阻逐渐变大。由此想到电源滤波电容是否异常，在线测电容内阻，一个为 1.7Ω，一个为 6.3Ω。代换电源滤波电容后工作正常。

小结

电容失效后无脉冲信号输出，也不报警。该供电电源设计值偏低，12 脚与 10 脚之间电压为 17V 左右（一般机器在 22 ~ 28V）。测得负压 4.5V 左右，正压 12V 左右（换新电容后 13V 左右）。A316J 是否有欠电压锁定功能，供电电压低至一定值后，锁定无输出但不报警?

查外文的资料，驱动芯片 A316J 内部方框图如图 2-22 所示，相关表格和部分文字资料见图 2-23，注意到其中两个值：11.6V 和 12.4V。

图 2-23 中 UVLO 是欠电压检测电路，监测供电正端 12、13 脚与 16 脚（零电位点）的电位差，即所驱动 IGBT 的开通电压值，以避免出现欠激励状态，保障足够的激励电压幅度以使其可靠开通（若供电电源电压低有可能因欠激励使 IGBT 进入放大区导致功耗剧增）。

同 UC3844B 器件检测 7 脚供电电压的道理一样，当高于 16V 时电路可以起振，低于 10V 时为避免开关管的欠激励而停振。或许由此可作出联想式推论：当 12、16 脚之间电压高于 12.4V 时，内部脉冲传输通道打开，可以正常传输脉冲；当 12、16 脚之间电压低于 11.6V 时，关闭脉冲传输通道。但该芯片有 OC 报警锁定功能，当欠电压发生时，仅是关闭传输通道，却并不产生报警动作。

这就造成了：如果不注意到供电电压低落的现象，查外围和前级信号电路均是正常的，故障点仅仅考虑芯片本身，这就是前检修者频换芯片但未能修复的原因。

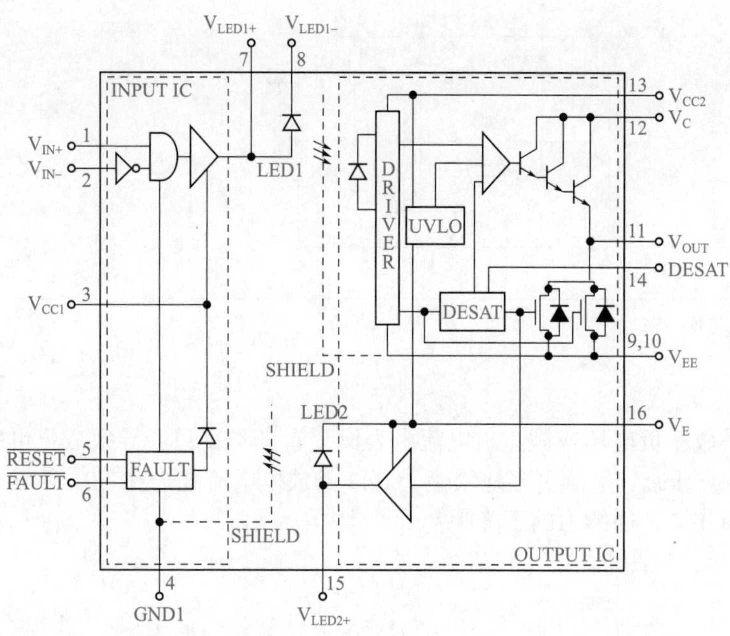

图 2-22 驱动芯片 A316J 内部方框图

V_{UVLO+}	11.6	12.3	13.5
V_{UVLO-}		11.1	12.4

functional. Once V_{UVLO+}>11.6V, DESAT will remain functional until V_{UVLO-}<12.4V. Thus, the DESAT detection and UVLO features of the HCPL-316J work in conjunction to ensure constant IGBT protection.

图 2-23 资料截图部分相关表格和文字

该机型设计电源电压值偏低，处于欠电压保护的临界点上。当电容容量减小或内阻变大时，空载可能会高于 12.4V，但传输脉冲过程中因电源内阻变大使 12、16 脚之间电压瞬时低于 11.6V，引发内部欠电压检测电路动作，而切断了脉冲传输通道，造成既不报警也不输出脉冲的故障现象。

实例 22

截止负压异常竟然影响 IGBT 的开通能力

故障表现和诊断 本例故障变频器的驱动电路如图 2-24 所示，运行中报过载故障，粗查无异常，用电容内阻表测 C39，显示电阻值为 9.6Ω，判断其不良，换 C39 后带载运行正常。

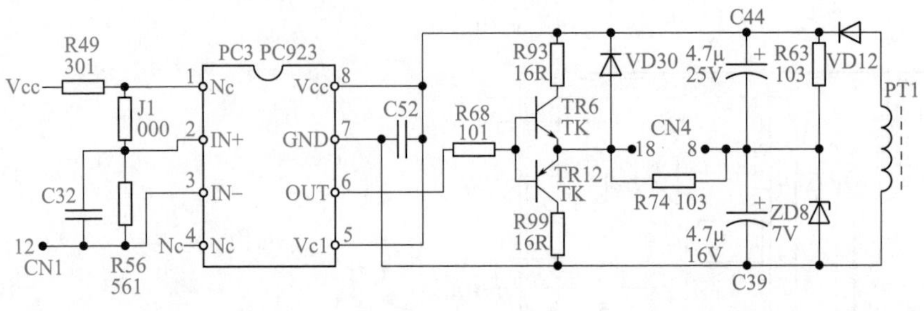

图 2-24　驱动电路 IGBT 控制回路实例

有一个疑问：C39 仅仅关乎截止负电压或截止负电流，表面上看其不良只会导致截止可靠性有所降低，IGBT 的激励（或开通）电流更多地依赖于 C44 的放电电流能力和 TR6 的导通强度。C39 不良为何会引起 IGBT 开通能力的下降呢？

为说明问题，将图 2-25 简化，见图 2-25。

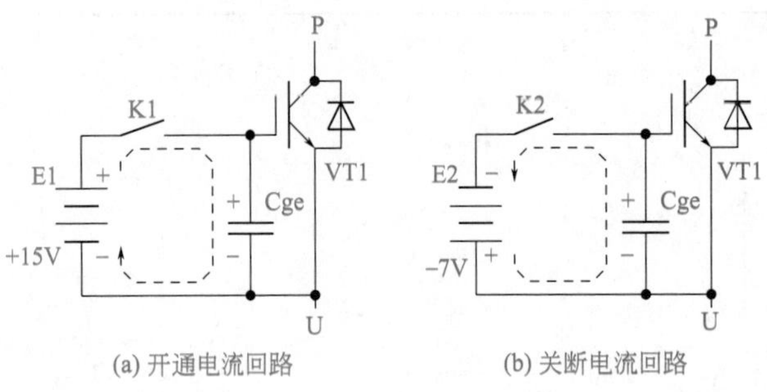

图 2-25　简化后的 IGBT 控制回路示意图

将图 2-24 中功放电路对管 TR6 等效为 K1，将 C44 端电压等效为电压源 E1，将 IGBT（PT1 输入端等效为 Cge，则 VT1 开通信号回路如图 2-25（a）电路所示：E1 向 Cge 充入电流，VT1 得以开通。Cge 如一只茶杯，E1 已经向其内部注满“茶水”。

将图 2-24 功放电路对管 TR12 等效为 K2，将 C39 端电压等效为反向电压源 E2，Cge 内部所充电荷被 E2 快速拉出（中和掉），VT1 得以关断［见图 2-25（b）］。此时将 Cge 内部“茶水”全部干净地倒出的任务则由 E2 来完成。

显然，向 Cge 这只“茶杯”注入“茶水”的前提，是必须要事先将其清空。若“杯”中的“水”不能倒出，也就无再度注入的可能。没有“茶水”的进入和倒出，“茶杯”就成为废物——VT1 不能可靠开通和关断。而“倒水”，是为了更好地“注水”，倒出得多，注入得就多。“倒水”是“注水”的前提和保障。

IGBT 器件的输入控制端，等效于一个电容，开通信号使其有了充电回路，就必然要由关断信号提供放电回路。而放电（关断）的顺利，也正是充电（开通）成功的保障。偏于一端，二者俱不成立。

实例 23

W 相输出时有时无故障

故障分析和检修

驱动电路采用 PC929、PC923 芯片的组合形式（见图 2-26），原 IGBT 功率模块损坏。驱动电路检修完毕，上新模块，测得 W 相输出异常。测其直流成分时，时有时无。重测驱动电路的动、静态电压和电流能力，似无异常。

后查得 IGBT 导通压降检测电路的二极管 VD17 虚焊，造成检测不良，但不知何故未发生报警动作（或虚焊动作的“点动频率”的周期大于检测回路的时间常数之故），致使 W 相驱动电路出现间歇工作的现象。补焊后故障排除。

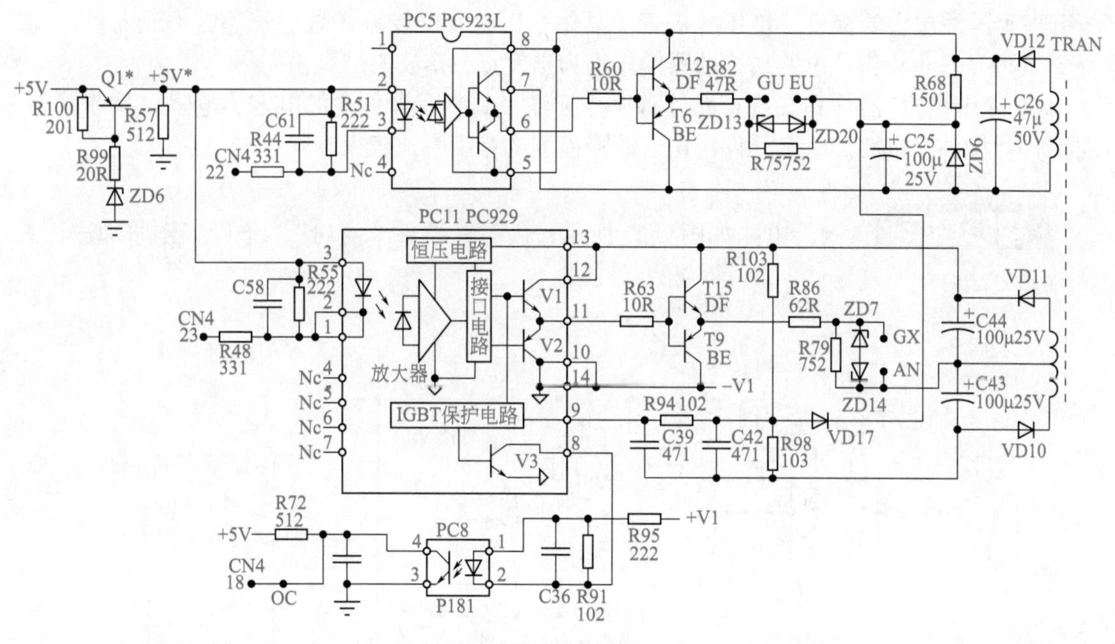

图 2-26 由 PC923 和 PC929 芯片构成的驱动电路

故障时有时无，电路工作状态表现为时好时坏，通常和端子接触不良、元器件存在虚焊或线路板脏污有关。检修此类故障时更应该特别细心。

实例 24

小机器的检修难度并不小之一
——艾默生 SK 型 2.2kW 变频器驱动电路

故障表现和诊断 本例机型采用 6 个 IGBT 分立器件搭建逆变电路，观察 IGBT 和驱动电路有明显损坏迹象。

① 各块线路板插焊连接，分离线路板困难，以制作特型焊件来拆卸线路板为宜，粗暴拆装可能会导致线路板报废。

② 立体安装模式致空间狭窄，测试不便，须拆卸后独立上电进行检修。

③ 驱动电路采用 3 引脚贴片元件较多，从其印字代码查阅原型号相对困难，资料欠缺；3 引脚元器件包含二极管、稳压二极管、晶体三极管和绝缘栅场效应管等四类元器件，“破解”其型号，也许得从电路结构的器件作用为出发点，落实其“身份”。

④ 除个别 IC 器件和二极管元件有序号标注，其它元器件（如电容、电阻、晶体管等）都无序号标注，电路测绘、元件辨识、故障检测的难度都比较大。

电路构成 测绘电路如图 2-27 所示，破解元器件“身份”，分析工作原理进而找到检修方法。

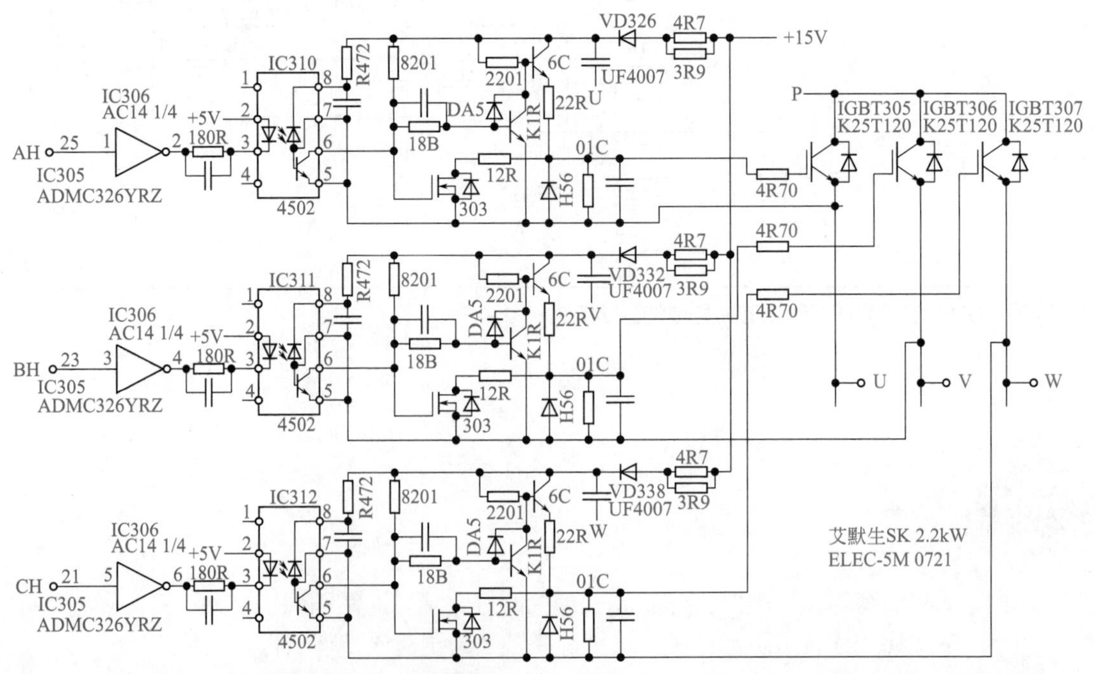

图 2-27 艾默生 SK 型 2.2kW 变频器驱动电路之一

图 2-27 为逆变电路上三臂驱动脉冲传输电路。MCU 输出的脉冲信号，先经反相器提高带载能力，进而驱动光耦合器（印字 4502，型号 HCPL4502）；光耦合器输出信号至由场管和晶体管构成的分立器件功率放大电路处理后，驱动 IGBT 器件（型号 K25T120）。图 2-28 中光耦合器的右侧电路，以信号传输为序，略加说明：

① 待机状态时 4502 的输出端 6 脚为高电平，303 导通，同时 K1R 因基极高电平而导通，破坏了 6C 晶体管的开通条件，使 6C 处于可靠截止状态。303 和 6C 器件的相互配合（产生“推挽关系”）作用，使 IGBT 开通电压为零，处于关断状态。

② MCU 发送的脉冲信号到来时，在脉冲信号处于上升沿和平顶期间，4502 的 6 脚变为 0V 低电平，303 和 K1R 均处于截止状态，6C 晶体管由电阻 2201 提供基极电流得以开通，从而产生 IGBT 的驱动电压与电流信号，IGBT 器件处于开通状态。

上述工作过程中，在脉冲作用下，303 与 6C 器件工作于可靠的“推挽关系”之下，起到控制 IGBT 开通与关断的作用。

③ 本机型驱动电路的工作电源，取自一路 +15V 供电，经 4R7、3R9 限流和 VD326 等器件互相隔离，供入驱动电路。注意 VD326 等器件损坏时须采用高速高反压二极管器件来代换。

图 2-28 为逆变电路下三臂驱动脉冲传输电路，在驱动部分的 303 和 6C 脉冲作用下和 K1R 和 6Z 器件控制下，仍旧保持着可靠的“推挽关系”，对 IGBT 器件实施开通和关断控制。

IGBT 器件的发射极串联了 70mΩ 电流信号采样电阻，得到的毫伏级电压信号先由差分放大器 IC302 进行处理，再由比较器电路处理得到开关量的过流信号，送入 MCU 引脚。

从图 2-28 可看出，过流保护信号与 IGBT 脉冲信号共同“汇集”于 MCU 的同一个信号端口，可以想见，其内部为开路集电极输出结构。过流动作信号与脉冲信号“杂揉”在一起：无过流信号产生时，脉冲信号送至 IGBT 器件的输入端；过流信号产生时，在源头即将脉冲信号切断，实现了过载的即时性保护。

另外，当其它如 OU 过压信号产生时，MCU 内部还可以输出三路控制信号，改变 IC303 与门电路的输出状态，起到快速切断脉冲输出、保护 IGBT 器件的目的。

故障检修 因 IGBT 逆变电路损坏带来的冲击所致，驱动电路中的 3 引脚器件，如 6Z、6C、K1R、303 等及贴片电阻大面积损坏，清除并更换了二十几个贴片元器件后：

① 在未焊接 IGBT 器件之前，将主电路的 U、V、W 端与直流母线 N 端暂时短接，以使图 2-28 电路获得工作电源。

② 送入启动信号，测各路 IGBT 器件的输出端：停机时应为 0V，启动后则为 7.5V 左右的脉冲信号电压。

符合上述①②检测结果，即说明驱动电路的检修已经结束。

焊接 IGBT 器件，上电试机运行正常，故障排除。

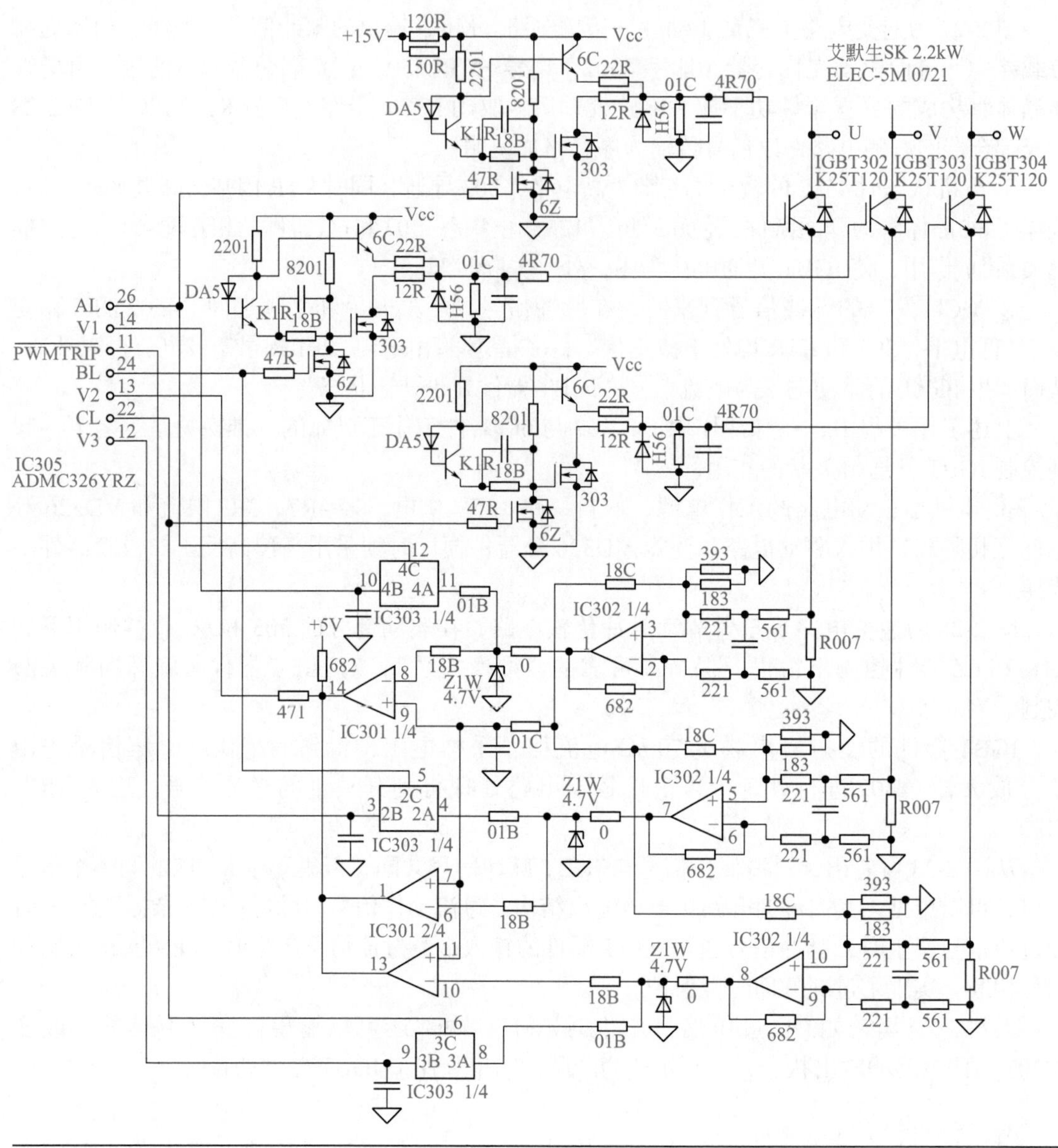

图 2-28　艾默生 SK 型 2.2kW 变频器驱动电路之二

小结

此类电路设计极有特色的小功率机型，往往在某一企业的拥有量巨大，非常有检修价值。并非机器功率小就不值一修，批量即是优势。建议遇上此类机器时，一定要“伏下身子来”，将电源 / 驱动板电路测绘一遍，为后续快速检修奠定基础。

实例 25

小机器检修难度并不小之二
——德玛 M5D 型 3.7kW 变频器驱动电路

故障表现和诊断

同本章实例 24。

电路构成

测绘德玛 M5D 型 3.7kW 变频器 V 相驱动电路如图 2-29 所示。

上、下桥臂驱动电路供电，采用同一路 16V 电源，R9、VD2 为隔离电路，检修与测绘电路中最复杂的是成片的 3、4、5、6 引脚的元器件（2 引脚器件的身份容易确定，8 引脚和 8 引脚以上的器件，其印字即是型号，确认身份也无困难）。其中若再无元件标注，或标注不详（如二极管和稳压二极管不加区分的标注），或从印字上查不到相关资料，无法判断是何元件，起何作用，就只有画出来，作辅助分析。图 2-29 中成片的 3 引脚元件，测绘较为费力。

图 2-29 为一路 16V 供电电源 V 相驱动电路（另两路完全一样，从略）。三相上臂驱动电路，工作中才有供电，静态时上电检测无供电。IGBT 器件 QP4 导通，CY7 充电，具备 QP3 的开通工作供电条件，QP4 的正常工作是 QP3 得以工作的保障。QP4 及驱动电路损坏，会产生 QP3、QP4 同时停止工作的故障现象。

静态检测时应想办法提供上三臂驱动电路的供电，以方便进行检修。电路具有 IGBT 导通管压降检测功能，拆除 IGBT 管子后，应短接 AN、EV 两点屏蔽报警，以方便检测脉冲信号。

具体工作原理请读者参阅本章实例 24，自行分析。

故障分析和检修

由 OV1 至 QV6、QV7 的上臂驱动电路，不含 IGBT 导通管压降检测功能，可在单独提供 15V 供电条件下，强制 OV1 开通，检测 QP3 的 G、E 极，判断电路的工作状态是否正常，并找出故障元件。

电路中用到晶体三极管器件较多，也可在线进行扫雷式排除，利用其 PN 结正、反向特性明显的特点，检测其好坏。

当 QP3 损坏后，QV6、QV7、RGV1、RV7、RV8、QV1、QV5 等器件首当其冲，损坏率较高。尤其是 RGV1 和 QV6、QV7 元器件，往往挡住了第一波冲击，因而这些器件的前级电路损坏率不大。

检测 QP4 驱动电路，需在屏蔽 IGBT 导通管压降电路报警动作的前提下进行，如在线状态，需将二极管 VDV4-2 的正极与 V 点短接后，再令 OV3 开通，检测 QP4 的 G、E 极电压，脉冲状态为 7.5V 左右，直流开通则为 14V 左右。

本例故障，将驱动电路损坏元器件全部清除并代换新品后，屏蔽 OC 报警给出启动信号，测得逆变电路工作正常，故障排除。

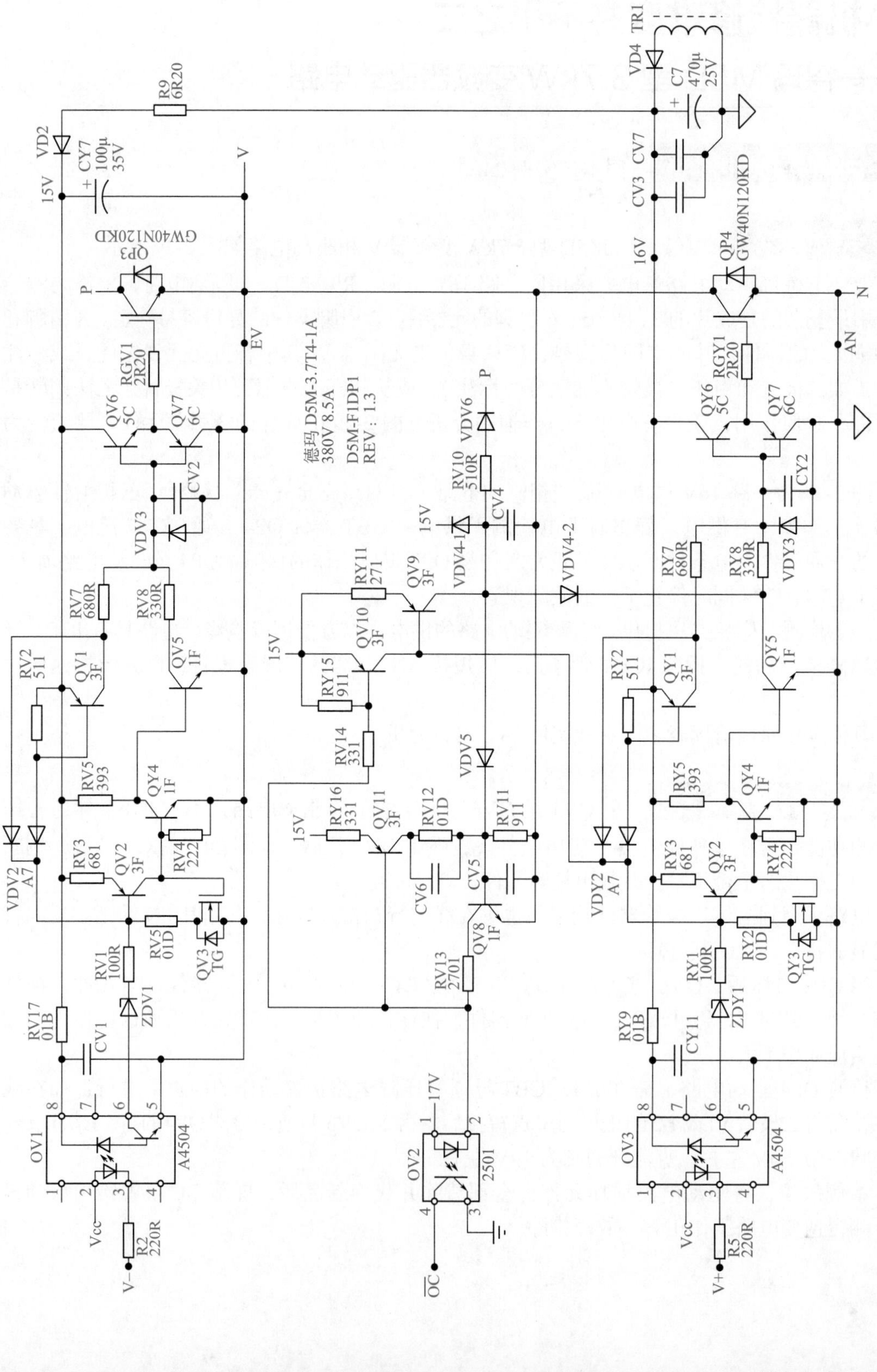

图 2-29 德玛 M5D 型 3.7kW 变频器 V 相驱动电路

实例 26

台安 E310 型 0.75kW 变频器驱动电路供电故障

故障表现和诊断 启动运行后，显示运行状态正常，交流电压挡测得 U、V、W 端输出电压为零。换用直流电压挡，测 U、V、W 端对 P、N 端直流电压，其中对 N 端电压为零，对 P 端电压值为 500V 以上，判断逆变电路上三臂 IGBT 都未开通，或相关驱动电路同时停止工作。

电路构成 U+、V+、W+ 脉冲驱动电路见图 2-30，U−、V−、W− 脉冲驱动电路见图 2-31。

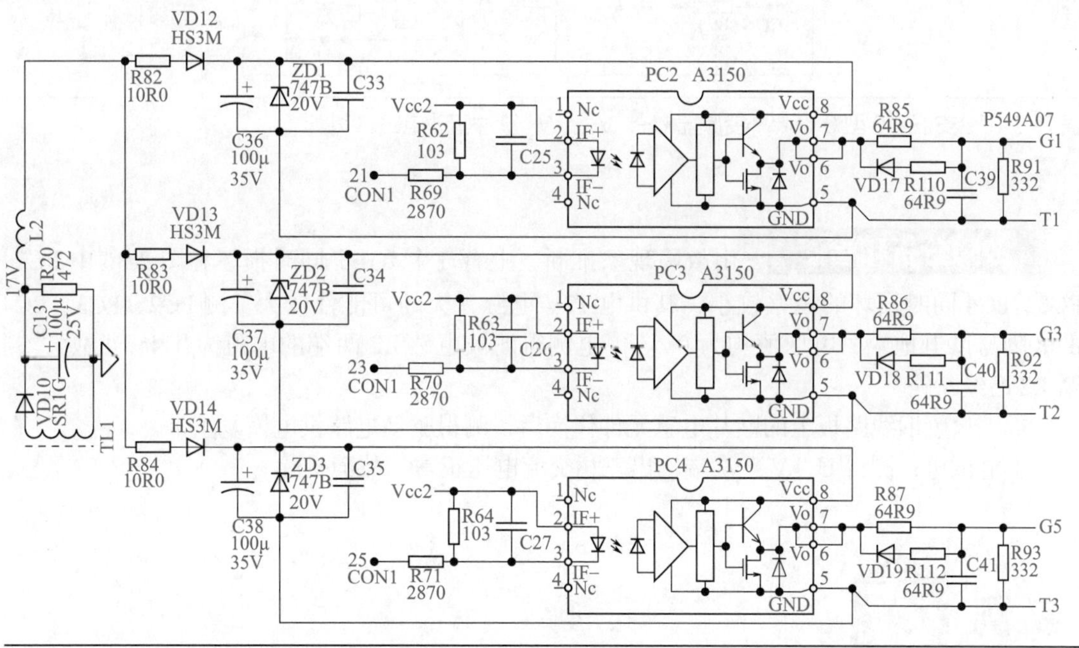

图 2-30 台安 E310 型 0.75kW 变频器 U+、V+、W+ 脉冲驱动电路

图 2-30 中三路驱动共用一路 17V 供电电源，其中 VD12、VD13、VD14 为高速高反压（耐压需 1000V 以上）隔离二极管，C36、C37、C38 为自举电容。当相应下臂 IGBT 开通时，上臂驱动电路才产生供电条件，IGBT 才有开通基础。静态检测 PC2 等状态，供电电压为零。若与逆变电路已脱开联系，此时可将 PC2、PC3、PC4 的 5 脚与供电地暂时短接，以检测三路驱动电路的好坏。

图 2-31 中此三路驱动电路共用 +15V、−9V 供电，驱动电路的构成仅仅是驱动芯片而已，故工作原理与检修方法不再赘述。

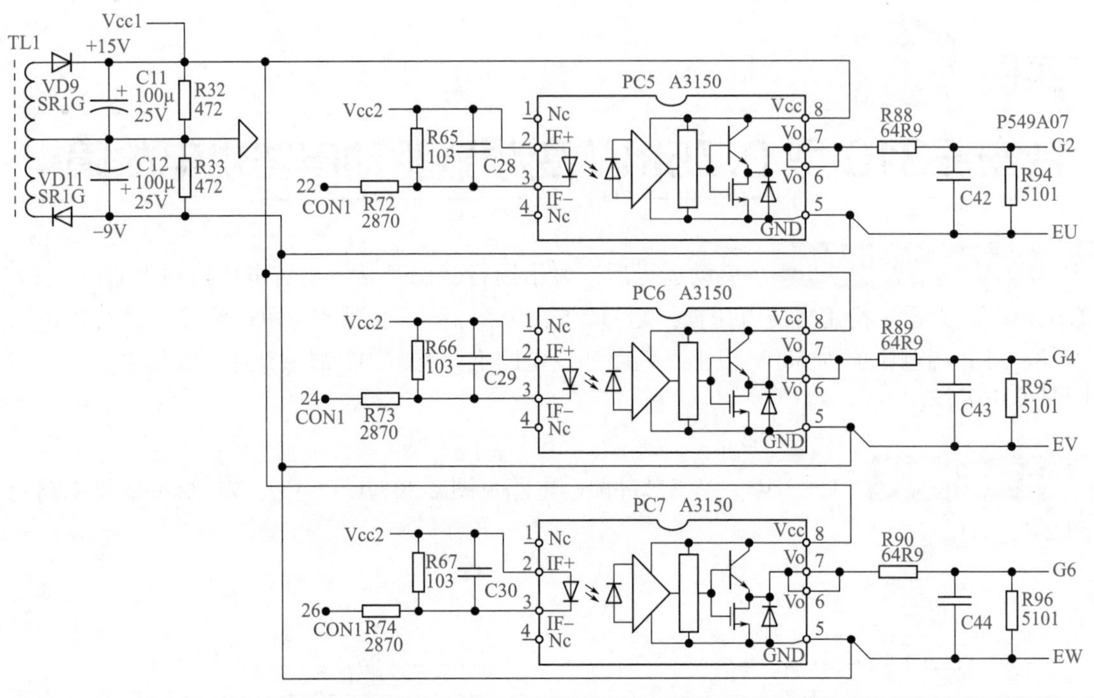

图 2-31 台安 E310 型 0.75kW 变频器 U-、V-、W- 脉冲驱动电路

故障分析和检修 由故障现象推断，上臂 3 个 IGBT 同时损坏和图 2-30 中 PC2、PC3、PC4 同时损坏的概率较小，其供电 17V 电源丢失的可能性较大。测 PC2、PC3、PC4 的 8 脚与供电地端，电压值均为 0V。停电测得滤波电感 L2 两端的电阻为几十千欧姆，判断 L2 已经断路。

拆一只废旧线路板上的贴片电感元件代换后，测得驱动电路供电恢复正常。

上电试机，测得 U、V、W 端输出三相交流电压正常，故障排除。

实例 27

IGBT 脉冲端子电路故障检测

故障表现和诊断 某台故障变频器，因 IGBT 功率模块损坏，拆除故障模块后，先行修复驱动电路。从脉冲端子上测试脉冲电压和电流值，比其它五路偏低不少。判断故障还是出在驱动电路。

电路构成 IGBT 模块的脉冲端子上到底并联了哪些元器件？故障时会造成怎样的影响？

图 2-32 中，将脉冲端子用 1、2 端口来标注。并联于 IGBT 器件的 g、e 极上的元件，RGE 为必选件，起到变输出高阻抗为低阻抗的作用，一定程度上对 IGBT 器件“得电即通”有抑制作用；C1 是可选件，起高频消噪作用；串联稳压二极管 ZD1、ZD2 也为可选件，其串联方式还有 a 电路形式，或可选作瞬态抑制器件，如 b 电路形式。将 RG 也列入脉冲回路中，RG 还可衍化出 a 和 b 两种形式的电路，即由 VD1 隔离作用，完成对 IGBT 的开通、关断各行其道 的控制电流双向回路不同阻抗的自动切换。另外，当 QP1 在线时，图 2-32 中 1、2 端口并联器件和 QP1 的 g、e 极，并联在脉冲端子上。

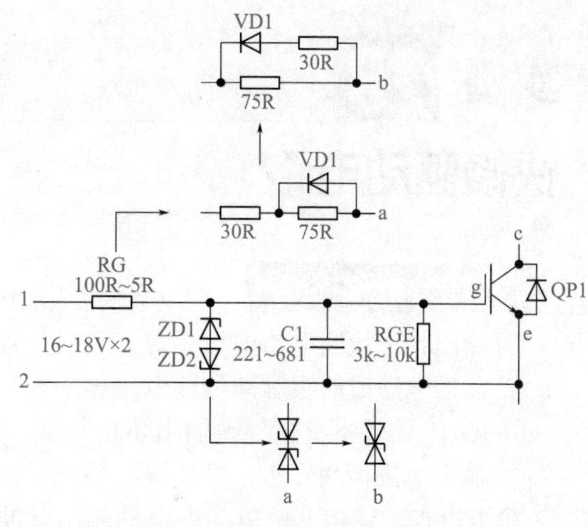

图 2-32　IGBT 脉冲端子电路示意图之一

其实，图 2-32 所列并联、串联元器件电路并不够完善，1、2 端口上也可并联驱动芯片输出端及供电电源的正、负端，如图 2-33 所示。

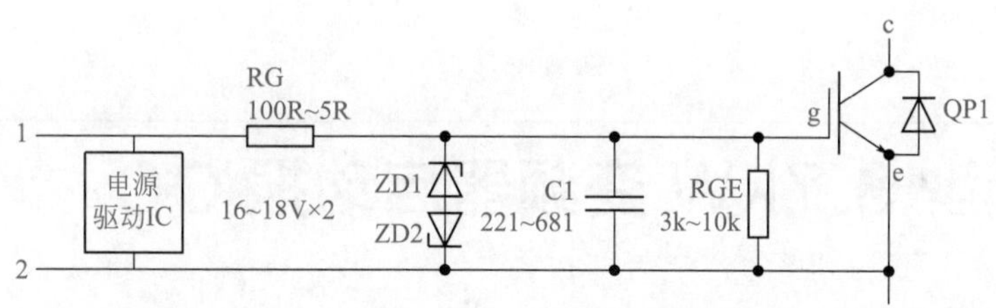

图 2-33　IGBT 脉冲端子电路示意图之二

图 2-33 电路对检测故障和对形成成熟检测思路具有一定的启发意义。

故障分析和检修　至此，1、2 端口的电压、电流信号异常与以下因素相关，测试判断步骤如下：

① 测 1、2 脚电阻值，应约等于 RGE 电阻值。若小于 RGE 值，应查 RGE、C1、ZD1、ZD2 有无漏电，QP1 的 g、e 极有无漏电，驱动 IC 芯片是否损坏。

② 测 1、2 脚电阻值，若大于 RGE 值，为 RG 或 REG 有断路性损坏。

③ 换用数字式万用表二极管挡，在 1、2 脚测正、反向值，均应大于 1。若极小，ZD1、ZD2 都击穿；若有一次显示 1 以下，ZD1、ZD2 中有一个击穿。

本例故障，QP1 的 g、e 极间两点测量结果如下：

① 静态负电压、负电流值正常。

② 脉冲状态，测得正电压、正电流值严重偏小。

③ 停电用数字式万用表挡，当红笔搭 1 脚，黑笔搭 2 脚时，显示结果低于 1。判断图 2-33 中的 ZD1 不良。

代换 ZD1 后测得该路信号电压和电流值同其它五路一致，上电试机故障排除。

实例 28

快修驱动电路

故障分析和检修 故障变频器启动中报输出缺相故障而停机。判断故障出在：

① 输出状态检测电路误报。

② 驱动电路或前级脉冲传输电路异常，少一路或数路脉冲信号输出。

③ IGBT 器件不良，导致输出缺相。

④ 输出电流检测异常，导致误报警。

初步检查，V 相上臂驱动电路的输出脉冲信号异常，驱动 IC 输入端脉冲信号正常，但输出脉冲信号幅值过低。

按图 2-33 分析，RG、RGE、C1、ZD1、ZD2 都无问题，测得供电电源电压正常，故障锁定于驱动 IC 芯片。换掉驱动 IC，上电试机正常，故障排除。

实例 29

海利普 HLP-A 型 3.7kW 变频器启动报 OC 故障

测量模块脉冲端子的静态负电压、负电流，均正常。启动即报 OC 故障。

短接驱动芯片 PC929 的 9、10 脚屏蔽故障报警，测得脉冲电压、电流值也正常。检查驱动芯片 9 脚外围管压降检测电路，只有 7 个元件，确认并无问题。

摘下电源滤波电容测量，100μF 25V，无漏电，电容量在 97μF，正常。检测其 ESR 值，为 15.6Ω。换掉电容后试机工作正常。

实例 30

海利普 M 型 3.7kW 变频器启动报 OC 故障

海利普 M 型 3.7kW 变频器，逆变电路串灯泡上电，运行后灯泡闪烁，跳 OC 停机。屏蔽故障后，测得六路输出脉冲电压基本正常，但运行后开关电源噪声特大，灯泡闪亮，压降约 100V，IGBT 处于断续导通状态，故有时能报 OC 停机，有时尚有 U、V、W 电压输出。

查出为下三路共用电源 +15V 滤波电容（100μF 25V），测得容量为 100μF（正常），在线测得内阻为 68Ω。

换电容后故障修复。

汇川 IS300 型 11kW 变频器驱动电路故障

故障分析和检修 一台汇川 IS300 型 11kW 变频器，下三臂 IGBT 驱动采用 A316J 芯片。IGBT 功率模块在线时检测脉冲信号，不需采取报警屏蔽措施，但应保障：

① 切除逆变电路供电；

② 采取限流措施，保障 IGBT 器件的安全。

在 A316J 输入侧送入直流开通信号时，测 A316J 的脉冲输出端 11 脚电压变化状态：有两路输出由 −9V 变为 −5V 左右，其中一路变为 +2V 左右。以常规判断，三个 A316J 芯片俱坏。

代换驱动 IC 芯片后测量，送入开通信号时三路仍为负压，与换片前变化不大。将驱动电路与 IGBT 模块脱离后，发现不用采取故障屏蔽措施，即能在 A316J 的 11 脚测到输出信号，三路俱为 −3V 左右（正常应为正电压信号）。

为何脉冲信号生效时，输出信号仍为负电压？为何拆除 IGBT 模块后，不用屏蔽即有输出？分析 A316J 的自复位电路，可参见图 2-20。

发现由 N1 ~ N3 反相器构成的自复位电路存在故障：脉冲信号生效期间，A316J 一直工作于输出、停止输出、自复位、重新产生输出的动态循环过程中，故能测得断续的输出脉冲信号，且显示值为负电压。屏蔽 OC 报警后，测得四路输出脉冲信号正常。有两路输出脉冲信号电压仍偏低，判断为驱动芯片不良，换芯片后工作正常。

实例 32

脉冲端子电压随时间推移而逐渐变低

故障分析和检修 检修变频器驱动电路，上电测得 IGBT 的脉冲端子为 −8V，电压正常，但监测此电压发现其随时间推移而逐渐变低，约半分钟后，降低为 −2V 左右。往前级查至驱动芯片 A3120 的 6 脚输出电压，亦变低，判断芯片不良（系内部互补电压输出级下管不良，导通电阻逐渐加大所致），代换 A3120 芯片后故障排除。

万物都会衰老。电子元器件也会有低效、衰变、疲劳等表现，关键是追踪到位，确诊故障点，从而快速排除故障。

实例33

日普变频器启动时报欠电压故障

故障表现和诊断 一台日普变频器，检修中在直流母线上500V DC维修电源，启动时面板显示Uu（意为欠电压）故障代码，直流电压检测电路无异常。代换MCU主板后表现一样。代换电源/驱动板（含逆变主电路）后工作正常，将两块MCU主板排线端子各脚的静态电压相对照，完全一样，检测各路信号，共有温度、OC报警、电压检测及三路电流检测信号，相关电路皆无异常。启动时监测电压检测信号，出现下冲现象，充电继电器出现重新闭合的声音，观察面板有重新上电的字符出现。测量其它供电电压及母线直流电压，变化不大。相关电压、电流和温度等检测电路均表现正常。

故障分析和检修 启动时报欠电压故障，报警和启动动作有关。换言之，是变频器的启动工作导致了欠电压故障的发生。由此推论可知，启动运行过程中影响直流母线电压，使之低落的因素有：

① 储能电容容量不足（带载后才会发生，可以排除掉）。

② 逆变电路异常，表现为上、下臂IGBT器件同时导通造成直流母线电源短路，空载或带载时均会发生。

重新测量逆变电路的IGBT功率模块。万用表检测未发现异常，上限流600V DC进行耐压测试，终于发现不良IGBT模块。

将IGBT模块的G、E极短接，在C、E极间送入限流600V DC，故障模块上电后即表现为通态，说明其击穿绝缘电压已经降低。试降低测试电压，发现当给定测试电压低于230V时，故障模块能处于可靠截止状态。故万用表测试未发现异常。

更换故障模块，上电试机运行正常，故障排除。

检测功率模块的好坏时，万用表的局限性暴露无遗。检修者一定要拓展自己的检测手段和检测能力。

实例 34

台安 N2-202 型 1.5kW 变频器，随机性报 OC 故障

故障分析和检修 变频器随机性报 OC 故障，对于电路故障点的落实，确实有一定难度。要想办法确定故障点，才能实施有效的检修。

OC 故障报警来源有：

① 上电报 OC，多为输出电流检测电路异常，导致“谎报军情”。

② 启动中报 OC，多为驱动电路的驱动能力不足所致，如电源滤波电容 ESR 值增大，或驱动芯片低效所致。

③ 运行中报 OC，可能为输出状态检测电路异常。也可能为上述①、②原因之一。

④ 如果故障报警呈随机性，有时一天报三次，有时三天报一次，可以基本上确定硬件电路的元器件正常，有可能是线路板脏污、插座松动或变频器运行中产生干扰所致。

有 3 块故障电路板，之前已对驱动电路进行了细致检修，仍然没能排除故障，笔者分别对电流检测电路和 IGBT 模块进行了初步检测，没有发现问题。故障的疑点最终还是落在了驱动电路身上（如图 2-34 所示）。

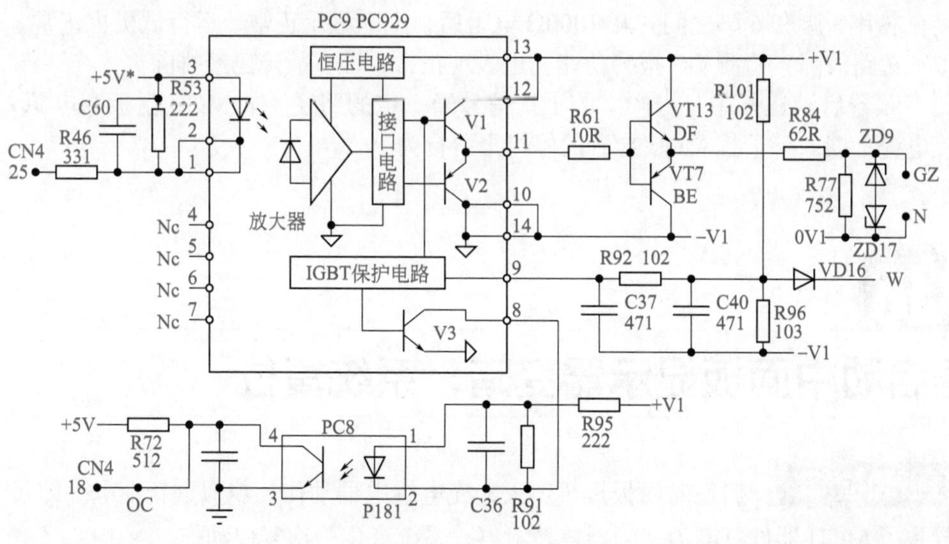

图 2-34 由 PC929 芯片构成的驱动电路示意图

笔者直接在线用电流法检测驱动芯片外围的 IGBT 管压降检测电路，如 PC929 的 9 脚外围电路，检测电路末端为 VD16 二极管器件，测得该器件导通管压降变为 3.5V 左右（正常为 1.5V 以下），判断该器件已经严重失效（此时用万用表电阻挡或二极管挡测量，仍然是好的元件），将驱动电路中担任 IGBT 导通管压降任务的 3 个二极管全部代换，上电后试机正常。

单纯依赖万用表不足以确定二极管的好坏。本来是一个非常简单的问题，却升级表现为疑难故障。不是因为故障有多难，而是检修思路和检测方法不到位。

实例 35

能士 NSA80 型 22kW 变频器，上电报 E12（输出模块故障）

故障分析和检修 上电即报 E12 故障代码，但复位后能正常运行。故每次重新上电后，都需执行一次复位操作。

显然驱动及主电路并无故障，判断为上电冲击导致的误报警可能性为大。

测得 A316J 芯片的 6 脚为 5V 高电平，但该脚对 +5V 之间的电阻值达 20kΩ（一般为 5kΩ）左右。试在该芯片 6 脚与供电端 3 脚之间外加 3kΩ 电阻，以提高抗干扰能力，故障表现依旧。直接在芯片 3 脚和 6 脚之间并联 1000Ω 电阻后，上电显示正常，运行试机也正常。

同时模拟“短路故障”检测 OC 报警功能，也表现正常，证实故障已经排除。

原故障是变频器启动运行中自身产生的干扰信号经一定的路径（如 MCU 主板和电源 / 驱动板的连接电缆）馈入，干扰 MCU 导致的停机报警行为。

实例 36

变频器启动中面板显示器变暗，系统复位

故障分析和检修 启动时面板短暂熄灭，充电继电器动作，貌似重新上电。即每次启动动作导致了 MCU 器件判断为变频器重新上电，系统产生一次复位动作。

故障原因：

① 散热风扇短路故障。启动信号生效的同时，散热风扇同时得电导致开关电源过载而停振。

② 驱动电路芯片问题。脉冲信号的到来造成开关电源的负载短路现象，导致开关电源瞬时停振。

查得开关电源负载电路短路，继续检测驱动芯片 A3120，其中一个的 5、6 脚之间有百

欧姆电阻（内部输出级下管漏电），启动时（上管导通）造成驱动电路短路，开关电源因过载而停振。换 A3120 驱动芯片后，故障排除。

故障动作和启动行为有关，须检测与启动动作同时开始工作的电路。

实例 37

比供电电压更高的信号电压从何而来？

——三星 VM06 型 3.7kW 变频器输出缺相故障检修纪实

故障表现和诊断 变频器上电显示正常，接收启动信号后不报故障，但测输出三相交流电压，W 相输出异常，确定为输出缺相故障。如图 2-35 所示为 W 相驱动电路和输出状态检测电路示例。

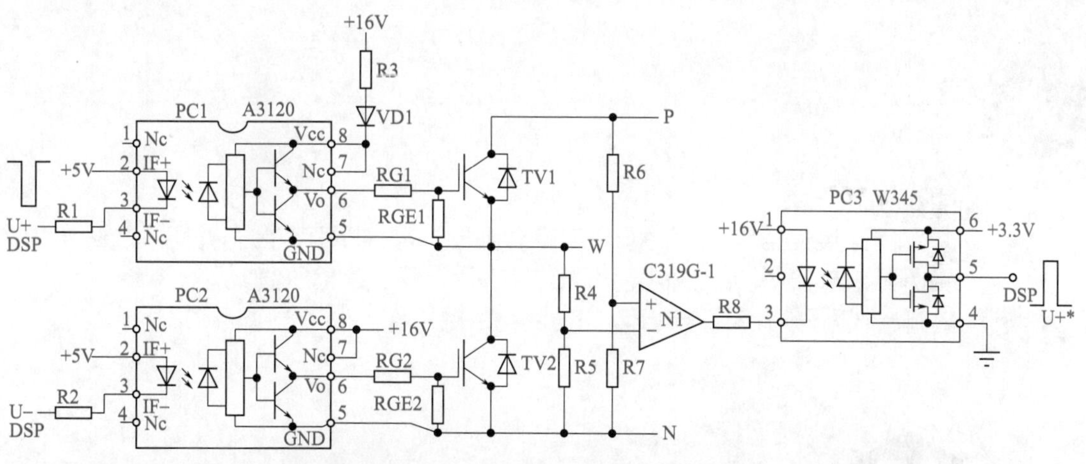

图 2-35 三垦 VM06 型 3.7kW 变频器 W 相驱动电路和输出状态检测电路示例

用万用表直流电压挡测 U、V 相对 P、N 端直流电压，均正常，测得 W 相与 N 端之间为 500V。查驱动电路无异常，检测 DSP 器件送来的 W 相信号，W+ 为 3.3V，W− 为 0V（其它四路脉冲信号电压值为 1.6V），判断 DSP 主板发送的脉冲信号异常，换 DSP 主板后故障依旧。

电路构成 本例电路是故障修复后，笔者凭记忆绘制图 2-35 电路，各元器件序号为笔者自行标注，细节部分与原电路可能稍有不同，但大致结构和采用器件型号都是和电路实物相对应的。

输出状态检测电路原理简述：U+ 脉冲作用下，N1 比较器对 P 和 W 分压采样信号进行比较，若反相输入端大于同相输入端，PC3 即输出和 U+ 脉冲同相位（在时间刻度上对齐的）U+* 信号至 DSP。即只要 DSP 发送一个 U+，即能在检测电路输出端得到一个返回的 U+* 信号，以此来确认逆变电路处于正常工作状态。若发送 U+ 信号的同时，无 U+* 信号返回 DSP，DSP 则判断 W 相逆变电路工作异常，从而停掉 U+ 和 U− 脉冲信号的输出。

一般机器此时也能给出 OC（模块故障、输出端短路）的故障示警。本例机型，能停止 W 相输出，但并不给出示警。

输出缺相的检修思路：

① W 相 IGBT 模块或有不良。

② W 相驱动电路没有工作。

③ W 相输出状态检测电路不能正常工作。

先检查驱动电路和逆变电路，无异常。

在电路板上看到有输出状态检测电路，系由电压比较器 C319G 和 W345 光耦构成，驱动电路和输出状态检测电路都采用驱动 +16V 供电。

PC3 光耦静态时 3 脚电压应为 16V，在线检测为 20V。将电阻 R8 脱开电路后，测得 PC3 的 3 脚恢复为 16V，20V 的来源很奇怪。停电测量 PC3 的 1、3 脚内部发光二极管，其正、反向特性异常，判断 PC3 的输入侧已经断路。代换 PC3（印字 W345 或 P345，型号 ACPL-W345 或 ACPL-P345）光耦后，上电启动试机，输出三相电压正常，故障排除。

有两点值得总结：

① 测得某点信号电压值高于供电电源电压，可推断某点必有开路性故障发生，系故障点与地之间或因静电荷积累作用，而出现失常电压值。

② 输出状态异常，或与输出状态检测电路相关。

实例 38

一台 132kW 变频器，空载运行正常，只要加载（即使是轻载），则报 SC 故障

故障分析和检修 首先从驱动电路查起（电路如图 2-36 所示），测得脉冲端子

GZ、AN 端的静态负电流约为 15mA，据电路构成分析符合估测值，应为正常。在驱动芯片 PC1 的 1、3 脚送入开通信号（并屏蔽 OC 报警：将二极管 VD1 负端与 0V 供电地端暂时短接），测得 GZ、AN 端的正电流仅为几十毫安（与估测输出值相差甚远，据电路构成分析，直流开通后的正电流输出值应为 180mA 左右）。

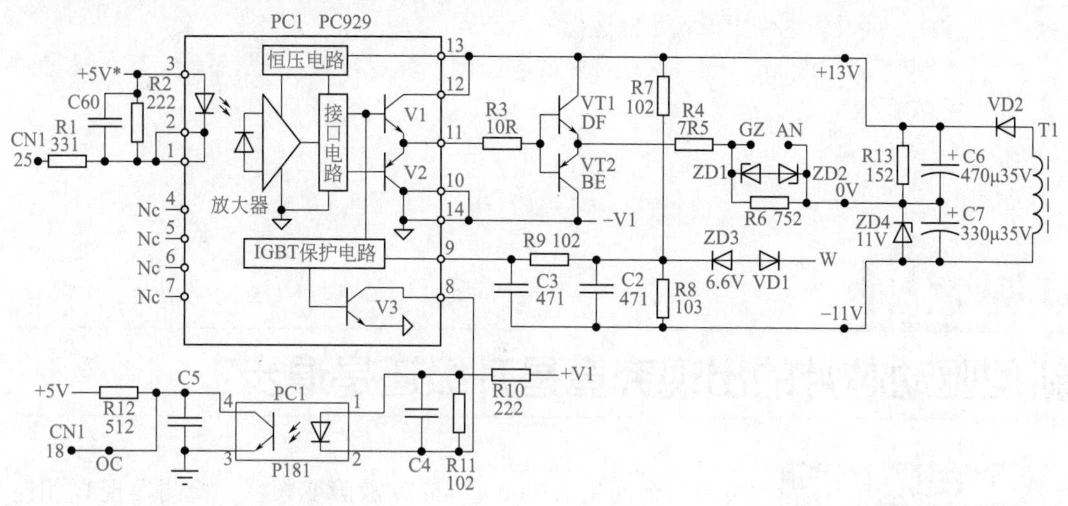

图 2-36　W 相下臂驱动电路示意图

测得下 3 臂驱动电路的表现都一样，得出下 3 臂驱动电路的 PC929 芯片全都坏掉的结论。代换某一路的 PC929 芯片试验，仍为原来的故障表现，说明 3 个 PC929 芯片可能都是好的，只是检测工作条件未予满足，同时“怠工”而已。

那么 3 路驱动同时“怠工”，其共同原因：

① 供电电源异常，如供电电源电压偏低，导致芯片内部欠电压保护阈值引发欠电压保护动作。查驱动电源，正供电为 13V，负供电为 11V，电源本身没有问题。

② 设计方案欠佳。比如正供电 13V，比常规机型的偏低，能否保障 IGBT 器件的良好开通？比如 PC929 的 9 脚外围电路的元件取值或电路形式是否得当。这要求检修者必须有自己的判断。

检查 PC929 的 9 脚管压降检测电路，即为二极管 VD1 串联稳压二极管 ZD3（稳压值为 6.6V）的电路。当短接稳压二极管后，送入开通信号，测得 GZ、AN 端输出电流变为 177mA，符合估测结果。

试加分析：因检测电路 ZD3 和 VD1 串联导通管压降偏大，脉冲生效期间，有可能使 9 脚电压偏高达到报警动作阈值，使 11 脚输出处于断续状态，造成输出电流偏低。

解决方案：

① 将 ZD3 换为击穿值略低的稳压二极管，如 5V 或 3V 的器件，尚能保证保护灵敏度。

② 干脆短接或换为高速高反压器件，如 HER105/205（完全代换 ZD3 和 VD1 时，宜采用两个顺向串联）型号的二极管，以使驱动电路达到较好的工作稳定性。

本例采用“保守疗法”，将 ZD3 换为 3V 稳压二极管，上电试机工作正常。

电路的原设计也可能不够完善，检修者能否改进电路进行修复，使电路更趋于合理化，使设备达到更稳定可靠运行的状态？

本例故障，坏掉的元器件又是哪个？设备出厂前期为何能正常运行，如今又是为何送修？

实例 39

新型驱动芯片的出现究竟是升级还是退步？

故障分析和检修 接手一台西川 X5000 型 45kW 故障变频器，检测发现 U 相逆变电路功率模块坏掉。

检测相关驱动电路，驱动芯号印字为 8333V，网络上查找不到此芯片的资料。笔者感觉此芯片和以前常见印字 A316J 的器件很相似，对比了下供电脚、检测输入端和脉冲输出端，有相似之处。为找到其测试方法，干脆把外围电路画了一下，如图 2-37 所示，并根据自己的理解将各脚功能大致用文字或字母作出了标注，如此一来，这个器件的工作特性也就能大致心中有数。

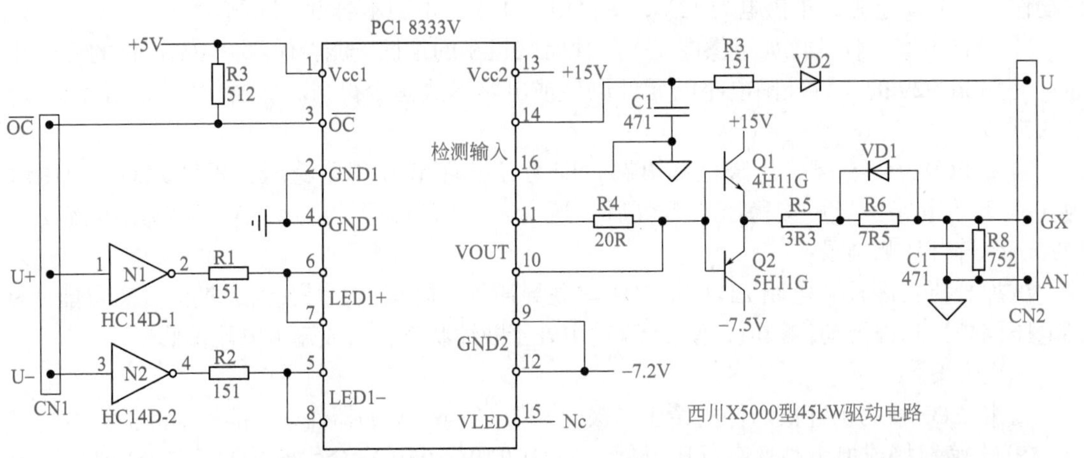

图 2-37 采用印字 8333V 驱动芯片的驱动电路

后来碰巧以 ACPL-333J 型号（印字为 A333J）搜到器件资料，器件结构与引脚功能如图 2-38 所示，对比之下，可以确证 A333J 与 8333V 是同一器件。

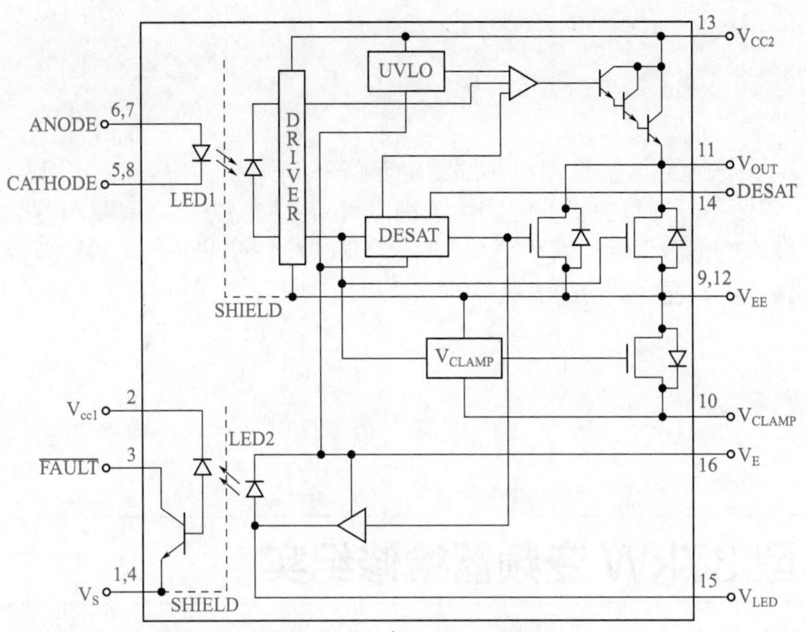

图 2-38　ACPL-333J（印字 A333J）器件功能框图

ACPL-333J 是有一个产品序列的，A330J ~ A339J，共 10 种产品，从资料当中的器件功能框图和大致工作参数来看，都貌似差不多。笔者偶尔与某厂商谈及此事，已有 HCPL-316J（A316J）这类大家都熟悉而且性能很不错的芯片，为何要换用 8333V（A333J）芯片呢？厂商回答说 A333J 是 A316J 的“升级版产品”。A316J 芯片的器件结构与引脚功能可参见图 2-22。

如果单从印字序号看，从 A316J 到 A333J 确实是升级了。但比较图 2-38 和图 2-23 电路，A333J 器件的性能或功能上明显比 A316J 有了一个“大跨步后退”的征兆。当落实器件市场价格时，知道 A333J 是 A316J 的 1/2 的价格，终于明白所谓“升级版产品”是怎么回事了——从价格竞争力上确实是升级了，而同时从性能竞争力上也确实是“退级”了。

单独（与逆变电路相脱离时）检测图 2-37 中的电路的方法：

① 开关电源上电，使驱动电路得到工作电源。

② 短接 CN2 端子的 U、AN 点，以屏蔽 OC 故障报警，避免电路进入封锁状态。

③ 在 PC1 的 7、8 脚送入 10mA 恒流信号，测 CN2 端子 AN、GX 点电压与电流变化，确定电路好坏。

8333V 器件的检测与 A316J 器件检测相比，难度变小了，因后者为差分信号输入模式，外加信号须与输入侧供电电源有“共地关系”才为有效信号。前者为发光二极管输入方式，加电流点亮发光管即可。

经检查，换掉两片损坏的 8333V 后，驱动电路故障修复。

换好功率模块后整机上电试机，运行正常。

小结

根据器件印字，无法查到该器件资料，据测绘电路来“反证”其身份，8333V即是A333J。即便不能证其身份，由器件结构也可得出检测方法。只要由测绘电路图确定了器件的电源引脚，信号输入、输出引脚，检测信号输入和故障报警输出引脚等相关引脚，已经满足故障检修的要求。

实例 40

安川 A1000 型 37kW 变频器检修纪实

故障表现和诊断 变频器的负载电机是锅炉鼓风机，运行时间长了，内、外部煤炭粉堆积，运行中用吹风机试图清理积聚炭粉，结果导致 IGBT 功率模块全部爆掉。

电路构成 逆变电路采用 IGBT 功率模块，型号为 CM1500XD-24A，封装形式较为特殊。每个模块内含两个 IGBT 功率器件和一个温度传感器。

驱动电路的供电电源由开关电源板经 CN41 端子引入，电路结构如图 2-39（a）所示。

每相逆变模块有一路专用驱动电路，如图 2-39（b）所示。

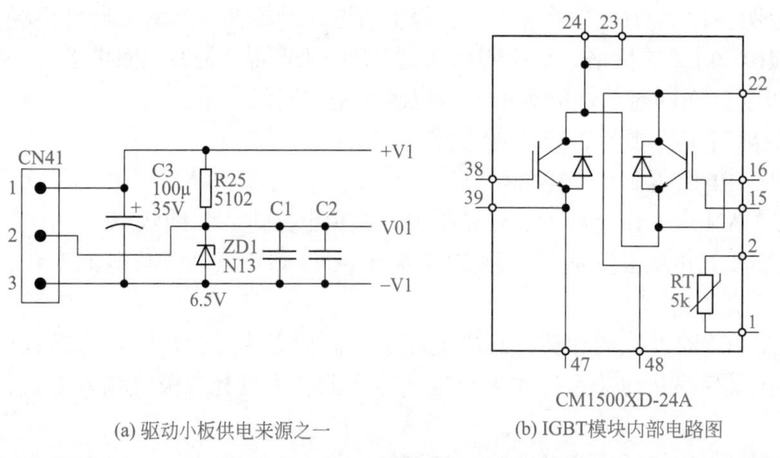

(a) 驱动小板供电来源之一

(b) IGBT模块内部电路图

图 2-39 安川 A1000 型 37kW 变频器驱动小板供电来源之一和 IGBT 模块结构图

驱动小板电路具有脉冲功率放大和 IGBT 导通管压降检测功能，这也是作为“专职驱动小板电路”所应具有的基本功能（见图 2-40）。

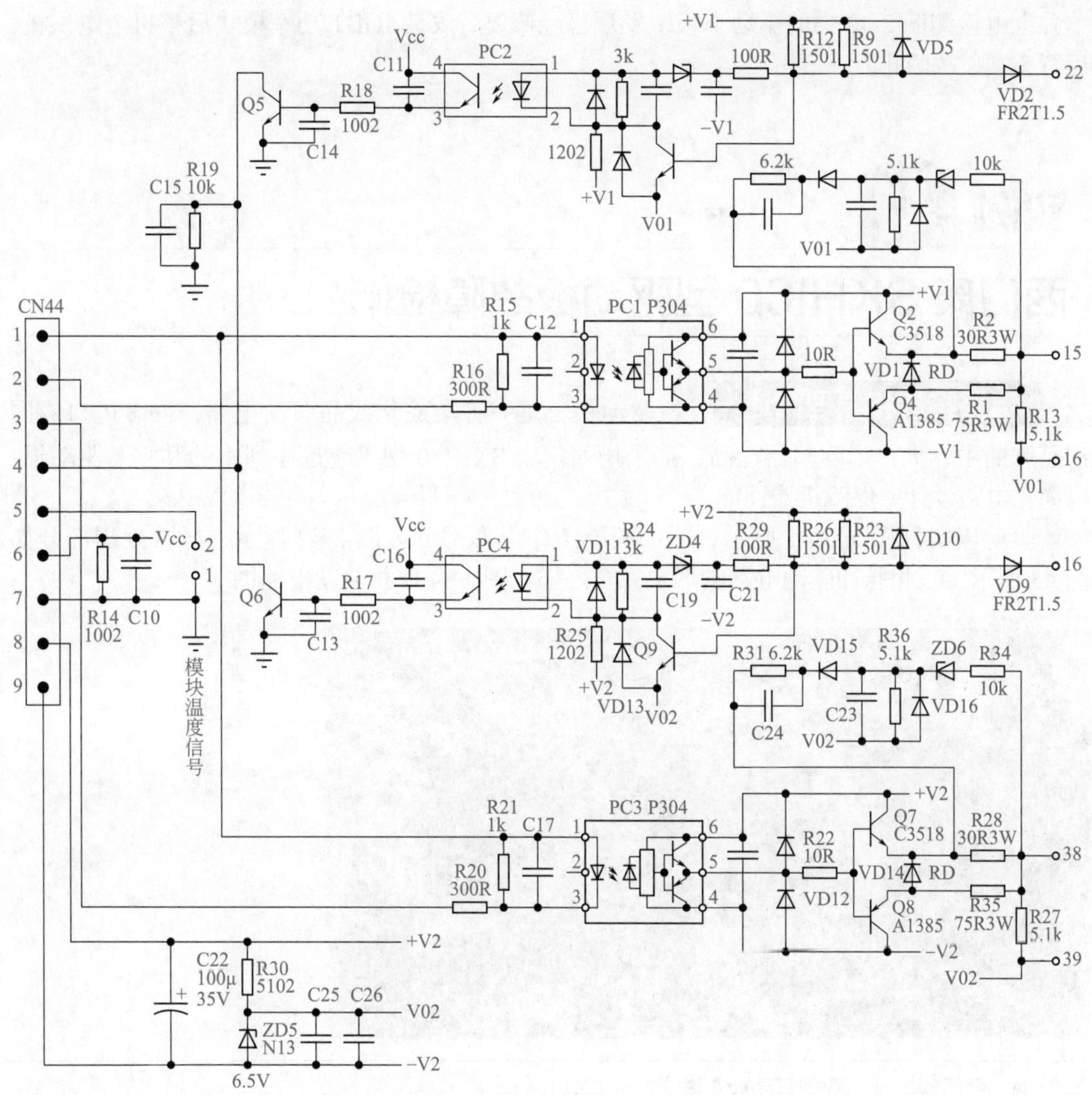

图 2-40 安川 A1000 型 37kW 变频器驱动小板电路

以逆变上桥臂驱动电路为例进行简述分析：光耦合器 PC1 将 MCU 主板送来的脉冲信号进行隔离和传输，再由电压互补式功率放大器（或称推挽电路）进行功率放大，送至功率模块脉冲输入端。

高反压高速整流二极管 VD2、光耦合器 PC2、晶体管 Q5 及附属电路，构成 IGBT 导通管压降检测电路，与下桥臂 IGBT 导通管压降检测信号汇集后，经 CN44 的端子 4 输入 MCU 主板。

故障分析和检修

如图 2-40 所示的电路结构简洁明了，对故障点的检测判断也相对简单。可以为驱动小板单独上电进行独立检测，以找到故障元器件实施修复。

本例故障，当 IGBT 功率模块损坏后，检测图 2-40 驱动小板，被损坏的首当其冲是脉冲端子电阻如 R1、R2、R13 和电压互补式功率放大器 Q2 和 Q4。将损坏元器件全部换新，单独上电检测图 2-40 中的驱动小板，发现已经修复，安装 IGBT 功率模块后整机上电试机，运行正常，故障排除。

实例 41

西门康 SKHI60 型驱动板故障检修

电路构成和原理简述 该驱动板，是一种集成化成品驱动电路，许多进口或国产品牌的中、大功率变频器产品，都采用西门康 SKHI60 型（或该序列中的其它）驱动板，以简化电路设计，保障机器性能。

驱动板实物如图 2-41 所示，驱动板上工作电源部分如图 2-42 所示，脉冲处理部分如图 43 所示（三相脉冲驱动电路的形式完全一样，图中为 U 相驱动电路图）。

图 2-41 西门康 SKHI60 型驱动板实物图（见彩图）

如图 2-42 所示电路，为双端逆变电路结构。由 CD40106-1 和 R、C 元件构成振荡器，经 CD40106-2 多路并联输出以提高电流输出能力，同时完成信号倒相作用，形成反相驱动信号控制电压互补式功率放大器；CD40106-1 产生的振荡信号，同时经 CD40106*-1 和 CD40106*-2 完成同相驱动信号，控制另一路电压互补式功率放大器。两路放大器的交替开通与关断，在脉冲变压器初级绕组形成交变的工作电流，次级绕组输出交变电压经整流滤波和简易稳压处理，得到直流工作电源，供以驱动电路。

图 2-43 为驱动或脉冲传输电路，脉冲变压器 BV 724 C 前级电路，由 CD4093BCM 与非门、CD40106 反相器及外围元器件相配合，采用了互相闭锁的电路结构，传输两路脉冲信号；脉冲变压器 BV 724 C 后级电路，由反相器传输脉冲信号，经贴片功率对管进行功率放大后送至 IGBT 的输入端。

运行中当 IGBT 工作状态异常时，如导通管压降大于某值（意味着出现过载运行）时，检测电路会自行切断脉冲信号的传输。电路板未设专用的 OC 报警传输电路，故障时并不能向 MCU 主板返回 OC 报警信号。

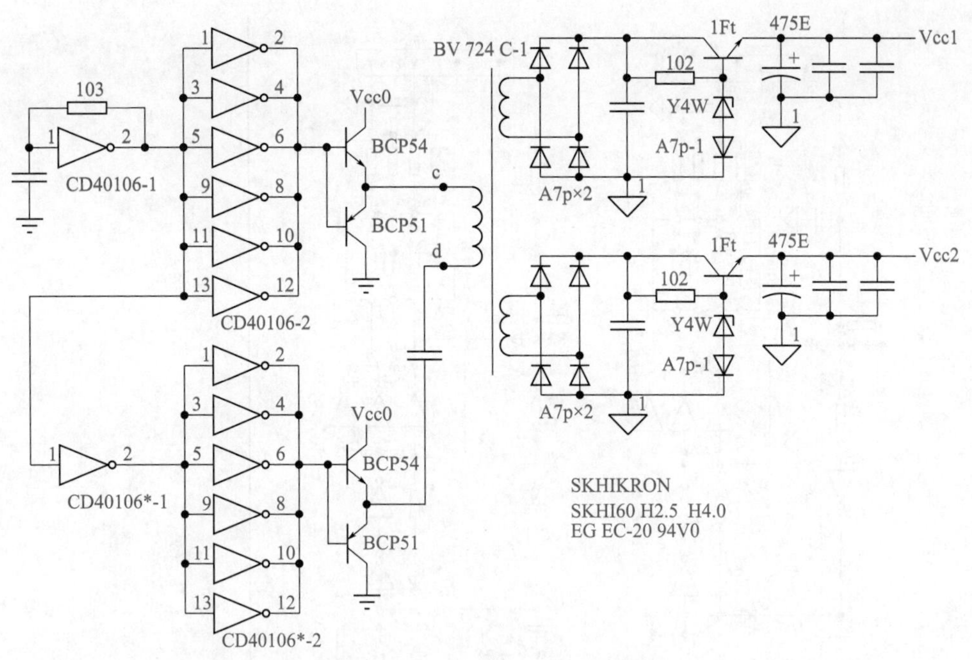

图 2-42 西门康 SKHI60 型驱动板驱动电路的供电电源电路

本例机型，有可能发生运行操作正常不报警，但输出偏相或无输出的故障现象。而由此故障表现，可以反推出故障可能区域，也必然包含了驱动板电路。

故障分析和检修 由前述，驱动电路以脉冲变压器 BV 724 C 为分界点，分成前、后级电路进行检修。单独检修时，可以在电路输入侧即 IN 端子上施加占空比为 50%、幅度为 15V 左右的方波信号，也可以直接施加 0V 和 15V 左右的直流电压信号，监测与非门、反相器和晶体管的基极、集电极电位变化，确定故障点找到故障元件。

驱动电路是用来传输开关量电平信号的，因而施加直流电压相当于放慢了脉冲的传输速度，反过来讲，脉冲信号即是 0V 和 15V 按一定时间间隔传输的直流电压信号。二者本无不同，而前者更容易检测和定位。

检修实例如下：

① 确定故障范围，在前级或后级电路。从脉冲变压器 BV 724 C 的输出侧绕组两端能测到脉冲波形，说明脉冲变压器及前级电路均正常，在 OUT1 输出端子上不能测得脉冲信号，故障范围为后级脉冲传输和放大电路。

② 第一步，先判断检测电路是否产生了“封锁行为”。方法是暂时将连接于 CD40106-1 反相器输出端 6 脚的二极管 $A7_p$ 脱开，在 OUT1 端子上能测到脉冲信号，即说明故障产生于由 CD40106-1 及外围元件（至 OUT1 端子的 4 脚以内）组成的检测电路。

若二极管 $A7_p$ 脱开无效，则故障被确定于由 CD40106-2 反相器、功率贴片对管 9942 及外围元件构成的脉冲放大电路。

本例故障，将连接于 CD40106-1 反相器输出端 6 脚的二极管 $A7_p$ 脱开后，测得 OUT1 端子输出脉冲信号正常，检查 CD40106-1 反相器发现已经损坏，代换 CD40106 芯片后驱动板工作正常。

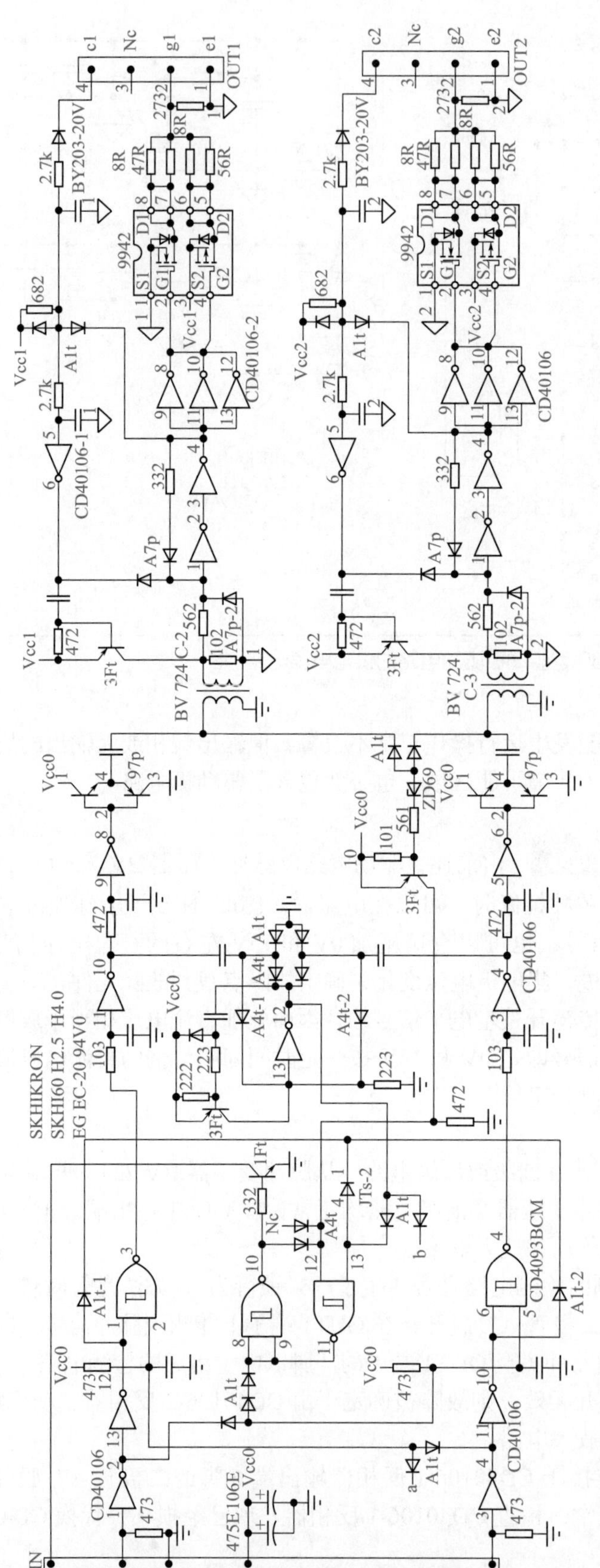

图 2-43 西门康 SKHI60 型驱动板驱动电路

信号传输环节较多时，先划分前、后级或两级以上区块，将故障点锁定于某区块之内。灵活采用直流信号电压法或脉冲信号法，根据芯片或电路输入、输出侧的电平变化，确诊故障点实施修复。

第七路驱动
——制动电路故障实例六例

实例 42

赛恩 SES800 型 55kW 变频器制动电路故障

电路构成 制动电路如图 2-44 所示，从电路形式看，其和逆变电路的驱动电路没有两样，因而可称之为第七路驱动（逆变电路的驱动部分有六路）。

印字 A316J 驱动芯片（型号 HCPL-316J），具有脉冲功率放大、传输和驱动 IGBT 器件的导通管压降检测功能，故障时能给出相关报警。

故障分析和检修 上电外接制动电阻即冒烟，说明制动开关管已处于开通状态，这是一种错误的动作状态。故障原因如下：

① 制动功率模块已经击穿损坏。

② 制动模块驱动电路故障，导致制动模块上电误开通。

③ 或有图 2-44 电路的前级电路异常，上电即给出错误的制动信号。

测得端子 B2 和 N/DC 之间的电阻值极小，判断制动功率模块已经损坏。拆除功率模块后，上电检修图 2-44 电路，发现电压互补式功率放大器 Q1、Q2 已炸裂，IGBT2 的 G、E 极并联元件大部分已损坏，清除、更换坏的元器件，上电检测 PC1 驱动芯片发现工作状态正常。因为图 2-44 电路在直流母线电压达 700V 及以上才动作，送入高电压测试与改动直流母线电压检测电路，使之动作较为麻烦。单独（不连接 MCU 主板）检测图 2-44 电路时，简单的测试方法如下：

① 暂时将 PC1 的 1、3 脚短接，将 J1* 的 6、7 脚短接制造“制动动作”信号。

② 测量 IGBT2 的 G、E 极端子，应由静态的负电压、负电流信号，变为正电压、正电

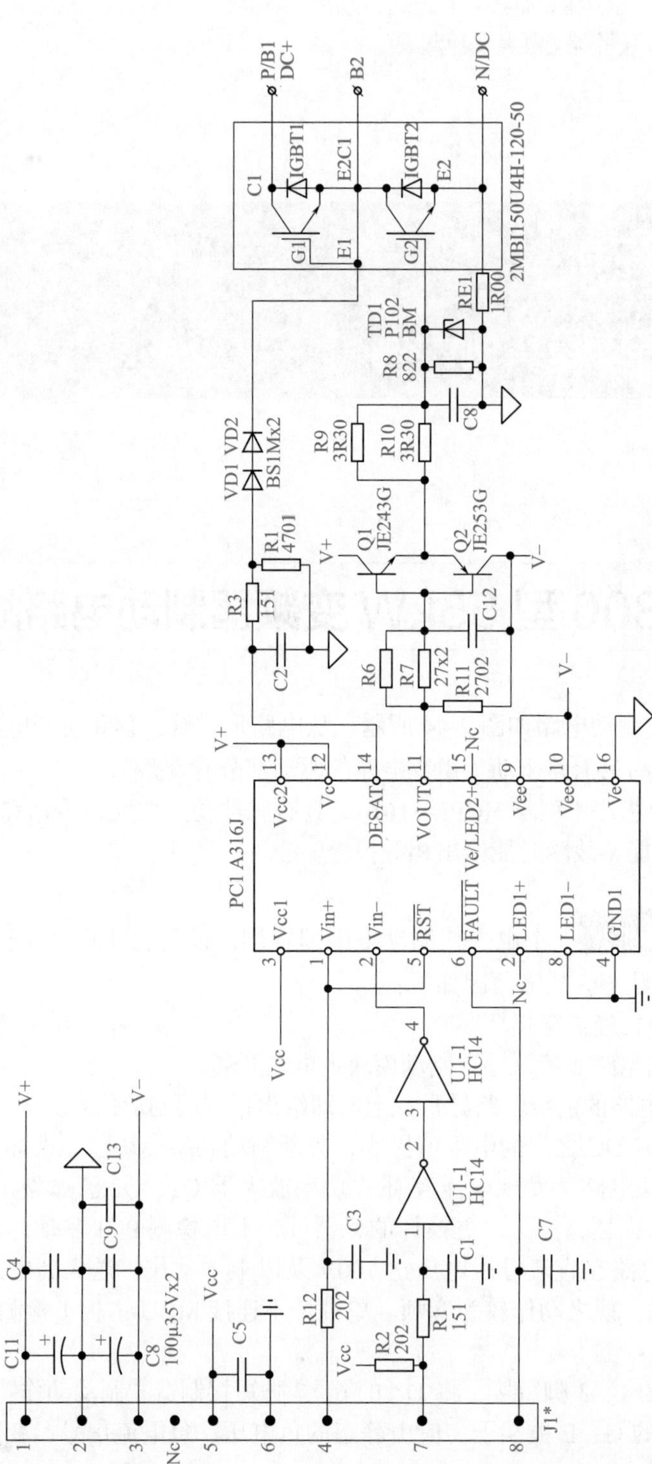

图2-44 赛恩 SES800 型 55kW 变频器制动电路

流信号。

③ 安装模块后，可监测主端子 B2 和 N/DC 之间的电阻或电流变化，确定图 2-44 电路及 IGBT 的好坏。

如上述，测得各部分工作正常，故障排除。

西川 XC5000 型 22kW 变频器运行中报 Err06 故障代码

故障表现和诊断 带风机负载运行中有时报 Err06（意为减速中过电压）故障，但前段时间工作状态正常，最近报警停机相当频繁。

故障分析和检修 本例制动电路如图 2-45 所示，为方便行文，图中元件序号为笔者另行标注。采用驱动 IC 器件 8333V，查资料与 ACPL-33XJ 系列芯片引脚功能对应，电路为“脉冲互锁式”输入方式，由 N1、N2 放大器（印字 HC240，三态可控门电路）传输脉冲信号。

上电检测制动功率模块、PC1 驱动芯片与 Q1、Q2 放大器电路，都无异常。测得 HC240 的两个输出端 16、18 脚电压值是随机变化的。测得 HC240 芯片的 1 脚和 19 脚为 +5V 高电平，故器件输出端为“高阻”状态，在未接有上拉或下拉电阻的情况下，处于不稳定的“悬浮态”，所测电压为随机性变化值，当然又在情理之中。

使 HC240 的 1、19 脚处于 0V 低电平，测得 2、4 脚输入为 0V，输出端 16、18 脚为 3.3V、2.2V（正常值都应为 5V），判断 HC240 损坏，代换后交付用户现场试机，故障修复。

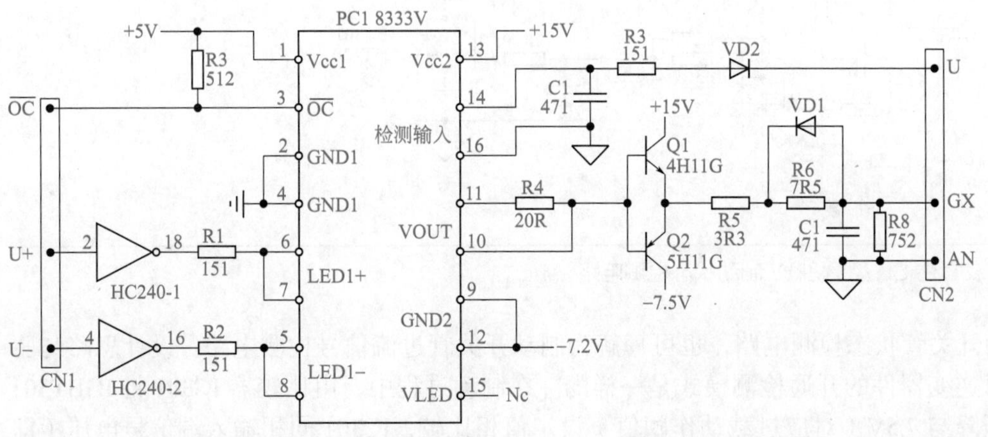

图 2-45　西川 XC5000 型 45kW 制动电路

制动电路的试机，需要采取相应措施，对电压检测电路不熟悉的情况下，难度尤其大。因而检修制动电路时，更要细致，确保故障的落实，并修复故障。

实例 44

艾默生 SK 型 2.2kW 变频器运行中制动单元有时报过电流故障

故障分析和检修 报制动单元过电流故障，机器应该设有制动状态检测电路，如图 2-46 所示，MCU（标注 IC305，型号 ADMC326YRZ）从 3 脚发送制动脉冲（或直流信号）期间，同时从 28 脚接收检测反映制动开关管 IGBT301 开通状态的返回信号。如返回信号异常，则示以“制动单元过电流故障”报警。

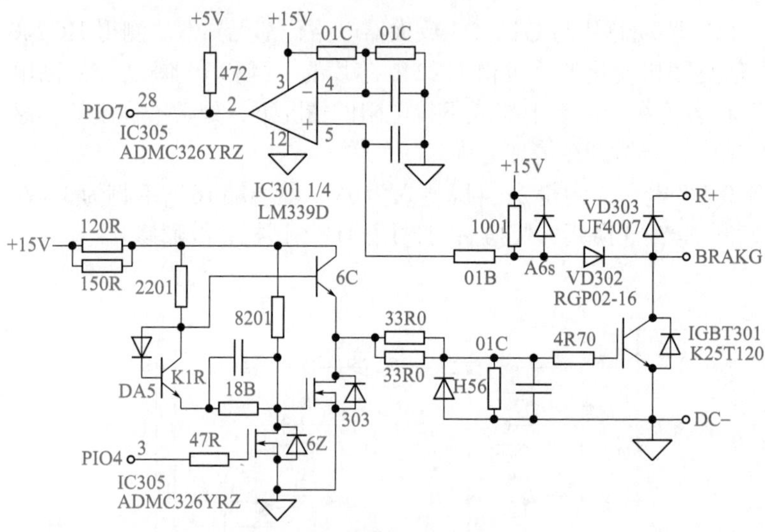

图 2-46　艾默生 SK 型 2.2kW 制动状态检测电路

制动开关管状态检测电路，也可理解为制动开关管过流信号检测电路。设计思路与驱动电路对逆变器件的开通检测模式是一样的。在制动过程中，由比较器 IC301 将 IGBT301 开通管压降与 7.5V（对应过载动作阈值）设定值相比较，IC301 同相输入端信号电压（即 IGBT301 开通管压降）超过 7.5V 时，变频器给出“制动单元过电流故障”报警。

检查驱动脉冲传输部分及 IGBT 都无问题，检测 IC301 比较器工作状态也正常：非制动状态，5 脚电压高于 4 脚时输出动作，2 脚输出端为 5V 高电平；当短接 BRAKG 端和 DC− 端时，测得 IC301 的同相输入端（5 脚电压）低于反相输入端（4 脚电压），比较器输出端 2 脚变为 0V 低电平。“表现正常”，那么为何有时还会报“制动单元过电流故障”呢？

问题还在由 VD302、IC301 等元器件构成的检测电路上，再次短接 BRAKG 端和 DC− 端子，测得 IC301 的同相输入端 5 脚电压竟然有 6V 之高（正常电压应在 1.2V 左右），这样一来当制动电流造成 IGBT301 有 2V 左右管压降时，检测电路即给出报警。

分析电路，应该是二极管 VD302 不良（导通管压降变大）导致运行误报警。用指针式万用表的电阻挡和数字式万用表的二极管挡，在线测试 VD302，正、反向数值正常，为“正常”二极管。但为 VD302 两端施加 5V、0.1A 的测试条件，显示 VD302 正向电压降为 5V，证实 VD302 已经失效。

VD302 为高速高反压二极管器件，用直插式 SF1600V 型元件代换 VD302，故障排除。

万用表对电容、二极管，尤其是功率模块，存在很大的测试局限，不能完全依赖万用表对器件作判断。手头无检测条件时，可用代换法确定元件的好坏。

实例 45

S3000 型 15kW 变频器上电后制动电阻冒烟

该机制动电路如图 2-47 所示，用 A3120 芯片直接驱动制动开关管，无相关检测电路。单独检测一体化功率模块内部的制动开关管 IGBT0 和续流二极管 VD0 均正常。

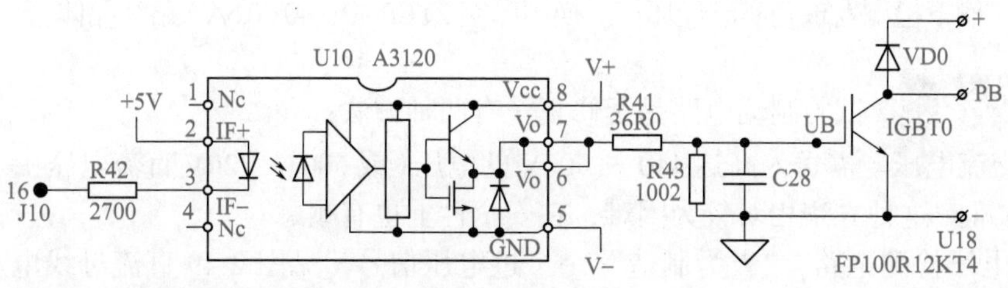

图 2-47　S3000 型 15kW 制动电路

上电测得 U10 驱动芯片的 5、6 脚为 10V 正电压，输入端 2、3 脚电压为 0V，说明前级电路来的信号正常，U10 损坏。

代换 U10，图 2-47 电路工作状态恢复正常。

实例 46

三菱 A700 型 15kW 变频器运行中频繁报过电压故障和停机

故障分析和检修

该机器负载为风机，属于惯性较大负荷，因工艺要求启、停频繁，原先正常使用时外接制动电阻是发烫的，现在外接电阻不热了，经常报过电压故障，初步判断是制动电路坏了。

本机制动电路如图 2-48 所示，完成正常制动动作需要以下条件同时满足：

① MCU 的 29 脚和 44 脚同时变为高电平。

② 在制动期间，光耦合器 OI1 能随之正常导通，将高电平的 FR 信号送入 MCU 引脚。

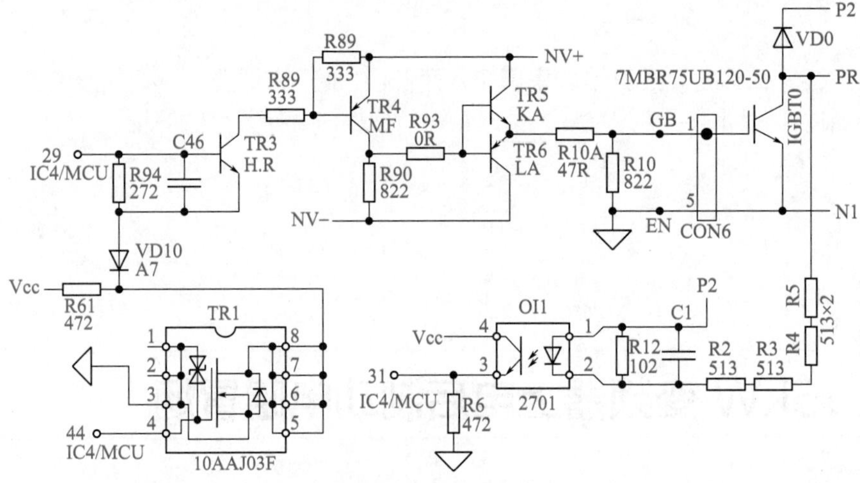

图 2-48 三菱 A700 型 15kW 变频器制动电路

检测制动管驱动电路的过程中，在线测量 TR3 ~ TR6 晶体管及外围器件，发现 TR4 内部 PN 结正、反向特性不明显，摘下检测发现确实已经坏掉。换用印字 2T（PNP、40V0.6A）贴片晶体管。

制动电路试验方法

试验制动电路是否修复，有两种方法：

① 送入三相可调交流电压。需送入高达 440 ~ 500V 的电压（或 600 ~ 720V 直流电压），以达到制动动作电压水准。这种方法相对较为困难，在安全性上也有顾虑。

② 找到直流母线电压检测电路，“人为制造”一个过电压信号（见图 2-49 直流母线电压检测电路）。

将 R128 ~ R122 电阻值适当减小，或将 R121 ~ R119 适当加大，或在 IC8 的 18 脚送入可调直流电压信号，观测面板显示值，调至显示 680 ~ 720V，以使 MCU 发送制动信号，从而检测和验证图 2-48 电路是否处于正常的制动工作状态。

若面板显示 800V，仍不能测到 IC4 的 29 和 44 脚发送制动信号，则为 MCU 工作失常或相关软件数据有问题。

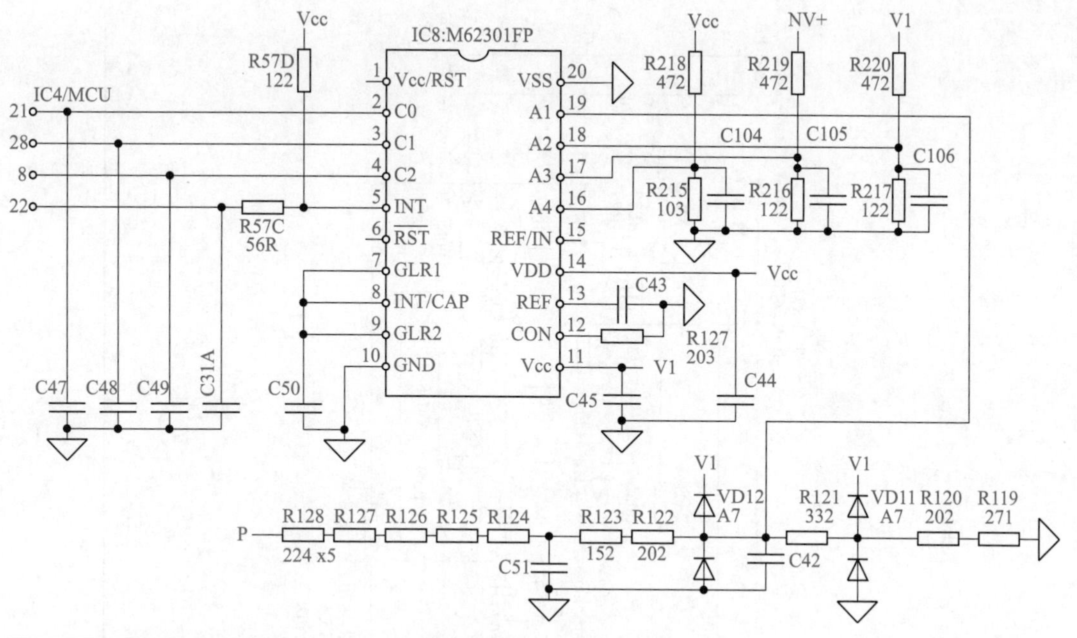

图 2-49　三菱 A700 型 15kW 变频器直流母线电压检测电路

施耐德 ATV71 型 37kW 制动电路异常

故障分析和检修　送修机器，用于油田抽油机的驱动，由于油井工况特殊，上、下冲程的运行过程中或速度滞后或超速运行，发电量巨大，变频器在运行过程中制动动作频繁，制动开关管的工作负担极重。常见发生制动开关管损坏，及相应驱动电路故障。本例机器的制动电路见图 2-50。

采用 A316J 智能型驱动芯片，其具有脉冲传输和驱动 IGBT 导通管压降检测功能。芯片输出脉冲信号经功率对管放大后，再由 S400 端子送入制动开关管。

由 MCU 主板送来的制动脉冲（或直流）信号，经 IC800a 反相器电路处理后送入 PC870 的 2 脚，5 脚上拉电阻接 3 脚 Vcc（+5V 工作电源），PC870 为差分信号输入模式。PC870 的 3、4 脚为供电端，6 脚为模块故障报警（开关量）信号输出端。芯片具有故障锁存功能，须在 5 脚输入低电平的复位信号进行“解锁”，脉冲传输通路才得以重新开通。

VD464、VD465、R871、C872 等元件构成 IGBT 导通管压降检测电路，在制动信号生效期间，若 IGBT 导通管压降过大（象征着 IGBT 模块处于过流状态）时，14 脚电压值高于内部动作阈值，PC870 内部传输通道即时被封锁，同时由 6 脚向 MCU 主板发送模块短路的报警信号。故障时 6 脚变为 0V 低电平，可以检测得到。

本机采用 145A1200V 单管功率 IGBT 器件，作为制动开关管。

检查制动开关管已坏，图 2-50 驱动电路中的功率放大器及外围元件多有损坏，因功率

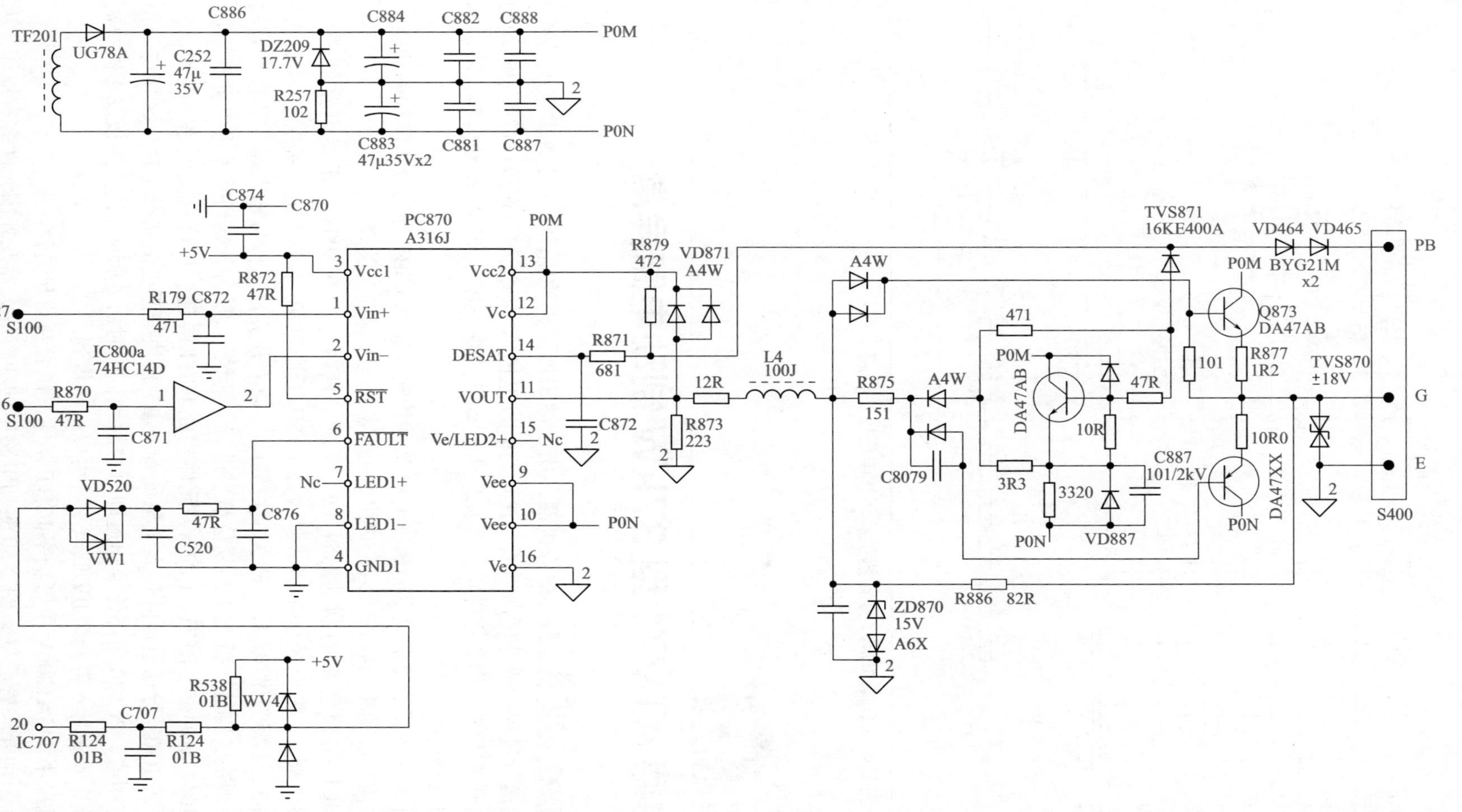

图 2-50 施耐德 ATV71 型 37kW 变频器刹车制动电路

放大器的缓冲作用，A316J 芯片仍是好的。

修复制动电路后，为避免再度损坏，将制动开关管的功率取大点，用 250A 1200V 功率模块代换，现场运行半年后，也没有返修。即将制动功率模块的功率值调整以后，基本上满足了制动工作要求，频繁损坏制动开关管的故障得以“根除”。

小结

如果器件坏了照原样代换，结果是可以预见的，既增加了故障返修率，又损失了检修信誉。检修也要从实际情况出发，需要调整电路参数的，可以在合理情况下进行适度调整，不要为“原格局”所困。

第3章

变频器主电路故障检修37例

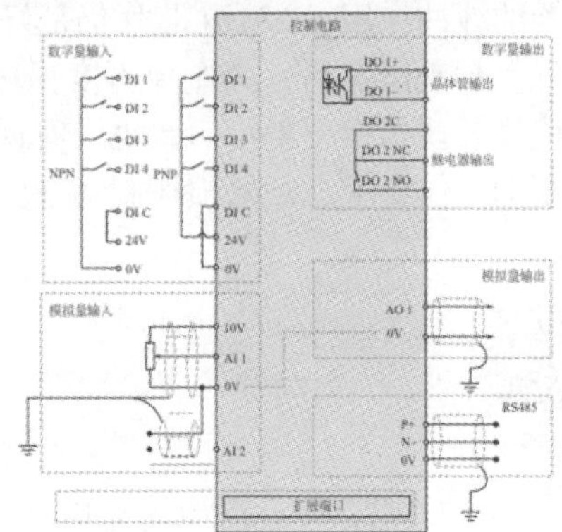

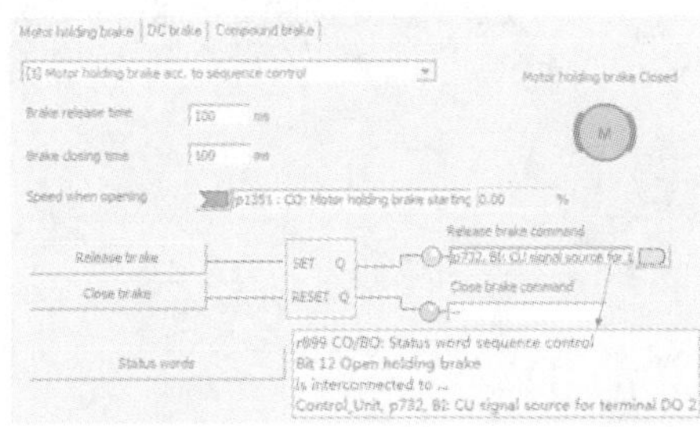

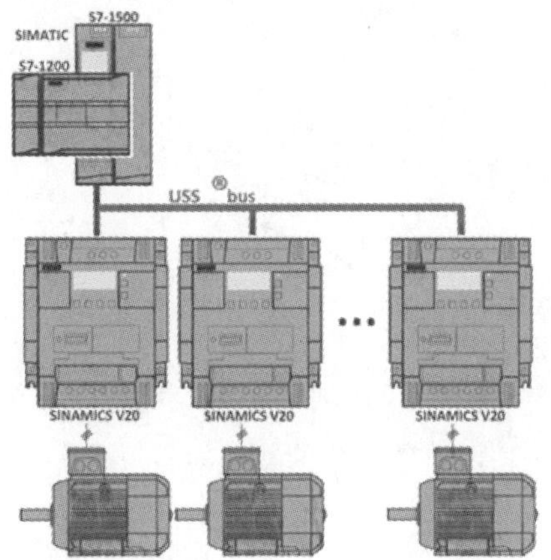

英威腾 CHF100A 型 55kW 变频器带载后报 OUT2 故障

故障表现和诊断 一台 CHF100A 型 55kW 变频器，轻载试机正常（电流达 50A），带载（运行电流达 75A）后报 OUT2（逆变单元 V 相故障），检查驱动电路、IGBT 模块，均无异常。怀疑故障原因有二：

① 驱动电路的驱动能力不足。尤其要检修其电流输出能力。

② IGBT 模块本身不良，大电流运行时其导通管压降增大，致使检测电路报 OUT2 故障。

故障分析和检修 这是一个有代表性的比较令人困扰的故障。空载、轻载表现正常，现场带载后报警。此类故障，往往因维修部不具备带载条件，也无有效的检修手段（如具备大电流检测条件），很难确切查清故障根源。如图 3-1 所示为变频器逆变功率电路结构图。

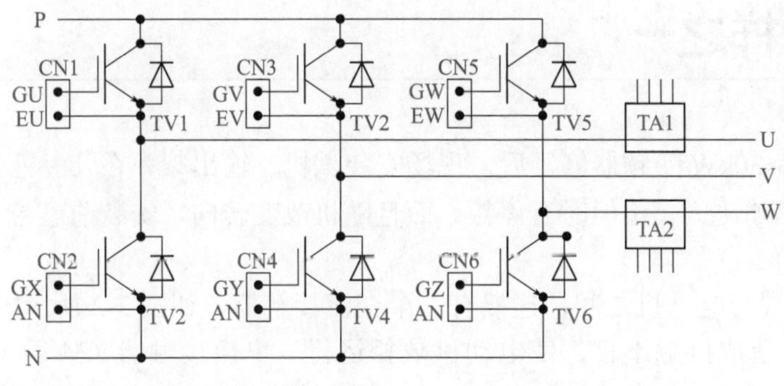

图 3-1 变频器逆变功率电路结构图

故障①可通过对驱动电路的细致检查排除。而对于故障②，可采用如下方法：

① 代换 V 相 IGBT 模块。

② 将本机 V 相和 U 相模块互换（或将脉冲端子互换），来验证是否为 IGBT 模块不良。

本例故障，现场采用②方法，模块互换后，报 OUT1（逆变单元 U 相故障），因此证实故障是原 V 相 IGBT 模块不良。代换模块后故障排除。

模块不良，需带载试机才能表现出来，给故障确诊带来困难。

另外，维修部也可购置大电流发生器等检修设备，以满足带载试机条件，避免多次返修。

实例 2

汇川 MD320 型 22kW 机器报接地故障

故障表现和检修 不接电机，上电后显示正常；接电机后上电，未运行，显示接地故障。拆掉电机后正常。

分析原因：接入电机使电流互感器检测到了不平衡的电流信号，可能是 IGBT 有损坏，不给脉冲就导通。

查 U、V 相功率模块发现漏电损坏（参见图 3-1），上电后测得 U、V 端有数百伏直流电压输出。

代换 IGBT 模块，故障排除。

实例 3

现场试机时表现异样之一

故障表现和检修 一台 30kW 变频器修复后，现场安装试机，输出频率在几赫兹左右波动，电动机转动得非常“不情愿”，不但时有停顿，而且随机改变转向。安装前已带 7.5kW 电机空载试过，未发现异样。

后经检查，发现变频器输出端与电动机之间，连接有一个交流接触器，如图 3-2 所示，检查发现接触点已被严重烧熔，造成接触不良，使电动机缺相运行。更换接触器 KM 后，运行正常。

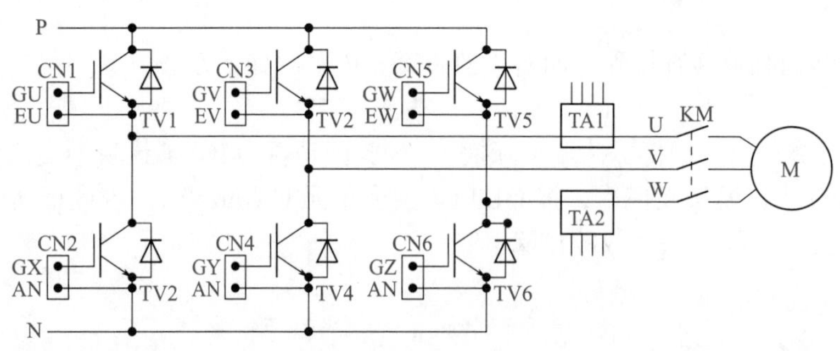

图 3-2　变频器输出端与负载电机连接示意图

因启动过程中（尤其在初始启动时间段），变频器不会轻易报欠电压或输出异常故障，故机器现场试机时才会表现异样。

有时是由外部原因导致运行失常，现场安装试机时，须观察细致、全面。

实例 4

现场试机时表现异样之二

故障表现和检修 一台 110kW 变频器修复后，现场试机表现：启动过程中低速运转一段时间后，报输出缺相故障。检查发现，U、V、W 输出端串有交流接触器，但更换交流接触器后故障依旧。

再度详细检查现场电机配线、电源进线等，发现进线电源开关 QF（空气断路器）的主触点接触不良，导致变频器输入电源缺相。图 3-3 为变频器输入电源串接 QF 示意图。

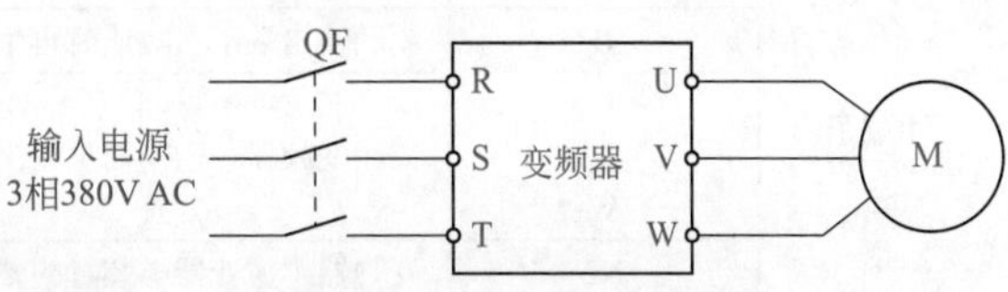

图 3-3 变频器输入电源串接 QF 示意图

按道理 QF 主触点接触不良仅会造成运行中报欠电压，或出现启动过程中转速不能上升的现象，电动机的转向不可能来回摆动。但在启动（试机）过程中，发现有异常时，变频器往往是先“采取相关措施”，试图使其运行正常，不会轻易报欠电压或输出缺相故障，因此导致了电动机转向来回摆动的异常表现。

实例 5

测量 IPM 模块好坏的简易方法

故障表现和诊断 某型号故障变频器，带载运行中报 OC 故障。检测发现 U、V、W 端子对 P、N 端子的正、反向电阻均正常，涉及故障面较广。

① 驱动或脉冲传输电路不良，脉冲信号或有丢失。

② IPM 模块衰变，导通管压降增大，致使检测电路报警。

③ 相关检测电路误报警。

电路原理及检测 拆机检查，本机采用 IPM 智能型功率模块，外围驱动电路相对简单，采用 A4504 光耦合器传输脉冲信号，检测没有异常。

早期变频器的较高档产品，多采用 IPM 功率模块（成本与性能要高于普通机器）。检修中如何检测 IPM 好坏，是检修人员无法逾越的问题。

下面以富士 7MBP 系列 IPM 模块为例，简述一下检测方法。

1. 认识 IPM 功率模块的端子功能

搜寻相关资料，如表 3-1 所示，可知 IPM 功率模块各引脚功能。

表3-1 端子符号表

端子类型	端子符号	内容
主端子	P N	变频器（逆变器）的整流转换器平滑滤波后的主电源V_d的输入端子 P：+端；N：−端
	B	制动输出端子：减速时再生制动用电阻电流的输出端子
	U V W	三相变频器（逆变器）输出端子
	N2	变频器（逆变器）装置的整流转换器平滑滤波后的主电源V_d的一侧输入端子
	N1	改变OC电平时，在外部连接电阻用的端子
控制端子	GNDU VccU	上臂U相的控制电源Vcc输入 VccU：+侧；GNDU：−侧
	VinU	上臂U相的控制信号输入
	ALMU	保护电路动作时上臂U相的警报输出
	GNDV VccV	上臂V相的控制电源Vcc输入 VccV：+侧；GNDV：−侧
	VinV	上臂V相的控制信号输入
	ALMV	保护电路动作时上臂V相的警报输出
	GNDW VccW	上臂W相的控制电源Vcc输入 VccW：+侧；GNDW：−侧
	VinW	上臂W相的控制信号输入
	ALMW	保护电路动作时上臂W相的警报输出
	GND Vcc	下臂共用的控制电源Vcc输入 Vcc：+侧；GND：−侧
	VinX	下臂X相控制信号输入
	VinY	下臂Y相控制信号输入
	VinZ	下臂Z相控制信号输入
	VinDB	下臂制动相控制信号输入
	ALM	保护电路动作时下臂警报输出

2. 大致了解工作原理

如图 3-4 所示为 IPM 功能电路框图，通过看原理框图，对于驱动电路的供电端子、脉冲输入端子和所驱动的 IGBT 的 C、E 极，可以找到测量下手处。结合表 3-1，知道如何送入“人造脉冲”信号。

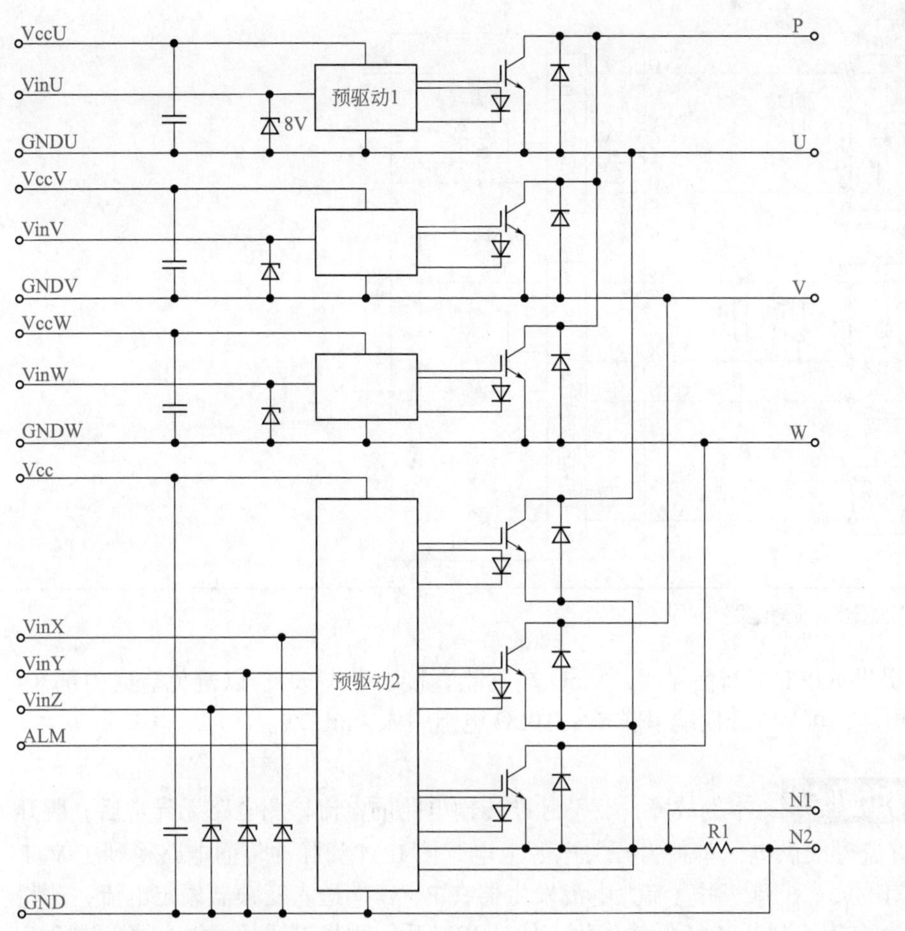

图 3-4 IPM 功能电路框图

3. 测量方法

IPM 脉冲输入端输入的是占空比约为 1（占空比随机改变）的矩形脉冲信号，如图 3-5 所示，从驱动光耦输出侧来看，当脉冲信号生效时，内部光敏三极管导通，相当于脉冲输入端和 15V 供电端短接。

① 在线上电检测 IPM 好坏。此为最简易、准确的测试方法。以 VT1 好坏测试为例。用镊子或导线短接光耦合器 PC1 的 5、6 脚（送入 VT1 开通控制指令），在 U、N 之间接入串联的两个 220V100W 的灯泡，此时灯泡点亮，说明 VT1 是好的。

若 P、N 端供电此时是断开的，可用电阻法测 P、U 端之间电阻，应变为接通状态，也可用恒流源（调电流值为变频器额定电流）接入 P、U 端，其导通电压降应为 1.5V 左右（电压降大于 3V，说明 IPM 器件劣化）。

② 离线测试 IPM 好坏。因 IPM 内部设有驱动电路，需为 IPM 内部驱动电路提供 15V 左右的工作电源才能满足测量条件。在 VccU 和 GNDU 供电端接入 15V 电源，短接 VinU 和 GNDU 端，测 P、U 之间的电阻或电流变化，判断好坏。

也可在 PC1、PC2 的输入侧提供芯片内部发光管导通条件，如将 PC1 的 3 脚与 +5V 的供电地短接，测 P、U 端的电阻或电流变化，验证包括外部脉冲传输和 IPM 模块的整个电路的好坏，可谓“一竿子到底检修法”。

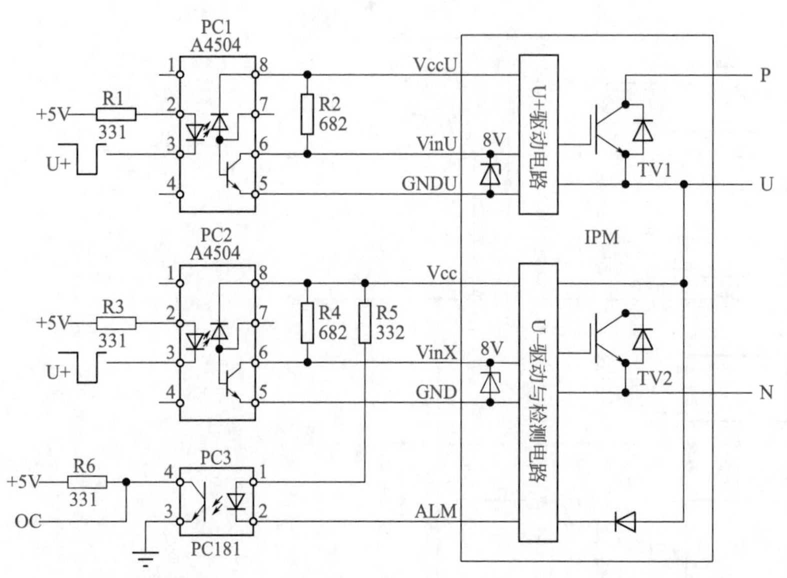

图 3-5　IPM 模块和驱动、报警电路

注意当需要提供 IGBT 关断信号时，VinU 端不能直接引入 VccU，以避免造成内部 8V 稳压二极管击穿损坏，可从 VccU 端串联 5 ~ 10kΩ 电阻引入 VinU 端。

故障分析和检修　本例故障，驱动脉冲传输电路的电流检测电路无异常后，脱开 IPM 的 P、N 端直流母线供电，单独为开关电源上电，使 IPM 和脉冲传输电路得到 15V 工作电源。短接 PC1 的 5、6 脚，用直流大电流发生器在 P、U 端送入变频器额定电流，测得 VT1 导通电压降为 4.7V，判断 IPM 低效劣化。代换 IPM 后，现场试运行正常，故障排除。

IPM 模块的检测，需在满足 15V 供电电压条件下才能进行，此时离线检测的难度大于在线检测，在线检测 IPM 的好坏才是简单易行的。

实例 6

众辰 H3400 型 37kW 变频器运行后报欠电压故障

故障表现和诊断　机器空载或轻载运行正常，达到 70% 以上的负载率以后，报欠电压故障而停机。怀疑故障点有：

① 主电路接触器的主触点接触不良，产生接触电阻；或主电路采用晶闸管器件，晶闸管器件导通不充分。

② 接触器或晶闸管控制电路不良。

③ 主电路储能电容的容量严重下降。

电路构成 晶闸管控制电路如图 3-6 所示。上电后，整流电压经限流电阻 R01 为串联储能电容 C01 和 C02 充电，随之开关电源得电工作。MCU 或 DSP 器件检测系统无异常后，发送控制信号至如图 3-6 所示的电路，光耦合器 PC10 控制晶体管 Q19、Q20 导通，进而主电路晶闸管 SCR01 开通，变频器由此完成工作准备。

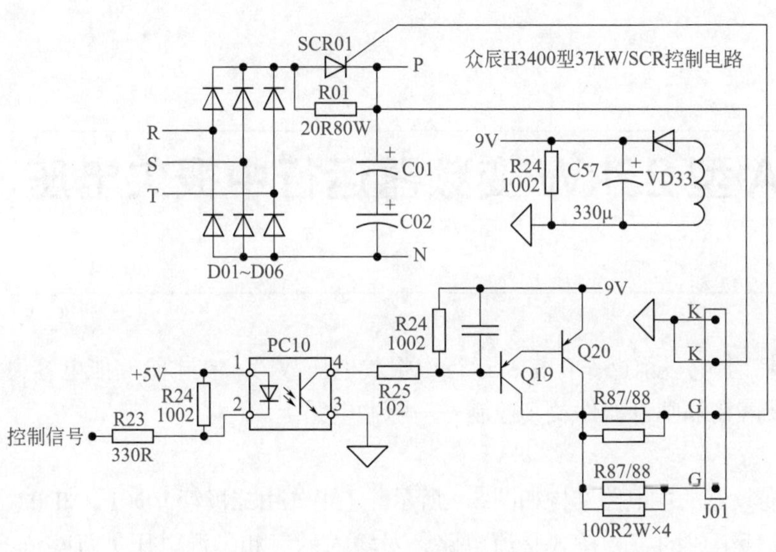

图 3-6 众辰 H3400 型 37kW 变频器的晶闸管控制电路

故障分析和检修 本例故障，在线电流法检测晶闸管器件 SCR01，和储能电容 C01、C02 的电容量，都无问题，故障出现在由 PC10、Q19、Q20 组成的晶闸管控制电路上。

上电后测 PC10 的输入侧 1、2 脚电压为 1.2V 左右，说明主板送来的晶闸管开通信号已经到达，测 Q20 的集电极与发射极间的电压降为 7.5V 左右（正常饱和导通电压降接近 0V），判断 Q20 已退出饱和区进入放大区，原因为基极驱动电流过小。

此时将 SCR01 的控制线脱开 J01 端子，表笔搭接于端子 G、K 引脚上，用万用表电流挡测得电流值小于 30mA。根据经验，晶闸管器件采用直流开通的工作模式时，其控制电流能力正常应为 50 ~ 100mA。因此控制电路的驱动能力不足。

停电在线测得 R25 电阻值远远大于标称值，判断 R25 损坏。代换 R25 后，测得 J01 端输出电流能力正常。带载试机运行正常，不再报欠电压故障。

SCR 器件为直流控制器件，开通状态的优劣是与控制电流的大小密切相关的。控制电流偏小，器件退出饱和区进入放大区，开关特性变为电阻特征，变频器运行电流在 SCR 两端产生较大的电压降，引发欠电压报警。如报警延时过长，则 SCR 有过热烧毁的可能。控制电流适宜，则器件表现为开关特性，开通状态良好，等效于导线（额定电流流通时的电压降仅为 1.5V 左右）。

检测控制电路，用电流法，显然比用电阻或电压法，准确度要高得多。

实例 7

正弦 EM303A 型 22kW 变频器运行中报欠电压故障

故障表现和诊断 上电显示操作正常，运行中报欠电压故障。在排除储能电容失效原因后，检测重点，应该落在晶闸管器件及其控制——脉冲电路上。

电路构成 该款变频器的主电路结构如图 3-7 所示。上电先由二极管 VD01、VD02、VD03 与半控桥内 3 个二极管组成的三相桥式整流电路，对输入的三相电源电压进行整流，经 R01 充电电阻限流为储能电容充电。同时，电源变压器 T01 得电，次级绕组输出的 17V AC，送到晶闸管脉冲电路板。

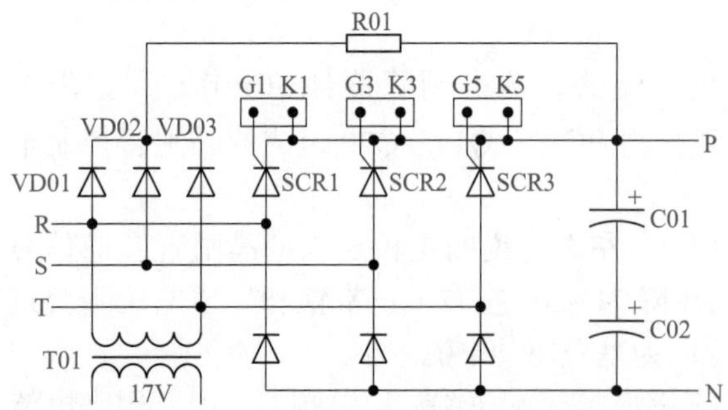

图 3-7 正弦 EM303A 型 22kW 变频器主电路结构

晶闸管控制板电路如图 3-8 所示。其供电电源取自 380V 或 17V 供电变压器，整流滤波后 24V 电压供末级脉冲输出电路，又经三端稳压器得到 15V，为前级脉冲生成（振荡）电路供电。

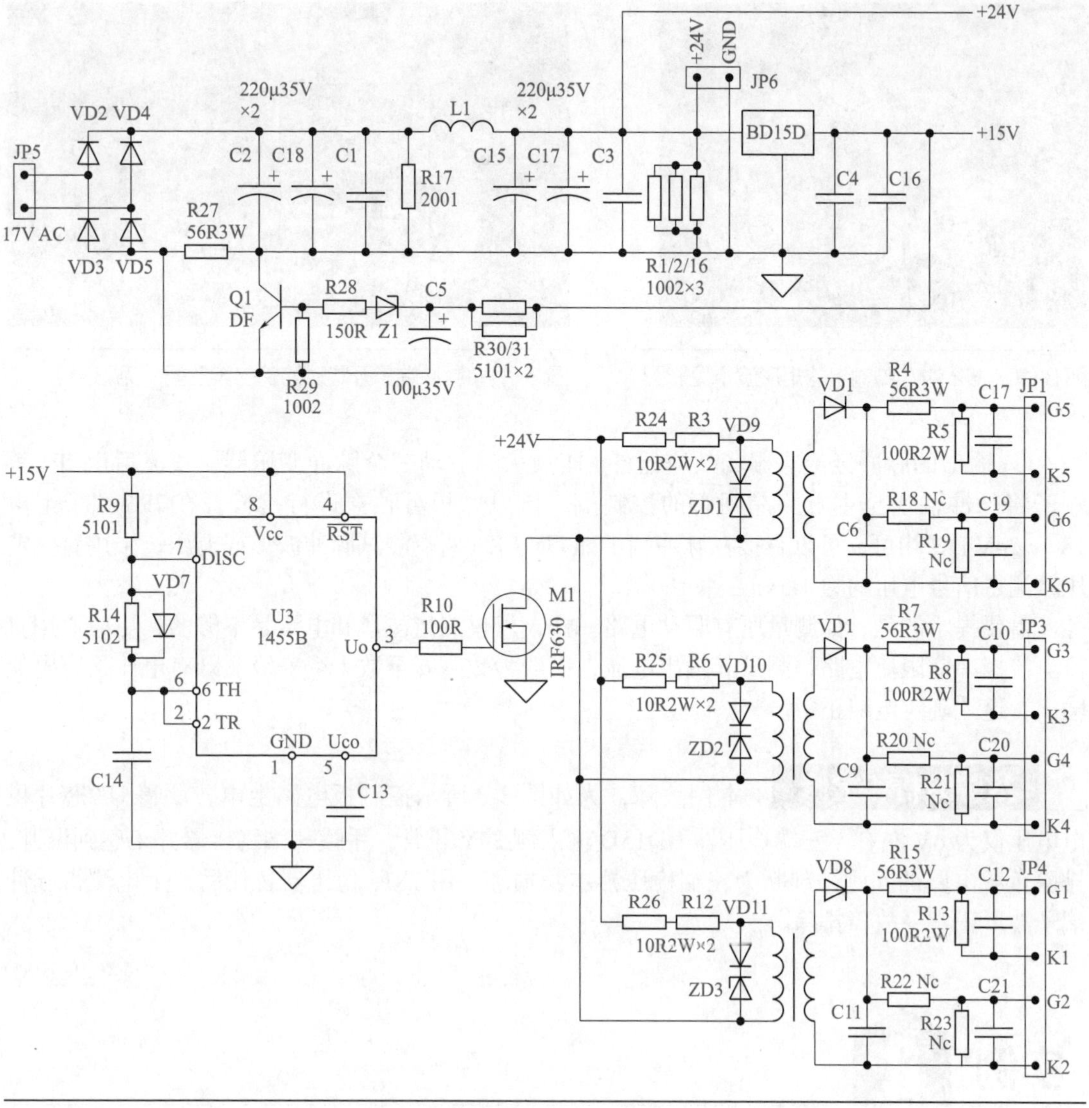

图 3-8 正弦 EM303A 型 22kW 变频器晶闸管控制板电路

C5、Z1、Q1 等构成上电延时电路，避免储能电容未充满电时晶闸管过早开通形成冲击电流。U3 及外围电路构成无稳态（振荡）电路，二极管 VD7 决定了 C14 的充电时间常数，约为放电时间常数的十分之一，即 3 脚输出脉冲占空比约为十分之一，振频约为 5kHz，这是出于降低触发功耗的考虑。从此也可以看出，本电路晶闸管触发方式为开通式控制，而非常规意义上的移相控制。

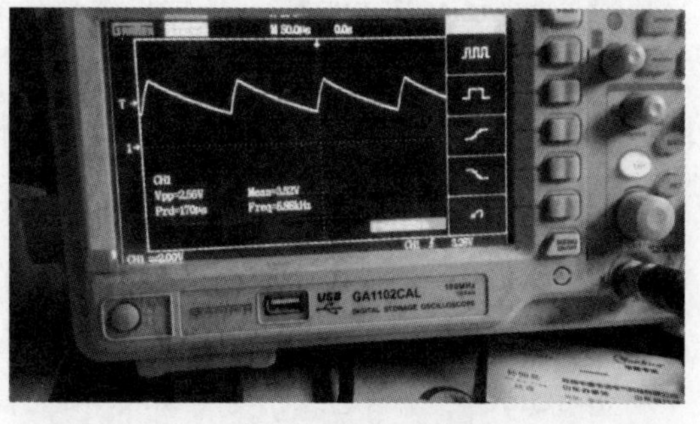

图 3-9 U3 的 2、6 脚串联的 C14 充、放电形成的三角波（见彩图）

图 3-9 为 U3 的 2、6 脚串联的 C14 充、放电形成的三角波（时钟脉冲）。图 3-10 为 U3 的 3 脚输出的矩形波。图 3-11 为脉冲板在脉冲端子开路（未连接晶闸管）时的输出波形图。

图 3-10 U2 的 3 脚输出的矩形波（见彩图）

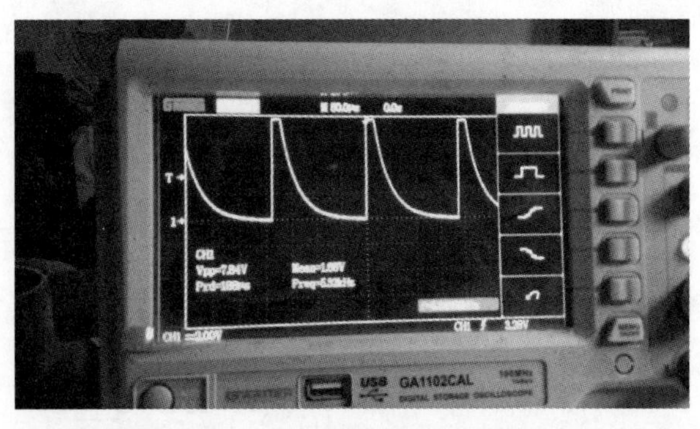

图 3-11 脉冲端子开路时的输出波形图（见彩图）

U3 输出的脉冲经绝缘栅场效应器件 M1 放大，驱动三个脉冲变压器，整流后由 JP1 等端子将脉冲输送至主电路晶闸管的控制端。该电路板可独立进行检修，在 JP5 端子上电 18 ~ 24V DC 均可，可以直接在脉冲端子如 G6、K6 两端测试脉冲波形或电压，采用直流电压挡测得信号电压约为 1.5V。

需要提示的是，如测量所有驱动电路一样，仅仅测量波形和电压是不够的，更应该用直流电流挡串联限流电路，测试其输出电流，一般为数毫安至数十毫安级。既有电压又有电流输出，这才确定电路正常。

故障分析和检修 本例故障，为如图 3-8 所示控制板电路上电，测得 U3 芯片供电电压仅为 6V 左右，三端稳压器 BD15D 输入侧 24V 正常，手摸三端稳压器并未感到温升，排除负载电路的问题，判断为三端稳压器本身损坏。用 7815 稳压器替代后，上电测得脉冲端子波形正常，故障排除。

实例 8

送修变频器启动报欠电压或面板闪烁（显示 88888）

故障分析和检修 故障报警显然和启动动作有关，或者和启动后产生动作的电路有关。将可能的故障进行梳理：

① 驱动电路。启动后开始工作，产生脉冲信号。若芯片输出级（或末级功率放大电路）下管已经短路，停机状态（下管本在通态）不显示故障。启动之际，上、下管共通形成供电电源短路故障，引发如题故障现象。

② 散热风扇。若已在参数中设定“启动后运转”，停机状态无影响，启动之际，坏掉的风扇得到供电后引发如题故障现象。

③ IGBT 本身漏电或击穿。如 U 相上臂 IGBT 已经损坏，则下臂运行信号的给出，造成直流母线电源短路，也会引发如题故障现象，有时可能会报 OC 故障，还可能会炸掉 IGBT。

本例故障，测 IGBT 逆变电路，发现 W 相 IGBT 已经严重漏电损坏，更换 IGBT 模块后故障排除。

一个故障报警或故障动作，可能牵扯几个方面的问题，需要检修时思路明晰，并依据先易后难的原则，快速确定故障区域并找出故障器件。

实例 9

供电电压低时，不报故障，但拒绝运行

故障分析和检修 JR8000 变频器，上电显示正常，能调参数，但无论改为面板控制或端子控制，皆无反应，细看直流母线供电电压，为 400V。原来是供电不足所致。调高供电电压，操控正常。

供电电压低时，不报欠电压故障，但拒绝运行。

如果直流电压检测异常，也会有这种表现。此时查看直流母线电压，可快速确定故障原因。

实例 10

ABB-ACS800 型 75kW 变频器上电后面板不亮，也不接收操作信号

故障分析和检修 该机的预充电电路如图 3-12 所示。VD802、VD803、VD804 等二极管和 27Ω 电阻整流、限流，为电容充电。开关电源工作后，三个 SCR 得到开通信号，进入正常待机状态。

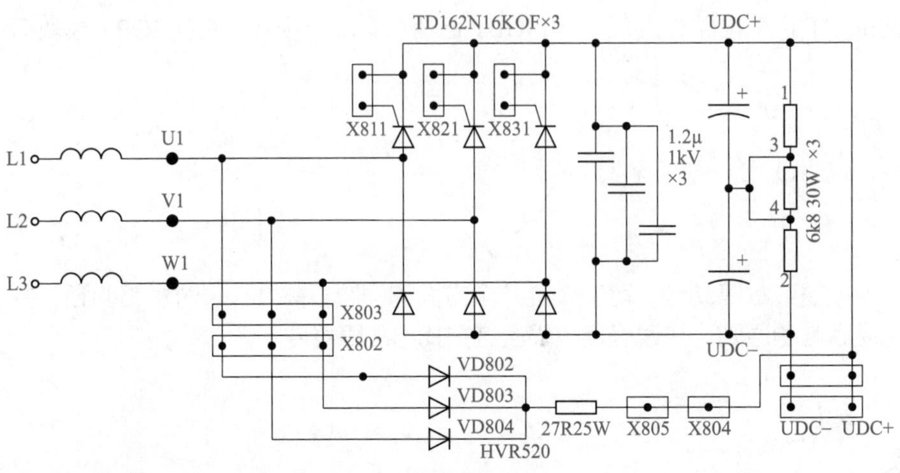

图 3-12 ABB-ACS800 型 75kW 变频器预充电电路

测三相电源输入端子 L1、L2、L3 与 UDC+ 和 UDC− 端子之间的正、反向电阻值，发现 L1、L2、L3 与 UDC+ 端子之间正、反向均不通，检查发现预充电电路中 27Ω25W 电阻断路，代换后故障排除。

实例 11

启动变频器后烧照明灯及电脑

故障表现和诊断 带载启动 15kW 变频器，当运行频率升至 30Hz 以上时，同一供电线路的照明灯、电脑、洗衣机等，大部分被烧毁。测量此时的 380V 供电电压，发现由正常值升高至约 500V，当然同一供电支路的 220V 市电电压也有了相应升高。

故障分析和检修 拆回变频器检修，没有发现故障问题。接入 3.7kW 小功率电机试机，也运行正常。检测发现电容容量正常，将相关电路全部检测了一遍，未发现问题所在。返回工作现场试机，同时监测电源电压，确定是变频器的运行导致了电网电压升高。

拆回再度检修，仍未发现问题。偶用 ESR 内阻表，测量储能电容的内阻时，发现两个 3900μF 串联电容中的一个，其内阻高达 8Ω 以上。换电容后试机正常。

变频器的主电路结构，如图 3-13 所示，大致可分为 5 个部分。储能电容 C01 和 C02 为中间环节，起到整流后的滤波和储能作用，并在一定程度上保障逆变电路供电的电压稳定。

该电容容量正常，而且带载尚可，未出现运行欠电压的报警现象。笔者原来一直认为储能电容工作于低频脉动直流环境，小的内阻并不影响其充、放电性能。而且测试过多例储能电容内阻，未碰上过其内阻变大的实例。

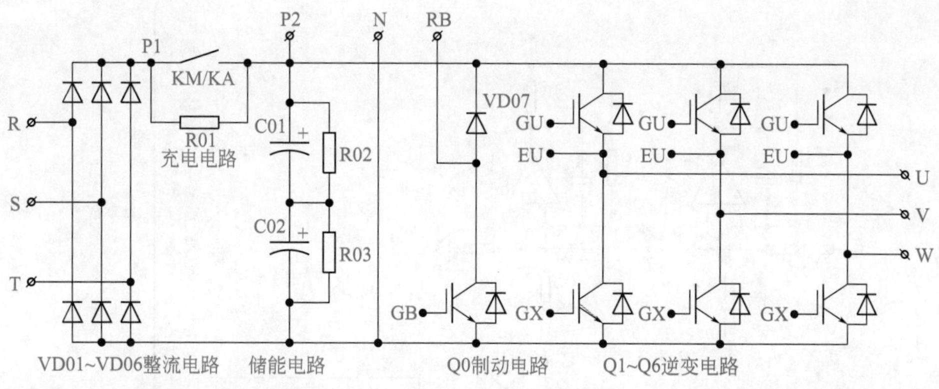

图 3-13　变频器主电路结构图

将两个串联 3900μF 电容等效为一个 2000μF 电容，当其内阻增大为 8Ω 时，其积分时间常数约为 16ms。据 1F×1Ω ≈ 1s，1000μF×1Ω ≈ 1ms。300Hz 的脉动直流，其周期约为 3.3ms。本例时间常数已达 16ms，确实是问题的症结。

对储能电容也有必要测量其交流内阻。

问题是：为何储能电容内阻变大，会使变频器成为一台可怕的发电机，使供电侧电压大幅度升高呢？其机理为何？

实例 12

普传 PI160 型 1.5kW 变频器驱动和逆变等电路故障

故障表现和诊断　变频器功率模块损坏，往往使其驱动电路和电源部分引入强电压冲击，造成故障，所以应在将模块外围电路故障全面排除后，再代换功率模块。

电路构成　普传 PI160 型 1.5kW 变频器功率模块及外围电路如图 3-14 所示。图中包含了驱动电路、逆变电路、制动电路和输出电流检测电路。可以看出，功率模块为 IPM 器件，内含驱动电路，因而外围脉冲传输电路相对简单，仅采用开路集电极输出型光耦 M453，起到传递信号的作用。

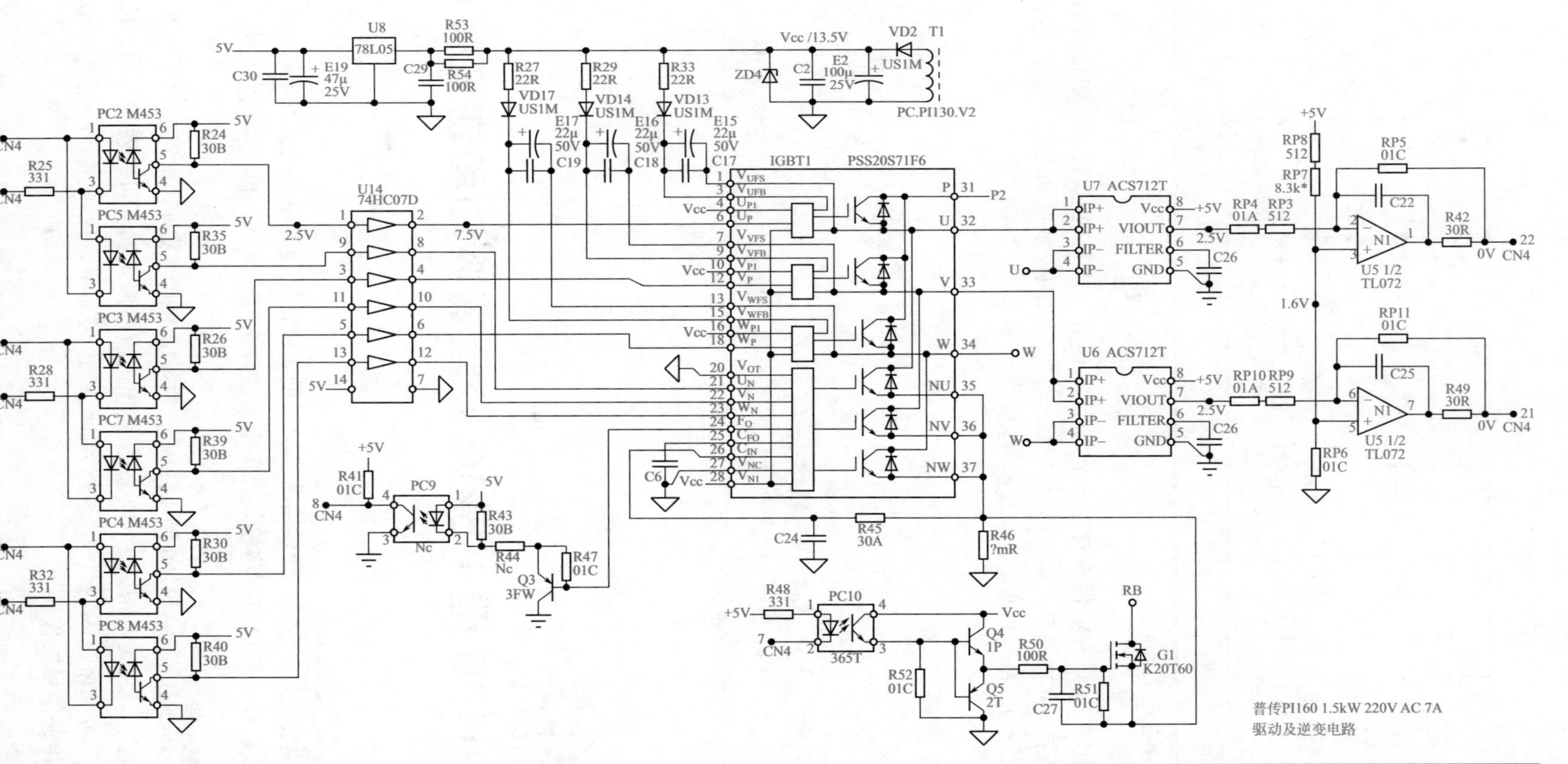

图 3-14 普传 PI160 型 1.5kW 变频器驱动和逆变等电路

故障分析和检修 电路绘制过程中发现 U14 为 CD4066AG3，但是从供电特点和信号正常传输角度来考虑，U14 更适合采用 74HC07D（开路集电极输出的同相驱动门）类型的器件，将输入的 0V/5V 电平脉冲信号转换成 0V/15V 的电平脉冲信号，实现输入、输出电平的自然位移。故在检修中果断换为 74HC07D，从而将驱动电路的故障修复。

下面简述检修方法：

1. U6、U7 线性光耦损坏后的故障屏蔽

当 IPM（IGBT1）模块损坏时，所造成的冲击往往导致 U6、U7 器件同步损坏，上电即报电流检测故障。由 U6、U7 等元器件构成的 U、V 相输出电流检测前级电路如图 3-15 所示。

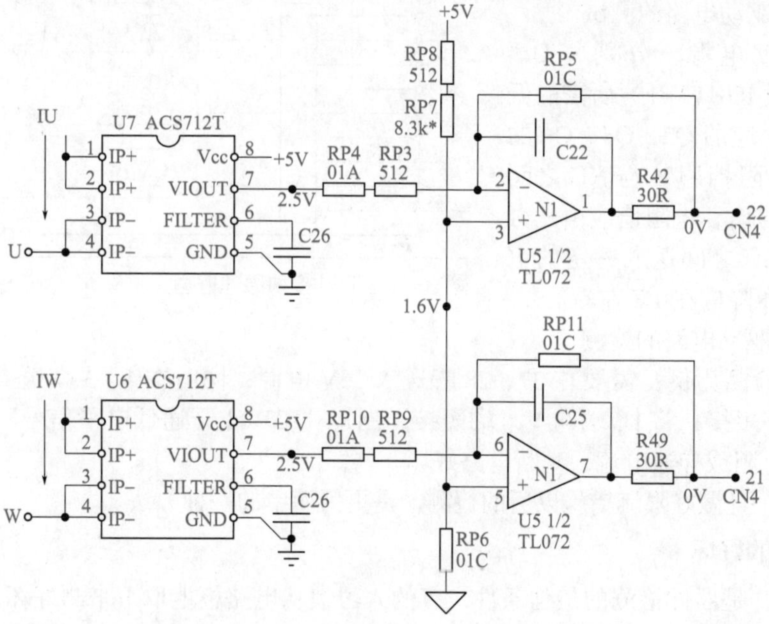

图 3-15 U、V 相输出电流检测前级电路

U6、U7 芯片资料网上可以查到，但基本上全是外文的，它的静态输出电压值、动态范围，从资料中很难一下子看出（查资料仅知引脚功能足矣）。直接上电测一下，测得 IP+、IP– 输入端已呈开路状态，两芯片输出端 7 脚对地的电压不等，判断都已坏掉，故将两芯片拆除。

根据经验，此类线性光耦的静态（与动态）输出直流电压值一般为 2.5V 或 1.25V（显然 2.5V 是针对 +5V 供电系统设置的，如果针对 +3.3V 供电系统，1.6V 也应考虑），屏蔽故障的方法是在 U6、U7 芯片的原输出端试加 2.5V 电压（或 1.25V、1.6V 电压，也可以加 0 ~ 5V 以内的可调电压），观察变频器能否消除报警并能正常启动运行。

暂将两芯片的 7 脚焊盘引线短接，与地之间施加 2.5V 直流电压，此时测得 U5 的两输出信号电压约变为 0V，报警消除，可以启动运行。由此判断 U6、U7 的静态正常电压值应为 2.5V。已知 U5 输出端 0V 电压是正常状态，那么当其反相输入端悬空时（此时电路变身为电压跟随器），可以有更简易的屏蔽方法：将 RP6 短接，使输出端电压变为 0V 即可。

2. 单独离线检测 IGBT1

相比于普通 IGBT 功率模块，IPM 器件的离线检测要麻烦得多，如图 3-16 所示，检测 Q2、Q4、Q6 等下桥臂逆变电路和内部驱动电路的好坏，还方便一点，而检测 Q1、Q3、Q5

及驱动电路的好坏，就需要较多引线了。

检测IPM的难点在于需要先给内部驱动电路提供电源和信号条件，才能进而检测内部IGBT1的好坏。那么其内部驱动电路的供电电压应该在多少伏合适呢？是未知还是可知呢？当然首先可以由测试线路板上的供电电源电压来确定，其次该电压值也几乎是可知的：所有IGBT器件驱动电路或驱动脉冲信号的幅度，在15V左右刚好合适（从其控制特性可知）。

（1）下桥臂IGBT1及驱动电路的测试

在27、28脚引入15V电源，分别将U_N、V_N、W_N与V_{N1}短接（形成IGBT1开通所需的低电平信号），同时检测相对应的Q2、Q4、Q6的开通状态。如用万用表电阻挡测U与NU之间的电阻值，当输入开通信号时，电阻值应由无穷大变为很小；或在U与NU之间送入一定的恒定电流，观察开通后的电压降应在1V左右。

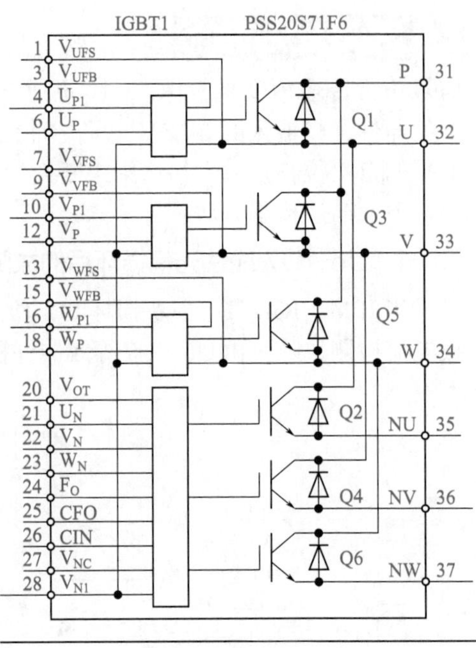

图3-16 IPM模块原理框图

（2）上桥臂IGBT1及驱动电路的检测

以Q1及驱动电路的检测为例：需要在27、28脚送入15V电源；同时在1、3脚送入15V电源；将4脚与28脚短接；将U_P端与V_{NC}端短接，制造“IGBT1开通低电平信号”；检测P、U端之间的导通电阻或导通电流，判断电路好坏。

除此之外，模块在线，且做好限流措施以后的检测，是更为简单的一种方法。

3. 在线检测IGBT1的好坏

笔者认为，在线上电，是器件检测的最佳条件，有的人习惯从电路板上取下来测好坏，把简单的事情变得复杂，器件连线、供电、信号传输等非常麻烦。

开关电源上电，使IGBT1具备工作电源，各种信号回路也无须另引线，检测方法如下。

① 若P、N端（直流线端，即逆变电路供电端）同时具备500V DC，以Q1开通电路为例，可在U、P端挂接220V100W串联灯泡两只（其意是监测Q1的通、断状态，Q1作为串联灯泡的电源开关），此时6脚与供电地短接，如果灯泡能够正常点亮，则说明Q1及驱动电路是好的。

② 此时若P、N端（直流线端，即逆变电路供电端）与500V DC供电呈现脱离状态，则在送入开通信号时，检测P、U端电阻或电流（在P、U端接可调恒流电源）的变化，来明确判断其好坏。

4. 在线检测由PC2、U14等构成的脉冲传输电路（见图3-17）的好坏（当IGBT1拆除后）

再次说明，任何驱动电路，都可以在线、上电单独检测其好坏；变频器电路上的任何信号，都可以用直流电压或直流电流信号来取代，从而满足检修要求，不一定非得取用原机MCU/DSP主板上送来的脉冲信号，也不一定非得用所谓的脉冲信号发生器。光耦输入信号的要点是输入侧发光电流（一定条件下，无须关注其非固定值的信号电压）值一般约为10mA，在7～15mA以内，都可以使输出端三极管开通良好而不致损坏光耦器件。

上述表明，检测方法变得非常简单。

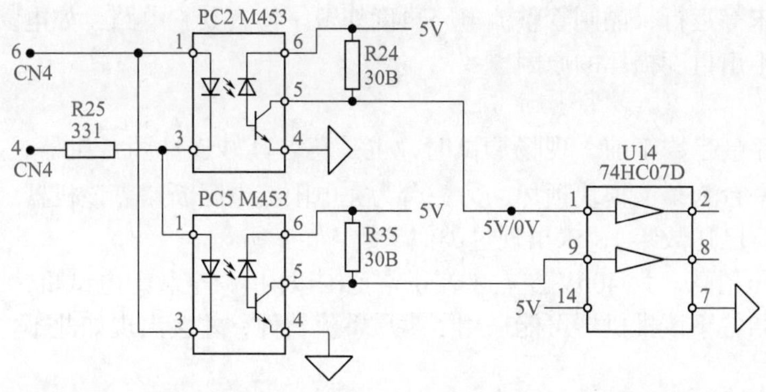

图3-17　脉冲传输电路

① 在PC2的1、3脚送入10mA恒流电流，用万用表电阻挡测量U14的2、7脚（用数字表200kΩ挡，红笔接2脚，黑笔接7脚），在未送入电流信号前，其电阻值接近无穷大，送入信号后其电阻值接近0Ω。有正常变化，说明PC2、U14都是好的。

② 异常时，单独检测U14。U14的1脚应为5V，短接1、7脚，2脚和地之间电阻无变化，说明U14损坏。

③ 异常时，单独检测PC2。1、3脚空置时，5、6脚电压差为5V；当1、3脚送入10mA电流信号时，5、6脚变为0V（应低于0.5V）。说明PC2是好的。

5．脉冲传输电路和IGBT1的整体检测（图3-14），只将上述3、4两种方法步骤合起来即可，不再赘述

本例故障，IPM模块的损坏，带来了线性光耦合器U6、U7的连带性损坏，将U6、U7代换后，IPM外围电路全部恢复正常。焊上新的IPM模块，试机运行正常。

IPM模块损坏以后，在代换之前，对其外围电路均全面检查，并在排除故障后再安装IPM模块。只考虑故障处的检修，往往会因模块外围尚存在故障，造成IPM模块的再度损坏。

实例13

上电时机不适宜造成修复完毕的变频器再次损坏

故障表现和诊断　一台中达30kW中功率机型变频器，采用晶闸管半控桥作为输入整流电路，兼有电容充电开关的作用。半控整流桥损坏，检查修复触发控制电路，并代换半控整流桥后，又做了详尽检查，确定已无问题，在家上电带载试机正常。

去生产现场试机，一上电还未等运行，晶闸管整流电路再度炸毁。检查其它电路，如电容、逆变电路等，均无异常，找不出再度损坏的原因。

故障分析和检修 笔者想起数年前，现场调试时，也是莫名其妙连炸两台机器，都是合闸上电后即行烧毁，检查一台为整流模块损坏，另一台为充电限流电阻断路。该机器在别处安装量已经不少（有的运行已达数年），未出现过类似事故。

事后分析，现场三相电源电压稍高，为400V左右（在正常范围以内），空载上电试机，也没有发现炸毁因由。只得把此归咎于该批机器可能采用了劣质整流器件，才会出现如此不该有的损坏。

后来冷静思考，该批机器进货量不少，安装在别处的相同功率的机型也有几十台，从未有此类现象发生，如果单纯归咎于采用了劣质器件，也有点讲不通。那么炸机原因究竟是什么？

今天似乎已经找到了答案。此款机器的用户是一个生产单位，电机数量多，供电变压器容量为500kV·A以上。而试机时，正值星期天，各条生产线全停，这就造成了500kV·A电源变压器为一台30kW变频器单独供电的状况。当电源和负载容量相差悬殊时，电网谐波分量剧增，再加上整流器件的非线性，在变频器内部元件中，二者合成浪涌电流冲击，首当其冲的是整流模块和充电电阻。

如果试机是在供电变压器已大部带载的情况下就毫无问题，试机后自然交付使用。再或者，该台变频器串入了三相电抗器（具有抑制电流冲击的作用），也不会轻易造成整流模块的损坏。

两次故障正好碰到了同一个问题，即变频器上电时机不适宜。

由此想到变频器配用的输入电抗器，其抵抗电流浪涌的作用，也许能在不适宜的上电时机里，预防变频器的意外损坏。

解决方案：

① 为变频器配备输入电抗器，以减轻上电冲击。

② 大部分生产线开动以后，再为变频器上电。

上电时机不适宜会造成变频器损坏。即使已经修复，也会上电炸机。故检修者对维修机的安装试机，也要选准时机，以避免产生不应有的损失。

实例 14

中达 VFD-B 型 22kW 变频器带载报欠电压故障

故障表现和诊断 一台中达VFD-B型22kW变频器，启动中报欠电压故障。在线测半控桥整流电路中3个SCR器件G、K极间电压（正常时交流电压挡约为0.6V），测得三路电压值不等，在线测晶闸管无异常。由此判断晶闸管控制电路异常。

电路构成

中达 VFD-B 型 22kW 变频器主电路及晶闸管驱动电路，如图 3-18 所示。

时基电路 DU2（印字 1455B，可代换芯片 NE555）和外围电路构成振荡频率约为 5kHz 的脉冲发生电路，由隔离二极管 DVD27、DVD28 实现 DC42 的独立充、放电，故该电路输出脉冲占空比约为 10% 以下。晶闸管的触发端子要得到开通脉冲，需具备以下三个条件：

① 主电路储能电容充电过程基本结束，开关电源已经开始工作；

② 以 DU2 为核心的脉冲发生电路能正常工作。

③ 由 MCU 主板送来的晶闸管开通控制信号能被送至光耦合器 DPH7 的输入侧。

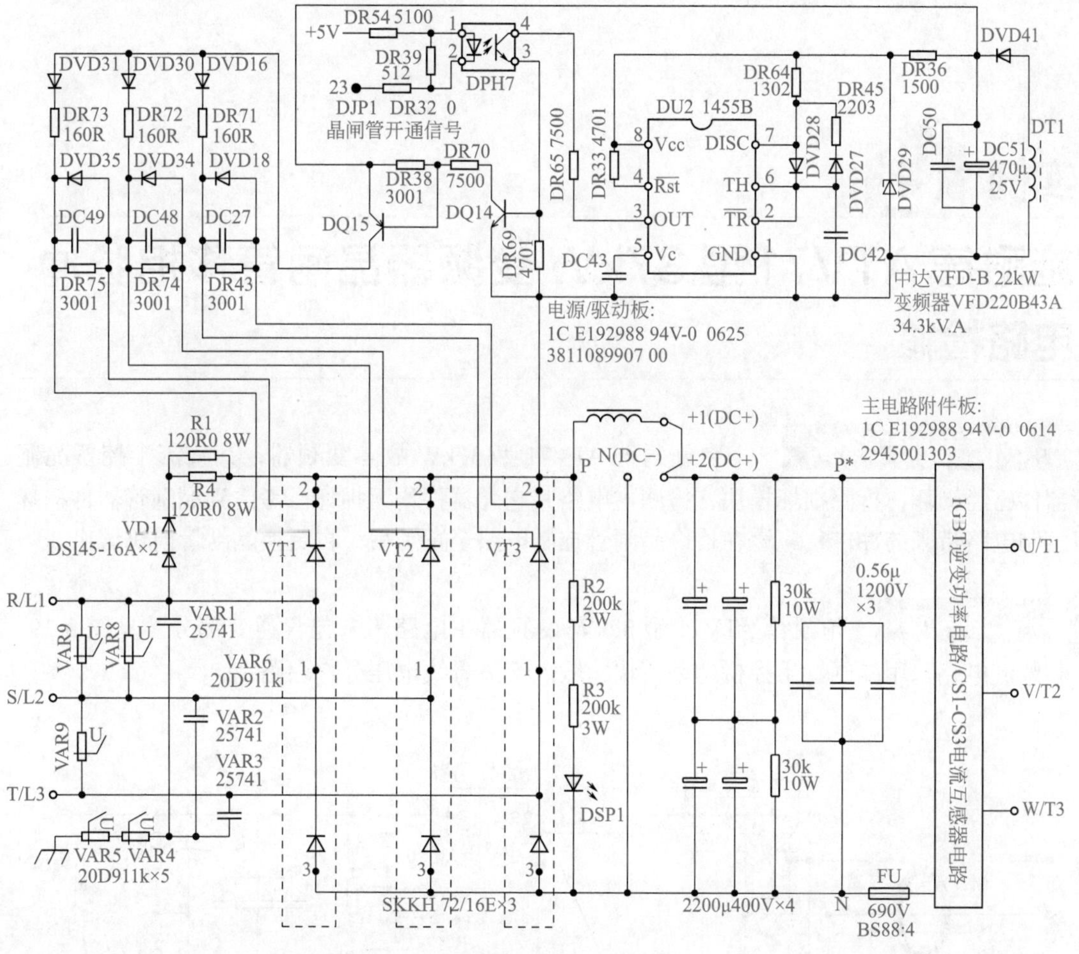

图 3-18 中达 VFD-B 型 22kW 变频器主电路及晶闸管驱动电路

故障分析和检修

上电测得供电电源电压约为 7V（正常为 8V），测得振荡芯片的供电端 8、1 脚供电电压为 0V，DR36 有过热痕迹。检测到稳压二极管 DVD29 短路，代换好的稳压二极管，拆下晶闸管模块后，测得脉冲端子电压一路为 7V 左右，另两路中一路为 0V，一路为 3V 左右，另检测到电阻 DR71 断路，DR72 阻值变大。

测得DU2输出端3脚脉冲信号正常，脉冲端子却为7V直流电压，检测到三极管DQ14的集电极与发射极间击穿短路。代换以上损坏元件后，晶闸管控制端子上三路出现正常脉冲信号。

装机带载试运行，不再报欠电压故障，故障排除。

根据经验，采用晶闸管器件构成的三相整流电路，出现运行中欠电压报警的情况，多为晶闸管控制驱动电路异常所致。此脉冲信号一定要有一定的功率输出能力，才能保障晶闸管器件的良好开通。

实例15

施耐德ATV71型37kW变频器晶闸管移相脉冲电路检修

故障表现和诊断 一台施耐德ATV71型37kW故障变频器，其整流半控桥晶闸管器件已经损坏，拆除损坏模块，检测主电路其它元器件均无损坏。考虑到晶闸管器件损坏对控制电路带来的冲击，应该在检修晶闸管控制电路至正常后，再更换晶闸管模块试机。

电路构成 施耐德ATV71型37kW变频器主电路（未包含逆变部分）见图3-19。三相整流电路采用晶闸管半控桥功率模块，输入交流母线电压分作两路：

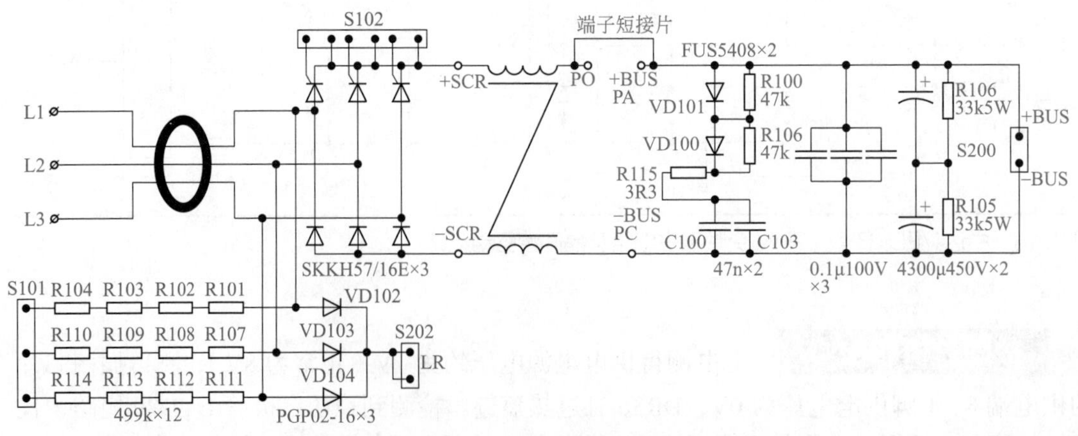

图3-19 施耐德ATV71型37kW变频器主电路（未包含逆变部分）

① 经电阻衰减网络由 S101 端子、采样电网（电压过零）同步信号至晶闸管控制电路。

② 由 VD102、VD103、VD104 和半控桥内 3 个二极管构成三相桥式整流供开关电源电路，作为开关电源电路的“暂用供电”。

如图 3-20 所示，施耐德 ATV71 型 37kW 变频器主电路晶闸管控制电路是一个相对独立的 MCU 系统。国外机型设计者出于系统工作速度和性能的考虑，更习惯采用多单片机（MCU）结构来构成整机控制电路，如本机电路中晶闸管器件的控制电路即采用 MCU1 完成移相触发脉冲的生成，IGBT 逆变电路所需 6 路脉冲及相关保护功能由 MCU2 来生成，系统控制则由 MCU3 来担任，是三个子系统的结构，各 MCU 之间由高速光耦合器进行通信联络。

为形成靠谱的检修思路，先对图 3-20 中电路的各部分作用与原理进行简要分析。

① 供电电源电路。滤波电容 C230 两端为开关电源输出的 24V 直流工作电源，供给末级功率放大电路（完成对晶闸管移相触发脉冲的功率放大）；同时经 IC202（5V 三端稳压器）处理，得到 5V 电源，提供 IC103（MCU 器件）的工作电源。

② 电网同步信号采样电路。端子 S101 前后电阻分压网络，IC101-1、IC101-2、IC101-3 脉冲整理（电平位移处理，MCU 不允许输入负电压信号）电路，形成电网同步采样信号，送入 MCU 的 43、42、41 脚。

③ 从端子 S200 取得的直流母线电压，经 IC101-4 差分放大（衰减）器处理，得到直流母线电压采样信号，送至 MCU 的 45 脚。

④ IC105、IC101-1 等器件及晶振元件 OSC100，再加上 5V 电源条件，构成 MCU 工作三要素，提供 MCU 的基本工作条件。

⑤ 高速光耦合器 PC102、PC104 是子系统和主系统 MCU 之间的“通讯兵”，负责传输一来一去的串行数据——应答信号。

⑥ 脉冲功率放大电路。MCU 的 11、12、13 脚输出的移相触发脉冲信号，经由 Q101、Q102 和 Q104 及外围元件构成的功率放大电路处理，由端子 S102 输送至主电路晶闸管的控制端。

故障分析和检修 此系统比之由单片 MCU 构成的系统，表面看是增加了复杂程度，但从检修角度来说，恰恰可以根据 MCU 系统“各自为政”的布局，对各个 MCU 子系统进行独立检修，因而是获得了更大的检修自由。

检修一个相对独立的系统电路，大致可依据下述三个原则：

① 提供系统工作电源。

② 满足系统检测条件。

③ 检测系统工作状态正常。

下面详述图 3-20 中各电路单独上电检修的过程。

① 在 C230 两端上电 24V DC，测 MCU 供电 5V 端电压是否正常，同时观察工作电流，判断有无过载故障。若不正常，检测三端稳压器工作状态，保障MCU能得到正常工作电源。

② 将电网同步信号输入端子 S101 三根输入线短接，施加 2V50Hz 交流电压信号（可由 220V 变 10V 小型变压器处理取得），即“制作电网同步采样信号”。

③ 将光耦 PC102 的 5、6 脚短接，以得到主系统 MCU 送来的“开始工作指令”。

④ 以上供电与检测条件都具备后，可在 S102 端子上测得电路输出的 3 路移相触发脉冲信号。直流电压值约为 0.6V，波形占空比约为 5%，峰值为 24V，载波频率为 4kHz 左右。

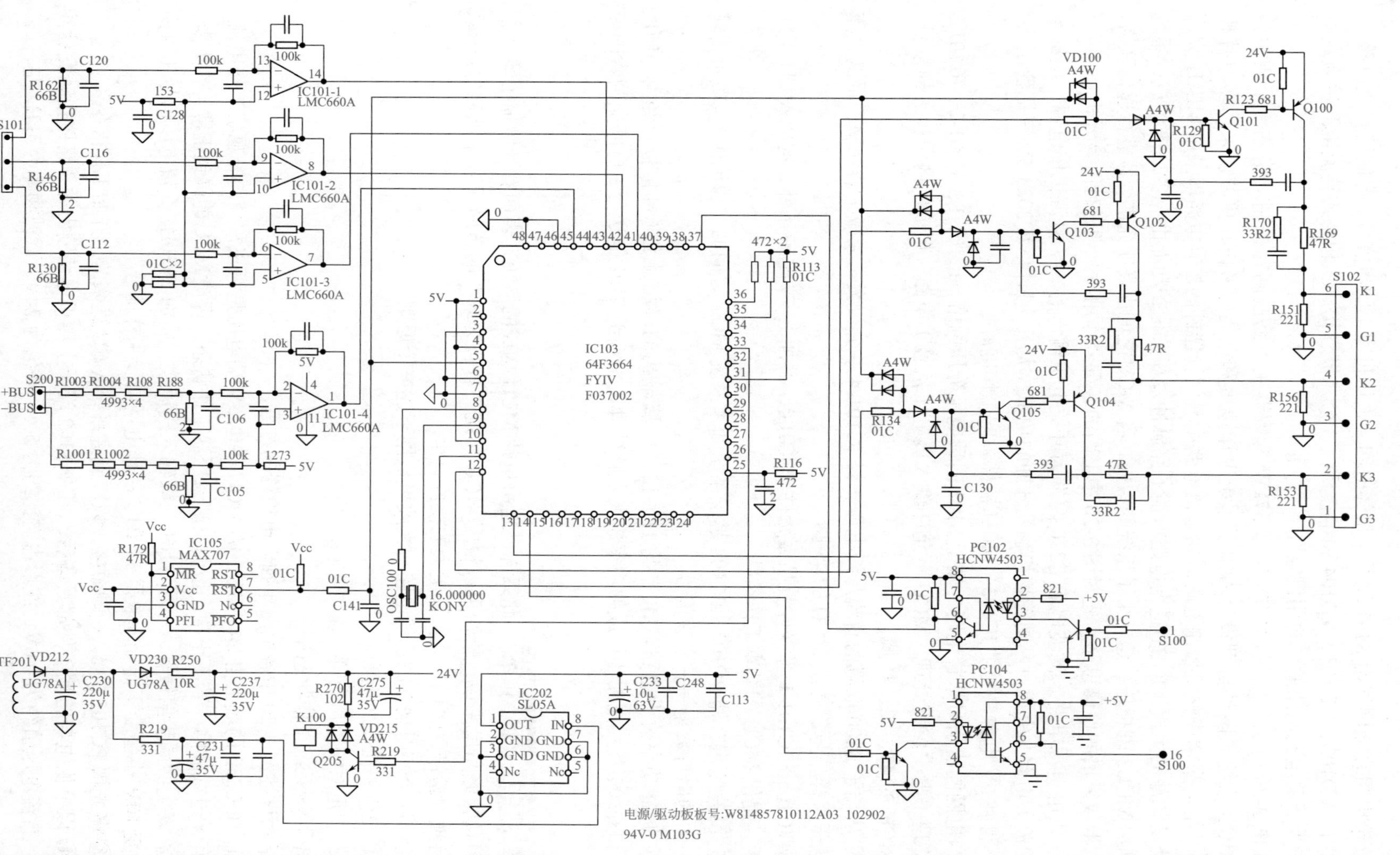

图 3-20 施耐德 ATV71 型 37kW 变频器主电路晶闸管控制电路

若 S102 端子的 3 路脉冲电压均无，查 MCU 工作条件电路、电网同步信号采样电路是否正常。

若测得 S102 端子脉冲哪怕只有一路是正常的，则系统工作基本正常，故障在脉冲功率放大级电路。

本例故障，测得 K2、G2 脉冲正常，另两路脉冲电压为 0V。继而检测到晶体管 Q100、Q104 及其集电极串联的 47Ω 电阻断路，代换坏的元件后，上电测得 S102 端子的 3 路脉冲信号均变为正常。

装机上电试运行正常，故障排除。

每个 MCU 子系统可作为一个电路单元，在满足供电和检测条件下，可以单独进行故障检测与修复。

实例 16

示波器检测脉冲信号为直线，居然是正常信号

故障分析和检修 一台 ALPHA3300 型 55kW 机器，主电路 SCR 器件损坏，检修其晶闸管脉冲板，并从脉冲端子测量脉冲信号。用示波器检测到波形为一直线，电压值为 24V，显示无输出脉冲。

端子输出的脉冲信号是经脉冲变压器隔离后输出的，其电路原理请参阅图 3-8 正弦 EM303A 型 22kW 变频器晶闸管控制板电路，脉冲变压器不可能传输直流电压。在脉冲端子两端并联 50Ω 负载电阻后，测得电压为 4.5V 左右，用示波器测量有了矩形脉冲波形。

单独检测脉冲板时，因与 SCR 器件脱离致使端子悬空，故图 3-21 电路恰恰形成脉冲转变为直流电压的整流滤波电路。此时在 G1、K1 端并联负载电阻后，直流电压才又变回脉冲波形。检修者应当注意，空载下的测量结果变成假相时，带载才能使真相显露。

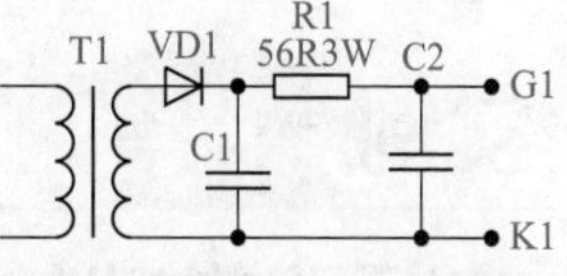

图 3-21 单独检测脉冲板时因端子悬空会导致测量误差示意图

实例 17

一台 ABB-ACS510 型 2.2kW 机器修复后再次炸机

故障分析和检修 一台 ABB-ACS510 型 2.2kW 机器，其模块炸掉。检测到驱动 A5 芯片及 VD27 短路，修复驱动电路后，未进行其它方面的细致检测（见图 3-22）。由于装机运行时再次发生炸机，导致返修。

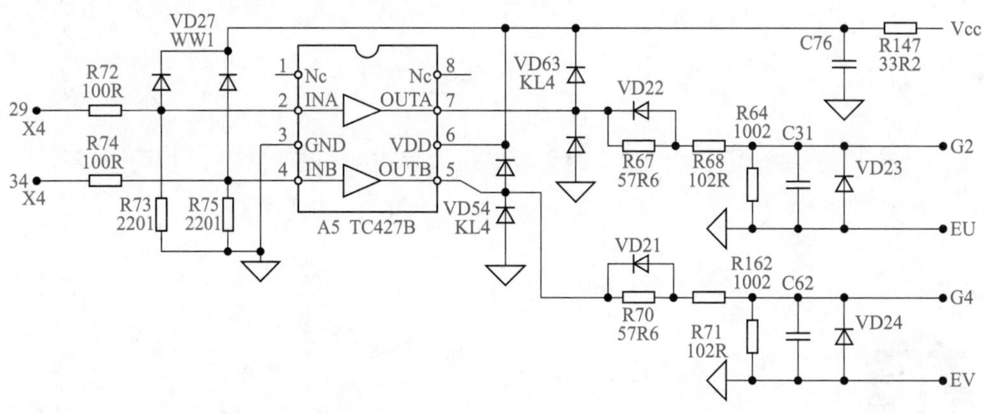

图 3-22 U 相、V 相下臂驱动电路图

重复了第一次的检修内容，并修复。

检查主电路的储能电容，规格为 560μF 400V，外观无变形和喷液现象，在线用 ESR 内阻表测得电容内阻达几十欧姆，拆下测得其容量为几微法。代换损坏电容后整机工作恢复正常。

在线测量储能电容电容量，因外电路影响而无法获得准确的电容值。但当其失容时，往往表现为内阻变大，因而可采用 ESR 内阻测量法，在线判断其是否正常。另外，出现 IGBT 模块炸机故障，不能忽略对主电路储能电容的检查。往往电容失效在前，模块炸机随后，这样的因果关系所致故障概率较大。

实例 18

变频器带载输出偏相故障的判断方法

故障分析和检修 富士电梯变频器，驱动和模块检测正常，而带载后电机运转无力，是什么原因？

采用带载运行时测量U、V、W端对P、N端之间直流电压差的方法，测得偏差较大，果断代换IPM模块试验，故障排除。

带载运行时测量U、V、W对P、N之间电压差的方法，是个好方法，能确切测量得知模块的好坏。采用这个方法，也可由此锁定驱动电路故障所在。

实例19

日立SJ300型22kW变频器负载率50%以上运行中报欠电压故障

故障分析和检修 空载或轻载运行正常，当负载率50%以上时，报欠电压故障停机，复位再运行时，面板不亮，并检测到限流充电电阻R01已烧断。据故障现象分析，故障点基本上锁定于主电路储能电容不良、SCR晶闸管模块不良和SCR控制电路不良等三个环节上。

SCR晶闸管模块和储能电容均可在不拆机状态下，由导通管压降和容量检测来判断好坏。经过检测排除这两个环节。

SCR控制电路是结构简易的触发电路形式，如图3-23所示。在线为PSCR光耦合器送入开通信号后，测得3、4脚导通电阻值大于1kΩ，判断其低效劣化，使SCR01开通电流不足，呈现电阻特性，因而造成运行中充电电阻R01压降变大而过热烧毁，同时报欠电压停机的故障。

代换限流充电电阻R01和PSCR光耦合器后，上电带载试机，运行正常。

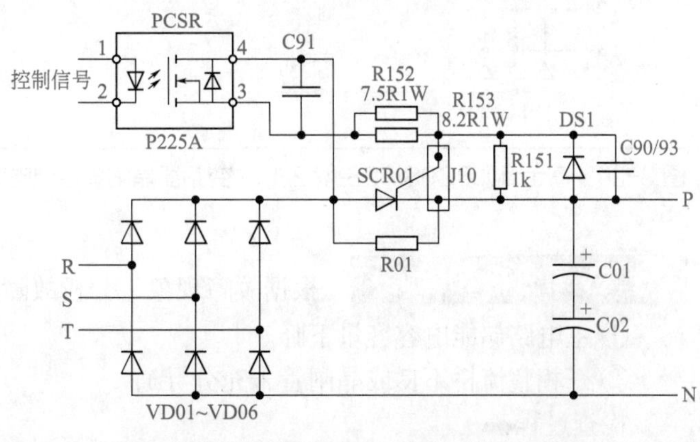

图3-23 日立SJ300型22kW变频器SCR控制电路

晶闸管为电流开通控制器件，检修中要注意对驱动电路提供电流能力的检查。

实例 20

富士 5000G9S/P9S 型变频器加载运行中报欠电压故障

故障表现和诊断 轻载（30Hz 以下，运行电流 25A）运行正常，加载后报欠电压故障，停机保护。该机器因此故障先后外修过两次，仍未修复。

开机检测，发现主电路无充电接触器等相关元件，经测量确认，整流模块 PCV300A-16M 内含三相整流桥、单向晶闸管及开关电源的开关管等元件，结构上较为特殊。其晶闸管控制电路如图 3-24 所示。

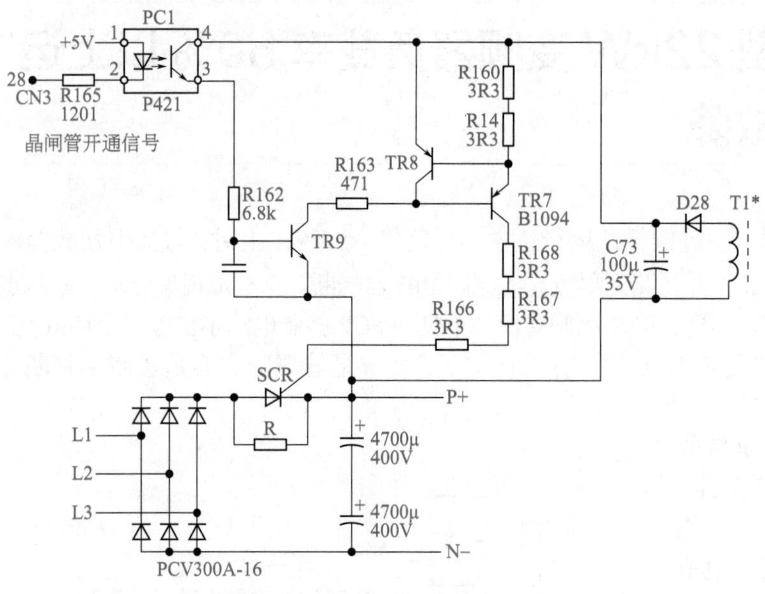

图 3-24　富士 5000G9S/P9S 型 22kW 变频器晶闸管控制电路图

故障分析和检修 根据故障现象，分析故障原因如下。

① 主电路储能电容容量下降。

② 三相整流桥不良或晶闸管未充分导通。

检查过程：

① 先用电容表测量主电路的两个储能滤波电容，其容量皆为 4400μF，尚在正常范围以内。

② 其次用恒流源给定测试电压 9V、恒定电流 3A，测得晶闸管器件的导通电压降在 1V 以下，且触发与保持（导通）性能良好。

③ 进一步分析判断故障根源可能为晶闸管控制电路异常，如不能提供足够的触发功率（晶闸管同晶体三极管一样，属于电流控制器件）。实际上，该电路对晶闸管的控制，谈不上触发，而是在主电路电容充满电以后，施加直流控制信号，使晶闸管可靠开通，此处晶闸管

仅起到无触点开关的作用。

图 3-23 中晶闸管开通控制电流的大小，取决于晶体管 TR7 的 I_b/I_c 值，取决于 TR9 的 I_c 大小，在线测量 R163（印字为 471，即 470Ω）的电阻值，变为 868Ω，说明该电阻已经损坏。用 330Ω 代换后，接入 45kW 风机试机，调速使运行电流达 40A 左右，试运行 10min，未再报欠电压故障，证实故障排除。

R163 阻值变大后，运行中晶闸管的触发功率不足，导通电阻增大，运行电流在晶闸管上造成过大的电压降，引发欠电压报警。

小结

所谓非换板以外的芯片级检修，就是要落实到每个贴片电阻、电容元件的好坏上。

实例 21 ABB-ACS800 型 75kW 变频器运行时显示 3220 故障代码

故障表现和诊断 查使用手册，故障代码含义为“中间电路直流回路电压不足”，即为运行中直流欠电压故障。涉及故障原因：

① 直流母线储能电容的“容量缩水”，因其电解液干涸或其它原因导致的失效等。

② 三相输入电源的半控桥即晶闸管器件因控制电路故障导通不良，或三路中其中一路或两路未导通，形成输入电源缺相局面，导致直流回路电压低。

③ 相关直流电压检测电路有故障，产生错误的报警信号。

④ 外部原因所导致，如输入电源缺相、输出电源电压严重偏低等。

电路构成 本机的主电路、输入电压三相半控整流桥电路和控制电路如图 3-25、图 3-26 所示。每相整流电路采用半控桥器件，即采用单只整流二极管和单只晶闸管模块 3 个。上电期间，由半控桥下三桥臂 3 个整流二极管和 VD802、VD803、VD804“暂时”构成三相桥式整流电路，经 27Ω 25W 电阻限流，为直流母线储能电容充电，从而形成开关电源的“暂时供电”。

开关电源工作以后，当检测到 UDC+、UDC− 直流母线回路电压正常，并且无其它故障信号存在时，MCU 发送一个“晶闸管开启信号”，图 3-25 中的晶体三极管 VT801 导通，继电器 K811、K821、K831 同时动作，其常开触点接通图 3-24 中由 VD831、ZDD833、VD832 等元器件构成的晶闸管强触发电路。半控桥臂中的 3 个晶闸管器件，在承受正向电压期间，一直处于强触发安全导通状态，从而完成待机准备。

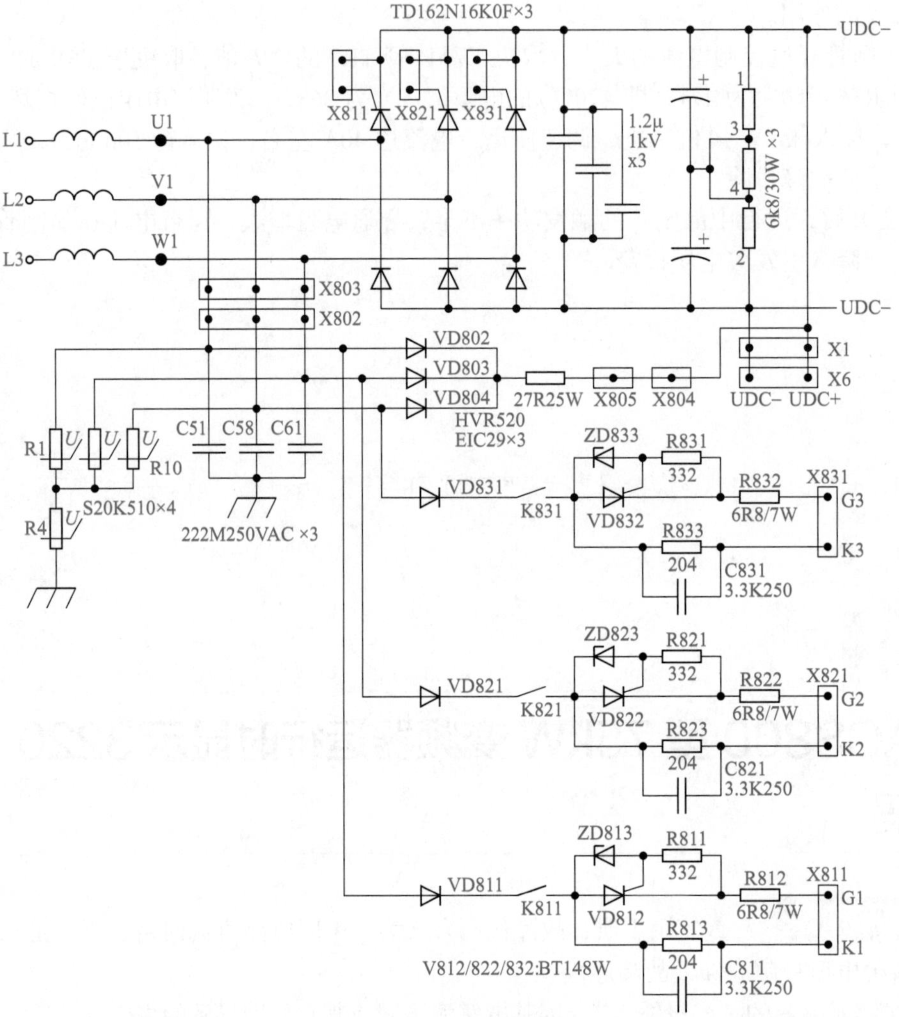

图 3-25　ABB-ACS800 型 75kW 变频器整流滤波主电路和晶闸管开通控制电路

故障分析和检修 据上文所述，运行中报直流回路欠电压故障，有 4 个方面的原因，首先应排除外部电源方面的原因，然后对变频器主电路的相关检测电路进行检查。

① 可通过用电容表在线搭接直流母线的 UDC+ 和 UDC− 端，测总的电容量（注意红表笔搭接 UDC+ 端），来初测储能电容有无问题。其总的电容量估测值的估算公式为：

变频器的额定工作电流值 ×60μF= 总电容量

该式为经验公式（教科书中没有），其估算误差在 10% 左右（也正好在电容量的容量误差以内）。

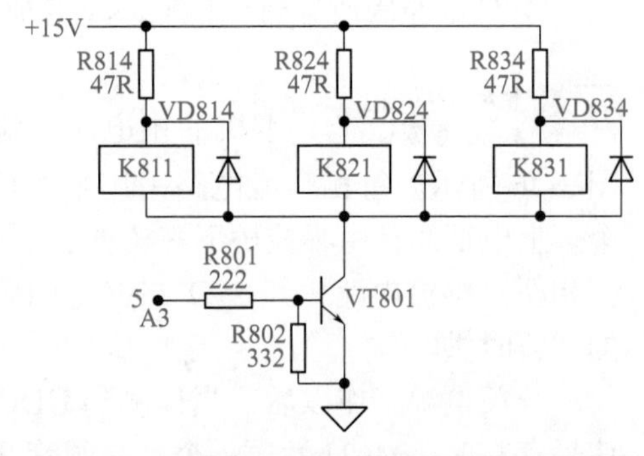

图 3-26　ABB-ACS800 型 75kW 变频器晶闸管开通信号继电器控制电路

② 在线检测晶闸管器件的好坏。可用直流大电流输出恒流发生器，调整电流值为变

频器额定电流值，在送入晶闸管开通信号后，其导通电流应为给定值，其导通电压降应在1.5V以下，若导通电压降高于2V，则视为性能不良，此为晶闸管开通性能测验。将晶闸管模块脱离主电路，短接G、K极，在A、K极间施加正、反向600V直流限流电源电压（限流百毫安级），观测应无明显的漏电流产生，此为晶闸管关断性能测验。经以上开、关性能的检测，可确定晶闸管器件的好坏。

③ 本例晶闸管的开通控制电路构成简单，可通过上电期间观测继电器动作状态、停电检测图3-24中相关元器件的方法，找到故障元件。

本例故障，采用继电器K811、K821、K831线圈加电直流电压12V，来检测其触点是否可靠接通的方法（判断触点接触状况，仍然推荐用电流法准确断定），检测出K821和K831虽然动作正常，但触点存在较大接触电阻，因此晶闸管器件开通电流不足，运行状态下其A极和K极之间存在较大的电压降，从而变频器报出欠电压故障而停机。

将3个继电器全部代换新品，上电带载试机正常，故障修复。

虽然本例故障中晶闸管控制电路相对简单，但较多的检修人员因方法和手段不到位，不能准确判断控制电路和晶闸管的工作状况，造成较高的返修率。
对简单电路的检测不能简单对待，在常规的电阻、电压检测法之外，推荐使用电流检测法来确诊电路故障。

散热风扇（风机）控制电路及温度检测电路故障实例

实例22

SV015 iS5-4型1.5kW变频器上电后显示HW

故障表现和诊断 机器上电后，操作面板显示HW故障代码，无法操作运行。

故障分析和检修 先翻阅使用说明书，说明书中给出了“当变频器的控制电路出现故障时，输出一个故障信号”的解释说明，并列出了具体的3条故障原因：

① Wdog CPU故障。

② EEP 内存故障。

③ ADC 偏移量故障为电流反馈电路故障。

按三条指示方向进行检修，重刷了 EEPROM 数据，检测了 MCU 基准电压和 MCU 工作三要素电路，均无异常。

没办法，静心落实故障报警电路，先将每个光耦合器3、4脚（指向MCU的报警输出端）短接，同时监看面板显示的变化。发现将 PC3 的 3、4 脚短接后，HW 报警代码消失，机器能正常操作运行。

电路构成 本机的风扇运行状态检测与报警电路如图 3-27 所示。

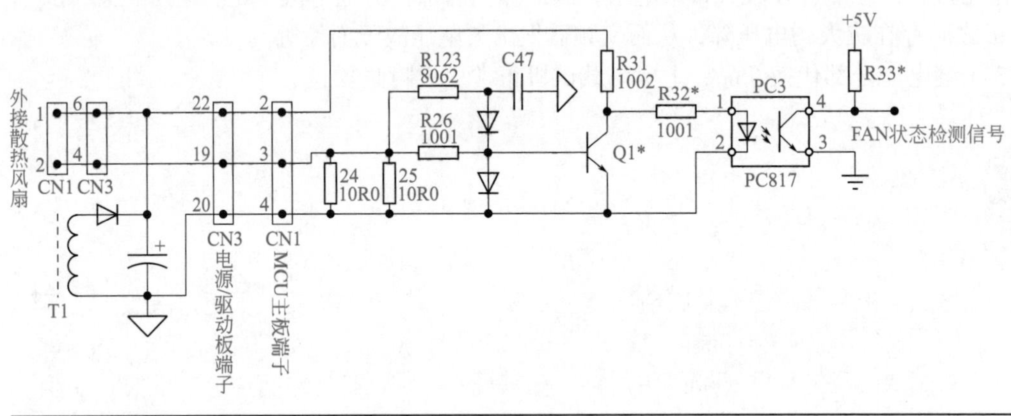

图 3-27　SV015 iS5 型变频器风扇工作状态检测电路

由于本机 3 块控制板相互间经过插针连接，且空间狭小，检测与测绘较为费力。好在这部分电路较为简单，检修中当脱开与风扇的连接，或风扇损坏时，PC3 动作向 MCU 报出 HW 故障。

说明书中指出了三个故障原因，唯独没有与散热风扇相关的原因。但当散热风扇损坏或相关检测电路异常时，会报 HW 故障。

代换 24V 0.2A 风扇后，上电运行正常。

小结

有时候，故障报警代码不一定真正指向故障来源，这可能是各方面的原因所致。检修者应有自己的判断，想出确定故障来源的办法，比如想办法让检测报警电路动作一下，从而找到故障电路所在。

提示

笔者以前接手过数台同型号机器，上电显示 HW，多为散热风扇损坏所致。据同行交流所说，HW 报警确也有如说明书中所列的 3 种原因所致。

实例 23

汇川 MD300 型 5.5kW 变频器上电误报 ERR14 故障

故障表现和诊断

查 MD300/MD300N 用户手册，ERR14 故障代码意为模块过热、散热风道阻塞、环境温度过高、风扇损坏等。其指向是报“超温”故障，此际变频器并没有带载运行，机器内部也无较大的热量散发现象，显然这是一例错误的“超温”报警故障，应该先行检查 IGBT 模块温度检测电路。

电路构成

常见 IGBT 模块的温度检测电路，多是由模块内部或外部温度传感器（多为负温度系数热敏电阻），与电阻串联形成对 +5V 电压的分压电路，从而将温度信号转变为电压信号，直接或经电压跟随器处理后，送入 MCU 引脚。检测信号为模拟电压信号。

汇川 MD300 小功率机型的 IGBT 模块温度检测电路，由温度传感器和 SE555 时基电路构成无稳态（又称多谐振荡器）电路，3 脚输出脉冲的低电平宽度代表温度信号，经后级电路转换（MCU 内部 D/A 转换）后，获得温度检测信号。如图 3-28 所示，为一例 A/D 转换电路，实现了用普通光耦合器传输模拟信号的目的。

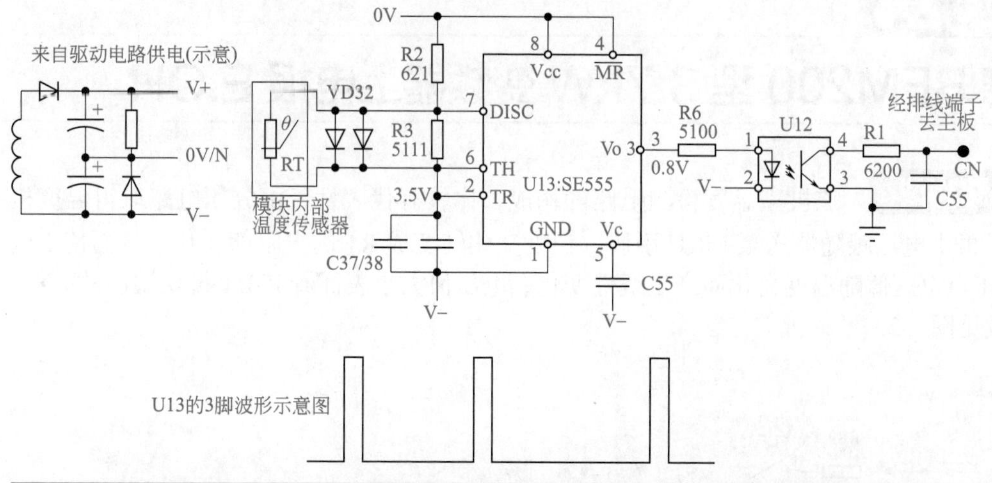

图 3-28　汇川 MD300 型 5.5kW 变频器 IGBT 模块温度检测电路图及输出波形图

由图 3-28 可知，C37、C38 充电时间由 R2、VD32 决定，对应 3 脚输出脉冲的高电平宽度，时间常数较小；C37、C38 的放电时间由 RT、R3 的并联值所决定，对应 3 脚输出脉冲的低电平宽度，时间常数较大。故温度变化导致 RT 阻值变化，RT 阻值变化导致芯片 3 脚输出低电平时间的长短变化。RT 为负温度系数热敏电阻，其阻值变小时，C37、C38 放电速度加快，芯片 3 脚输出低电平时间变短，说明温度在上升。3 脚输出的脉冲再经光耦合器 U12 隔离反相后，送入 MCU 主板。如图 3-28 所示波形图为电路修复后室温约 30℃时的测量波形，供参考。

故障分析和检修 图 3-28 中 SE555 时基电路芯片，电路模式为无稳态——多谐振荡器电路，正常工作的特征是：

① 2、6 脚脉冲电压（示波器测得为三角波）接近于供电电源电压的 1/2；

② 3 脚输出为矩形脉冲，其直流电压测量值与脉冲占空比相关，即与 R2、RT、R3 和 C37、C38 的时间常数相关。本例电路因充电时间远小于放电时间，故芯片 3 脚输出高电平的比例较小，测得直流电压较低，为 0.8V。

依据以上检测基准，上电测试 U13 芯片的工作状态，3 脚为直流 4.8V 输出（示波器无波形），判断 U13 损坏，用 NE555 芯片代换后，上电显示与运行均恢复正常。

将温度检测电路作为一个独立的小单元，先顺电路后上电检测。据其工作特征判断其好坏，任何器件，必然可测！

实例 24

宝德 BEM200 型 3.7kW 变频器上电报 E.OH

电路构成 该机型温度检测电路的构成，比较有代表性，由分压电路取得温度检测信号，再由电压跟随器送至 MCU 引脚。温度变化转变成 RT 的电阻值变化，从而使 RT、R100 分压点电压值随温度变化而产生线性变化，电压值大小表征着 IGBT 模块温度的高低。电路构成见图 3-29。

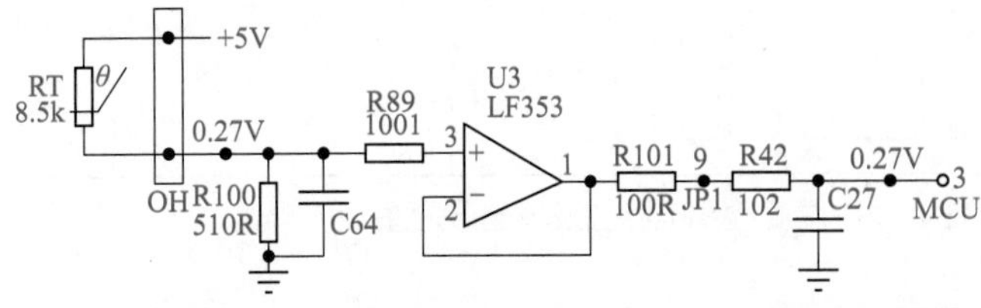

图 3-29 宝德 BEM200 型 3.7kW 变频器 IGBT 模块温度检测电路图

故障分析和检修 图 3-29 中信号电压值的标识，为修复后对正常信号的标识。

检测过程如下：

① 测得 RT、R100 分压点电压为 3.8V（不正常）。RT、R100 阻值正常，正常分压应为 0.27V。此 3.8V 是从何来的？

② 进而测得电压跟随器的输入电阻 R89 两端有明显电压差，即 U3（LF353 运放器件）输入端不再符合运放器件的“虚断”规则，正常运放器件的输入端应既不流入电流，也不流出电流。

故障表现为运放输入端向外部电路流出电流，“虚断”不成立，U3 芯片损坏。

代换 LF353 器件，上电显示操作正常，故障排除。

运放器件的基本规则有四字，即“虚断”和“虚短”。若“虚断”不成立，则运放芯片已坏。

实例 25

康沃 CVF-G3 型 11kW 变频器上电显示故障代码 Er.11

故障表现和诊断 查《CVF-G3/P3 系列变频器使用手册》，所报故障代码表示“变频器过热”，其检修重点指向 IGBT 模块温度检测电路。

电路构成 变频器的 IGBT 温度检测电路，是构成比较简单的一个电路，构成电路的元器件数量往往不超过 10 个。本机型温度检测电路如图 3-30 所示。

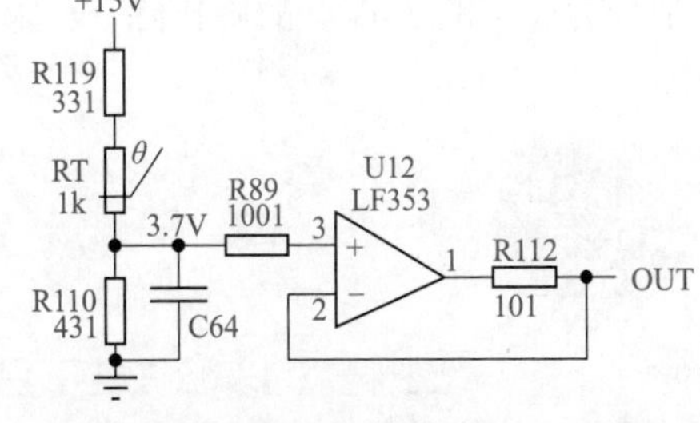

图 3-30 CVF-G3/P3 型 IGBT 温度检测电路

故障分析和检修 运算放大器最为根本的两大规则是“虚短”（闭环状态下两输入端的电压差为 0）和“虚断”（输入端既不流出电流，也不流入电流），所以不会影响外部偏置电路（串联分压电路）的分压值。“虚短”和芯片的内、外部电路均有关联，而“虚断”是更为直接地将故障所指投注于芯片本身。一旦在输入端产生了电流流入或流出的行为，就仅有一个结论：运算放大器已经坏掉。

上电面板显示模块超温报警代码。模块温度检测前级电路，是较为简单的电压跟随器电路，据串联电阻值粗略估算，U12 的同相输入端分压值应在 3.7V 左右。现实测为 8.2V，查 R119、RT、R110 的阻值均正常，而分压点的高电位是 U12 的输入侧有电流向外部流出所致。U12 芯片本身的“虚断”特性已经不能成立，判断 U12 已坏。代换后故障排除。

实例 26

寄生干扰信号导致产生误报警动作
—— 一台送修变频器上电随机性报“模块超温”故障

故障分析和检修 其温度检测模块前级电路如本章实例 25 中的图 3-30 所示。

随机性报警是比较令人头疼的问题，检修过程中也许又趋于正常。问题的原因：

① 电缆插排端子氧化、松动。

② 某部分电路因线路板脏污，其脏污物对放大器电路形成等效的输入或反馈电阻，且此电阻值随环境温度或湿度变化，非稳定电阻，致使相关电路输出不稳定的错误信号。

③ 电路寄生干扰，往往其来源不明。

④ 个别元器件不良，如漏电状态不稳定（概率极低）。

综上所述，此类故障很难确定具体损坏元件，且元器件不良的概率极低，因而可基本上确定硬件电路是好的。检修时，通常首先采取清洁线路板和清除插排端子的氧化物等措施，如无效，可考虑故障是否由寄生干扰所造成。

测量如图 3-30 所示的电路中 U12 同相输入端 3 脚电压，为稳定的 3.6V 左右（是正常值），但输出端 1 脚电压值却波动在 3.6V 左右，反相输入端 2 脚为 0V，不符合电压跟随器规则，且测试过程中变频器状态继电器有动作声音。不测反相输入端时，电路为电压跟随器，是对的（虽然输出电压有些波动），测量瞬间，2 脚电压变为 0V（此时若同步监测 1 脚电压，必然也产生了随测量动作而产生的变化）！表笔的搭接使电路状态发生了变化，让人联想到量子纠缠与波粒二象性——观测导致了实验结果的变化。后考虑到寄生干扰，因放大信号为缓慢变化直流电压，故在反相输入端 2 脚对地并联一个 10μF 电容，测得反相输入端和输出端都变为稳定的 3.6V。故障排除。

小结

寄生干扰的来源往往不易确定，有时候由于线路板的布线工艺欠缺、电磁兼容性能较差、电路参数变化等而引起的干扰，不易准确判断也很难杜绝。在干扰信号明显发生点加装滤波元件（并联电容器或串联电感器），是一个行之有效的办法。

实例 27

粗心造成三次返修

——学员检修实例

故障分析和检修 一台 2.2kW 小功率变频器，不慎进水后，上电过程中有异响，然后面板不亮了。测量发现整流模块坏掉。其它未见异常。

代换整流模块后上电试机，运行正常（未注意散热风扇运行是否正常）即交付用户。

装机后运行约半小时停机，返修。原控制是用 X1 端子信号启动，面板电位器调速。检查发现 X1 端子信号时而生效，时而无效。因为是简单控制，征得用户同意后，改至 X3 端子作起、停控制，运行良好（仍旧未注意散热风扇运行是否正常），又交付用户。

再次装机后，故障依旧，再度返修。此次，事先注意到故障时报警代码，报警代码意为模块过热。上电操作正常，细听风扇无运转的声音。测得风扇供电 12V，正常，代换风扇后，重新检查 IGBT 模块固定等状况，确定没有问题后，装机。

第一次返修时，应落实故障报警内容，若注意散热风扇运行状态，便不会造成再次返修了。检修无小事，一件风扇坏掉的小事，导致了 3 次返修。

检修后整机试机内容：

① 操作运行正常，三相输出电压正常。

② 接触器动作正常。

③ 散热风扇运转正常。

④ 若有试机条件，带载试机运行正常。

此四项中的前三项一定不得忽略。

实例 28

更换散热风扇后启动时报警 OH1

——富士 5000G11S/P11S 型 160kV·A 变频器维修纪实

故障表现和诊断 机器送修原因，是 IGBT 模块损坏，连带驱动电路故障，已经修复。上电试机过程中，发现散热风扇一台运转无力，另一台干脆不转。测得风扇供电电源

24V 正常，为风扇单独加电试验，证实风扇不良。

手头无三线式风扇，当换用普通两线式风扇后，启动面板显示 OH1：变频器散热板过热。观察线路，本机设有风扇运行状态检测电路，如图 3-31 所示。

电路构成

启动信号生效后，自 MCU 主板来的低电平控制信号，经 R81 送至晶体管 VT4 基极，串联光耦合器 PC6、PC7 同时开通，正常时，3 台大、小散热风扇同时投入运行。CN16、CN17 为两台小型风扇控制端子，其 1、2 脚为供电电源端，3 脚为风扇运转信号输出端，是开路集电极输出形式。当风扇运转命令生效时，晶体管 VT5 导通，风扇 1 和风扇 2 同时得电运行，3 脚因内部晶体管导通变为低电平，二极管 VD38 和光耦合器 PC5 俱无工作条件，PC5 的 4 脚为高电平，风扇正常运转信号，送入 MCU 主板。当风扇 1 或风扇 2 因故障损坏不能运行时，端子 CN16 或 CN17 的 3 脚变为由 R166 或 R167 上拉的高电平，VD38 和 PC5 具备开通条件，PC5 的 4 脚变为 0V 低电平，MCU 接到此信号，即报警 OH1。

故障分析和检修

当换用两线式普通散热风扇时，电路的检测条件无法被满足，启动时报警 OH1，变频器即时停机保护。解除报警的方法，是使 CN16、CN17 端子的 3 脚变为低电平即可。本例故障，采用了将 CN16、CN17 端子 2、3 脚进行短接的方法，使散热风扇得以正常运转，变频器恢复正常工作。

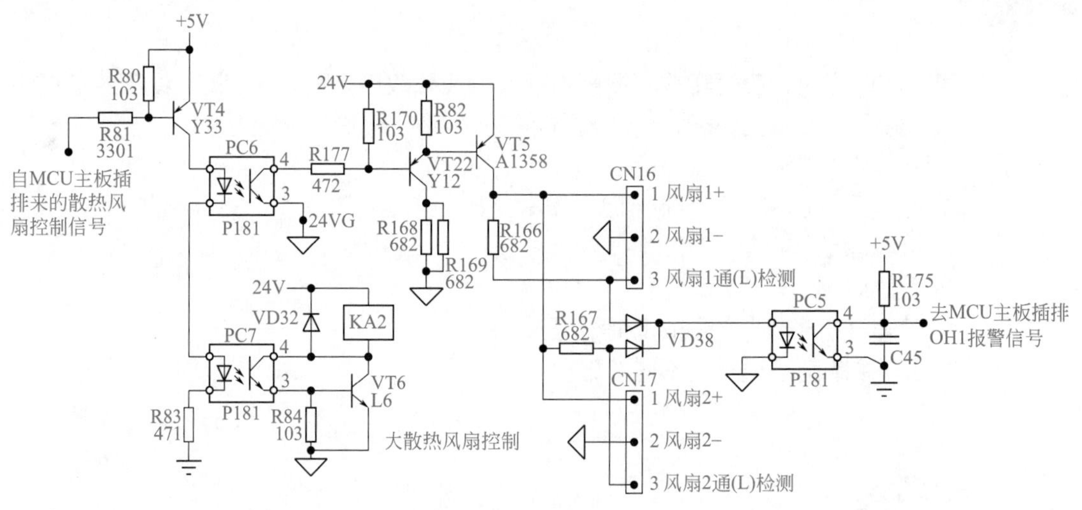

图 3-31 富士 5000G11S/P11S 型 160kV・A 变频器散热风扇控制与检测电路

小结

对于进口的变频器产品，全部采用原配件进行修复，是比较困难的，尤其是在修复时间上，很难得到保障（购件需要时间）。非同一型号器件代换，有时会带来代换后的附带问题，如本例，换风扇后启动时产生故障报警信号。这需要根据电路结构，采取相应的技术措施，达到修复以满足设备运行的目的。

有读者朋友不禁要问：能屏蔽 OH1 报警吗？是否考虑不周？会不会带来其它严重后果？

回答：在配件来源条件满足的情况下，当然首先提倡“照原样”修复，省心省力，不降低原机的性能指标。而本例屏蔽风扇检测电路的报警，也是有理由的。

其一：变频器的故障检测和报警，根据故障产生的后果考量，有些是必备的，如输出电流检测、直流母线电压检测、IGBT 模块温度检测，这些不可以屏蔽掉，否则可能会造成炸机的严重后果。

但如电压输入缺相检测、KM 状态检测等，是可有可无的，因为此两项失效后尚有第二手准备：直流母线电压检测照常反映二者的状态，或换言之，直流母线电压检测可近乎完全取代此两项检测，即当直流母线电压检测电路正常时，即使电压输入缺相检测、KM 状态检测失效，也不会导致严重的后果。

其二：屏蔽风扇状态检测，对于本例电路，仍然有着后手措施：IGBT 模块的温度检测尚在，其正常功能也涵盖了风扇的工作状态。

因而此处，换用两线式风扇，并屏蔽掉风扇检测报警的行为，同屏蔽电压输入缺相检测故障一样，在一定程度上，应该是可以被允许的，不至于造成严重后果。

本例故障，换用两线式风扇并屏蔽掉风扇检测报警的行为，从快速修复和不误生产的层面考虑，也可以被认为是一个积极的行为。

实例 29

三菱 A700 型 15kW 变频器散热风扇损坏

故障表现和诊断 机器损坏一台散热风扇，车间维修电工用普通两线式风扇代换后，启动报警 E.FN（风扇故障）而送修。

电路构成 本机采用三线式脉冲输出散热风扇，风扇控制与检测电路见图 3-32。

1. 风扇控制电路

光耦合器 OI16 和开关管 TR7A 构成风扇控制电路。散热风扇有以下 3 种工作模式：

① 上电运行。

② 启动后运行。

③ 当 IGBT 模块温度达到约 45℃以上时运行。

其中②、③项需接收 MCU 信号指令，③项为智能运行模式，起到延长风扇运行寿命的作用。具体运行模式一般可由用户进行参数设定，启动后运行为默认模式。

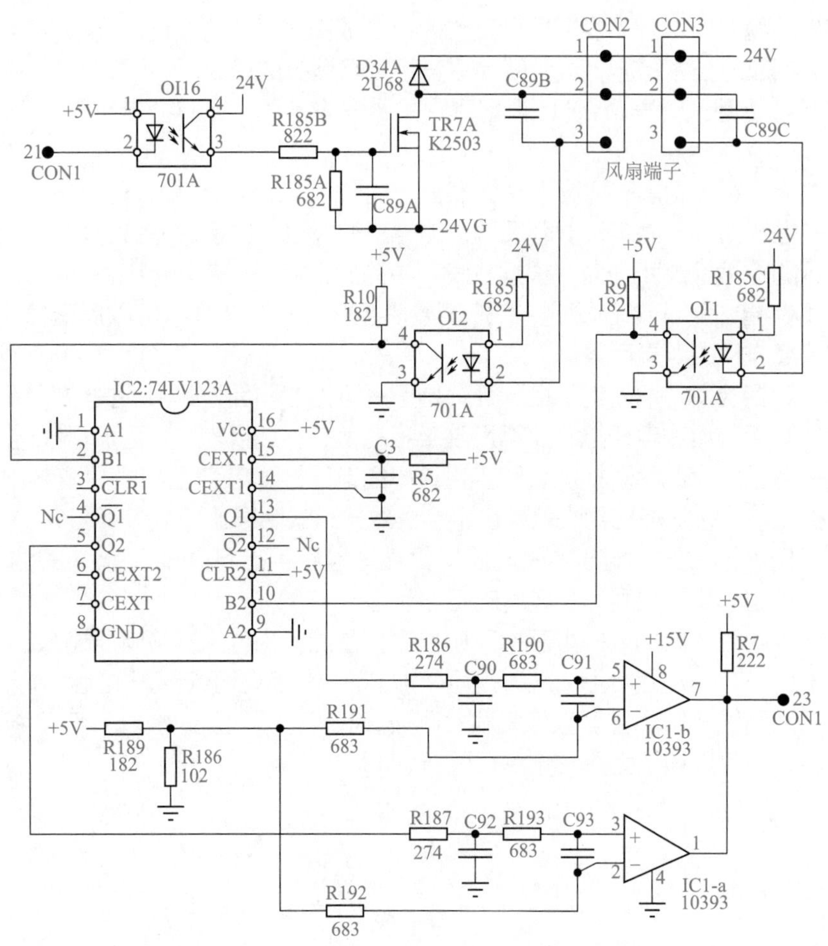

图 3-32 三菱 A700 型 15kW 变频器风扇控制与检测电路

2. 风扇工作状态检测电路

风扇工作状态检测电路的工作机理其实和 MCU 的工作监控——看门狗模式有极高的相似度。风扇运转正常时发送的脉冲为连续不断的“狗粮供应”，单稳态定时电路为“守窝之狗”。当风扇运转异常使脉冲信号中断达一定时间后（“狗粮供应”中止），“饿坏的狗”开始“吠叫”（报警）。

具体电路由光耦合器 OI1、OI2，单稳态振荡器 IC2 和由 IC1 构成的 2 路电压比较器组成。风扇运行时，从 CON2、CON3 端子 3 脚输出的脉冲信号，输入至 IC2 的触发脉冲输入端 B1、B2 引脚，使 IC2 在 R5、C3 时间常数以内，13 脚保持高电平信号输出。若风扇运行正常，则从 CON2、CON3 端子 3 脚输出连续的脉冲信号，IC2 的 Q1 端和 IC1 电压比较器的输出端，会持续保护高电平（象征着风扇正常运行的信号）状态。

当两台散热风扇有一台损坏或两台同时损坏时，CON2、CON3 端子 3 脚则停止脉冲输出，或发送脉冲的时间间隔大于 R5、C3 时间常数，IC2 的 Q1 端从“暂态高电平”进入“稳态低电平”，电压比较器的输出端也同时进入低电平的报警模式。

故障分析和检修 三线式散热风扇的象征“正常工作中”的输出信号，一般有 3 种：

① 开关量信号。如停机中为高电平，运行中变为低电平。

② 固定占空比变频输出。如转速与频率是线性关系，转速升高时频率升高。

③ 输出为定频 PWM 脉冲波。转速升高时脉冲占空比增大。

当检修中换用两线式风扇时，①项的屏蔽措施较简单，如本章实例 28 所示。

②、③项因为是脉冲输出型，当 1 台风扇坏掉换用两线式风扇时，可将 CON2、CON3 的两个 3 脚短接掉，使两个检测端都得到脉冲信号；当 2 台风扇都坏掉时，最好是换用能产生脉冲检测信号的同类三线式风扇，当然也可以将 IC1 从电路中取下，使 CON1 的 23 端保持高电平以屏蔽报警信号，用两台两线式风扇代换原三线式风扇即可。

该例故障，检查为其中一台散热风扇坏掉，因要求修复时间较紧，一时无原配件更换，故采用两线式普通风扇代换原件，将 CON2、CON3 的两个 3 脚短接后，上电试运行正常。

办法总比困难多。无原配件代换，而又想实现快速修复的目的，就要采取相关措施，如屏蔽和“制作检测信号”，以满足 MCU 的检测要求。

实例 30

ABB-ACS550 型 22kW 变频器风扇控制与温度检测电路故障

故障表现和诊断 本机运行中有时报“电机过温”故障，并且报警时间间隔越来越短，以至于无法正常工作而送修。运行中的过热报警，和以下因素有关。

① 环境温度偏高，如食品加工车间，温度达 40℃以上。可以想见，满载运行中的变频器功率模块，其散热环境恶劣，其温升易达报警值。

② 功率模块散热器风道阻塞，风扇运转不良，或 IGBT 功率模块固定螺栓松动，涂覆导热硅脂失效致热阻变大。

③ IGBT 模块温度检测电路本身异常，正常温度下误报过热故障。

故障分析和检修 检查并落实上述①、②项，清洁散热风道等。上电试运行，有时还报过热故障。检查③项，电路构成相对简单，如图 3-33 所示。

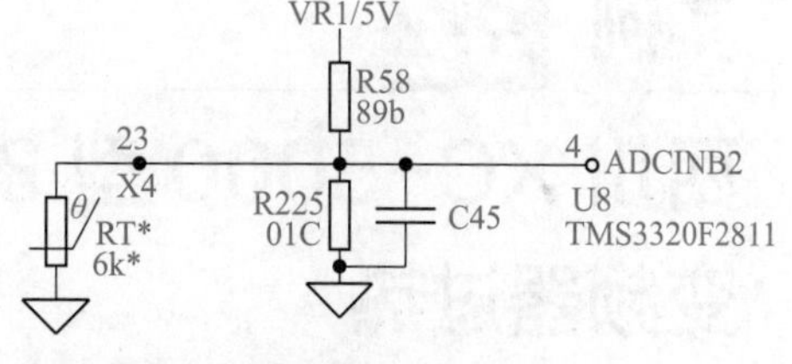

图 3-33　ABB-ACS550 型 22kW 变频器 IGBT 模块温度检测电路

室温下测 IGBT 功率模块内部的温度传感器的

电阻值，约为 6kΩ。其检测电路分压值应为 1.6V 左右，实际测得仅为 1.2V 左右，比正常值偏低。测得 R58、R225 无异常，怀疑 C45 漏电。拆掉 C45 后，测得 R58、R225 分压点电压恢复为 1.6V，用 1μF63V 电容代换 C45，装机试运行正常。

实例 31

ABB-ACS550 型 22kW 变频器带载运行两小时后报过热故障

故障分析和检修 本机上电试运行，散热风扇不转。查风扇控制电路（如图 3-34 所示）。检测到散热风扇已坏，换风扇，变频器投入启动信号后，开关管 V44 的 D、S 极电压为 24V（V44 在关断状态），测得 R86 与 R115 的分压点电压约为 10V，说明 MCU 发送的风扇运转信号已经送达，问题出在散热风扇、开关管 V44 和 R235 等的串联回路中。

复测 V44 的 G、S 极间电压为 10V，D、S 极间电压为 24V，判断 V44 已经断路。用配件 IRFR120N 贴片器件（100V 9.4A）代换，上电风扇运转正常，故障排除。

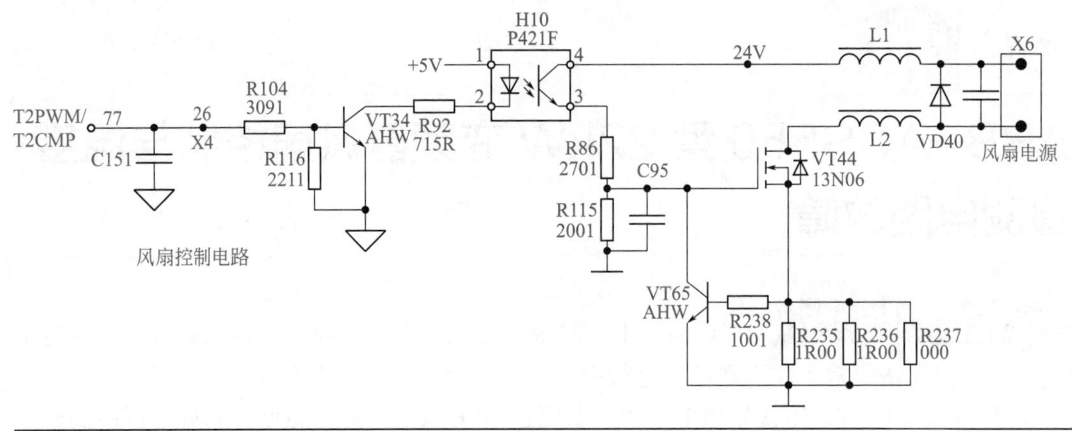

图 3-34 ABB-ACS550 型 22kW 变频器风扇控制

实例 32

西川 XC-5000 型 30kW 变频器运行数小时后报变频器过热

上电试机，启动后风扇运行，但有抖动现象，用手拨一下，有时能缓慢转起来。拔下风扇单独上电测试，运转正常。测得端子 CN5 的 1、2 脚电压为 14V 左右，但供电电源 24V 正常。通电时间稍长，手摸开关管 Q3 感觉有异常温升。判断为风扇控制电路（图 3-35）异常所导致的风扇不能正常运行。

测得开关管 Q3 的 C、E 极间电压为 10V，证实 Q3 已经导通，但未进入深度饱和区。Q3 的 B、E 极间电压为 0.4V，偏低；Q6 的 C、E 极间电压接近 0V，导通良好；断电单独检测 Q3 也无异常；观察 Q3 的基极电阻 R2（印字 203），有焊过的痕迹，且此阻值明显偏大（常规电路此电阻取值数千欧姆，因要提供数毫安的驱动电流以使 Q3 进入深度饱和区）。

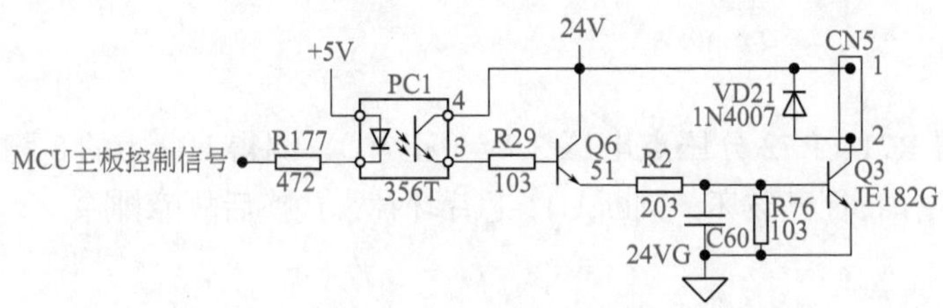

图 3-35　西川 XC-5000 型 30kW 变频器风扇控制电路

判断原值为印字 302（电阻值 3kΩ）的电阻，被前检修者错换为印字 203 的电阻，由于电阻值大了几倍，致使 Q3 的激励电流不足，使其从饱和区进入放大区，导致风扇供电不足而运转无力。

将 R2 换为印字 302 的贴片电阻，上电启动后风扇运转正常。

实例 33

康沃 FSCG 型 4kW 变频器上电报 Er.11 故障

故障表现和诊断　查机器的使用手册，此代码意为“变频器过热”故障。检测机器通风情况和散热风扇运转状态，及功率模块安装情况，均无问题，故将故障落实于模块温度检测电路本身。

电路构成　功率模块温度检测电路构成如图 3-36 所示。

电压跟随器 U11-1 可看作“电压伺服电路”，能输出稳定的 3.7V 基准电压，不随负载大小而变化（在放大器的最大输出能力之内），为 RT 和 R76 分压（温度检测）电路提供精准供电，以保障温度检测信号的精度。RT 为功率模块内部的温度传感器，图中标注为环境温度在 20℃左右时的电阻值（标准室温下的标准电阻值约为 5kΩ）。模块温度变化引起 RT 的阻值变化，从而导致 RT 与 R76 的分压值（象征功率模块的温度信号）变化，此信号再经电压跟随器 U11-2 处理，送往 MCU 主板。

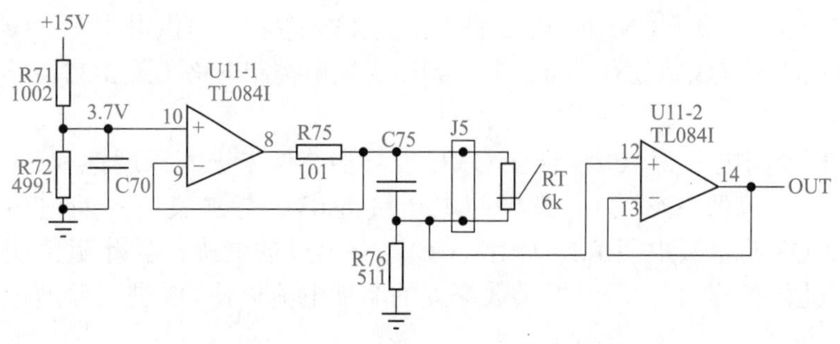

图 3-36 康沃 FSCG 型 4kW 变频器功率模块温度检测电路

故障分析和检修 测得 R71、R72 分压点电压 3.7V（正常），测得 U11-1 的 8 脚输出电压为 11V，电压跟随器的工作特征已破坏，判断 U11 芯片坏掉，代换后故障排除。

实例 34

富士 5000G1S 型 55/75kW 变频器上电报 OH3 故障

故障表现和诊断 富士 5000G1S 系列变频器，其 OH（变频器内、外部过热）报警内容较多。

① 内部散热板温度过高（50℃以上）或过低（−10℃以下），另外还可能与风扇运转状态检测有关（若为两线式风扇，则一般不设检测功能）。以上报警序号为 OH1 或 OH3，使用手册中给出的检查内容如图 3-37 所示。

② 外部报警——THR 设置：电动机绕组内部埋设开关式温度继电器（温度正常范围之内为常闭点输出），当因电动机工况异常导致内部温升达一定值时，温度继电器动作，超温信号经变频器的 X 输入端子馈入变频器内部。外部报警代码为 OH2，使用手册中给出的检查内容如图 3-38 所示。

检修过程中，因各种控制连线被拆除，破坏检测条件而上电即产生报警动作。如 OH2 报警，如果未详细阅读使用手册，很可能会将其当作一般的过热故障来检修，结果会是劳而无功。

变频器的检修和参数设置密切相关，有些“故障”是可能通过调整和修改参数得以修复的。

屏蔽故障的方法：

① 可从数字信号公共地引线，逐一短接 X1 ~ X9，至 OH2 报警解除。

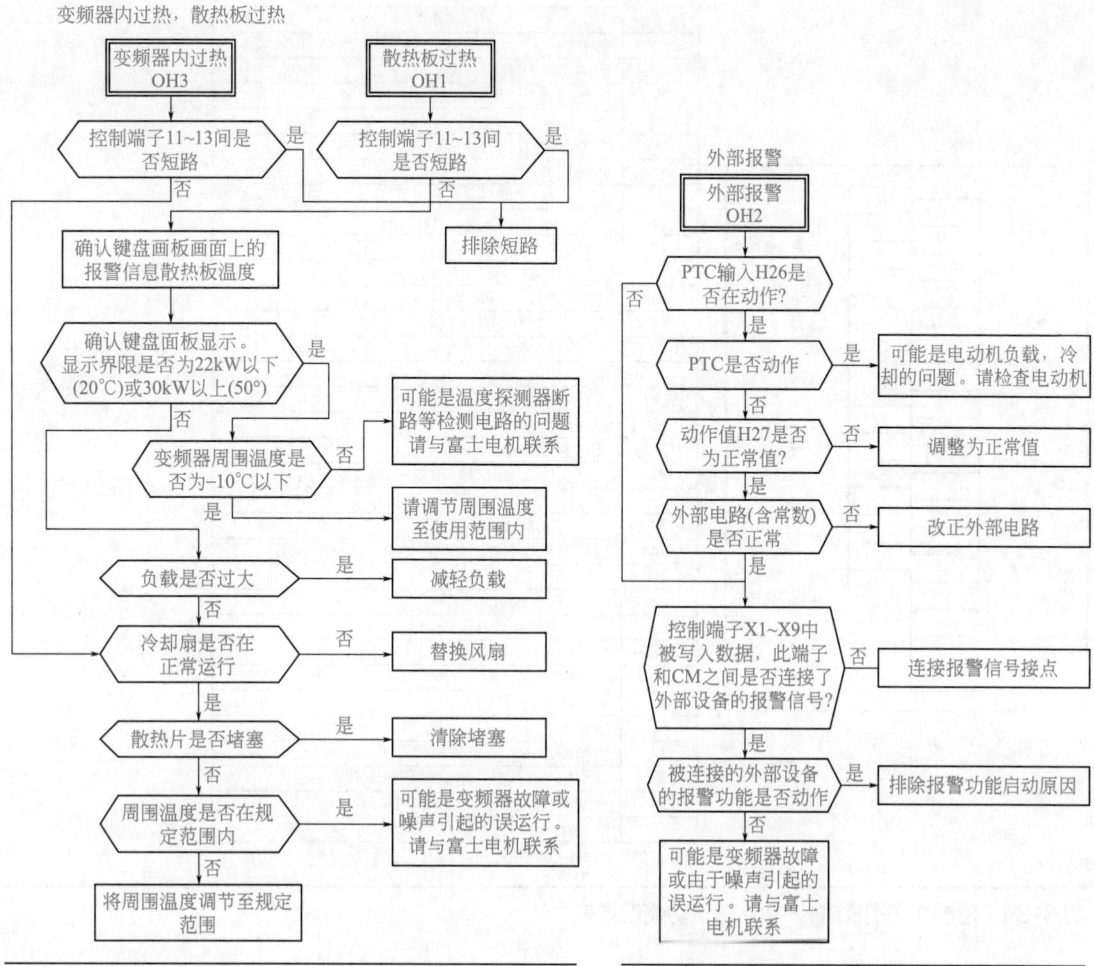

图 3-37 富士 5000G1S-55/75kW 变频器内部超温报警及检修内容截图

图 3-38 富士 5000G1S-55/75kW 变频器外部超温报警及检修内容截图

② 如果手头有使用手册，可将已设置为“外部报警 THR”功能的端子，重新设置另外的功能，以暂时取消此功能。注意，机器修复后，需恢复原设置。

③ 出厂时，若默认某端子（如 X4）为“外部报警 THR”功能端子，应在 X4 与 CM 端子之间有短路导线连接。当此连接导线被操作人员人为断开时，也导致机器上电报 OH2 故障。可重新将 X4 与 CM 端子之间的导线连接好，即屏蔽了 OH2 报警。

请参考图 3-39 控制端子图及 X1 ~ X9 端子功能设置表，进行相关操作与设置。

经过以上初步检修，并采取 OH2 报警屏蔽措施以后，上电报警 OH1 或 OH3（此时变频器内部并未有实际的过热故障发生），判断故障出在 IGBT 模块温度检测电路。

电路构成 应故障检修所需，测绘温度检测电路的前级电路，如图 3-40 所示。其中，CN18 为两路传感器输入端子，运放芯片 Q1-1 及外围元件构成 7V 基准电压发生器电路，提供温度检测电路所需的比较基准电压。

30A 30B Y5A Y3 Y1 C1 FMA FMP PLC X1 X2 X3 X4 X5 X6

30C Y5C Y4 Y2 CME 11 12 13 CM FWD REV CM X7 X8 X9 DX− DX+ SD

螺纹尺寸: M3

设定值	功能
0,1,2,3	多步频率选择(1~15步)[SS1][SS2][SS4][SS8]
4,5	加减速时间选择(3种)[RT1] [RT2]
6	自保持选择[HLD]
7	自由旋转命令[BX]
8	报警复位[RST]
9	外部报警[THR]
10	点动运行[JOG]
11	频率设定2/频率设定1[Hz2/Hz1]
12	电机2/电机1[M2/M1]
13	直流制动命令[DCBRK]
14	转矩限制2/转矩限制1[TL2/TL1]
15	商用电切换(50Hz)[SW50]
16	商用电切换(60Hz)[SW60]
17	增命令[UP]
18	减命令[DOWN]
19	编辑允许命令(可修改数据)[WE-KP]
20	PID控制取消[Hz/PID]
21	正动作/反动作切换(12端子，C1端子)[IVS]
22	联锁(52-2)[IL]
23	转矩控制取消[Hz/TRQ]
24	连接运行选择(RS485标准，BUS选件)[LE]
25	万能DI[U-DI]
26	启动特性选择[STM]
27	PG-SY控制选择(选件)[PG/Hz]
28	*XXXXXXXXXXXXXXXX*
29	零速命令[ZERO]
30	强制停止[STOP1]
31	强制停止[STOP2]
32	预激磁命令(选件)[EXITE]
33	取消转速固定控制(选件)[Hz/LSC]
34	转速固定频率(选件)[LSC-HLD]
35	设定频率1/设定频率2[Hz1/Hz2]

注：E01~E09中未设定数据代码者，表示其功能不作用。

图 3-39　控制端子图及 X1 ~ X9 端子功能设置表

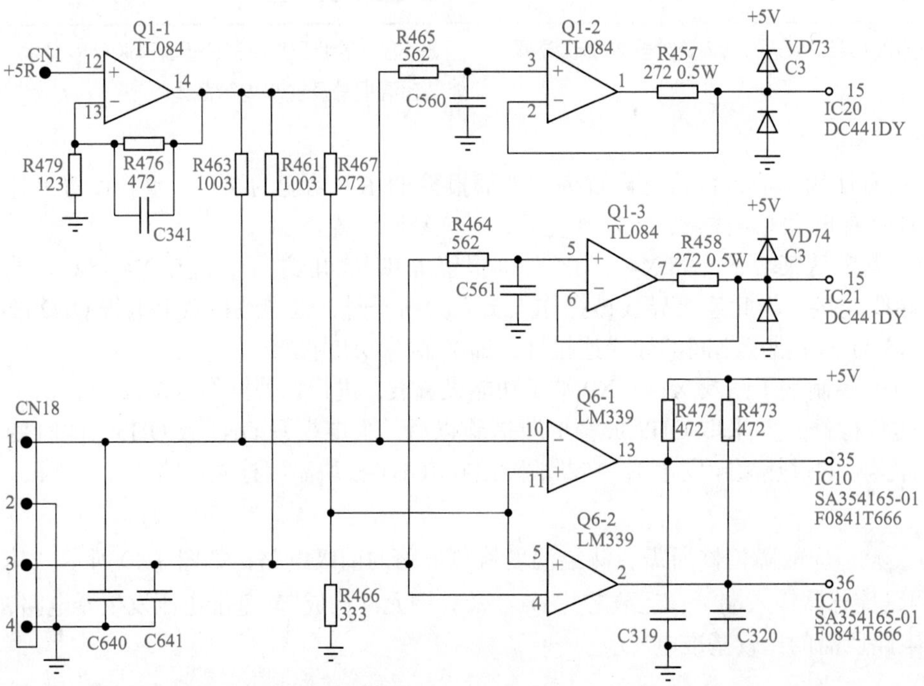

图 3-40　富士 G1S-55/75kW 变频器温度检测电路

1. 传感器断线检测电路

7V 基准电压经 R467、R466 分压，得到一个噪声容限水平较高的电压值，作为电压比较器 Q6-1、Q6-2 的同相输入端比较基准，当两路传感器正常连接时，传感器和 R461、R463 分压，使输入至 Q6-1、Q6-2 的反相输入端电压值低于同相输入端比较基准，13、2 脚（输出端）保持高电平输出，说明传感器已正常接入 CN18 端子。

当传感器脱开或断线时，电压比较器 Q6-1、Q6-2 的反相输入端电压高于同相输入端的比较基准，13、2 脚（输出端）变为低电平，将传感器断线故障信号馈入后级电路。

2. 温度检测模拟信号传输电路

从传感器和 R461、R463 分压点，得到两路温度采样信号，分别送入 Q1-3 和 Q1-2 两级电压跟随器电路，处理后分别送后级模拟量开关电路和 MCU，用于模块工作温度显示及超温报警。

故障分析和检修 当测量电压比较器 Q6-1 的输出端 13 脚电压时，不禁怀疑万用表的表笔是否有断线现象：测量值一会儿为 5V，一会儿变为 0V。检查了表笔线，没有问题。后发现电阻 R472 两端堆锡过多，但未焊牢固。重新补焊后上电测 13 脚电压值，为稳定的 5V，试机运行正常。

小结

检修无小事。费力查出故障，代换新元件后，却因焊接技术欠佳，使短时间再次返修。因虚焊原因造成的返修对维修声誉也是一个损失。

实例 35 艾瑞克 E700 型 45kW 变频器待机时上电报过热故障

待机状态下报过热故障，基本上可确定故障来源，即 IGBT 模块温度检测电路。通常，该电路构成相对简单，大部分仅为由固定电阻和温度传感器构成的分压电路，得到采样信号送 MCU，或经电压跟随器处理后再送 MCU。图 3-41 是一路模拟电压信号传输电路。

检测中可由传感器的测量电阻值和分压电路电阻值估测信号电压值，若偏差过大，即故障在此。

另外根据检修经验，集成电路芯片的故障率要高于电阻元件，对于运放器件，可用“虚短”“虚断”快速判断其工作状态。

本例故障，U13 的 3 脚电压为 1.3V，低于分压电路的计算值。故障一：U13 损坏，将采样检测信号电压拉低，但 U13 的 1、2、3 脚电压相等，符合电压跟随器的工作特征。故障二：

由 R27、R61（并联温度传感器）、C6 等构成的温度采样电路有问题。怀疑 C6 漏电造成采样电压降低，拆除 C6 后上电显示正常。用 0.47μF 贴片电容代换 C6，试机正常，故障排除。

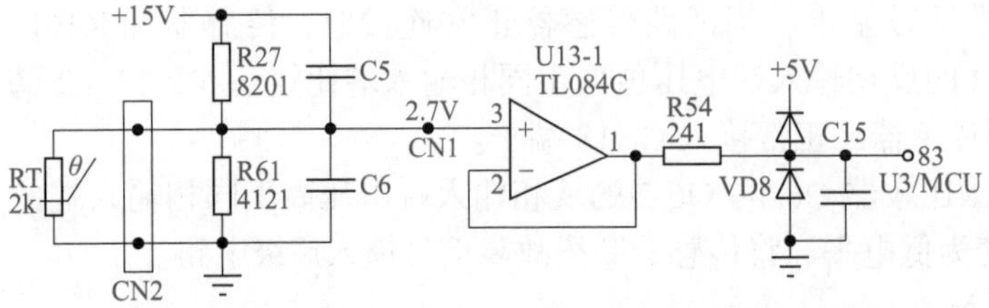

图 3-41　艾瑞克 E700 型 45kW 变频器功率模块温度检测电路

实例 36

ALPHA6500 型 4kW 旋切机专用变频器操作异常

故障表现和诊断　本机在上电后显示正常，但给出启动信号的同时，LED 显示屏熄灭。

根据此现象分析，是驱动电路工作的加载行为导致开关电源停振，可能为驱动电路输出级电路存在短路故障。启动信号的给出，使输出级形成了对驱动供电电源的短路，引发开关电源停振故障。

故障分析和检修　停电，检测电源 / 驱动板，驱动电路的末级采用 NPN、PNP 对管电路，检测未有异常。那么和驱动电路同步工作的电路还有哪些呢？发现该机有两台散热风扇。上电后，未听到风扇运转声音。判断可能该风扇运行和启动动作是同步的。

变频器的启、停采用端子信号，是三线式启停工作方式，将 X2 与 CM 短接，将 X1 与 CM 瞬时短接一下，即实施了启动操作，试拔下风扇端子，运行正常。后当某台风扇插上端子后，故障重现。更换 24V DC 散热风扇，运行正常。

实例 37

中达 VFD300B43A 型 45kW 变频器上电报过热故障

故障分析和检修　该机器原为驱动电路和 IGBT 模块损坏故障，修复后，上电报 OH（过热）故障。其模块温度检测与风扇控制电路如图 3-42 所示。

本机电路特点：风扇工作状态检测信号与温度检测信号，经过光耦合器 DPH3“杂糅”在一起，需将温度检测与风扇工作状态检测，共三个点同时屏蔽，才能生效。

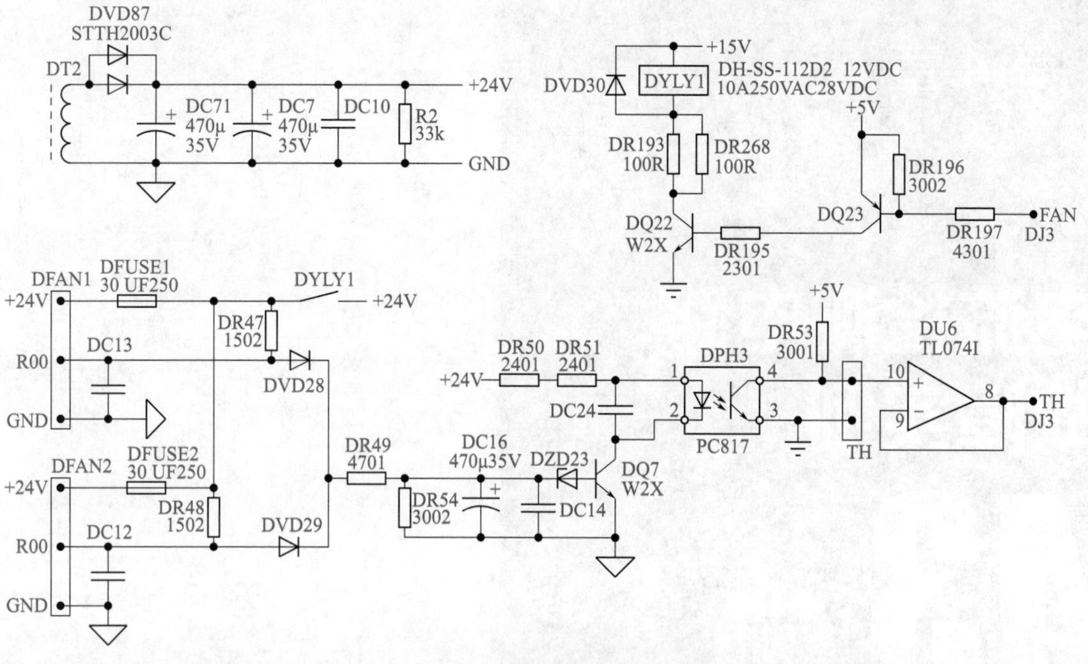

图 3-42 中达 VFD300B43A 型 45kW 变频器模块温度检测与风扇控制电路

检测过程：

① 因 IGBT 模块不在线，找一个 5kΩ 电阻临时焊在温度传感器 TH 插座上，以满足后续温度信号处理电路的检测条件，仍报 OH 故障。

② 发现散热风扇插座为三线式（图 3-42 中的 DFAN1 和 DFAN2 端子），具有风扇运行状态检测功能，暂将两端子的 R00 与 GND 端短接，以制造风扇正常运行信号，仍然无效。

③ 检测电压跟随器 DU6 的 8、9、10 脚，不符合放大器的正常工作特性，判断 TL074I 芯片损坏，代换芯片后故障排除，上电不再报 OH 故障。

屏蔽驱动电路报警后，送入启动信号，测得驱动电路输出的六路脉冲信号均正常，故障线路板已经完全修复。

一个报警信号，产生于多个检测点；同时屏蔽多个点，才能消除报警信号。多路检测信号可能会产生汇集，当屏蔽一点无效时，要考虑其它检测点对该点的影响。

电流检测电路故障实例

43 例

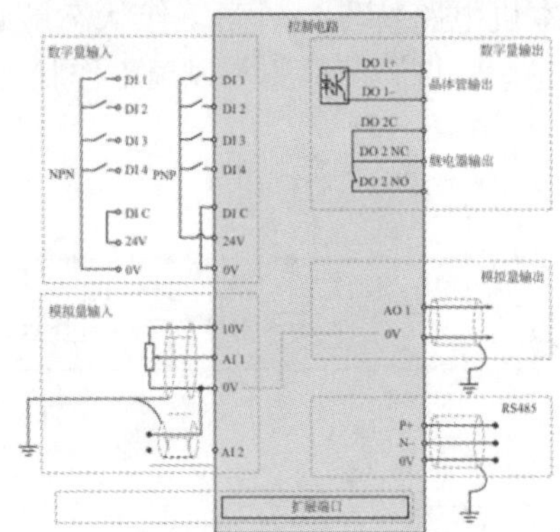

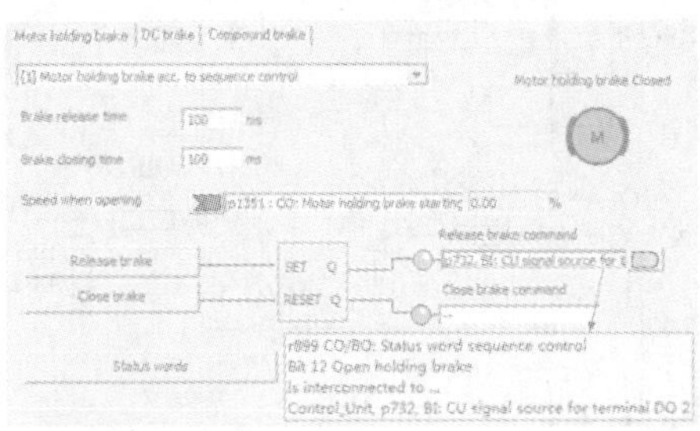

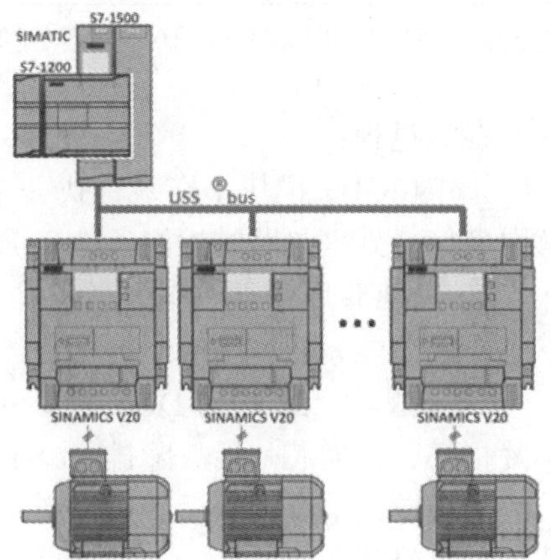

如何屏蔽 A7840 电流检测电路的故障报警？

——英威腾 CHF100A 型 5.5kW 变频器雷击故障

故障表现和诊断 一台被雷击过的变频器，功率模块已经炸裂损坏。拆掉损坏模块后，单独用 500V DC 为开关电源上电，面板先是显示 ITE（意为电流检测电路故障）故障代码，随后显示 OC3（意为恒速运行过电流）故障代码。由故障报警现象判断，可能为雷击导致电流检测电路损坏，上电后 MCU 检测到异常的过电流报警信号，而给出过流示警，拒绝接收启动信号。

电路构成 那么这个 ITE 和 OC3 报警信号是由哪部分电路输出的呢？

此变频器为小功率机型，在 U、V、W 输出回路中串接有毫欧级（一般为 3 ～ 10mΩ）电流采样电阻，将运行电流信号转变为采样电阻两端的电压降信号，经由线性光耦和差分放大器构成的电流检测前级电路，得到输出电流的检测信号。V 相电流检测电路的前级电路测绘如图 4-1 所示。

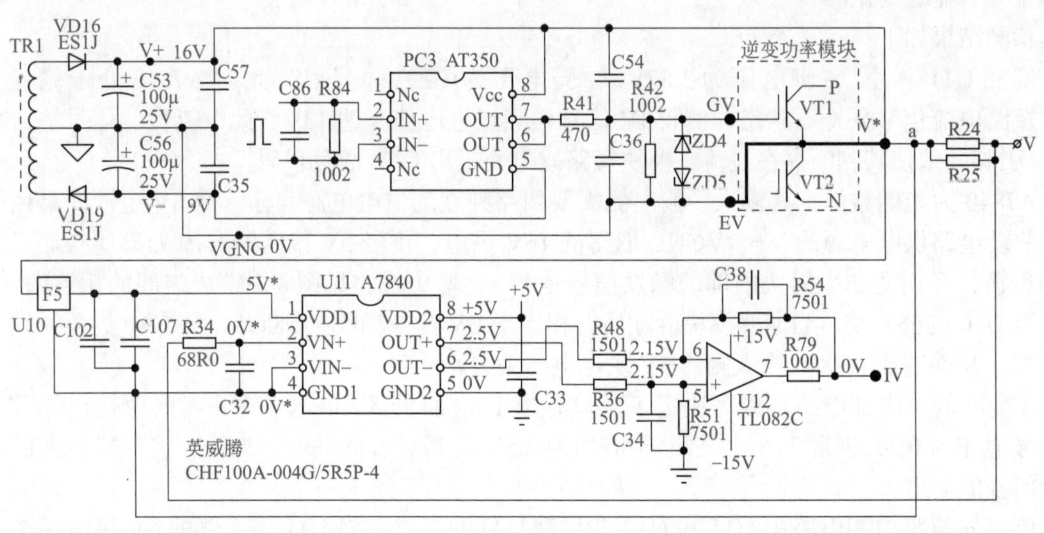

图 4-1 V 相电流检测电路的前级电路

由主板 MCU 来的脉冲信号，经 PC3（AT350 光耦器件）驱动芯片隔离并进行功率放大后，输出信号至 GV、EV 脉冲端子并直接驱动逆变电路中的 VT1（IGBT）。V 相输出电流在采样电阻 R24、R25 上转化为电压降信号，输入至由 U11、U12 组成的前级电流检测电路。

U11（印字 A7840，型号为 HCPL-7840）为线性光耦器件（见图 4-2），除具有电气隔离作用以外，输入电阻高至 480kΩ，能对毫伏级输入电压信号进行线性放大，并转化为差分信号输出。电路工作模式为双端差分输入和双端差分输出。器件的电压放大倍数为 8。输入信号范围为正、负 300mV 之间，输出信号范围为 0 ～ 2.4V。本例电路，U12 差分放大器的电压放大倍数为 5，因而电路总的电压放大倍数为 5×8=40 倍。

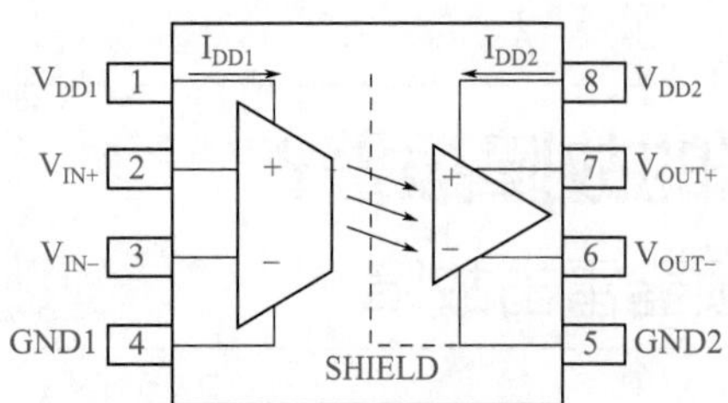

图 4-2 线性光耦 A7840 引脚和电路原理框图

故障分析和检修 电流检测电路的静态各点直流电压值，已在图 4-1 中作了标注。+5V 供电条件下，A7840 的差分信号输出端 6、7 脚对地电压值均为 2.5V，即输出差分信号为 0V，后级运放电路输出电压值亦为 0V。

其实，在带载运行动态过程中，若仍用万用表的直流电压挡测量各点信号电压，应仍为原有的静态值，若不能保持原值，恰恰说明电路为故障状态。带载运行期间，若换用交流电压挡来测量，则能检测动态信号的大小。

从直流的能量角度考量，动、静态的能量变化量为 0；从交流的能量角度考量，动、静态能量方有显著变化。

检测结果如下：

实测 U11 芯片，6 脚电压为 3.87V，7 脚电压为 1.29V。显然，此时 A7840 处于错误的“短路电流信号采样”状态，测得 IV 信号检测点电压值高达 13V，此电流检测信号输入 MCU 引脚，致使其判断存在过流、模块短路故障而报出 OC3 故障代码。

A7840 为光耦器件，其输入、输出侧需要两路独立的供电电源。输入侧 5V 电源，是由 V 相驱动电路供电电源的 V+、VGND 取得的 16V 供电，再经 5V 稳压器 U10 处理所得。供电的负极，经逆变功率模块内部的触发信号地和 V* 输出线（见图 4-1 模块内部的粗连线）引入至 U10 的公共端。当逆变模块拆除后，相当于 EV 与 V* 的连接断开，即 U10 的公共端“悬空”，从而造成 A7840 输入侧的 5V 供电电压丢失。

A7840 的“内部电路环境”决定了，只有当 1、4 脚的 5V 供电电源正常时，输出侧差分信号值才为 0V，表现为 6、7 脚电压值均为 2.5V；当输入侧供电消失后，将形成最大的差分信号值输出。

可以先假定检测电路中 U11 和 U12 芯片都是好的，仅因为 U11 输入侧的 5V 供电丢失而造成错误的输出信号，那么屏蔽 OC 故障，要采用什么简易的方法呢？

首先是想办法恢复 A7840 的输入侧供电。即拆除功率模块后，将 EV 端子与 V* 输出端子用导线连接，即可消除电流检测电路的误报警。

恢复其正常供电后，其静态工作点电压若不能恢复至图 4-1 中所标示值，说明检测电路仍然有故障。

本例故障，U11 芯片和 U10（输出 5V 的 3 端稳压器）均已损坏。代换 5V 稳压器和 A7840，和采用恢复输入侧 5V 供电的故障屏蔽方法后，不再误报故障，电流检测电路的故障修复同时也完成。

最后代换功率模块后，机器修复。

变频器的控制电路部分，各种故障检测电路比较完备。当因各种原因（比如控制板与主电路相脱离或损坏 IGBT 模块与控制电路的连接断开）造成检测条件不满足时，会出现各种故障报警，同时变频器处于故障锁定状态，不能正常操作运行，这给相关电路（如驱动电路）的检测带来不便。有时，故障排除的过程就是屏蔽各个故障报警的过程。

实例 2

三垦 SAMCO-i 型 30kW 变频器电流传感器的静态电压应是多少?

故障表现和诊断 两台三垦 SAMCO-i 型 30kW 变频器，均是上电报 OCPn 故障，且故障不能复位，显然为硬件检测电路故障。拔掉电流传感器后，测电流传感器原信号输出端电压，为 0V，电流传感器的型号为 S1CM5-138/4S，为四引线端元件。先是凭想当然，断定为正、负电源供电，静态输出电压应为 0V。

将电源 / 驱动板拆下。本机型采用智能化模块，由四只光耦向主板 MCU 返回 OC 信号。检测到 OCPn 报警并不是由驱动电路返回的信号。反过来，再查电流传感器的信号回路，发现电流传感器为 12V 单电源供电，其中两根引线接电源地，一根为信号线。拔掉传感器后，上电仍报 OCPn 故障。插上两个传感器，测一个传感器静态电压，为 6.32V，另一个静态输出电压为 8.9V。由此得出结论，不是一个坏掉，就是两个都坏掉了！那么该电流传感器的静态电压应该是多少才是对的呢?

对于正、负双电源供电的电流传感器来说，采用双电源的目的，就是要使静态输出为 0V，工作时输出以 0V 为基准上下变化的交变电压信号。当运放电路采用单电源供电时，为得到最大动态信号电压变化范围，常将其基准电压设定为电源电压的 1/2 左右。如采用 15V 供电时，取基准电压为 7.5V，这样一来，当输入交流信号时，输出信号其实是以 7.5V 为基准上下变化的交变信号（0V 时相当于负向信号的最大值，15V 则为正向信号的最大值，信号的正、负变化最大极限皆为 7.5V），7.5V 其实是零信号的标志。

如此分析下来，感觉静态电压为 6.32V 的电流传感器也许是好的，输出电压为 8.9V 的这一只确实是坏掉了。

电流检测信号最终要输入主板 MCU，而主板供电电压一般为 5V，这个 6.32V 静态电压也让人感觉有点不太正常。对两个电流传感器的好坏，还是有点拿捏不准。

上网搜了一下，有部分资料显示三垦变频器电流传感器的静态电压应该是 2.5V，在此基准的最大电压变化幅度为 0 ~ 5V，满足主板 MCU 的信号输入幅度要求。对此进行验证，用直流调压电源，从电源 / 驱动板的电流信号端子输入两路 2.5V 电流检测信号，一上电还是报 OCPn 故障，当此电压调至 3V 以上时，正常显示，也能正常启、停操作。这说明该机型电流传感器的静态电压是不能为 2.5V 的。

继续探究电流传感器的静态电压大小。顺着信号流向，检查电流检测电路的后续电路，发现：由电流传感器输出的电流信号，经后级二极管正向 5V 限幅，两个 4.7kΩ 电阻对地分压后，再送入后级处理电路。由此真相大白：在 MCU 电流检测信号中，电流信号的基准电压应该是 2.5V 没错。那么分压电路之前的由电流传感器输出的信号基准电压，肯定是 5V 无疑！

为验证判断是否正确，拔掉电流传感器，在其信号输出端施加可调直流电压信号。当信号低于 2.5V 或高于 7.5V 时，运行或停机过程中，均报 OCPn 故障，且不能复位；当高于 2.5V 或低于 7.5V 时，虽运行中报出故障，但可以复位。由此信号的中间地带分析，静态电压为 5V。

电路构成 对于单电源供电的电流传感器，图 4-3 有代表性参考意义（图 4-3 为本机型电流传感器电路示意图）。

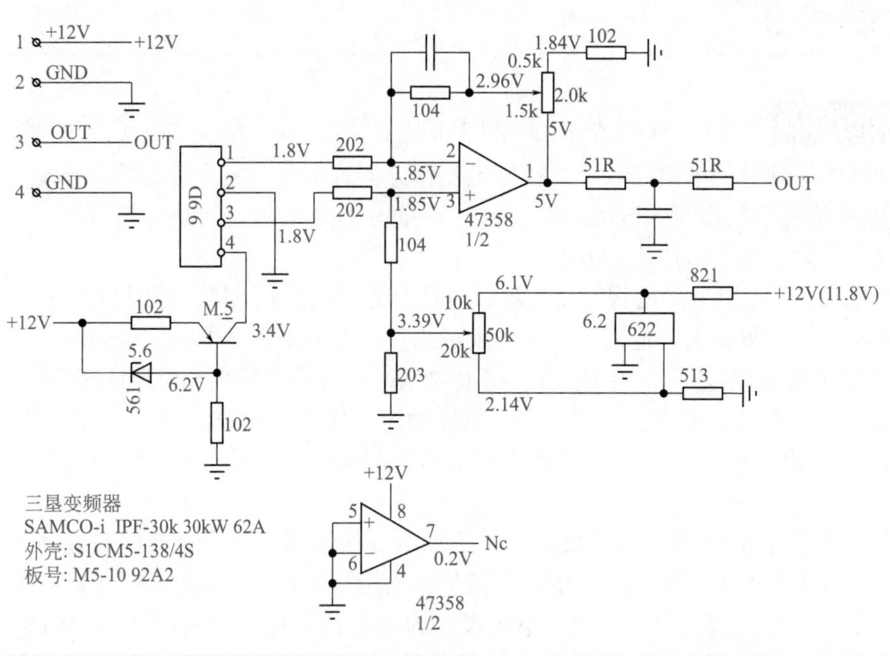

图 4-3　三垦 SAMCO-i 型 30kW 变频器电流传感器电路图

图中四线端霍尔器件（印字 99D），2、4 脚为恒流电源供电端（由 5.6V 稳压二极管和 PNP 三极管构成恒流源电路，提供约 5mA 的恒流供电），1、3 脚为差分信号输出端。47358 芯片与外围电路构成差分放大器电路。50kΩ 半可变电阻器为调零电位器，调整 OUT 端为 5V 输出；2kΩ 半可变电阻器为调幅电位器，决定放大器的动态输出范围。

电路正常工作与否需在电流发生器配合下，调准两个半可变电阻器的位置。当发生因半可变电阻器氧化导致的接触不良故障时，代换半可变电阻器后，若无电流发生器配合调整准确，“修复”后的传感器仍然不能正常使用。

检修过程 查图 4-3 中各元件，未见异常，判断为两个半可变电阻器不良，代换新品后调 50kΩ 半可变电阻器，使 OUT 端为 5V，并将 2kΩ 半可变电阻器调至中间位置。上电显示与操作正常。

安装运行，启动后仍报 OCPn 故障，想起无电流发生器配合。凭想当然整定半可变电阻器后即安装运行，是多么荒唐的一件事。代换电流传感器后故障排除。

手边没有器件资料，可以测绘；测绘电路，其各点电压值也不一定就能马上确定；“跑一跑”电路，跑得多了，前后级电路的关系理清了，判断依据就有了。修复故障不能心存侥幸，验证确无问题后，再交付用户。

实例 3 SV055iS5-2NU 型 5.5kW 变频器上电报接地故障

故障表现和诊断 一台 SV055iS5-2NU 型 5.5kW 变频器，上电后报接地故障，判断相关检测电路误报警，即检测电路本身存在故障。

电路构成 该部分检测电路，一般由运放和比较器电路构成，“跑电路”稍微麻烦一点，但可将相关故障检测电路测绘出来。故障修复后，重标了一下正常状态的静态电压，供以后检修参考（见图 4-4）。

电流信号检测电路和电压检测电路，稍为复杂，可分为以下部分。

（1）模拟信号放大电路

U12、U13（TL084C 四运放），对电流传感器输出的电流信号进行初步（反相）放大，经过电平位移处理为 MCU 可以接收的电压信号，送入 MCU 的 79、80、81 脚。这是三路模拟电压信号放大电路。

（2）电流基准信号产生电路

由 MCU 的 86 脚（或为 +5V 供电引脚）的 +5V 电压，经 U14 反相处理为 −9.7V 的电流基准信号，再送入 U12、U13 组成的反相器（与输入信号构成加法器）电路，衰减形成 2.4V 的电流基准（表征为零电流水平）信号，输入 MCU。

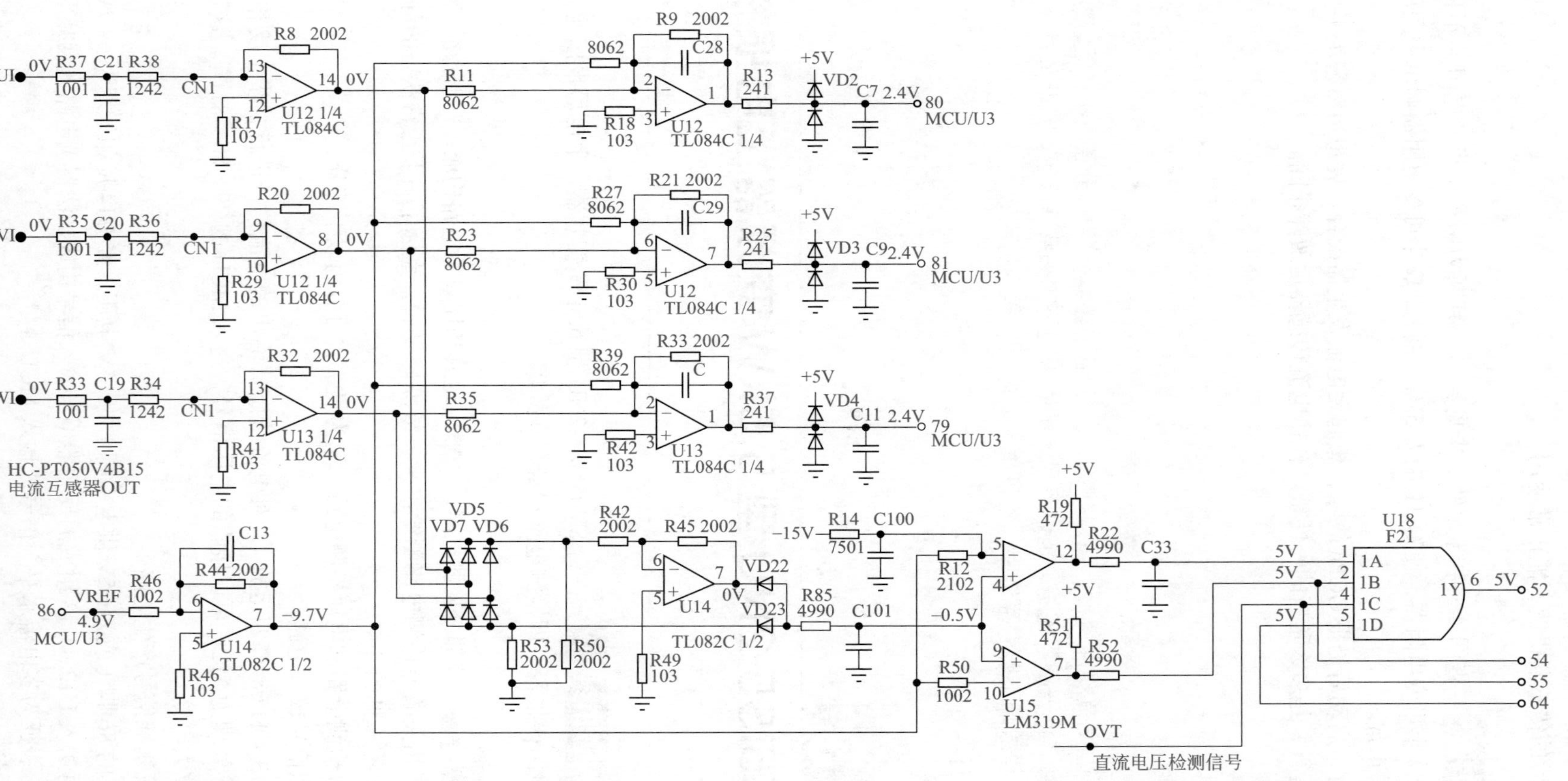

图 4-4 SV055iS5-2NU 型 5.5kW 变频器的电流检测电路

（3）过载故障信号形成电路

电流传感器输出的采样电流信号，经第一级放大后，同时输入由 VD5 ~ VD7 组成的三相全波整流电路，得到 IUVW 全电流信号，经 U14 进一步处理为单向电流信号，送入后级窗口电压比较器电路。过载发生时，据运行状态的不同，报出过载故障。

由上述分析，其电流信号检测电路中不包含接地故障检测的硬件电路。换句话说，其接地报警，系由送入 MCU 的 79、80、81 脚的 3 路模拟电压信号，经 MCU 内部程序运算而得出的。当 3 路电流检测信号的不平衡度达到一定程度时，经内部运算处理后会报出接地故障。

① 对比检测此三路电压信号，果然发现了问题所在：测得 MCU 的 80、81 脚电压为正常的 2.4V，79 脚电压为 5.7V。

② 继续检测由 U13 构成的两级放大器，测得 WI 端输入电压为 0V（说明前级电流传感器输出信号正常），但测得 U13 的 12、13、14 脚均不为 0V，判断该组放大器损坏。

代换 U13 后，上电显示正常，试机运行正常，故障排除。

电流检测电路，涉及的信号环节较多，实际检修中，可采用“先两端，后中间”的原则，进行快速判断。

其首端，即电流传感器的信号输出端，若异常，可判断电流传感器坏掉。

其末端，即 MCU 的电流检测信号输入端，若异常，可从前级电路查起。

实例 4

德莱尔 DVB 型 5.5kW 变频器上电报过载故障

故障表现和诊断 变频器上电即报过载故障，大多为输出电流检测电路发生故障，输出了错误的报警信号。

电路构成 德莱尔 DVB 型 5.5kW 变频器电流检测电路如图 4-5 所示。

① V、W 两相输出电流信号分别经 U14、U16-1 和 U15、U16-2 两路线性光耦隔离、差分放大器处理，再由加法器电路 U16-3 处理得到 U 相电流检测信号，此电路为第一级模拟信号处理电路。

② U12-1、U12-2 进行电压的跟随和反相放大后送至 MCU 的 8 脚；U12-3、U12-4 进行电压的跟随和反相放大后送至 MCU 的 7 脚，此电路为第二级模拟信号处理电路。

该两路信号又分别由 U13-1 和 U13-2 比较器电路处理成开关量的过载信号，送入 MCU。

③ 由第一级模拟信号处理电路生成的三相输出电流检测信号，输入由 VD2、VD26、VD27 构成的三相桥式整流电路，得到直流电压信号送入 U16-4 差分放大器，处理后再送入 U18-1 电压比较器，进而得到开关量的故障停机信号（切断逆变电路 6 路脉冲传输通道，但并不实施报警）。

故障分析和检修 上面所述①②部分中的全部信号传输环节出现故障，均会引发过载报警动作。以 V 相电流检测电路为例：

从 U16-1 的输出端 14 脚到 U12-2 的输出端 14 脚，其正常直流电压应为 0V。送入 MCU 芯片的 8 脚的信号因 R93、R94 偏置作用，应为 2.5V。测量时，U16-1 的输出端 14 脚可作为信号首端，MCU 的 8 脚可作为信号末端。测此两点，则可判断整个检测电路的好坏。若 U16-1 的输出端 14 脚电压不为 0，查 U16-1、U14 两芯片及外围电路；若 MCU 的 8 脚不为 2.5V，查 U12-1、U12-2 两级放大器电路状态。

对于相对复杂的电流检测电路，在检修中是否需要“跑全电路”，甚至要测绘电路才能达到修复要求呢？这需要视具体情况而定。笔者测绘出大部分电路，大多是出于储备电路维修资料，为检修同型号设备提高检修工效而准备的。“跑电路”或“顺电路”是为了快速找到关键检测点，是一般检修者经常采用的方法，测绘电路图则不是必须和必要的。如果更懒惰一点，也可用“扫雷法”先试着找出故障点或确定故障区域，方法如下：

① 找 IC。在电源 / 驱动板和主板 MCU 上找出模拟电路的集成 IC 器件，由器件型号或由电路布局确定。

② 电阻法。电路板停电状态，将电路中 IC 器件的信号输入脚、信号输出脚对供电电源正端和负端各测量一次，电阻值均在 1Ω 左右，为直接连接；电阻为 5 ~ 50Ω，可判断 IC 芯片已经有短路故障。

③ 电压法之一。运算放大器电路上电状态下，根据“虚短”规则两输入端电压应大致相等，若“虚短”不成立，即从该级电路查起。

④ 电压法之二。比较器电路上电状态下，按 IN+>IN−=Vcc+（输出端上拉电阻所接电源正端电压）、IN+<IN−=Vcc−（或 0V）规则进行检测，不符合规则者，大多为芯片损坏，两输入端电压都为 0V 者，大多为基准电压丢失。

采用“扫雷法”，一半以上的故障检测电路都可快速确定故障点。

本例故障，测得 U12-1 的 2、3 脚电压已有较大的电压差，“虚短”原则被破坏，判断 U12 芯片损坏，代换后，上电显示与试机正常，故障排除。

检修复杂——往往由数组或十几组运放及比较器电路组成——的电流检测电路，如果用先落实电路再检测的办法，确实费时费力。而按照“先两端后中间”原则或采用“扫雷法”进行“过筛”，则能大大提高检修工效。

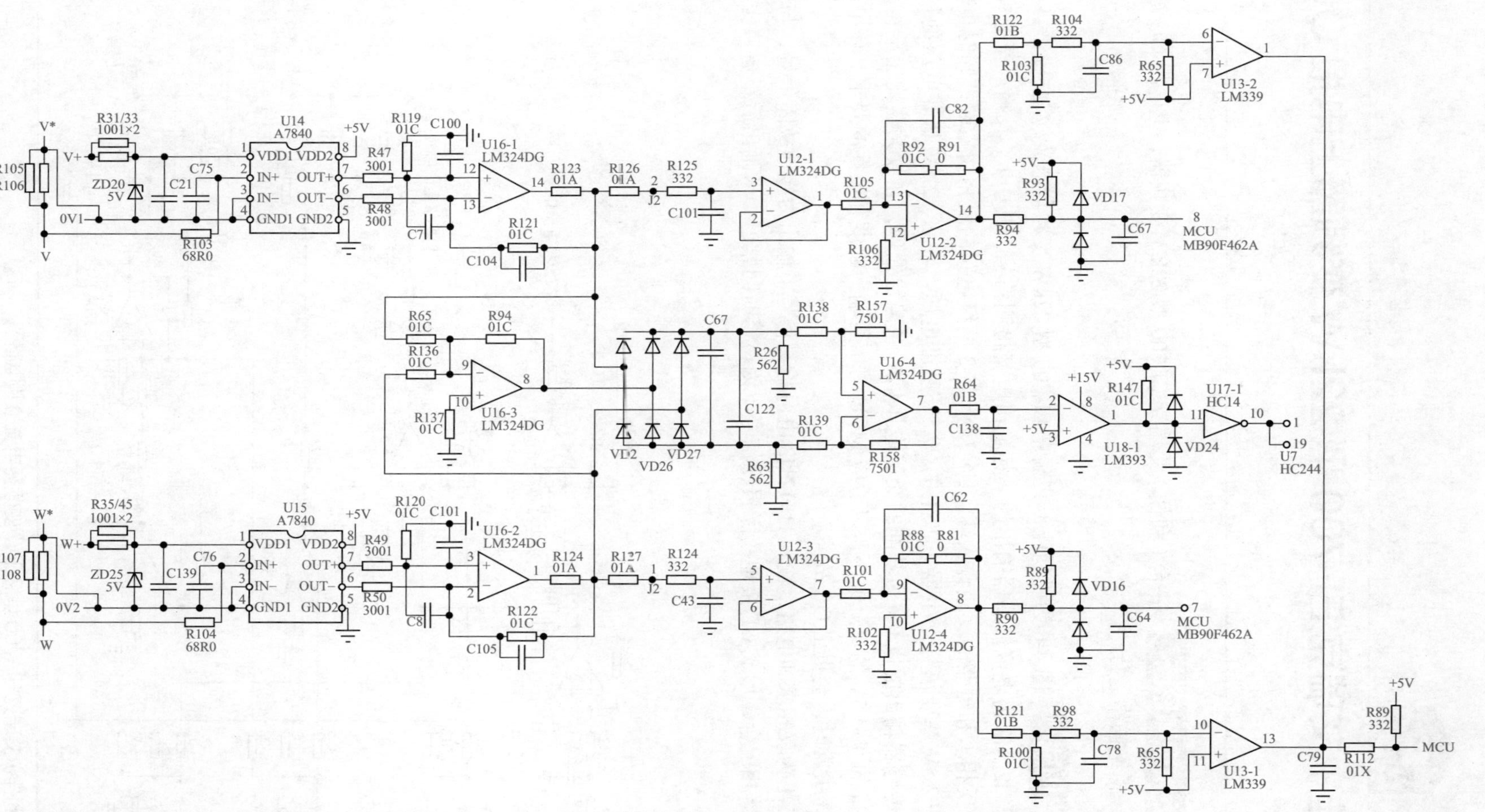

图 4-5 德莱尔 DVB 型 5.5kW 变频器电流检测电路图

实例 5

（利佳）艾瑞克 EI-700 型 22kW 变频器上电报 OC 故障

故障表现和诊断 一台（利佳）艾瑞克 EI-700 型 22kW 变频器，上电报 OC 故障，不能复位，拒绝操作运行。

电路构成 图 4-6 为（利佳）艾瑞克 EI-700 型 22kW 变频器电流检测电路图。

① I1、I2、I3 为电流传感器输出的三相输出电流检测信号，其中 I_1、I_3 输入至 U5-2 和 U5-3 两级反相求和电路的反相输入端。U5-2 和 U5-3 两级电路的反相输入端，同时也输入由 U2-2（−2.5V 基准信号产生器）产生的 −2.5V 基准电压。输入 −2.5V 基准电压的目的，是将电流传感器输出的以 0V 为基准的交流电压信号经偏置处理，在放大器输出端得到以 2.5V 为基准的 0 ~ 5V 的直流电压，以适应 MCU 对信号输入幅度和极性的要求。该电路静态工作电压失常时，会报出 OC 故障。

② U5-1 为反相求和电路，输入 I1+I2+I3 电流检测信号，输出为接地故障信号，与后级窗口比较器相配合，形成 GF 接地故障报警信号（因检修时间紧迫，未画出后级窗口比较器电路）。

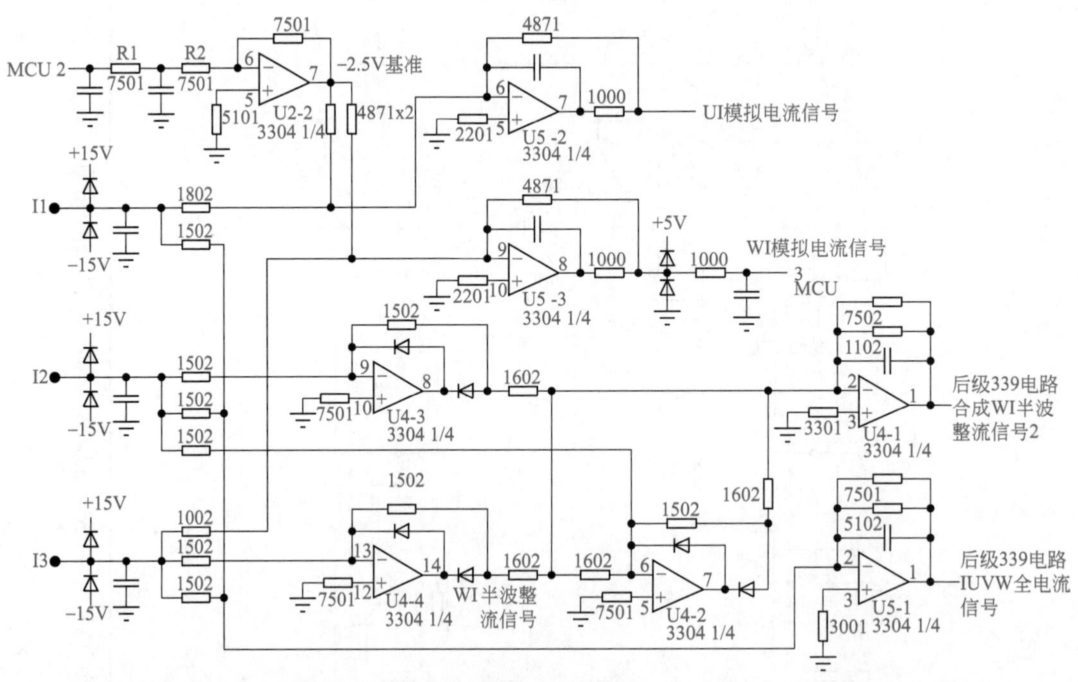

图 4-6 （利佳）艾瑞克 EI-700 型 22kW 变频器电流检测电路图

③ U4-2、U4-3、U4-4 各级电路构成 3 组精密半波整流电路，输出的信号经 U4-1 反相处理，得到 IUVW 全电流信号送后级比较电路（因检修时间紧迫，未画出后级梯级比较器电路），得到过载动作的故障报警信号 OL1 ~ OL4。

故障分析和检修 机器上电即报 OC 故障。变频器 OC 故障来源有两个，一个为电流检测报警，另一个为 IGBT 驱动电路检测 IGBT 导通状态不良（或运行电流超值）时报警。若上电即报 OC，前者概率为大，若启动之际报 OC，后者概率为大。

故应首先检查电流检测的相关电路，确定是否为异常状态。

U2-2 及外围元件组成 −2.5V 基准电压发生器电路，测得其 5、6 脚都为 0V，符合反相放大器的“虚地”特性，但测得 7 脚输出端为 0V，致使 U5-2、U5-3 引脚的信号电压也为 0V（运行电流最大值），从而导致上电产生 OC 故障报警。由此，该机故障应在 U2-2 的 −2.5V 基准电压发生器电路。

测 U2 芯片的供电脚（4、11 脚）的 +15V、−15V 供电电源，正常，芯片“虚地”特征成立。判断其反相输入端电路 R1、R2 有断路，或 R1 左端输入 5V 电压有问题。测得 R1 左端 5V 电压正常，R1 右端电压为 0V，故障原因为 R1 断路或出现虚焊。观察 R1 电阻外观，颜色暗淡且有形变。代换 R1 后，上电试机正常。

为适应将交流电压信号转换为 0 ~ 5V 的直流电压信号，常采用为放大器预加 −2.5V 偏置电压的办法，使输入至 MCU 引脚的静态电压值为 2.5V，以适应 MCU 对输入信号幅度和极性的要求。

当 −2.5V 基准电压异常时，各路输入至 MCU 的模拟电压检测信号全部变为异常。因而当检测出各路输出信号都异常时，故障源头一为供电电源异常，二为基准电压发生器异常。

实例 6

不需基准电压的电流检测后级电路

——小功率机型简易电流检测电路

故障分析和检修 MCU 的模拟信号输入端，（+5V 供电电源条件下）对输入信号的幅度和极性均有要求：a. 要求输入信号电压不高于 5V；b. 不接收负的输入电压信号。二者说明了一个问题，任何 IC 器件（不单指 MCU）对输入信号电压的要求是，信号电压极性和幅度不应超出其供电电源电压范围，否则易造成芯片损坏，或处理结果错误。

电流传感器输出的电流检测信号，为交变电压信号，不能适应 MCU 对输入信号电压单极性的要求。要将此交变信号处理为 0 ~ 5V 的直流信号，通常有两种方法：

① 进行精密半波或全波的整流，同时进行信号幅度的处理；

② 输入信号与 −2.5V 基准电压合成，并倒相，处理为在 2.5V（2.5V 为零电流基准信号）上下变化的 0 ~ 5V 的直流电压信号。

通常，运放电路是不需加上拉电阻的，只有开路集电极输出式电压比较器，才需要在输出端接入上拉电阻，以形成高电平信号输出。

小功率欧瑞变频器，其电流检测电路如图 4-7 所示（为分析行文方便，将图中元件重新标序）。

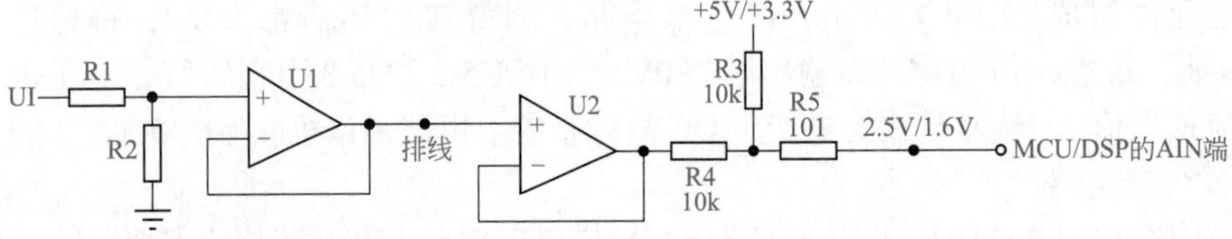

图 4-7 电流检测电路

该电路省去了 −2.5V 的基准发生器电路，由 R3、R4 两个电阻决定 MCU/DSP 输入端的静态电压值。

① MCU 的供电电压为 +5V，送入 MCU 输入端的电流检测静态信号电压应为 2.5V 左右；

② DSP 的供电电压为 +3.3V，送入 DSP 输入端的电流检测静态信号电压应为 1.6V 左右。

即送入 MCU 或 DSP 器件引脚的静态直流电压应设置为其供电 Vcc 的 1/2 左右。在此检修过程中可由器件类型判断电流信号的幅度应为多少，做到“有数有谱”的检修。

本例故障，DSP 的输入端电压为 0V，R3、R4 连接点电压为 1.6V，判断 R5 不良，代换 R5 后故障修复。

由两个 10kΩ 电阻分压为 3.3V 的一半，约为 1.6V（此为零电流基准信号），动态时交变输入信号与 1.6V 相加减，形成 0 ~ 3.3V 范围的电流检测信号，送入 DSP 引脚。

在运放电路的输出端加入上拉电阻，是取得基准电压（零电流基准信号）的另一种形式。

积累经验，摸索电路的规律，变未知为可知，为实现检测预判提供依据，做到“有数有谱”地检修。

实例 7

因电路板脏污运行中误报过流故障

易能 EDS1000 型 5.5kW 变频器，停机状态，显示电流值 7 ~ 8A，运行中显示电流值比实际值偏大，造成误过流保护动作。检查电流检测后级电路 U5（TL082）的 7、8 脚之间发现有脏污，清理干净后，上电显示正常。运行正常。

U5 的 7 脚为电流检测信号输出端，8 脚为 +15V 供电端，7、8 脚之间的脏污形成了漏电电阻，造成错误的电流信号输出。

实例 8

再说 A7840 电流检测电路

电路构成 国产小功率变频器 U、V、W 相输出电流信号，多从电流采样电阻上取得，电流采样电阻将流经电流信号转变为电压降信号，再由线性光耦 A7840 进行 8 倍电压放大、后级差分放大器进一步处理后，交由电流检测后级电路进一步“细化”，得到过载、接地、电流显示等相关电流检测信号。

如图 4-8 所示，为常见 A780 电流检测电路的经典模式，A7840 为差分输入电路结构，静态（电流信号为零时）A7840 的输出端 6、7 两脚电压皆为 2.5V（即信号值为 0V），运放电路输出端 7 脚电压为 0V；运行中和故障信号输出时，A7840 的输出端 6、7 两脚电压相向偏离 2.5V（即有了差分电压输出）。故障输出的极端状态是：两输出端最大输出电压幅度为 2.5V（如 6 脚为 1.3V，7 脚为 3.8V）。运放输出端最大输出电压值约为 8V。

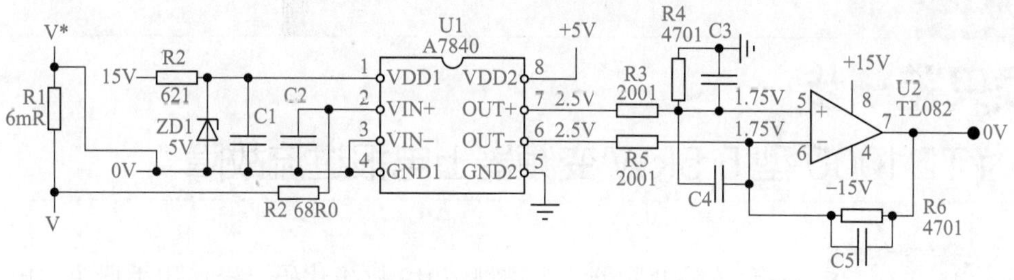

图 4-8 “标配型”A7840 电流检测电路

检修任务，其实是对电路静态电压的“修正”。上电后误报 OC 故障，测得运放输出端 1 脚的电压不为 0V，说明该级电路有错误的过载信号输出，故障不外乎 A7840 或运放电路损坏，以及 A7840 输入回路异常、输入供电丢失等原因。检修目的，是使运放输出端的电压值恢复正常的 0V。

故障分析和检修 接手一台小功率机器，上电报过载故障，依据固有检修思路，上电即测 A7840 后级运放电路的输出状态，两路均为 2.35V。测 A7840 的 6、7 脚，均为 2.5V，是正常的。仔细检查后级运放电路的工作状态，发现 A7840 的 6 脚空置，再看运放电路的同相输入端由 R80、R81 对 +5V 分压取得 2.5V 的基准比较电压，实际电路如图 4-9 所示，与图 4-8 有所不同。该电路静态电压输出为 2.35V（表征为零电流水平），是正常的。运行中，形成以 2.35V 为基准的在其上下变化的交变电流检测信号。

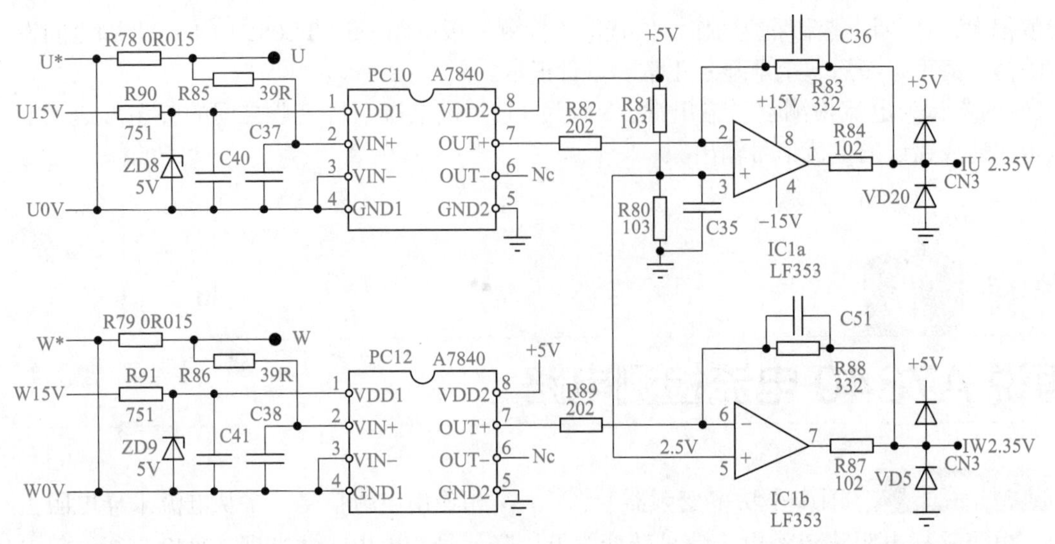

图 4-9 “非标型”另类电流检测电路

由此判断，误报过载故障，不在如图 4-9 所示的电流检测前级电路，应检查 IGBT 驱动电路，或电流检测的后级电路。确定检修方向后，很快将故障修复。

实例 9

有时候只差一步
——华为 TD1000 型 5.5kW 变频器上电报过流故障

故障表现和诊断 一台故障变频器，上电跳 E019 故障代码，查使用手册为“电流检测电路故障”，指向明确。判断故障在输出电流检测电路。

故障分析和检修 检测电流检测信号处理的前级电路，输出信号为正常的 2.5V，没有问题。由此进入 MCU 主板后级的电流检测电路，由电压比较器电路构成，如图 4-10 所示。正常时输出端为 +5V 高电平，当为 0V 低电平时产生 E019 报警信号。

前检修者测得前级电流检测信号输入至 5 脚，6 脚为 0V，7 脚输出为 0V 低电平。据此判断，该级比较器按 5 脚电平高 6 脚电平低的输入状态，其输出端电平显然是错误的，已经不符合比较器的工作规则。

通常，测量比较器的各脚电压值，如果符合比较器原则，是“讲理”的，就是好的；若不符合比较器原则，输入、输出“不讲道理（逻辑关系）”，外围电阻等元件又无异常，即可确定比较器损坏。但前检修者重测 5、6、7 脚电压状态后，判断电压比较器 U26 已经损坏，换了一片重测，还是有故障信号输出。

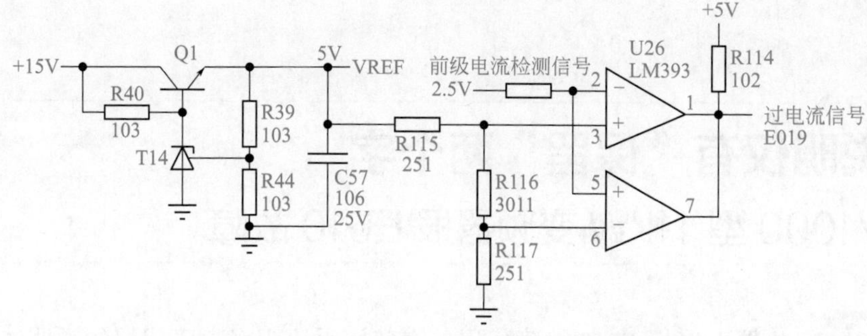

图4-10 华为TD1000型5.5kW变频器电流检测后级电路之一

笔者重测了板子，各脚电压，发现U26的2脚为高电平，3脚为低电平，1脚为低电平，器件的1、7脚是并联的，确实有故障信号输出，但U26是好的，即U26的1、2、3脚仍旧符合比较器规则。问题可能为：

① 2脚输入信号电压超过3脚设定值，比较器输出端产生动作翻转，故障为前级电路送来了异常信号。

② 3脚基准电压丢失，2脚即使输入正常信号，比较器仍旧会产生动作报警信号。

根据U26的3脚电压低的线索，顺藤摸瓜，检测到Q1损坏，原来故障根源是5V基准电压丢失，造成了比较器误输出过流动作信号，导致产生了E019故障代码报警。

用印字2T（型号为MMBT4403，工作参数为PNP、40V、0.6A）的贴片三极管代换Q1，上电试机工作正常。

有时候（故障查到这里），离修复其实只有一步之遥了。只需在比较器电路的前级电路再查一下，就会真相大白。

另外，两级电压比较器的输出端是并联的，而前检修者仅测量了其中一组的电平状态，即草率判断比较器已经损坏。一是忽略了该电压比较器输出端可以并联的特点，二是未进行全面的测量，故而形成了误判。

重述一下LM393电压比较器的特点：

① 为开路集电极输出形式，可以接成多路输出端，并联式输出。

② 芯片供电和输出端上拉电源，可用一路，也可用不同级别但共地的两路电源。输出电压的高电平取决于上拉电源电压幅度。

③ 两输入端电压差不再为0V，若为0V，可能为基准/比较电压丢失。检修比较器电路，对基准电压的检查同电源电压一样重要。

④ 在对器件是运放器还是比较器的判断中，无负反馈回路为比较器，有负反馈回路为运放器。

实例 10

故障代码的说明仅有“保留”两个字
——艾默生 EV1000 型 11kW 变频器报 E010 故障

故障表现和诊断 机器上电报 E010 故障代码，查使用手册中对故障代码的说明，只有两个字——“保留”。查输出电流检测电路，如图 4-11 所示（部分电路与实际电路存在差别，但可以说明问题），过载或短路故障检测电路在一块小板上，由两组比较器处理后，由 A4504 光耦的 5 脚送往后级电路。电路结构与常见的略有不同。

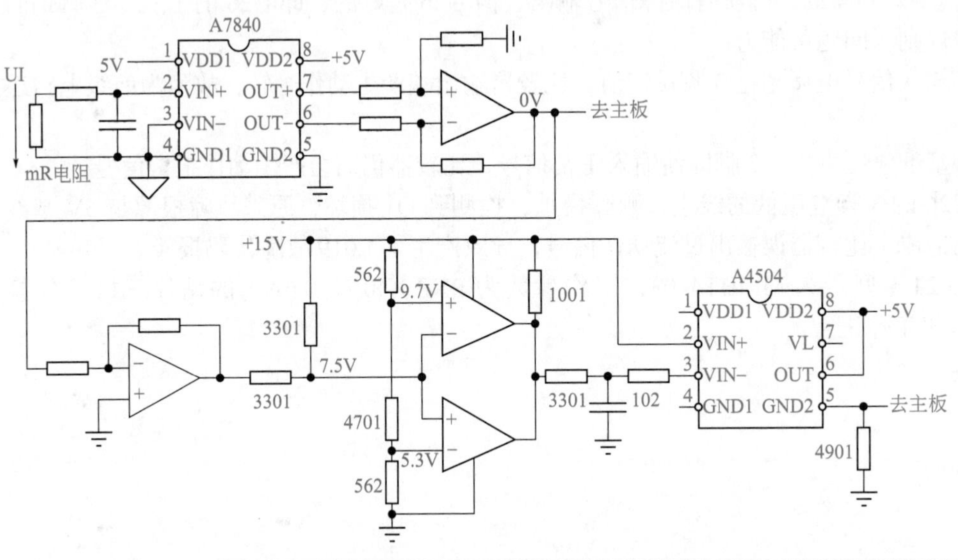

图 4-11 艾默生 EV1000 型 11kW 变频器电流检测电路

测量 A4504 的 2、3 脚电压差为 0V，说明没有故障信号输入，前级电路是正常的。但测量 A4504 的 5 脚，此时应该为 0V 低电平，实际测量值为 5V 高电平，是一个错误的报警信号输出。判断 A4504 5、6 脚内部三极管已经出现短路性损坏（图 4-12）。

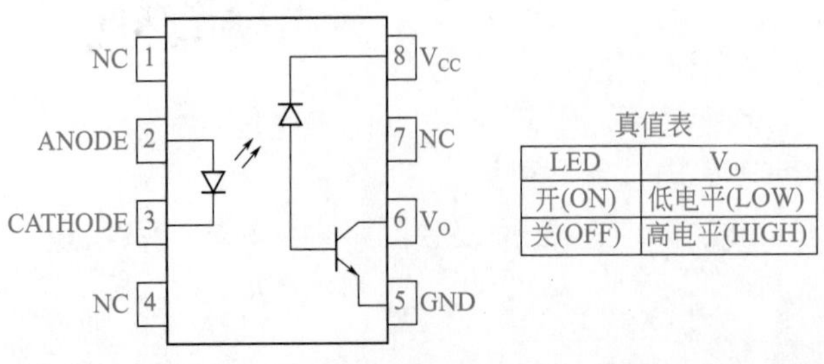

真值表

LED	V_O
开(ON)	低电平(LOW)
关(OFF)	高电平(HIGH)

图 4-12 光耦合器 A4504（型号 HCPL-4504）内部原理图

手头暂时无此配件，试代换 4 引脚光耦 P181，将原 2、3 脚接 P181 的 1、2 脚，将原 6、8 脚接 P181 的 4 脚，将原 5 脚接 P181 的 3 脚（图 4-13），上电测 3 脚输出电平，变为 0V 正常值。面板显示正常，操作后能正常运行，故障修复。

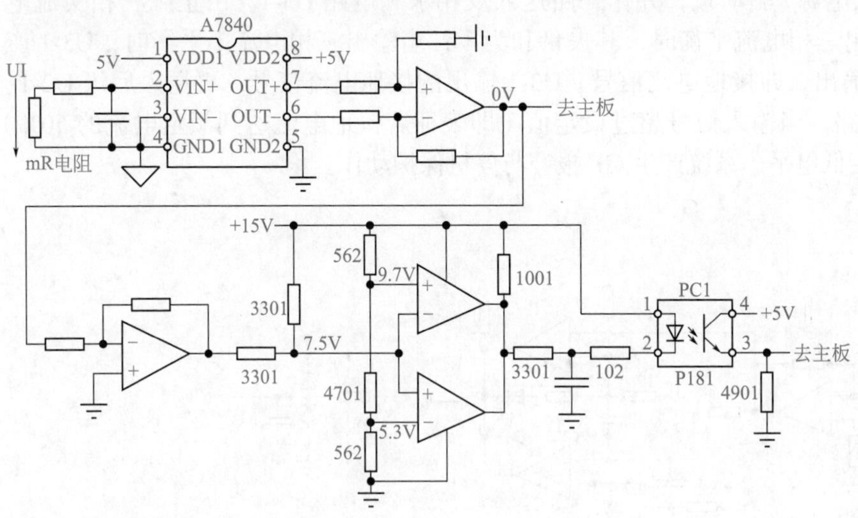

图 4-13　P181 代换 A4504 接线图

小结

现今网购条件下，一般电子器件进行采购基本上都没有问题。本例用 P181 应急代换 A4504，是在用户急修要求下实施的。在不降低原电路设计性能的情况下，合理地应急处理，达到快速修复故障的目的，是被允许的。

实例 11

东元 7300PA 型 22kW 变频器不定时报 GF 故障

故障表现和诊断　机器空载上电后报 GF 故障。根据报警时机可作初步判定：上电即报，为电流检测电路硬件故障；启动时报，为驱动电路不良或负载异常。

使用手册中对 GF 故障的描述为：地短路。即变频器输出端接地或短路。接地电流大于变频器额定电流的 50%。

故障报警已有明确所指，即该机的接地故障检测与报警电路异常，导致机器误报 GF 故障。

电路构成 东元 7300PA 型 22kW 变频器电流检测电路，见图 4-14。

本机的电流检测电路，大致可分为三个部分：

① 接地故障检测与报警电路。3 个电流传感器输出信号，经端子排 13CN、14CN、15CN 的 3 引脚送入电源 / 驱动板，并作一路送入反相求和电路 U3-1。由正弦三相交流电压理论可知，当输出三相电流平衡时，其矢量和为零；当输出三相电流不平衡时，U3-1 产生不平衡信号电压输出，即接地电流信号。U3-1 输出的接地电流信号，再送入后级 U2-1、U2-2 电压比较器电路，当输入信号超过设定值（即表征着接地电流达到额定电流的 50%）时，比较器输出端变低电平，系统产生 GF 报警与停机保护动作。

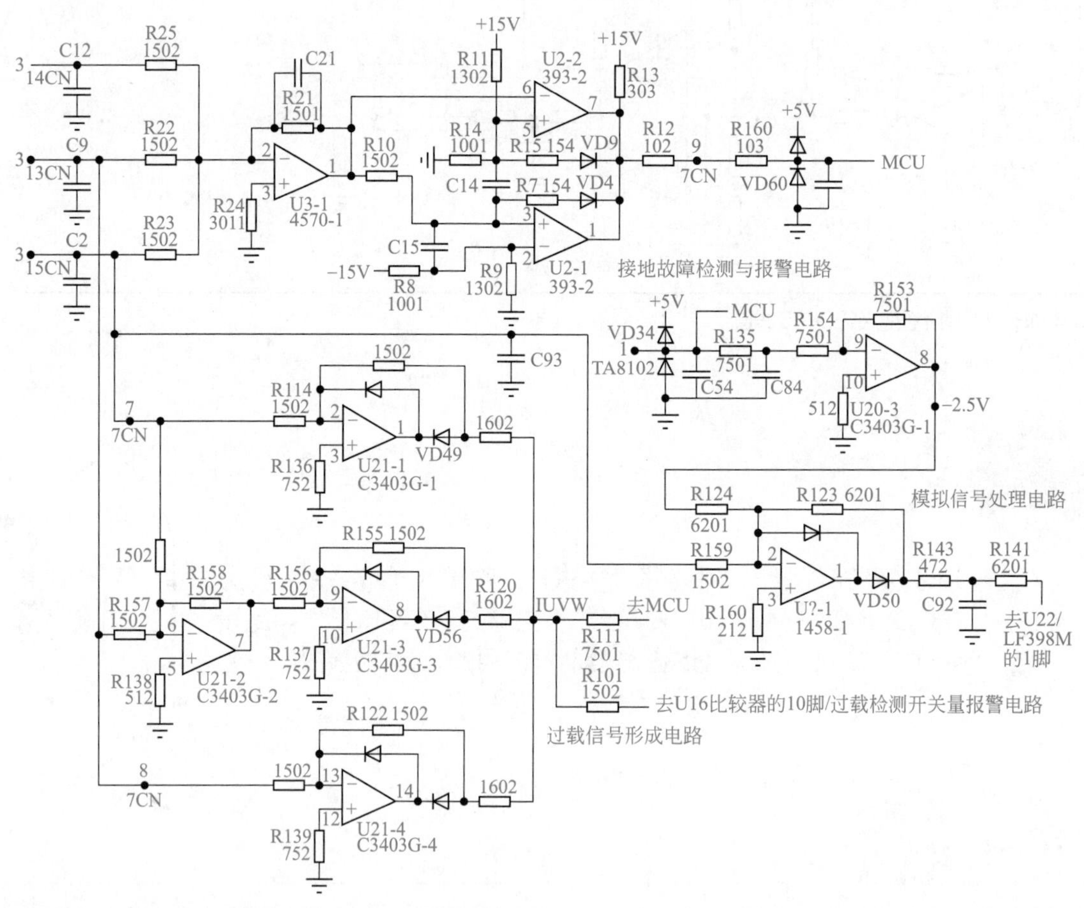

图 4-14 东元 7300PA 型 22kW 变频器电流检测电路

② 模拟信号处理电路。U20-3 为 −2.5V 基准 / 偏置电压发生器电路，U?-1（印字不清，无法确定编号）为反相求和电路，该级电路将静态 0V 电流检测信号“抬升”为 +2.5V 的信号电压，以满足 MCU 对输入电压范围的要求。此信号用于输出控制和运行电流显示。据系统设计思路不同，此信号异常时可能会造成上电报警，也可能仅在启动运行中该信号才能生效（待机状态即使异常也被忽略）。

③ 过载信号形成电路。由 U21-2 加法器电路，和 U21 的另外 3 组精密半波整流电路

(U21-1、U21-3、U21-4),将电流传感器输出的交变电压信号,转变为直流脉冲电压,并合并成一路 IUVW(全电流信号,不再区分 U、V、W 相位,只判断其电压幅度大小),送入后级梯级电压比较器电路,与设定基准相比较,超出设定值时报过载故障。

故障分析和检修 依据电路图纸,找到 U2-2 的输出 7 脚,测得此电压为 15V 高电平,也是意料之中——随机性报 GF,大部分时间尤其是空载情况下,应该是正常电平。向前检查 U3-1 反相加法器这一级,1、2、3 脚均为 0V,也基本为正常状态(起码静态工作点是对的)。考虑是带载运行情况下有时报警,因而重点要有两个方面的检查:

① 检查 U2-1、U2-2 的比较基准电压是否偏离正常设定值。如果设定值严重偏低,正常允许范围内的接地电流信号即会导致误报警。查 2、5 脚(基准电压设置端)分压(设定)值,正常。

② U3-1 外围偏置电路因元件不良造成电压放大倍数增大,也会导致正常接地电流(因各方面原因,变频器三相输出电流不可能达到理想的平衡状态,故实际工作中存在一定微量的不平衡情况,即产生微小的可允许的接地电流信号)的情况下,误报 GF 故障。

待机状态下,U3-1 输入、输出信号电压都为 0V,并不反映外围器件的不良(如电阻值变大)。外围器件的不良,仅仅在有电流信号输入的情况下才能有所反映。

故在线细测 R21 ~ R25 的电阻值,测得 R21 在线电阻值大于标称值 15kΩ,判断 R21 的电阻值已经变大,焊下测量,其值已达 100kΩ 以上。

因 R21 阻值变大,使该级对接地信号的放大能力显著提升,导致在正常检测信号下,误报 GF 故障。代换 R21,故障排除。

该级放大器的静态工作点正常,但因电阻变值致动态时工作异常,很容易在检修过程中被忽略,所以芯片级检测,得落实到元器件的好坏。

实例 12

康沃 CVF-G3 型 75kW 变频器运行中报接地故障

故障表现和诊断 机器运行中报故障,检修部没有试机条件,就先从检测电路中着手,看能否寻出些蛛丝马迹来。初测电流传感器静态输出电压值正常,上手直奔其后级电流检测电路,如图 4-15 所示。

电路构成 见图 4-15，从 U 相电流传感器来的 IU 信号，经反相器 IC1-1、IC1-4 和反相求和电路处理，在 MCU 的 3 脚形成 +2.5V 的静态电压信号。

从 V 相电流传感器来的 IV 信号，经反相器 IC1-2、IC1-3 和反相求和电路处理，在 MCU 的 4 脚形成 +2.5V 的静态电压信号。

IC2-2 为反相求和电路，取得 IU+IV=IW 信号。IU、IV、IW 等 3 路交流电压信号，经桥式整流电路，送差分衰减器 IC2-1 处理后，送比较器 IC9-2，从而得到开关量的过载报警与动作信号。

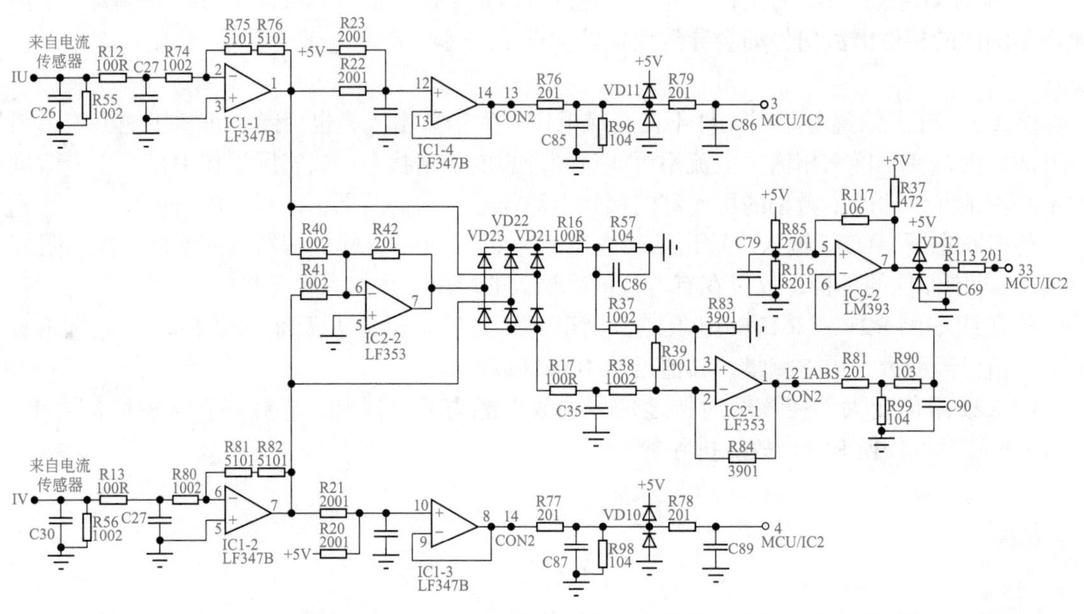

图 4-15　康沃 CVF-G3 型 75kW 变频器电流检测电路

故障分析和检修 由上述可知，从硬件电路找不到接地故障检测电路，证实接地故障检测与报警动作，都是由软件方式生成的，试分析故障原因，有以下几方面：

① 电流传感器异常，2 路信号的动态输出偏差过大，致使 MCU 检测后，报接地故障。

② IU、IV 信号处理硬件电路异常，使输出信号电压幅度偏差过大。

对图 4-15 电路进行了细致检测，两路静态输出电压值（送入 MCU 的 3、4 脚电压）均为 2.5V 左右，是正常的。

在 IU 和 IV 两点分别送入 +2V 直流电压，测试结果如图 4-16（将原部分电路稍加精简而成）所示。

图 4-16（a）电路中，为静态检测值，可以确定 IC1-4 是好的。虽然 IC1-1 静态下是正常的，但无法确定动态下能否正常工作——输入信号为 0V，对于由偏置电阻造成的放大倍数变化无法反映出来。

图 4-16（b）电路中，是正常电路在 2V DC 信号作用下各点电压的正确值。

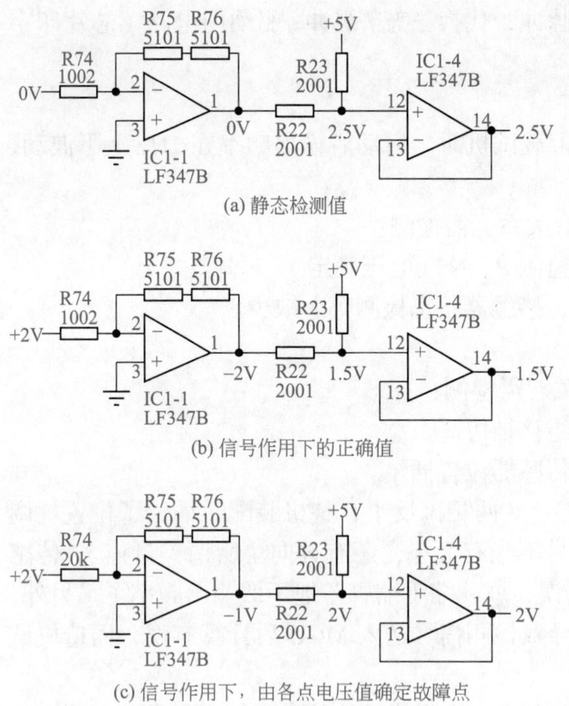

图 4-16 检测电路的 3 种状态示意图

图 4-16（c）电路是故障电路的表现，可以明显看出 IC1-1 由反相器“变成”了反相衰减器，即可直接断定输入电阻 R74 已经变值，由 10kΩ 变大为 20kΩ 了。

用印字 103 封装 0805 尺寸的贴片电阻元件，代换 R74，上电试机，故障排除。

运算放大器，本质上来讲为直流放大器，故可以施加直流电压信号，检测其动态性能，并由此找出故障元件。

实例 13

大功率变频器现场试机异常

故障表现和诊断 某品牌 220kW 大功率变频器，试机中电机振动，无法启动。测得输出缺相。

查驱动IC前级电路，确实少W相两路脉冲，代换三态/缓冲/驱动门电路（芯片印字HC240）后，六路脉冲正常。

顺便检测了驱动电流，都无异常。

先带30kW空载电机，试机正常。现场带载试机时，启动后输出频率在1Hz上下波动，电机微动，运转不起来。

启动中频率不能上升，可能和电压检测有关系。需检测：

① 主电路接触器是否动作良好，可通过监测P、N端电压确定。

② 其它检测信号（如输入电源缺相检测、接触器状态检测等）缺少。

查无异常。

启动中频率不能上升，或和电流检测相关。需检测：

① 确定电机有无异常，如机械堵转或绕组接地等。

② 也许是电流传感器不良，或三个电流传感器位置插错。

检测后发现确为电流传感器位置错误，U、V两相搞反了，整机装配时插错了位置。调正后，启动、运行正常。为何？电流检测信号不光有大小，还有方向（所谓矢量值）。传感器插错，MCU检测到电流信号判断为检测错误，就“缩手缩脚”地不敢输出频率了。另外，若两只电流传感器安装方向不一致，同样会导致检测信号送入MCU后计算有误，而造成试机异常。

空载运行正常的原因是空载电流较小或无电流，检测信号偏差相对较小，带载时因电流传感器装配有误，不能正常运行。

检修无小事，粗心要不得。板子修得再过关，电流传感器、散热风机等器件装配不当或错误，会造成带载运行后的返修，不能不慎重。

实例 14

一大片电路，从哪里下手？

——金田JTE320E型5.5kW变频器上电报Err04故障

故障表现和诊断 一台金田JTE320E型5.5kW变频器，上电报Err04故障，查找说明书后一看，发现竟然有5种故障原因——罗列条件越多，越等于没说，如表4-1所示。究竟是什么原因，需要动手检测确定。

表4-1　使用手册中Err04报警内容

故障代码	故障内容	故障原因	解决方案
Err04	恒速过电流	变频器输出回路存在接地或短路	排除外围故障
		控制方式为矢量且没有进行参数辨识	进行电机参数辨识
		电压偏低	将电压调至正常范围
		运行中有突加负载	取消突加负载
		变频器选型偏小	选用功率等级更大的变频器

故障分析和检修 分析故障表现，不外乎是有某种故障信号存在，或驱动电路的IGBT导通管压降检测，或U、V、W输出电流检测，或直流母线电压检测等电路存在故障信号，先对这几块电路下手，也许能找到蛛丝马迹。但这几块电路的中、后级，全为运放和比较器，使检修者无从下手。

查这种故障，要“先两端，后中间”。如检测过载报警，先从电流传感器的信号输出端（或驱动电路的OC信号输出端）和末级比较器查起。如果电流传感器输出不对，恭喜已经找到故障所在；如果末级比较器有异常表现（有一路其输出端从5V变为0V），则顺着该路往输入端检查，顺藤摸瓜一路倒查下去，也不难揪出故障“真凶”。

查前级，在MCU主板上有3片14脚LM339比较器，检修时测一路记一路，做好引脚电压的笔记。最慢最笨的法子，有时是最快的办法。检测比较器信号电压情况如图4-17所示。想不到12组比较器并联为2路信号输出，去掉比较基准（同相输入端），也有12路输入信号同时起到作用。功夫没有白费，已经锁定了图4-17中加框的（检测点电压）两路“故障信息”：本级电路是好的（符合比较器原则），顺着U6-1的6、8脚往前查，是前级电路有了错误的故障信号输出！

为了进一步说明问题，依照前级电流检测电路的简图（已知的和相同的电路省略了部分元件，不能省掉的部分，则尽量画出），发现故障电路为反相求和（加法器）电路，2路0V相加而结果为8V，确定U33芯片已经坏掉。

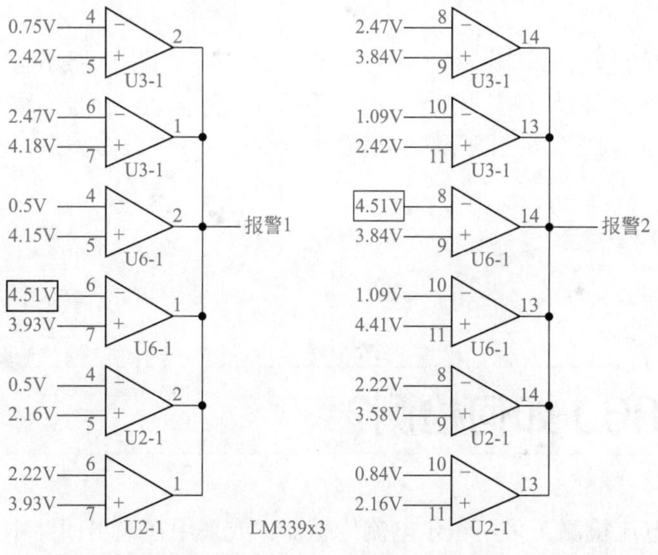

图4-17　比较器输出并联电路，从输入端电压判断故障点

检查电路，果真找到前级电路 U33（LF347 运放电路）身上，该输入信号（图 4-18 中 R9、R10 的左端）为 0V，而 U33 的输出端 1 脚变为 8V，作为放大器已经坏掉了，代换 U33，故障排除。

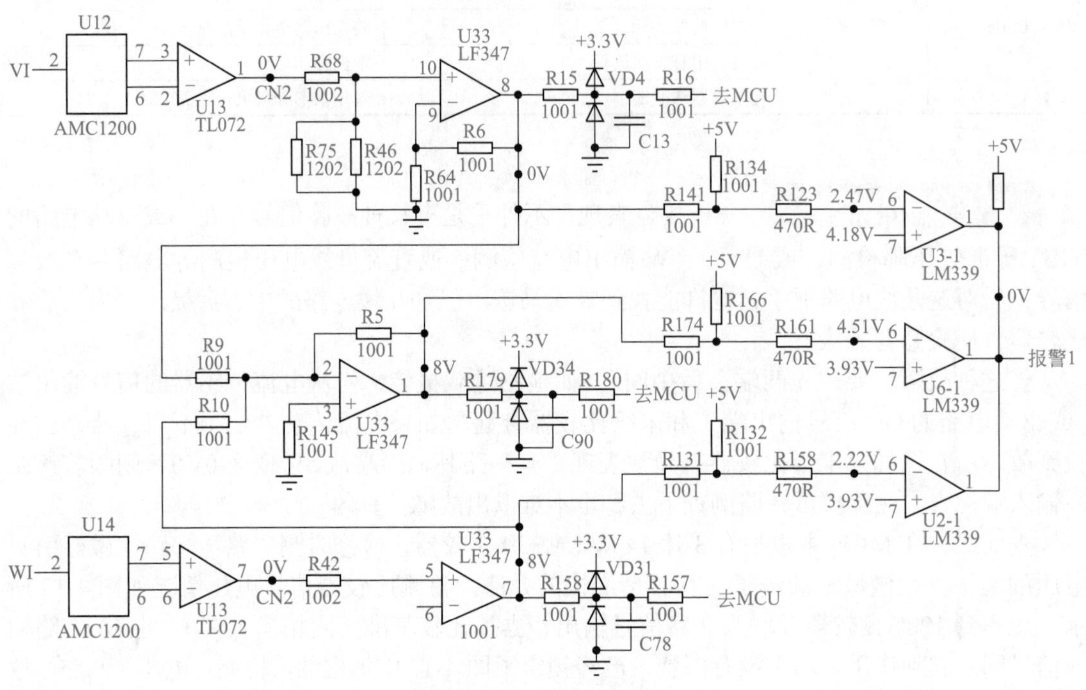

图 4-18　金田 JTE320E 型 5.5kW 变频器电流检测电路

如图 4-18 所示的电流检测过载报警电路，6 路并联电路中，任一路芯片损坏或任一路输入异常，都会在输出端造成错误信号。而记下每一路的输入电压值，可以起到落实故障点的作用。看上去复杂的电路，检修起来倒不一定有多么复杂。

实例 15

模—数转换光耦 A786J 如何检测？

芯片特点　变频器的输出电流检测，采用霍尔电流传感器，或采用在输出回路中串联毫欧级电阻，将输出电流变化转变为毫伏级电压信号。传输毫伏级电压信号的器件，出于电气隔离和线性放大的两种要求，要么选用线性光耦合器，要么选用模/数转换光耦合器。

通常，这类电路和A78XX系列芯片有缘：国内机型，一般采用8引脚器件A7840（型号全称为HCPL-7840），或升级版A7840——A788J（除输出一路模拟信号外，尚有一路整流信号输出和一个开关量/短路信号输出），上述两种器件均为线性光耦。

另外，部分进口机型，多采用模—数转换光耦作为输出电流检测的第一级电路，器件型号为印字A7860（全称为HCPL-7860）或A786J（全称为HCPL-786J），二者功能相同，仅有8引脚（A7860）和16引脚（A786J）封装的不同，请参看图4-19。

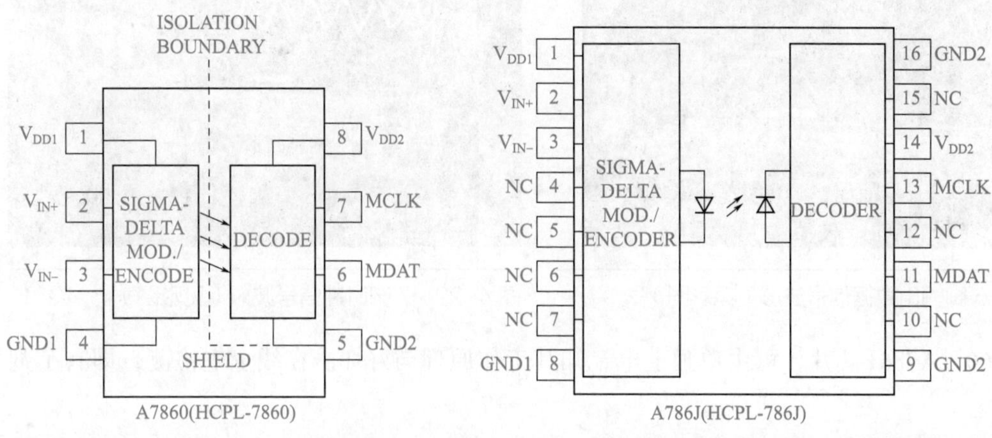

图4-19 A7860/A786J引脚功能图

如表4-2所示为器件引脚功能：V_{DD1}、GND1为供电引脚，供电电源电压为5V，V_{IN+}、V_{IN-}为差分信号输入端；V_{DD2}、GND2为器件输出侧供电端，供电电源电压也为5V，MCLK为工作时钟，MDAT为数据输出端。

表4-2 模—数转换光耦A7860/A786J的基本参数

引脚符号	功能说明	引脚符号	功能说明
V_{DD1}	提供4.5～5.5V输入电压	V_{DD2}	提供4.5～5.5V输入电压
V_{IN+}	正向输入（建议±200mV）	MCLK	时钟脉冲输出（一般10MHz）
V_{IN-}	负向输入（一般与GND1相连）	MDAT	串行数据输出
GND1	输入地端	GND2	输出地端

对于线性光耦，测量其好坏，在已知工作参数的条件下并不是件难事。如在输入端（2、3脚）给定0.2V，则在输出端（6、7脚）应测得1.6V的电压输出，否则电路即有问题。

单独给出输入信号，看输出有无相关变化。以A7860为例（见图4-20），将输入、输出侧供电端连接，单独提供5V电源。在输入端送入0～0.2V可调电压，并用示波器监测6脚数据的输出。

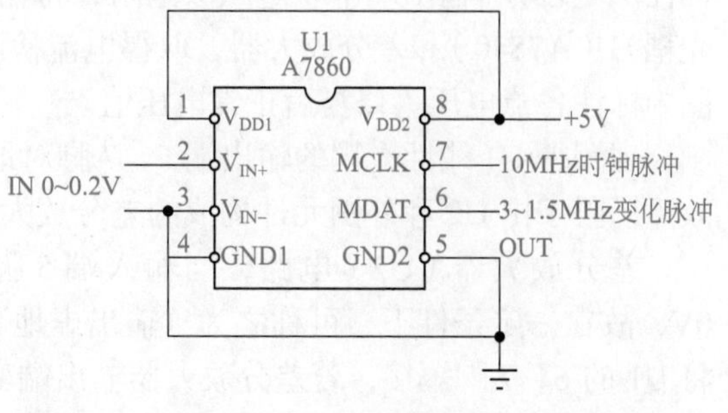

图4-20 A7860上电检测连线图

当送入0V信号时，6脚输出频率为3MHz左右；当送入0.2V时，输出频率为1.5MHz左右。表明当输入电压信号变化时，6脚输出频率随之同步线性变化，为反向变化趋势，即信号电压越高，输出频率越低。可以不管信号的占空比变化，只观察频率变化。如图 4-21 所示。

测量 7 脚时钟信号，如图 4-22 所示，为 10MHz 等宽等幅脉冲，符合时钟信号特征。

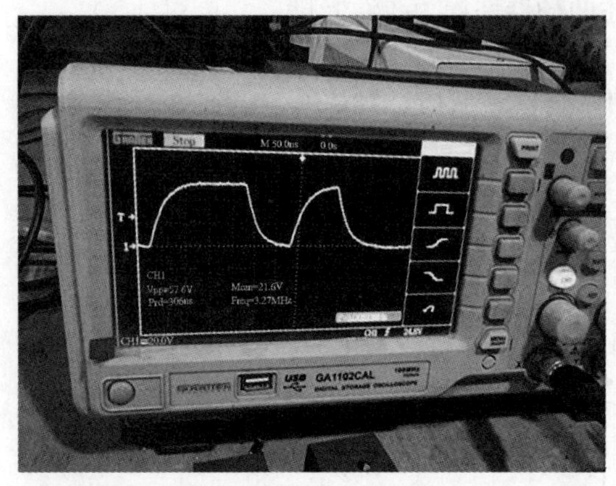

图 4-21　6 脚输出数据信号波形（见彩图）

图 4-22　7 脚时钟信号波形（见彩图）

A7860、A786J 芯片，可由单独上电，知其工作原理与好坏。在线上电检测，即有了判断依据。

故障实例 某台变频器上电报电流检测错误故障，测得 A7860 芯片的输入侧、输出测供电 5V 正常，7 脚无 10MHz 时钟波形，判断 A7860 芯片已坏，代换后，故障排除。

实例 16

检测过程中正常，撤掉万用表表笔后异常

故障表现和诊断 西川 XC5000 型 18.5kW 变频器上电报过电流故障。

故障分析和检修 将电路简单测绘了一下（见图 4-23，将图中元件标注序号重新标注），变频器输出端串联毫欧级电阻，将输出电流变化转变为电压信号并输出，再由线性光耦 U1（A7840）和差分放大器，取得电流检测信号。电路结构和静态信号正常值见图 4-23，图中标注各点电压为修复后正常电压值。

现测得 U1 线性光耦的输出端 6、7 脚对地电压均为 2.5V，判断 A7840 本级电路是好的。故障局限于由 U2 和外围元件构成的差分放大器电路。

差分放大器（U2）电路，当输入端 5 脚电压与 6 脚电压相等时，输出端 7 脚电压为 0V，故在一定条件下，可称之为“输出虚地”。检验方法为，将差分放大器输入端短接，即将 U1 的 6、7 脚短接，若差分放大器输出端变为 0V，即说明该级电路是好的。

按照上述方法做了试验，U2 的输出端 7 脚电压不变为 0V，说明故障在此。

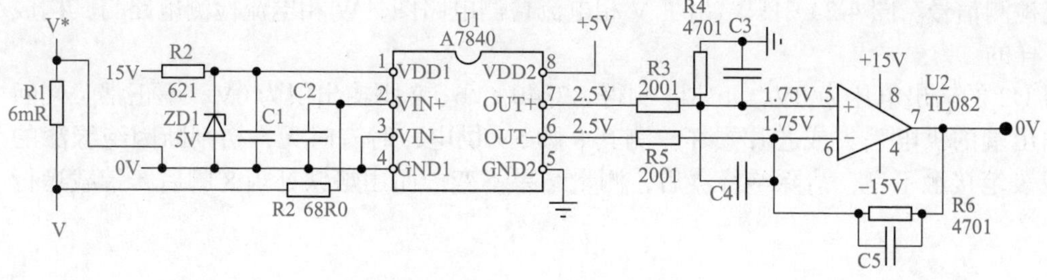

图 4-23 电流检测前级——差分放大器电路

测得 U2 的 5、6、7 脚都为 2.5V，放大器的“虚短”特性成立，即判断芯片本身可能是好的，故障为外围偏置电阻元件不良造成输出错误。电路可能由差分放大器电路变身为电压跟随器电路。对此进一步分析，从电路结构看，其变身电压跟随器电路的可能性不大。U2 的 5 脚正常分压值应为 1.75V，现在测得电压上升为 2.5V，故判断应该是 R4 分压电阻已经开路。

停电测量 R3、R4 两电阻的阻值，均正常，上电测量 R3 与 R4 的连接点电压，为 2.5V，但测得 U2 的 5 脚电压为 1.75V。判断 R4 的连接端虚焊，烙铁补焊后，故障排除。

虚焊时，因搭上表笔施加压力的缘故，电路瞬态又恢复为正常。撤掉表笔，就表现为故障，检测时需细心。

实例 17

西川 XC5000 型 18.5kW 变频器带载后报输出电压不平衡故障

故障表现和诊断 一台西川 XC5000 型 18.5kW 变频器，上电与空载运行均正常，带载时报输出电压不平衡故障，而实测输出电压是平衡的。其实该机型未设输出电压检测电路，报输出电压不平衡，应该是输出电流检测电路所为。

故障分析和检修 电路构成请参阅本章实例 16 中的图 4-23。

输出电流检测电路采用如图 4-23 所示的检测电路，有 V、W 两路输出电流检测电路，V* 为逆变模块输出端，V 为输出接线端，故加“*”以示两者的区别。由后级电路合成得到

U 相电流检测信号。图 4-23 中只给出了 V 相电流检测电路图，W 相电流检测电路与其构成是完全一样的。

测得 U2 的输出电压为 0V，正常，测得 A7840 的 6、7 脚输出俱为 0V，不正常。判断 A7840 输出端的供电丢失或芯片损坏。测其 8 脚 5V 供电，时有时无，初判断因绝缘漆的原因造成表笔接触不良，清除绝缘漆后，测量结果不变。而用烙铁补焊 8 脚后，带载运行正常。

小结

A7840 的输出侧供电丢失，输出信号电压为 0V，（对 U1 来说形成共模输入）恰巧不影响 U1 差分放大器的静态输出电压。但运行带载时的三路动态电流检测信号，却差异巨大，致使变频器报输出电压不平衡故障。

实例 16 与实例 17 均是由元器件虚焊造成的故障，说明了机器贴片（焊接）工艺仍有不成熟的存在，检修时应予以注意。

实例 18

电流检测电路中反相求和电路的分析

电路分析和检修 运放电路在正负双电源供电时，一般不需要预加偏置电压（静态输出为 0V，无须电平偏移）。但恰恰在某种情况下，必须引入偏置电压，以满足后级电路的要求（如 MCU 对输入信号的极性要求）。

MCU 的供电为 5V 单电源，对输入信号的要求如下：

① 输入信号幅度不应高于供电电源电压。

② 不要负极性输入电压信号。

总而言之，0 ~ 5V 以内的直流电压（即 MCU 供电电源电压以内的）信号，才满足其输入要求。

电流传感器的输出电压（±15V 供电条件下），其静态输出为 0V，动态为交变电压，如 ±2V 的幅度。因为有负极性信号的存在，故不符合 MCU 对输入信号的要求。而电流检测电路的第一级，首要任务，即是将 ±2V 的交变信号，处理为 0 ~ 5V 以内的单极性电压信号。常用电流检测电路见图 4-24。

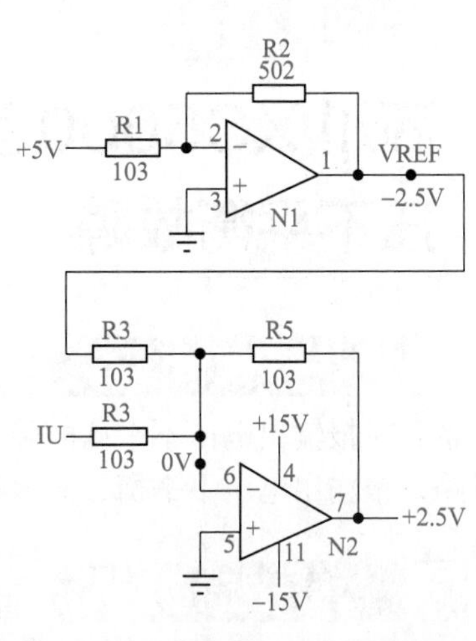

图 4-24 U 相输出电流检测（预加偏置）电路

预加偏置电压，是为适应 MCU 对输入信号的要求而采用的电平位移措施。预加偏置 −2.5V，省去了精密全波整流的麻烦。对图 4-24 电路进行原理简述：

1. 静态输出

N1 为 −2.5V 基准电压发生器，N2 为加法器（反相输入时，可称为反相求和电路）。静态时，因 IU 输入支路不起作用（R3 两端为 0V，不产生信号输入），所以电路可等效为 −2.5V 的反相放大器，见图 4-25。

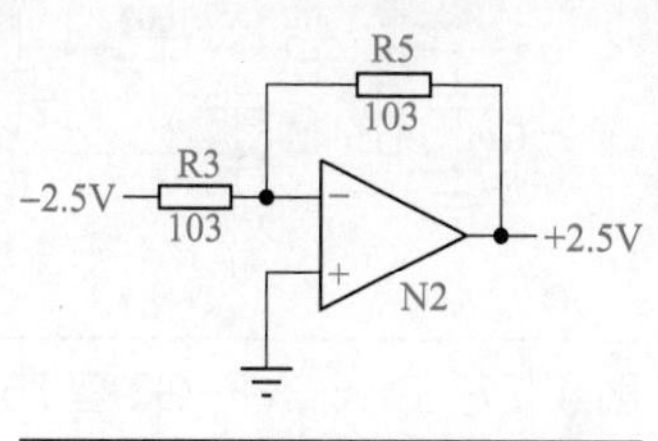

图 4-25　N2 静态等效电路

N2 电路的静态输出电压为 +2.5V，非此即为故障状态，会导致上电误报 OL、OC、SC 等故障。

检修此电路时，比之未设预加偏置电压的放大器，多一个检查环节，即须先行检测 −2.5V 基准电压产生电路是否正常。

2. 动态输出

电路运行中，当有实际的 IU 工作电流产生时，电路可等效为 IU 信号与 −2.5V 的反相求和电路，见图 4-26。

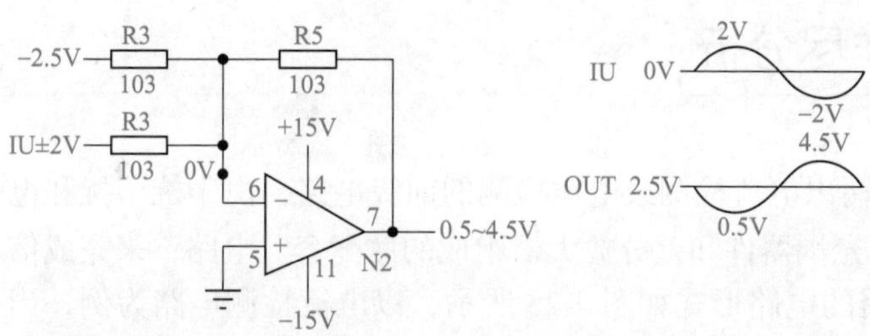

图 4-26　动态等效电路

在其作用下，将输入 ±2V 变为 0.5 ~ 4.5V 的输出信号，输入双极性信号转变为 0 ~ 5V 以内的单极性信号。满足了 MCU 器件对输入信号极性及幅度的要求。

故障检修工作，实际上往往是对电路静态工作点的复原，使 N2 输出端恢复为 +2.5V，检修工作往往也宣告结束。

静态工作点正常是动态正常工作的保障与前提。有人形容过，动态信号是驮载在静态工作点之上的。其实，将动态与静态分开来看，已经不够确切，或许可以将静态看作是平静的湖面，而动态是起风的湖面，虽然风急浪高，但有波峰必有波谷（其实波峰填到波谷里还是平的）。还是那些湖水，并没有增减。这就是当从直流信号的角度来检测动态信号电压时，$V_{动态}=V_{静态}$=+2.5V 不变的原因。若动态时不为 +2.5V，恰恰说明电路已经有了问题。

维修实例　一台康沃 CVF-G3 型 75kW 变频器，上电报 OC 故障。其 U 相电流检测电路如图 4-27 所示。为实现信号电压的“直流抬升”，在 IC1-1 的输出端预加 +5V 偏置，使送入 MCU 的静态信号电压为 +2.5V。电路形式虽与上述有所差异，但工作原理是一样的。检查发现 R23 断路，导致 MCU 的 3 脚输入电压变为（严重过流信号输入的）0V。代换 R23 后，故障排除。

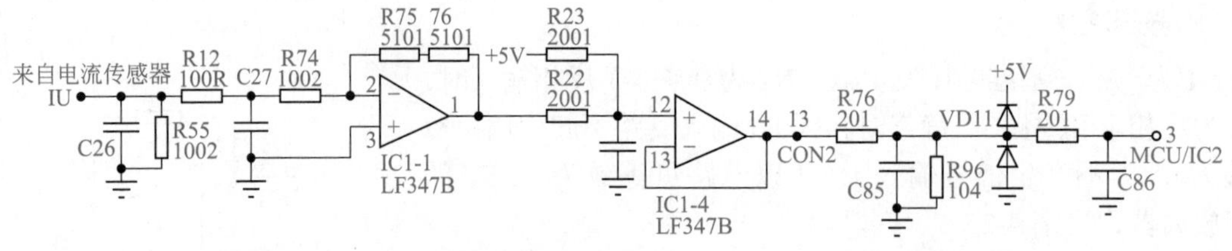

图 4-27　康沃 CVF-G3 型 75kW 变频器 U 相电流检测电路

实例 19

变频器上电报 OC 故障

——差分放大器故障的详尽分析

故障表现和诊断

变频器输出电流检测或电压检测的前级电路，由于抗干扰和电源隔离的双重要求，通常采用由线性光耦器件和差分放大器组成的“配套”电路，来完成信号检测和传输的任务。其差分放大器的电路形式如图 4-28 所示，以电流检测电路为例，当电阻 R1 与 R3、R2 与 R4 的阻值相等，同时差分输入信号为 0V（停机状态）时，此时输出是“虚地”的，为 0V。如果差分放大器的输出端不为 0V，上电后的异常报警，其源头可能即在此处。

维修实例

维修实例 1：上电报 OC 故障，测得 N1 的 5、6、7 脚俱为 2V。7 脚不为 0V 是报警原因。电路分析如下。

① 放大器的“虚短”规则仍然成立，判断 N1 芯片是好的，故障在偏置电路。

② 进一步分析，此时差分放大器已变身为电压跟随器。

判断为 R3 断路、虚焊或阻值严重变大。实际检测 R3 为一端虚焊，电路如图 4-29 所示，补焊后，恢复正常。

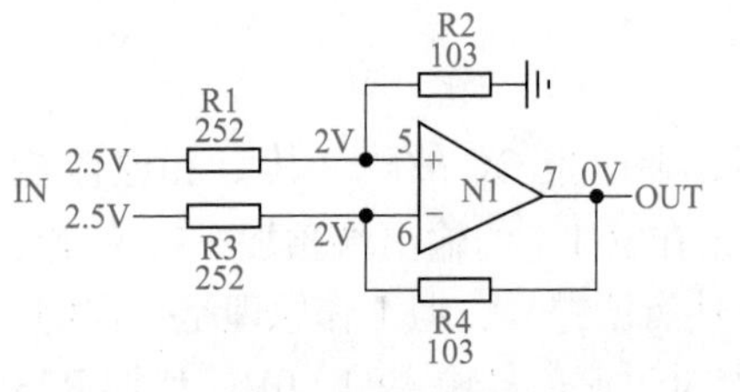

图 4-28　差分放大器的电路构成

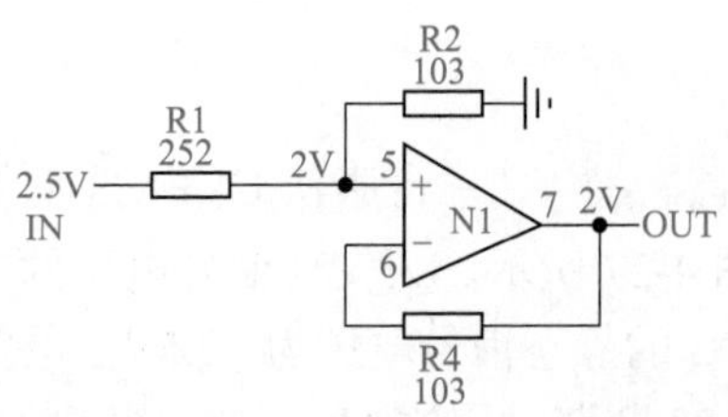

图 4-29　R3 虚焊后的等效电路

维修实例 2：故障现象同故障实例 1。测得 5 脚为 2V，6 脚为 2.5V，7 脚为 −13V。电路分析如下。

① 放大器的“虚短”规则不能成立，但尚符合电压比较器规则。

② 进一步分析，此时差分放大器变身为电压比较器，等效电路如图 4-30 所示。

判断 N1 芯片尚好，故障为 R4 断路或虚焊，使放大器的闭环条件被破坏，从而由放大器变身为电压比较器。在线测得 R4 的阻值已严重变大，拆下检测发现已经断路，代换后，恢复正常。

维修实例 3：故障现象同维修实例 1。测得 5 脚为 0V，6 脚为 0V，7 脚为 −10V。电路分析如下。

① 放大器的“虚短”和反相放大器的“虚地”规则仍然成立，判断 N1 芯片是好的。

② 进一步分析，此时差分放大器变身为反相放大器，电路如图 4-31 所示。

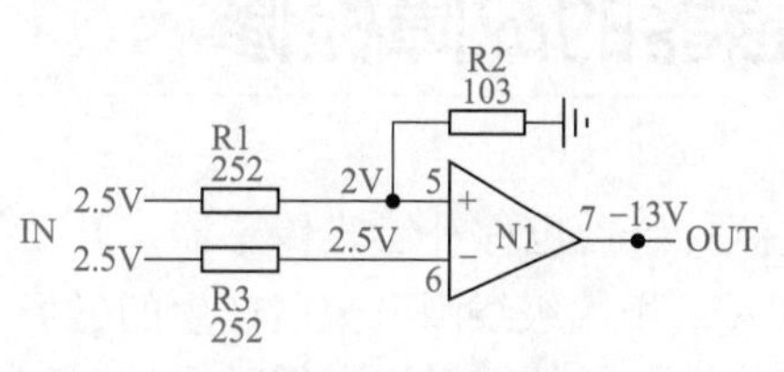

图 4-30 R4 断路后的等效电路

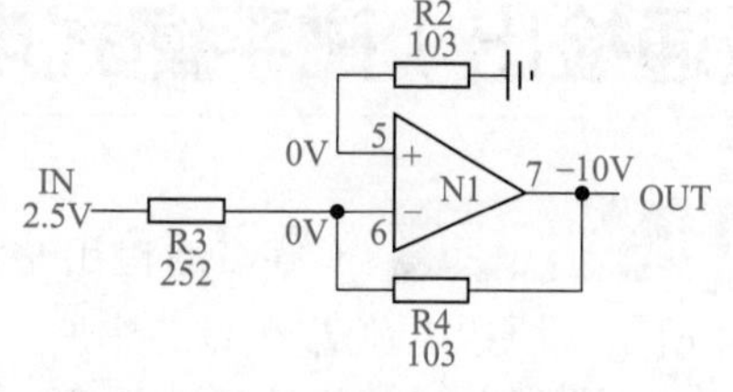

图 4-31 R1 虚焊后的等效电路

判断故障为 R1 断路或虚焊，引起同相输入端的输入信号电压丢失，而反相输入端的 2.5V 被 4 倍反相放大。后检查 R1 发现有虚焊现象，补焊后，故障排除。

维修实例 4：故障现象同维修实例 1。测得 5、6、7 脚均为 2.5V。电路分析如下。

① 放大器的“虚短”规则仍然成立，判断 N1 芯片是好的。

② 进一步分析，此时由于同相输入端的分压电路异常，导致原差分放大器的“输出虚地”条件被破坏，等效电路如图 4-32 所示。故使输出电压由 0V 上升为 2.5V。

判断故障为 R2 断路或虚焊，引起同相输入端的输入电压上升。检测结果为 R2 断路，代换 R2 后，N1 输出正常。

维修实例 5：故障现象同维修实例 1。测得 5 脚电压为 2V，6 脚为 0.4V，7 脚为 −8V。电路见图 4-33，分析如下。

① 放大器的“虚短”规则不能成立。

② 进一步分析，N1 芯片连比较器的原则也不再符合，判断 N1 芯片已经坏掉，不须再查外围元件进行判断。代换 N1 芯片，恢复正常工作。

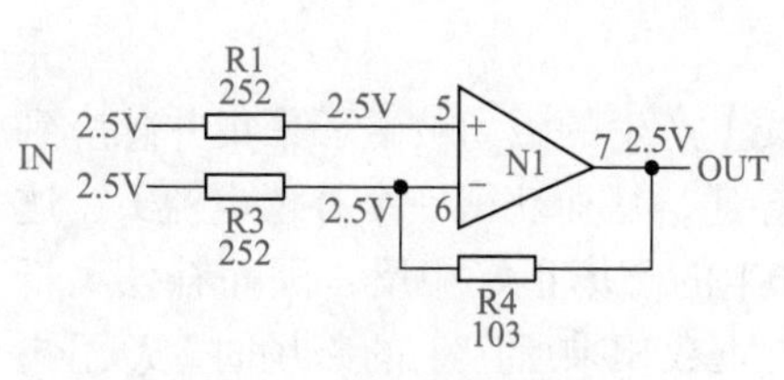

图 4-32 R2 断路后的等效电路

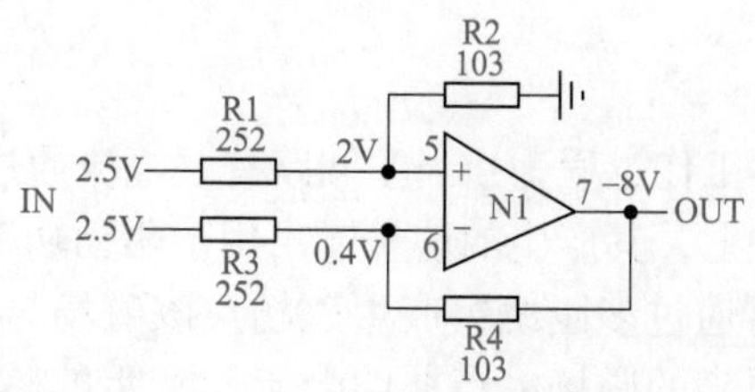

图 4-33 N1 损坏后电路结构及各脚电压标示图

这几例故障均为检修工作中的实际故障，见到许多检修人员在检修时，往往疏于检测，先焊片换片。其实先测量一下，确认芯片坏了再换，还能避免因焊接不良造成故障的扩大化。

实例 20

（零磁通检出）磁平衡式电流传感器的故障检修

结构与工作原理 （零磁通检出）磁平衡式电流传感器也称补偿式传感器，其结构如图 4-34 所示，原边电流 I_P 在磁芯中所产生的磁场通过一个次级线圈电流所产生的磁场进行补偿，其补偿电流 I_S 精确地反映原边电流 I_P，从而使霍尔器件处于检测零磁通的工作状态。

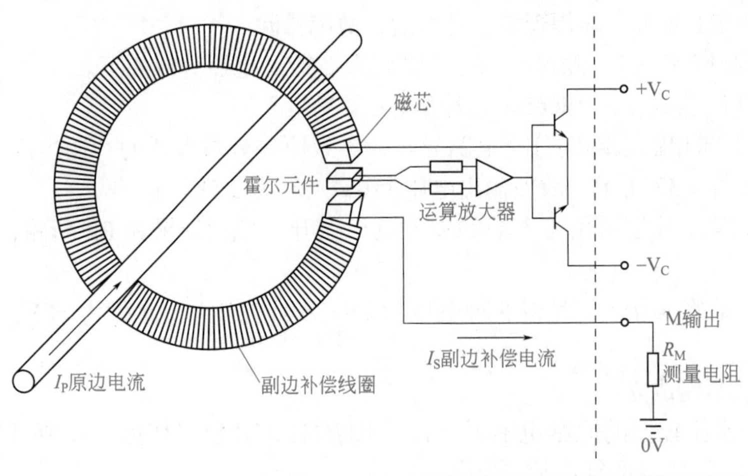

图 4-34 （零磁通检出）磁平衡式电流传感器结构图

具体工作过程为：当主回路有一电流通过时，在导线上产生的磁场被磁环聚集并感应到霍尔器件上，其产生的信号输出用于驱动功率管并使其导通，从而获得一个补偿电流 I_S。这一电流再通过多匝绕组产生磁场，该磁场与被测电流产生的磁场正好相反，因而补偿（抵消）了原来的磁场。当补偿电流 I_S 产生的磁场等于 I_P 与匝数相乘所产生的磁场时，I_S 不再增加，这时的霍尔器件起到指示零磁通的作用，可以通过 I_S 来测试 I_P。当 I_p 变化时，平衡受到破坏，霍尔器件有信号输出，即重复上述过程重新达到平衡。被测电流的任何变化都会破坏这一平衡，一旦磁场失去平衡，霍尔器件就有信号输出，在经功率放大后，立即就有相应的电流流过次级绕组以对失衡的磁场进行补偿。从磁场失衡到再次平衡，所需的时间理论上不到1μs，这是一个动态平衡的过程。因此，从宏观上看，次级的补偿电流磁动势在任何时间都与初级被测电流的磁动势相等。

维修实例 1

一般变频器输出电流检测用到的电流传感器，多是由变频器生产厂家自行制作生产的，可代换概率低。如图4-35所示的莱姆电流传感器，则为专业厂家生产的通用型电流传感器，在高、低压电力计量和变频器等产品中应用较为广泛。

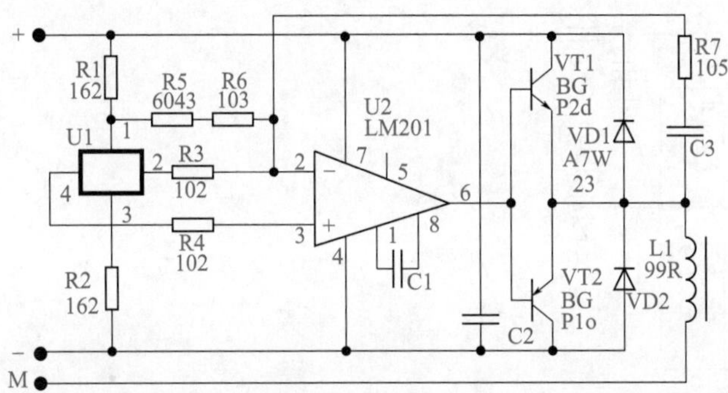

图4-35 莱姆电流传感器内部电路

图4-35中的U1为霍尔器件，为磁/电转换器，U2为差分放大器。VT1和VT2构成电压互补放大器，当传感器磁芯中磁力线不为零时，放大器输出驱动L1的电流。通常，在输出端M与地之间串接几十欧姆至上百欧姆的负载电阻R_M（见图4-34），将L1中电流信号转变为电压信号输出。可知，在待机和空载状态，L1无电流流通，故负载电阻R_M上的信号电压为0V。静态输出电压是否为0V，是检测该类传感器是否良好的依据之一。

维修实例 2

传感器内仅含霍尔元件与副边线圈，差分放大器为外设后级电路。线圈输出电流（与U、V、W端输出电流成比例）经外接负载电阻，转化为电压信号经SK1端子，输送至主板电路，如图4-36所示。

此电流传感器其工作模式为零磁通检出，在停机或空载状态，I_P=0，I_S=0，其输出端外接负载电阻上应无电压降。即输出端直流电压值应为0V，动态时有交流电压信号输出，其直流电压值亦为0V。上电报过流或输出短路故障，若测得信号输出端直流电压不为0V，则故障应在此。

一台艾默生ES2409型15kW变频器，上电报输出短路故障，测得SK1的24引脚电压不为0V，判断电流传感器已经损坏，代换后试机正常。

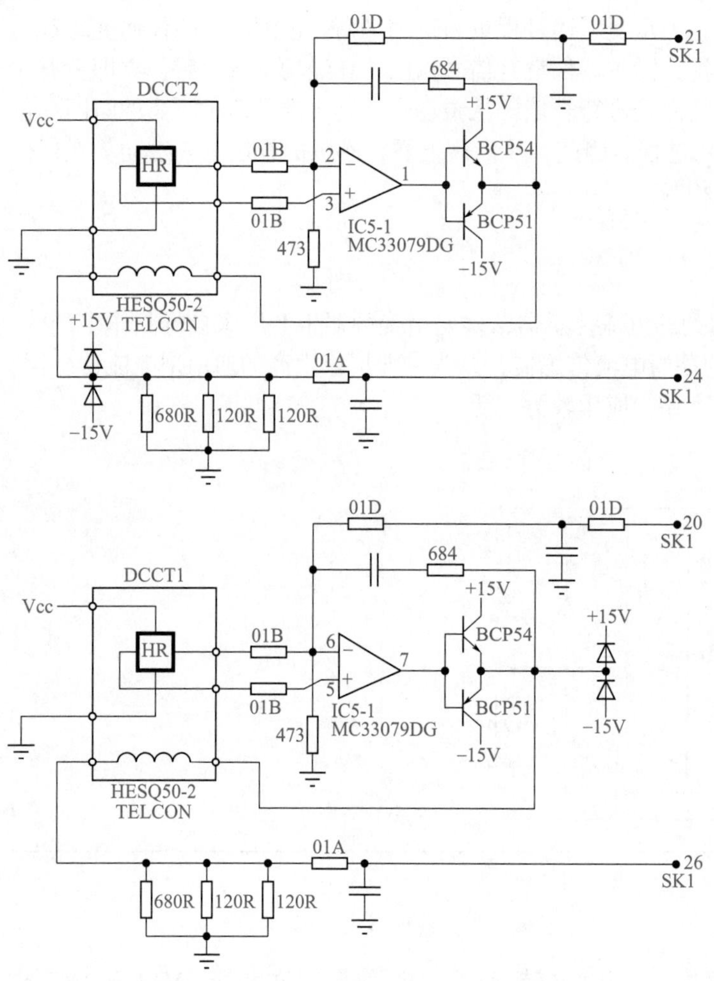

图 4-36 艾默生 ES2409 型变频器电流检测电路结构图

实例 21

德莱尔 DVB 型 7.5kW 变频器上电报 E-01 故障

故障表现和检修

经查使用手册，判断为电流检测电路（V 相电流检测电路如图 4-37 所示）异常。检测电源驱动板前级电路 U14、U16-1 线性光耦与差分放大器的工作状态发现均正常，U16-1 的 14 脚电压为 0V，判断故障出在后级 U12 相关电路。

测量 U12-2 的 14 脚输出电压，呈波动状态，在 0 ~ 12V 之间摆动，有时在 3V 以下，报警解除；有时输出电压达 12.5V 左右。

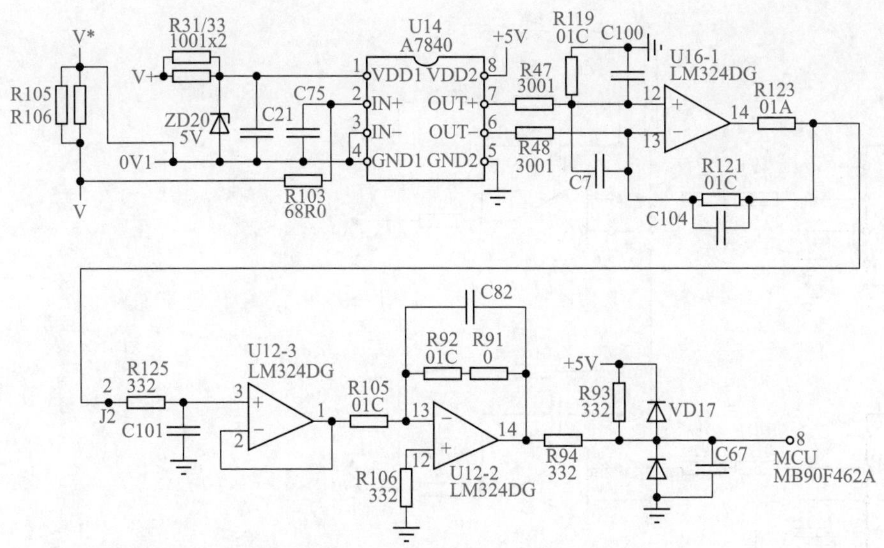

图 4-37 德莱尔 DVB 型 7.5kW 变频器 V 相电流检测电路图

首先，由于“虚地（虚短）”规则成立，从而判断芯片可能是好的，输出电压高达 12V，则判断是外围电路如 R91 或 R92 阻值变大或断路，使闭环变为开环，放大器变成了比较器。变为比较器后“虚地”原则难成立，但测得 13 脚电压仍为 0V。测得串联电阻 R91、R92 两端电压降一时为 0V，一时为 2.5V 左右，未出现 10V 以上电压降。作以下初步分析：R91 或 R92 有开路故障，当不搭表笔时，输出为最高电压（此时因负反馈断路，电路由放大器区进入比较区）；当检测 R91 或 R92 两端电压降时，由表笔的搭接“接通了”反馈支路，13 脚电压又回归“虚地”状态，U12-2 芯片又处于“放大器”状态。

果断测量 R91 和 R92 的阻值，测得 R91 有阻值不稳定现象，将其短接后，上电测得 8 脚为稳定 0V 输出，面板显示正常，故障排除。

测量过程中，当不搭表笔时，为不可知电压，搭表笔后，则在测量过程中貌似“回归正常”。事有偶然，造成检测巧合。而输出 12V 以上电压，则说明放大器已处于开环状态了。

实例 22

普传 PI160 型 1.5kW 上电报过流故障

故障分析和检修

本机型的输出电流检测电路如图 4-38 所示。

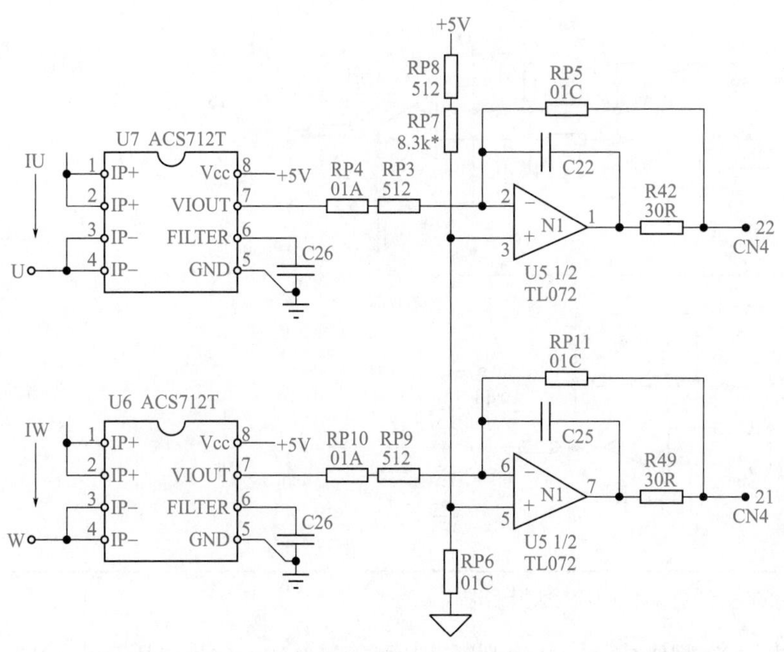

图 4-38　普传 PI160 型 1.5kW 变频器 U、V 相输出电流检测前级电路

当 IGBT 模块损坏时，所造成的冲击往往导致 U6、U7 器件的同步损坏，上电即报电流检测故障。

首先确定 U6、U7 输出端电压值及后级电路的好坏。由于 U6、U7 芯片的静态输出电压值、动态范围，从外文资料中很难一下子看出。故先上电测量该电路。测量两芯片的 IP+、IP- 输入端发现已呈开路状态，输出端 7 脚对地的电压不等，判断都已坏掉，故将两芯片拆除。

根据经验，此类线性光耦的静态（与动态）输出直流电压值一般为 2.5V 或 1.25V。确定 U6、U7 芯片的输出值是多少和无芯片情况下屏蔽故障报警的方法：在 U6、U7 芯片的原输出端试加 2.5V（或 1.25V，或 1.6V，也可以加 0 ~ 5V 的可调电压），观察变频器能否消除报警并能正常启动运行。

暂将两芯片的 7 脚短接，与地之间施加 2.5V 直流电压，此时测得运放 U5 的两输出信号电压约变为 0V，报警消除，可以启动运行。由此判断 U6、U7 其静态正常电压值即应为 2.5V。也同时确定 U6、U7 后级电路是正常工作的。

代换 U6、U7 芯片，上电试机正常，7 脚静态输出电压为 2.5V，符合检修判断。

上电在线进行检测，通过电压测量确定芯片及后级电路是否正常，仍然是简捷有效的办法。

实例 23

三菱 E740 型 55kW 变频器，有时报输出缺相故障

检测 3 个电流传感器的静态输出电压值，2 个静态电压为 0V，第 3 个传感器的输出电压为不稳定值，有时为 0.7V，有时接近 1V。代换传感器后修复。

实例 24

一台故障变频器三相输出电流不平衡

一台故障变频器，测得 V 相输出电流偏小，U、W 相输出电流一样，偏大。更换负载电机试验，现象依旧。判断可能是由输出电流检测信号异常所致，查得电流检测电路本身无异常。输出电流检测有两个电流传感器，互调后，输出正常。

故障原因：可能前检修者将电流传感器的进线方向或插座位置搞错，调正后恢复正常。

实例 25

英威腾 CHF100A 型 5.5kW 变频器上电报 ITE 故障

英威腾 CHF100A 型 5.5kW 变频器上电报 ITE，意为电流检测故障。可复位，运行中报 SP0，意为输出侧缺相。三路电流检测信号，前级为 7840 和差分放大器。后级信号分两路，一路由两个 01B 电阻上拉为 1.65V，再经 330Ω 限流，二极管双向钳位，后送入 DSP ；另一路经两个 01B 电阻上拉为 1.65V，再送入四组比较器（双窗口、双梯级）取得 OL1、OL2 报警信号，送入 MCU。

理顺电路后，检测送入 MCU 的一路信号中断，330Ω 电阻断路。代换后修复。

本机接地故障检测与报警电路共占用一片 8 引脚运放和一片 8 引脚比较器，以取得接地报警信号。然后每路信号经四组比较器（即一片 14 脚器件）取得过载保护信号。

电路看起来复杂，理清后也简单。故检测过程中，仅“跑电路”未绘图纸，“跑电路”结束之际即为检修完成之时。“跑电路”是电子电路检修者的基本功之一。

实例 26

德莱尔 DVB 型 7.5kW 变频器，上电报 E-01 故障

故障分析和检修 该机器的输出电流检测电路见图 4-39。

对于“大面积”电流检测电路，在已经顺好电路，或手头有电路图纸的情况下，可以采用“分段掐点”的方法，快速锁定故障范围。

（1）截大段，分前后级

检测 U16-1、U16-2 的输出端 14 脚和 1 脚，电压应为 0V。若正常（为 0V），前半段电流检测电路正常，故障在后半段（包括电压跟随器、反相放大器和电压比较器三个环节）；若不为 0V，故障在前半段电路（包含线性光耦和差分放大器部分）。

（2）大段中再分小段

若 U16-1 的 14 脚不为 0V，测线性光耦 U14 的 6、7 脚对地电压，都为 2.5V，说明 U14 及外围电路正常。故障局限于 U16-1 构成的差分放大器部分。

（3）段中找点

即某级电路的输入点和输出点，为关键测试点。根据放大器的“虚短”和“虚断”原则进行检修。

另外，检修故障不一定要完全依赖万用表、示波器和信号发生器。对运放电路来说，在输入端施加直流电压，观测电路各段的电压变化，是很好的动态检测判断方法；有时候，一根短路线或一把金属镊子，发挥的作用是万用表和示波器不能替代的。如检测线性光耦和差分放大器这两种电路，短接（输入端）法是高效的办法。

① 测得 U16-1 的 14 脚不为 0V，短接 U14 的 6、7 脚，14 脚电压变为 0V，说明 U16-1 差分放大器是好的，故障在 U14；反之，马上有结论：故障在 U16-1。

② 若 U14 的 6、7 脚对地电压不相等，在测得其输入、输出侧供电 5V 正常情况下，短接其输入端 2、3 脚。若 6、7 脚对地电压均变为 2.5V，说明 U14 芯片良好，故障为输入电阻 R103 断路。否则，即为 U14 芯片损坏。

如上所述，为 U14 损坏，代换后，故障排除。

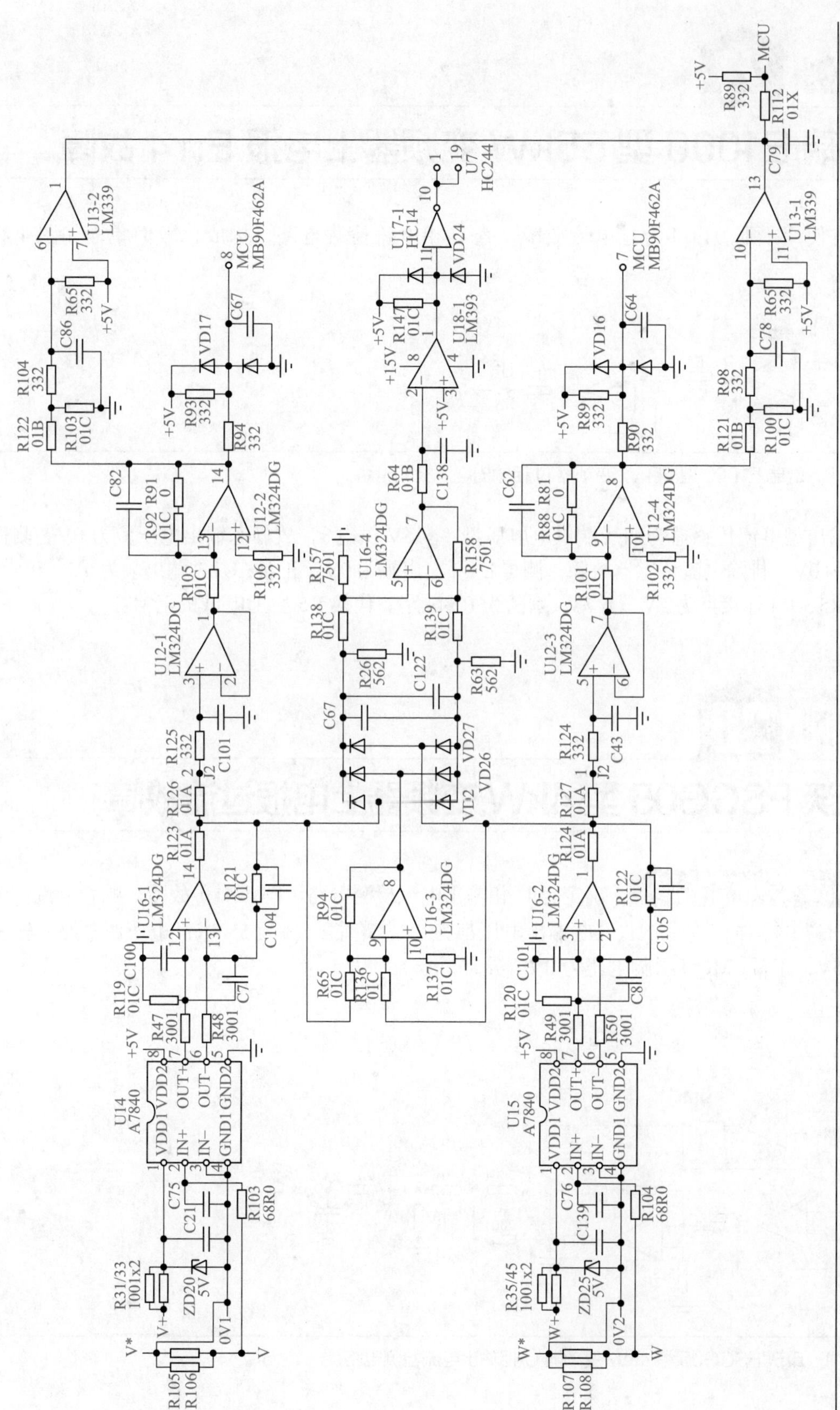

图4-39 德莱尔 DVB 型 7.5kW 变频器输出电流检测电路

实例 27

欧瑞 E1000 型 55kW 变频器上电报 Err4 故障

查使用手册，Err4 为过电流故障，查 U 相电流检测电路，构成比较简单，如图 4-40 所示。

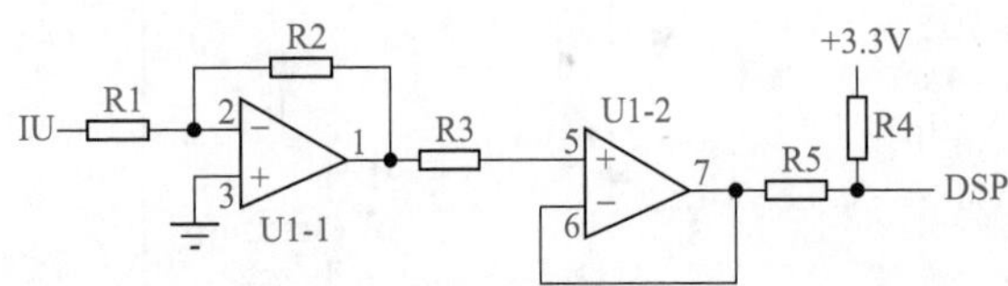

图 4-40 欧瑞 E1000 型 55kW 变频器 U 相输出电流检测电路

输出型电流传感器为四线端供电电压型（±15V 供电），故静态输出电压应为 0V。测得 IU 点为 0V，排除电流传感器故障；测得 U1-1 输出端为 0V，正常；U1-2 输出端为 0V，正常。测得 R5、R4 连接点为 5V，异常，判断为 R5 断路。代换 R5 后上电试机正常。

实例 28

康沃 FSCG05 型 4kW 变频器上电报过流故障

故障分析和检修 确定为 U 相输出电流检测电路（图 4-41）故障，顺着电流传感器输出端 IU 点向后查，N1、N2 输出电压都为 0V，正常；N3 为 5V 基准电压源电路，输出端为 5V，正常；MCU 引脚电压为 0V，异常。

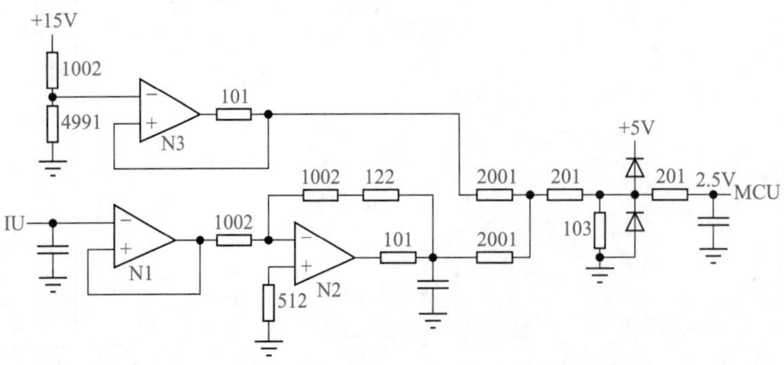

图 4-41 康沃 FSCG05 型 4kW 变频器 U 相输出电流检测电路

测得二极管双向钳位点为 2.5V，正常。问题如下：

① MCU 引脚的 200Ω 输入电阻断路。

② MCU 引脚内部对地短路。

在线测得 200Ω 电阻大于标称值，代换电阻后故障排除。

实例 29

安普 AMP1000 型 5.5kW 变频器上电显示 OC3 故障代码

故障表现和诊断 上电即报故障，初步判断输出电流检测电路的故障概率较大。

电路构成 本机输出电流检测电路如图 4-42 所示。

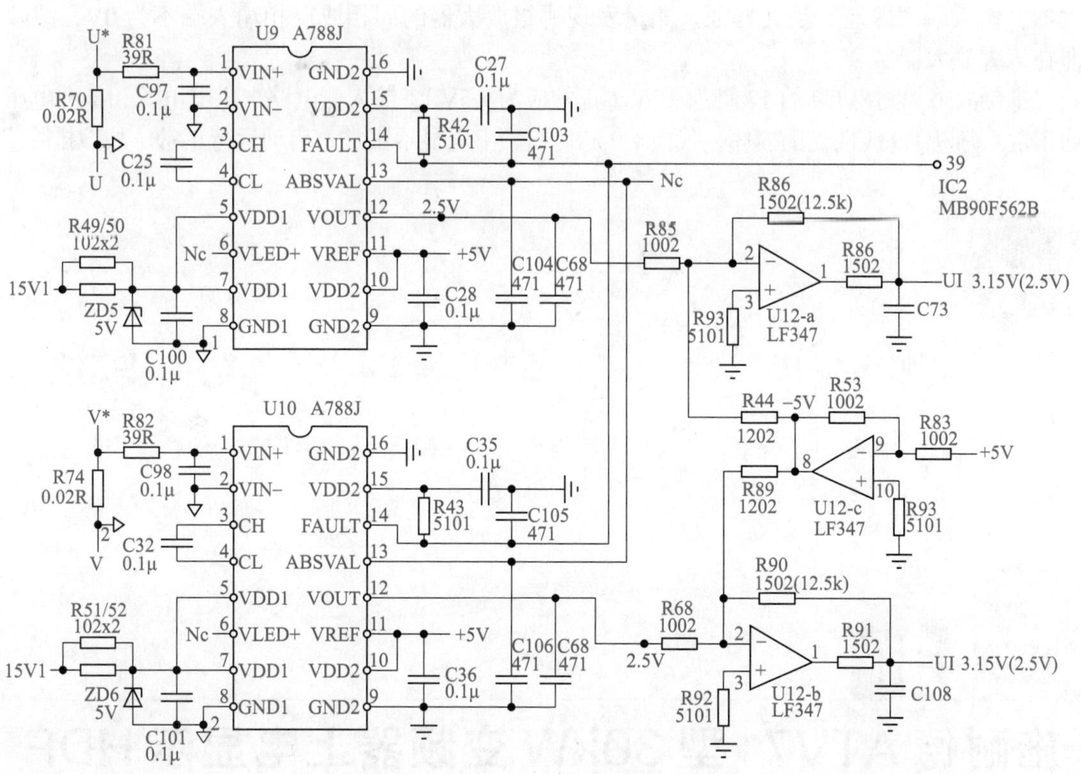

图 4-42 安普 AMP1000 型 5.5kW 变频器输出电流检测电路

以 U 相输出电流检测电路为例简述工作原理。逆变电路输出 U 端串联 R70（20mΩ）电阻，将输出电流信号转化为电压信号，U9（印字 A788J，型号 HCPL-788J）线性光耦合器，为差分输入单端输出电路结构。11 脚为基准电压输入端，该脚电压决定着 12 脚的输出电压范围。当输入电压为 5V 时，U9 的 12 脚为模拟信号电压输出脚，动、静态直流电压均为 2.5V；13 脚为整流信号电压输出端，静态为 0V，动态约为 0 ~ 3V DC；14 脚为短路（OC）报警信号输出端，为开关量信号，正常为 5V，报警状态为 0V。

以上数据即为检测判断依据。

后级采用反相求和电路把 U9 输出信号电压进一步处理，送入 MCU 主板。U12-c 为 −5V 基准电压发生器，在 U12-a 反馈电阻 R86 两种取值模式下，得到两种静态信号输出，即 3.15V 或 2.5V（注意该产品因 R86 取值不同，电路板不能互相代换，不匹配时上电报 OC 故障）。

故障分析和检修 对 U9 线性光耦合器的检测步骤：

① 开关电源上电使电流检测电路获得工作电源。测 U9 的输入侧、输出侧、+5V 工作电源是否正常，11 脚输入基准电压为多少（决定 12 脚的静态输出值），是否正常。异常时修复供电电源。

② 在测得输入电路中的电阻 R70、R81 无断路情况下，U9 的三个输出端即 12、13、14 脚，应为上文所述的电压状态，即表示 U9 芯片和输入侧外围电路是好的。否则 U9 及其输入侧外围电路有问题。

③ 对于运放电路 U12-a、U12-b、U12-c 的检测：三组放大器的基本电路形式为反相放大器，输入端“虚地”是其特征。测量发现哪组放大器的同相或反相输入端不为 0V，故障即在该级放大器。

本例故障，测得 U9 的 12 脚为 3.7V（正常应为 2.5V），输入侧电路、供电电源和基准电压均正常。判断 U9 线性光耦损坏，代换 U9 芯片后，上电显示正常，启动运行正常。故障排除。

各种芯片或电路，在上电状态下，用电压测量法可以判断其好坏。上电在线，是最好的检测条件。

把芯片从电路下拆下来测量引脚电阻，或者是拆下来接线加电测量，又或者靠代换法来确定芯片好坏的检修方法，事倍功半。

实例 30

施耐德 ATV71 型 30kW 变频器上电显示 HDF 故障代码

故障表现和诊断 查使用手册，HDF 报警代码意为输出短路或接地，复位无效。

HDF 的故障报警来源有两个。

① 输出电流检测电路故障，上电即报警的概率较大。

② 驱动电路的 IGBT 管压降检测电路报警，启动时报警的可能性较大。

③ 无论上电或启动中，上述两种电路都有可能产生 HDF 报警。

电路构成 该机型的输出电流检测（部分）电路如图 4-43 所示。

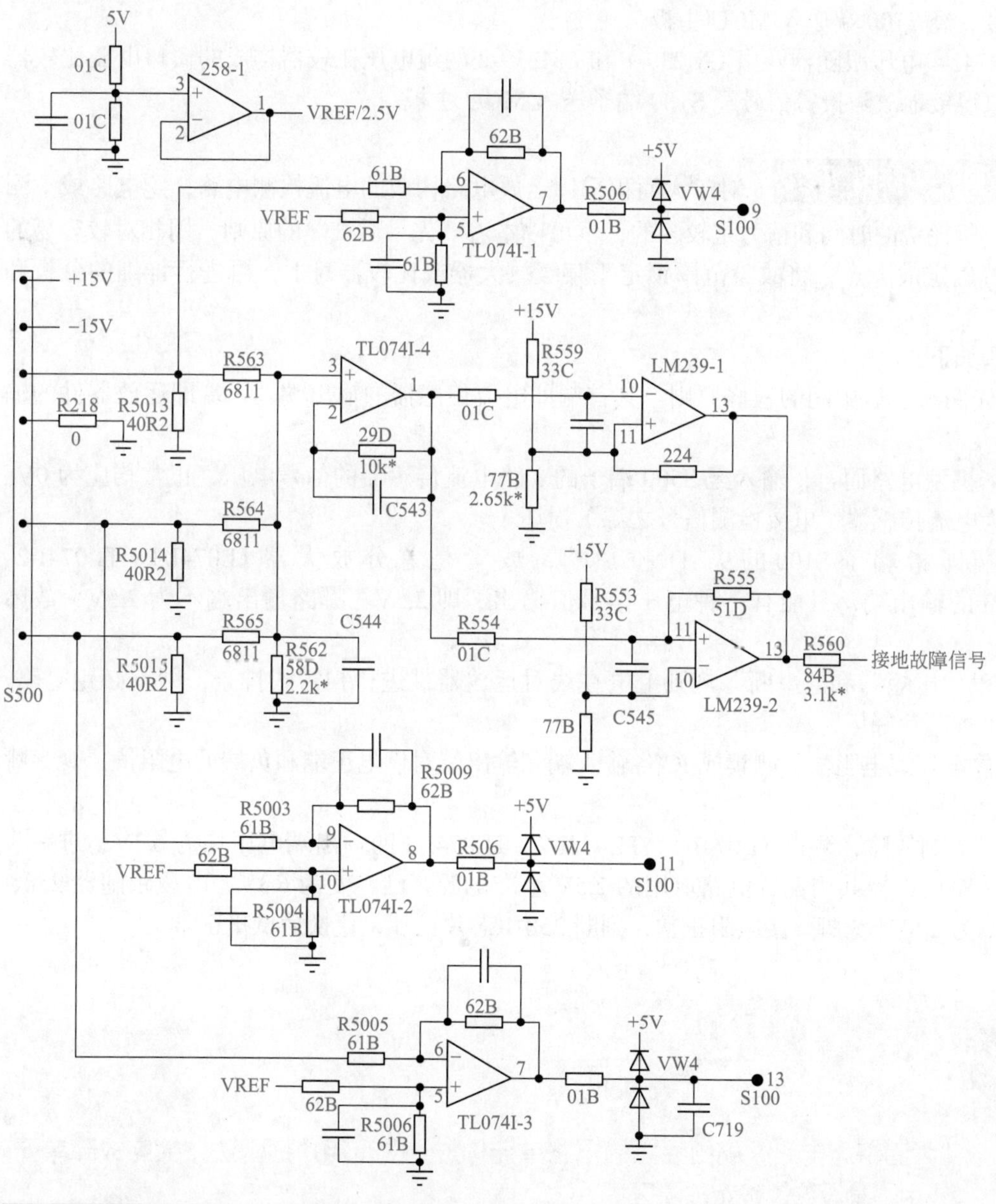

图 4-43 施耐德 ATV71 型 30kW 变频器输出电流检测电路

逆变电路输出端电流信号，经 3 线端电流输出型电流传感器取得的输出电流检测信号，由端子 S500 进入电流检测电路，在负载电阻 R5013 ~ R5015 上转换为交变电压信号，送入后级放大器作进一步的处理，因为电路器件的序号标注很难看清，故以器件印字代替器件序号来简述其工作原理。电压跟随器 258-1 构成 2.5V 基准电压源电路，提供 TL074I-1 ~ TL074I-3 差分放大器的“预加偏置电压”，完成将以 0V 为基准的交变电压信号转变为以 2.5V 为基准的 0 ~ 5V 以内的直流电压信号的任务，达到适应 MCU 器件单电源供电条件下对信号极性和幅度的要求。由 TL047I-1 的电路结构可知，其送入 S100 端子 9 脚的电压信号正常值应为 2.5V 直流电压。

TL074I-1 ~ TL074I-3 等 3 组带“预加偏置电压”的差分放大器，取得的三相输出电流采样信号，经 S100 端送入 MCU 主板。

TL074I-4 电压跟随器及由 LM239-1 和 LM239-2 两组电压比较器构成的窗口电压比较器电路，取得接地故障报警信号经 S100 端子送入 MCU 主板。

故障分析和检修 对于大面积采用运放电路构成的电流检测电路，跑电路或“测绘电路”所耗费的时间和精力是较多的，也可以本着“先易后难”的原则，用相对较容易的方法试着确定故障点，将故障范围锁定于某级放大器或比较器身上，再进行详细的分析和检查。

方法如下：

① 先两端、后中间的检修原则。其首端即电流传感器的输出端，末端即运放器件的输出端。

对本机型电路而言，输入至 S500 端子的 3 路电流传感器的信号电压，正常均应为 0V。否则即为电流传感器（电流检测信号之源）损坏。

末端即指端子 S100 的 9、11 和 13 脚，或者是差分放大器 TL074I-1、TL074I-2、TL074I-3 的输出端，只能有一种电压信号值输出，即 2.5V。哪路输出端不为 2.5V，故障在此。

② 以“虚短”和“虚断”规则上电在线对运放器件进行扫雷式排查，即不必跑电路，直接下手查芯片好坏。

③ 停电在线电阻法，测集成 IC 各输入端和输出端对供电正端和负端的电阻值，观察哪个芯片会“触雷”。

对于本例故障，测得 TL074I-1、TL074I-2、TL074I-3 的输出端电压均为 6.3V，进一步追踪到 3 路放大器共用偏置电路取用的 2.5V 基准电源，已经变为 6.3V，电压跟随器 258-1 的 3 脚不为 2.5V，3 脚外接电阻正常，判断 258-1 芯片已坏，代换后试机正常。

“大面积”电路，仍由独立的电路单元构成，故可用“扫雷法”锁定故障单元，或用“分段法”确定故障区域。

电流传感器损坏后可修吗？
——三菱 A700 型 15kW 变频器上电报过电流故障

故障分析和检修

上电报过电流故障，和电流检测电路相关。其中电流传感器的损坏占有较高的故障率。本着“先两端后中间”的检修原则，先行测量电流传感器输出端的信号状态，本机传感器为四线端电压输出型电流传感器，正常输出端电压值应为 0V，实测三个输出端子其中两路输出为 0V，一路为 -8V，判断电流检测（传感器）电路有故障。

电流传感器的封装形式多种多样，部分产品因灌胶密封方式导致“可修度”较差，一般采用代换方式修复。但本例电路，三路输出电流检测电路的“前级电路”是做在一块电路板上，拆装方便，“可修度”也随之提高。且如果购置整块电路板，价格不菲。

三菱 A700 型 15kW 变频器输出电流检测（传感器）电路，如图 4-44 所示。电路构成：

① 由双端差分信号输出型的霍尔器件和其工作所需的恒流供电电路构成的电路，称为第一级电路。

② 由差分放大器输出级及稳压二极管、电阻组成的基准偏置电路，称为第二级电路。

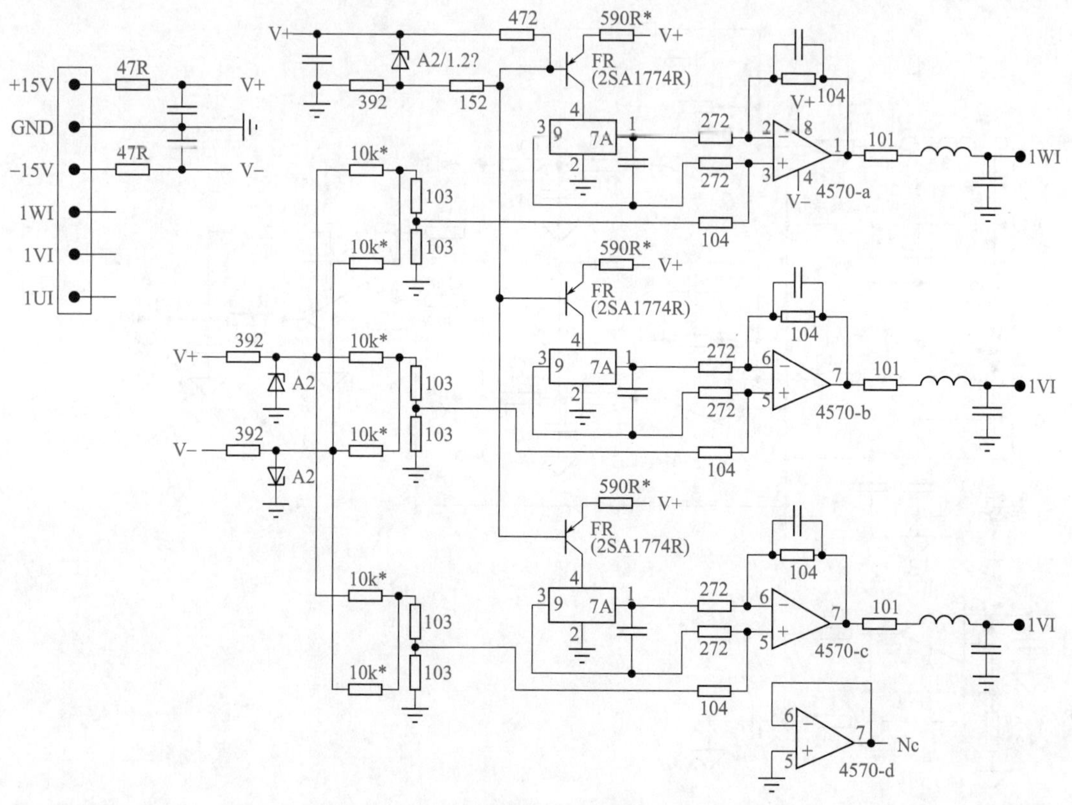

图 4-44　三菱 A700 型 15kW 变频器输出电流检测（传感器）电路

检测方法：以差分放大器的两个输入端电阻（印字272）左端和右端为关键测试点。

① 霍尔器件的输出端2、3脚电压不为0V，故障为FR恒流源电路或霍尔器件本身损坏。

② 4570放大器两输入端电压不等，有明显电压差，即差分放大器的“虚短”规则不成立，故障在差分放大器。

经检测判断双运放器件（印字4570，型号UPC4570）损坏，代换后故障排除。

实例 32

ABB-ACS550型22kW变频器上电报短路故障之一

故障表现和诊断 上电即产生短路故障报警，故障和相关电流检测、IGBT逆变电路输出状态检测电路有关。

电路构成 本机电流检测电路如图4-45、图4-46所示。以处于电路板的位置，分为如图4-45所示的前级电路（位于电源/驱动板）和如图4-46所示的后级电路（位于DSP主板）。

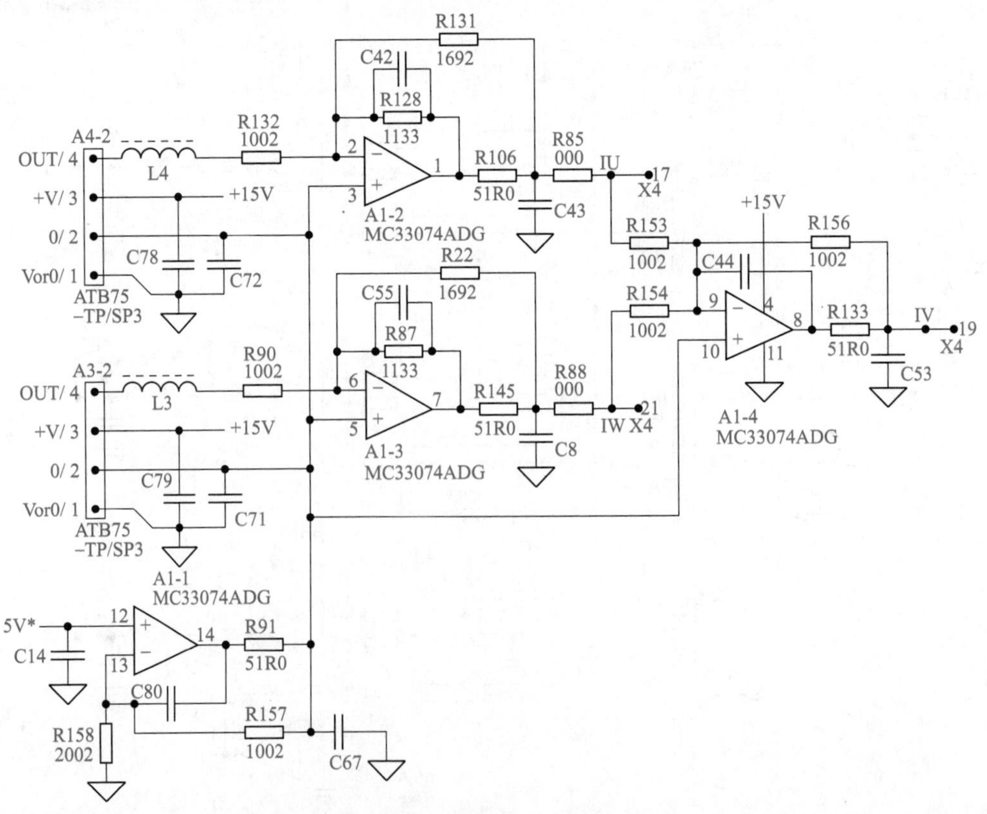

图4-45 ABB-ACS550型22kW变频器输出电流检测前级电路

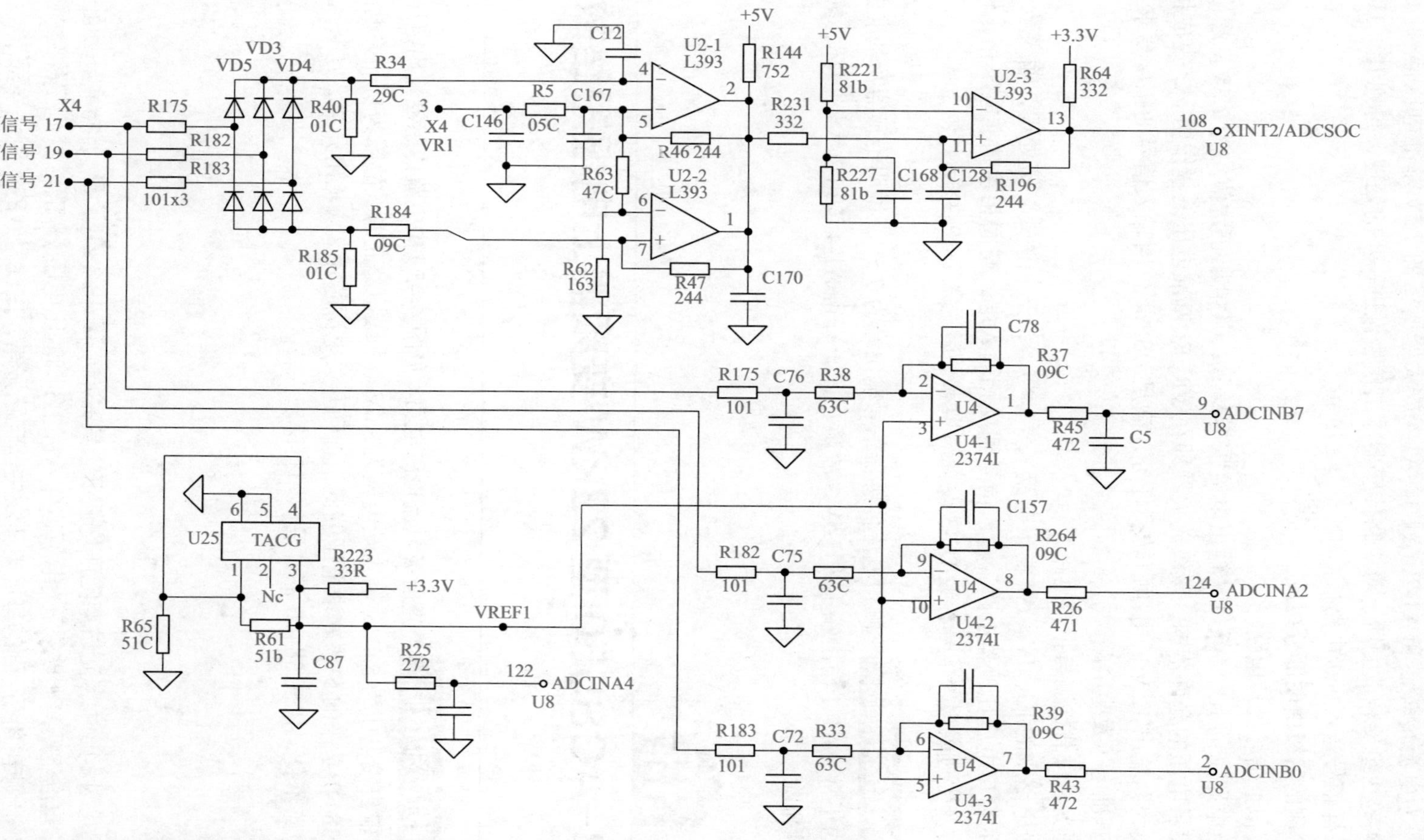

图4-46 ABB-ACS550型22kW变频器输出电流检测后级电路

本机采用四线端单电源供电电压输出型电流传感器，2 脚输入 7.5V 基准电压，4 脚为信号输出端，静态为 7.5V 输出值。

A1-1 为 1.5 倍电压同相放大器，将来自开关电源芯片 A2（印字 3844B）5 脚的基准电压 5V* 处理为电流传感器和 A1-2、A1-3、A1-4 放大器所需的 7.5V 基准电压信号。A1-2、A1-3、A1-4 等 3 组反相放大器，对 3 路传感器输出信号做进一步的处理，得到 IU、IV、IW 输出电流采样信号送入后级电路。

电流检测的后级由两部分组成：

（1）模拟量信号处理电路

由前级电路来的 IU、IV、IW 输出电流采样信号，其电压正常值均为 7.5V，超出 DSP 器件输入信号电压的允许范围，该级放大器即在 VREF1 基准电压偏置作用下，完成将输入 7.5V“置换为”输出 1.5V 的电压值转换任务，满足 DSP 器件对输入信号的幅度要求。U25 为 VREF1 基准电压发生电路。

（2）开关量过载检测与报警电路

由前级电路来的 IU、IV、IW 输出电流采样信号，经三相桥式整流处理，输入至 U2-1、U2-2 组成的窗口电压比较器电路，输入信号到反相输入端，与同相端基准电压相比较，超过设定值时产生过载报警信号，经 U2-3 设置消噪水平后送入 DSP 主板。

故障分析和检修 测得电流传感器信号输出端为 7.5V，说明传感器及基准电压发生器电路均正常，A1-4 输出端不为 7.5V，故障在此。查得 A1-4 该组放大器损坏，换 A1-4 芯片后故障排除。

实例 33

ABB-ACS550 型 22kW 变频器上电报短路故障之二

故障分析和检修 查前级电流检测电路（见图 4-45）中电流传感器输出电压异常，测得 A1-4 输出端电压为 5.4V，输入端电压为 3.6V，本级电路正常，故障为从开关电源芯片 A2（印字 3844B）来的 5V* 基准电压偏低，查到开关电源芯片 8 脚输出异常，判断 A2 芯片 8 脚内部电路不良，代换 3844B 芯片后故障排除。

图 4-45 中，测试点电压均偏低，其基准电压来源 2（7.5V）异常，继而检查其基准电压来源 1（开关电源芯片 A1 的 8 脚输出电压）偏低，找到了故障“元凶”。检测电路所用到的基准电压发生器电路异常，由此导致的检测信号异常，占有一定的故障率，应予注意。

实例 34

ABB-ACS550 型 22kW 变频器上电报短路故障之三

故障分析和检修 该机器为“二手故障机”，原发故障为过流或短路报警。前检修者已将图 4-45、图 4-46 中所有集成 IC 器件，运放和比较器等芯片全部代换过，无效。

上电测得图 4-45 电流检测前级电路各点电压均正常。

测得图 4-46 电路中 U2-1、U2-2 比较器输出端为 5V 高电平正常，U2-3 输出端为 0V 低电平，故障在此级。检测 U2-3 输入状态是对的，发现输出端上拉电阻 R64 有虚焊现象，补焊后故障排除。

大概前检修者在“芯片全换”过程中已经解决了故障问题，但也在“芯片全换”过程中因焊接技术不到位又同时“制造出”故障报警信号。

实例 35

ABB-ACS800 型 75kW 变频器显示 2330 故障代码

故障表现和诊断 查使用手册，此故障代码意为传动检测到负载不平衡，一般是由电机接地故障或电机电缆接地的故障造成的，故障来源指向输出电流检测末级电路。

电路构成 本机电源 / 驱动板上竖插一块 MCU 小板，用于 6 路逆变激励脉冲生成和处理各种故障检测信号，电路实物如图 4-47 所示。接地故障检测与报警电路即在如图 4-47 所示的电路小板上，测绘的相关电路图如图 4-48 所示，小件的元器件均无序号，故将器件型号暂作为序号标注之。

图 4-47　ABB-ACS800 型 75kW 变频器信号小板实物图（见彩图）

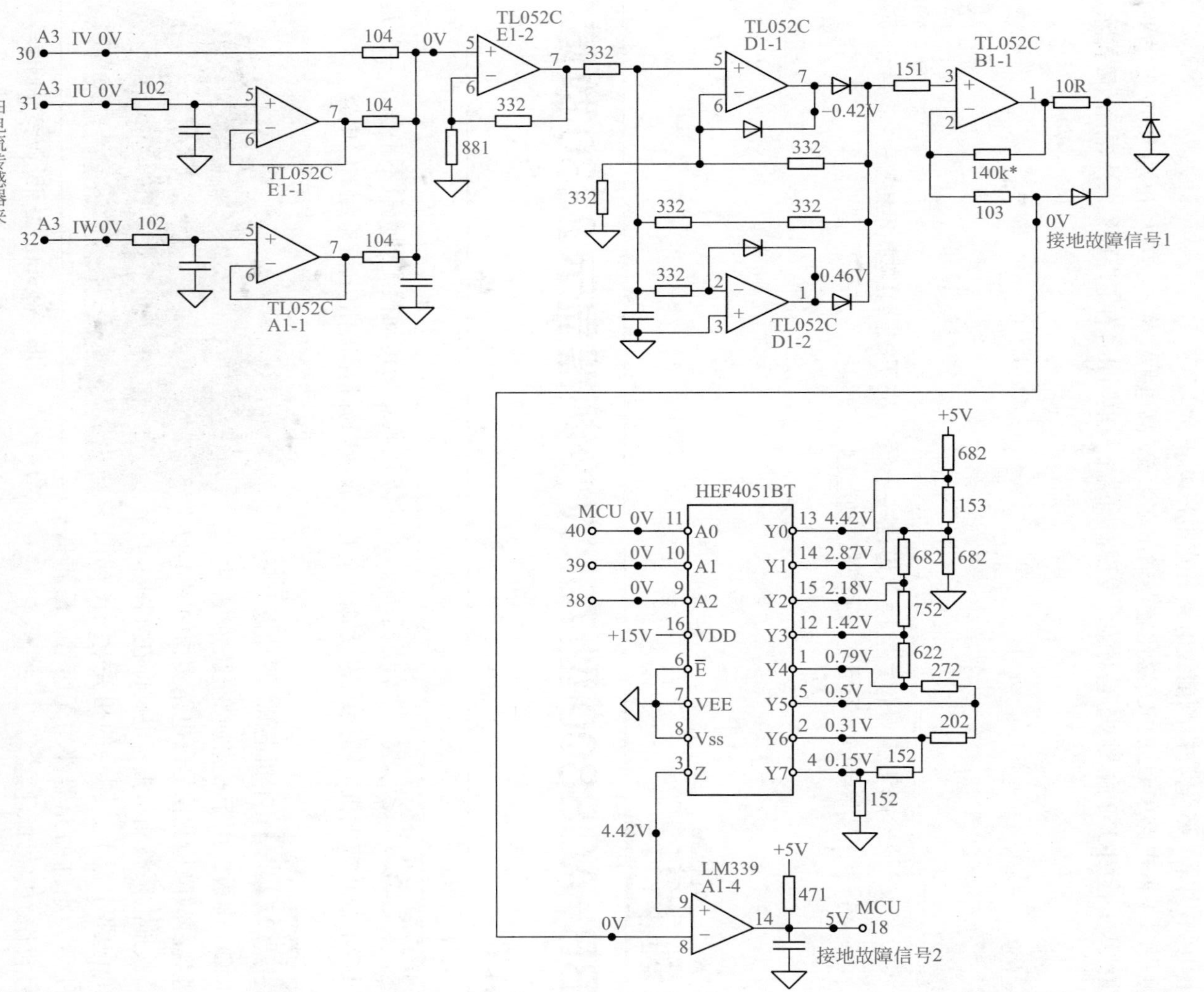

图4-48 ABB-ACS800型75kW变频器接地故障检测与报警电路

运放集成器件 TL052C（双运放集成器件）3 个芯片内部共 6 组放大器单元，其中 E1-2 为加法器电路，输出端 7 脚得到接地故障信号 1。由三相正弦交流电压理论可知，对三相平衡负载来说，三相电流的矢量和为零，当负载电流不平衡时，该级放大器才有信号电压输出。

D1-1、D1-2 构成精密全波整流电路，将 E1-2 输出的交流电压信号整流为直流电压信号输出，送入后级可编程电压比较器电路。

HEF4051BT 为 8 选 1 模拟开关，和 LM339 电压比较器一起，在 MCU 信号（用户思想）参与下，可通过参数设置接地电流报警阈值，实现可编程器接地电流值报警选择。接地报警电流灵敏度分 8 个梯级，当采用较高梯级作为比较基准时，则忽略或屏蔽了轻微接地故障电流报警，这在工作运行中具有实际应用价值。

故障分析和检修 对于轻微三相输出电压不平衡或轻微的接地电流（事实上，因变频器的载波运行方式，由负载电机外壳形成的轻微漏电流是在所难免的），或对正常运行并无较大妨碍的接地故障报警，可通过修改相关参数值进行屏蔽，但对于由检测电路本身造成的误报警，则必须通过检修才能解决问题。

本例故障，检查为 B1-1 器件损坏，代换后故障排除。

注意事项 对如图 4-47 所示的信号小板的拆焊需要细致操作，以免损伤线路板焊孔和铜箔连线，造成修复困难。另外，信号小板元器件较为密集，而且检测空间狭窄，上电在线检测时要拿稳表笔，避免因表笔滑动短路，使故障扩大化。

直流母线电流检测与报警电路故障实例

实例 36

深川 S300 型 11kW 变频器上电报 OC 故障

故障表现和诊断 机器上电即报输出短路、模块故障或电流检测故障等，多为硬件检测电路损坏所致。

电路构成 变频器产品的相关电流检测，一般设计有三相或二相输出电流检测电路（输出信号为模拟量），也有兼具直流母线电流检测的电路，也有仅仅检测直流母线电流电路（输出信号为开关量），而省略输出电流检测的电路。

本机直流母线电流检测与故障报警电路如图 4-49 所示。

因检出信号为毫伏级电压和运行干扰较大，第一级采用差分电路进行放大，第二级采用比较器和光耦器件将模拟信号转变为开关量报警信号。

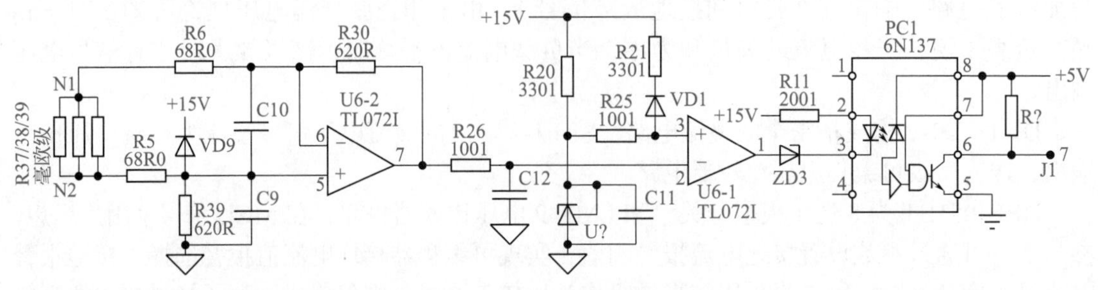

图 4-49　深川 S300 型 11kW 变频器直流母线电流检测与故障报警电路

故障分析和检修 从电路的逻辑关系分析，当过流信号发生时，比较器输出端变为低电平，PC1 得到开通条件，J1 端子 7 脚变为 0V 低电平，产生故障报警动作。

上电测 J1 端子 7 脚，为 0V；测比较器的反相输入端 2 脚，为 7V。判断故障出在前级差分放大器电路。测 U6-2 工作状态，不符合放大器“虚短”规则，换为 LF353 运放芯片（运放维修常备件）后，故障排除。

实例 37

艾默生 SK 型 2.2kW 变频器运行时报瞬时过流故障

故障分析和检修 本机的直流母线电流检测电路如图 4-50 所示。为弄明白其来龙去脉，特将相关电路一并画出。

光耦合器 IC307、晶体管 K1R、电流采样电阻 R007（7mΩ 电阻）和贴片两单元晶体管 3Ft 及外围元件，组成直流母线电流检测与过流报警电路。电流采样电阻 R007 串联于逆变电路供电电源正端，采样逆变电路的工作电流信号。由电路形式可知，R007 两端电压降等于电阻 561 两端的电压降，决定着晶体管 Q1 的基极电流值。当 Q1 的集电极电压达一定幅度，K1R 因 75W 稳压二极管击穿而导通，光耦 IC307 得电，MCU 给出过流故障示警。

直流母线电流检测与过流报警电路的供电来源：

① 由开关电源脉冲变压器的一个独立绕组，经整流滤波后处理取得。

② 由图 4-50 中以巧妙方法取得。Y4W 稳压二极管、563 电阻、6Z 场效应管等串联电路，既在上电瞬间充当 3844B 芯片的启动电路，又在电源正常工作后，转而担任主电路储能电容的均压电路，其中“顺手”也把直流母线电流检测与过流报警的供电电源，在 DC+ 和 EF 点之间，由稳压二极管 Y4W 以串联电压降的方式给“制造”了出来。

本例故障，检测 75W 稳压二极管已经击穿，故造成过流报警阈值降低（过流报警灵敏度大大提高），导致正常母线工作电流下的过流误报警。代换 75W 稳压二极管后，故障排除。

《技能拓展》 变频器输出电流检测电路为必备项，直流母线电流检测与报警则为可选项。前者多处理模拟量信号，用于运行电流值显示及控制；后者则多为开关量报警信号，在过流情况比较严重时给出故障报警，并伴随停机保护动作。

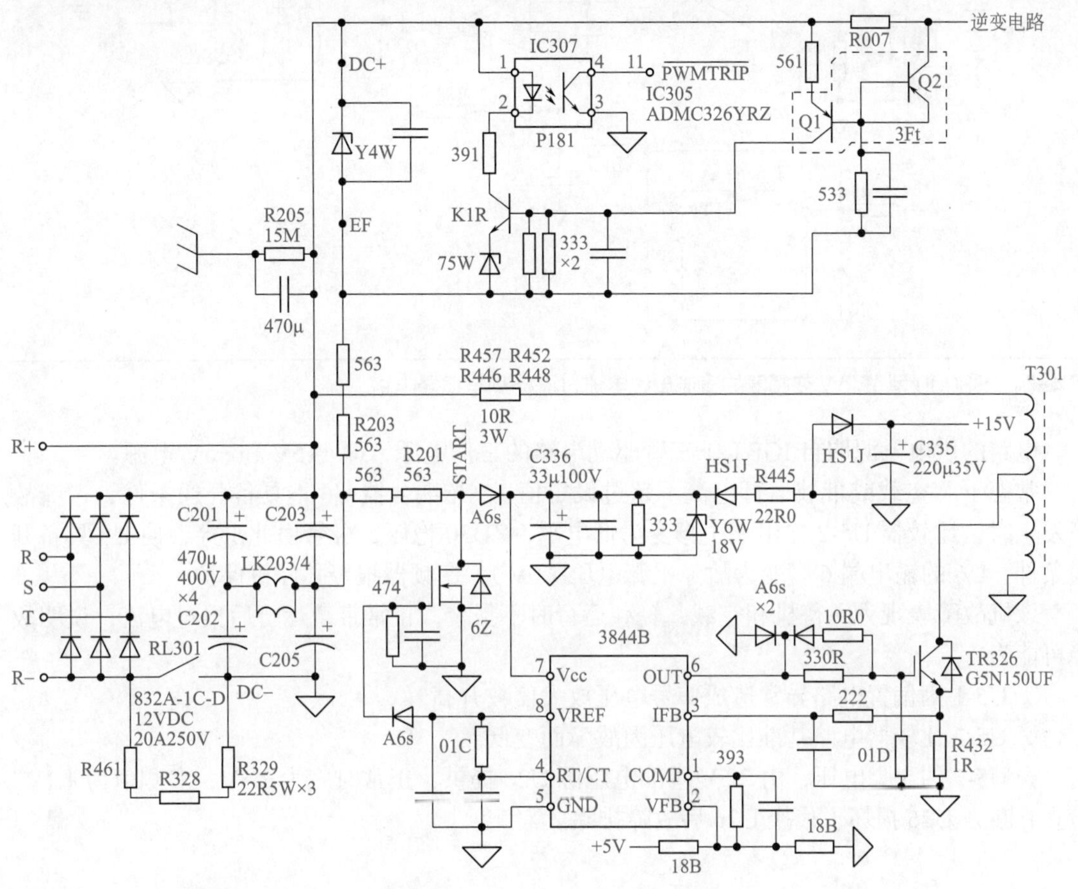

图 4-50 艾默生 SK 型 2.2kW 变频器直流母线电流检测与过流报警电路

电路特征是用串联于逆变电路供电 P 端或 N 端的毫欧级电阻取得电流采样信号，采用光耦合器向 MCU/DSP 传递报警信息。由此电路构成特点，不难找到该电路。

实例 38

S3000 型 15kW 变频器运行时报过流故障

故障分析和检修 运行中以故障代码报警，查使用手册为过流报警。查 IGBT 驱动电路和电流检测电路都无异常，观察电路板设有直流母线电流检测电路（图 4-51），以 RA7、RA8、RA9 并联毫欧级电阻串联于直流母线的 N 回路中，电路由差分放大器、比较器和光耦合器组成，完成将直流母线过电流信号传输至 MCU 主板的任务。

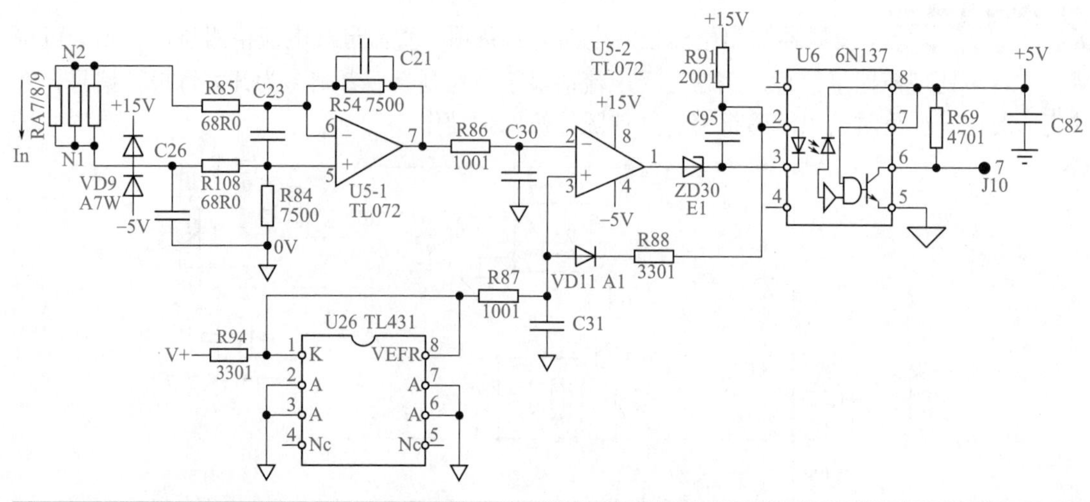

图 4-51　S3000 型 15kW 变频器的直流母线电流过流检测与报警电路

电路的供电电源取自 IGBT 下三臂驱动电路的工作电源，即 +15V 和 −5V 电源。

常态下（空载或带载运行电流不超过设定值），光耦合器 U6 不具备开通条件，过流故障发生时，比较器 U5-2 输出端 1 脚变为低电平，ZD30 稳压二极管由此击穿，使 U6 具备开通条件，U6 的输出端 6 脚变为故障报警电压（0V），变频器报警并停机保护。

该机故障表现为，待机和空载、轻载运行时不报警，正常带载运行后报过电流，说明故障可能为：

① U5-1 因偏置电路异常造成信号电压放大倍数升高。

② U5-2 比较器电路基准比较电压因故障而变低。

查 U5-2 的 3 脚电压，由 2.5V 基准电压源 U26 提供，正常时应为 2.5V，实测值为 1.1V，检查判断为 U26 损坏，代换 U26 后故障排除。

输出状态检测电路故障实例

实例 39

三星 VM05 型 37kW 变频器启动中面板显示 OCn 代码

故障表现和诊断　根据故障概率分析：启动报 OC 故障，多为驱动电路所设的 IGBT 导通管压降检测电路所为，或 U、V、W 输出状态检测电路所为；上电报 OC 故障，多为输出电流检测硬件电路损坏；运行中报 OC 故障，则上述可能性都有，需逐一排除。

电路构成 该机型的 U、V、W 输出状态检测电路如图 4-52 所示，为电压比较器和光耦合器的经典组合电路。

R66、R67、R68 构成对 P、N 母线直流电压的分压电路，取得约 2.5V 的分压值送 3 路比较器的同相输入端，作为比较基准电压。下面以 U 相输出状态检测电路为例，简述其工作原理：当 IGBT 逆变电路上臂 IGBT 管导通时（为便于分析暂时忽略导通管压降），U 端电压等于 P 端电压（我们把此信号定义为 U+，此信号和 MCU 送往驱动电路的 U+ 脉冲同相位），R57 和 R58、R59 分压后，得到约 5.7V 的信号电压，作为比较器 IC5-1 的输入电压信号，与基准 2.5V 相比较，故在 IGBT 开通期间，IC5-1 的输出端为低电平，PC17 具备开通条件，其输出端 6 脚有低电平（象征着逆变电路工作正常）信号（我们把此信号定义为 U+*）送往 MCU 板。换言之，当 MCU 发送一个驱动 U 相上臂 IGBT 开通的脉冲，必然会检测到返回的一个 U+* 脉冲，这两个脉冲在时间轴上一定是对齐的。当发出驱动脉冲，而得不到在时间轴上对齐的反馈脉冲时，MCU 有理由判断：

① 驱动脉冲传输电路有问题，没有正常送至 IGBT 的 G、E 端。

② 所驱动的 IGBT 没有开通良好。

③ 如图 4-52 所示的输出状态检测电路异常，致使反馈脉冲丢失。

此时存在着 IGBT 功率模块炸机的风险，故产生 OC 报警并停机保护。

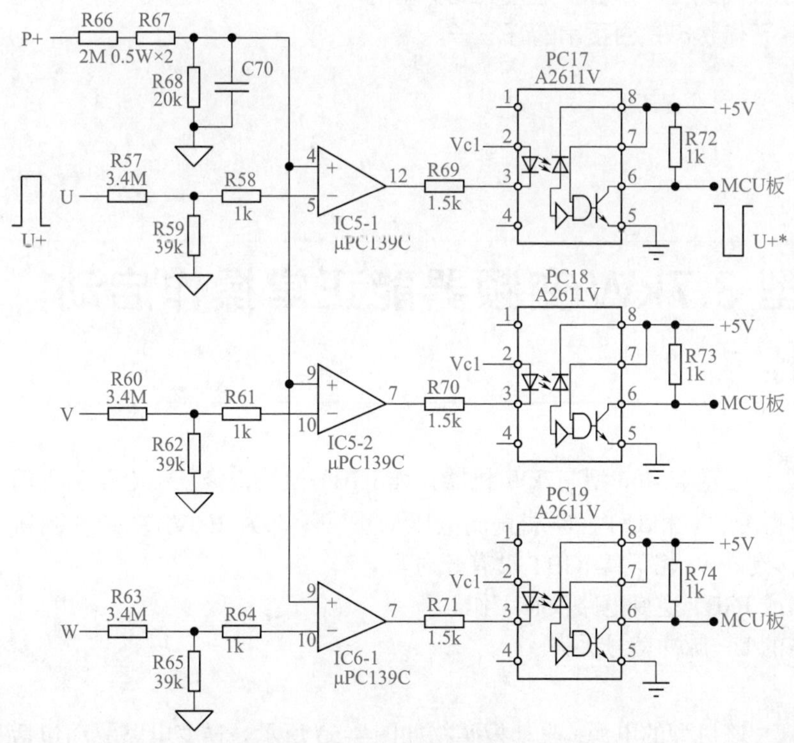

图 4-52　三星 VM05 型 37kW 变频器输出状态检测电路

故障分析和检修 检修步骤和方法如下：

① 停电，单独检测 IGBT 模块的好坏。

② 单独给开关电源上电，使驱动电路得到工作电源，检测驱动电路的好坏。

③ 检测图 4-52 电路中电压比较器和光耦合器的工作状态。

此时电压比较器的同相输入端应为 2.5V，若此电压丢失，会造成误报 OC 故障。比较器的反相输入端应为 0V，但当 P 端电压引入 U 端时，反相输入端电压应为 5.7V 左右，若低于 5.7V 或为 0V，则为 R57 阻值变大或开路。

对于 PC17，既可以改变比较器的输入信号电压，检测 PC17 的好坏（电路统检模式），也可以单独为 PC17 提供开通、关断信号进行独立检测。如将比较器的输出端 12 脚对地短接，此时测 PC17 的输出端 5、6 脚，应为 0V，反之应为 5V。

因此，当 PC17 产生信号输入时，输出端未作出正常反应——一直为高电平，判断 PC17 损坏，使 U+* 反馈信号丢失，致使变频器启动时报 OCn 故障。

代换 PC17 后故障排除，运行正常。

OC 报警牵扯上面所述的 3 部分电路，据故障概率，首先要检测输出状态检测电路，判断电压比较器的工作状态。短接 IGBT 管的 P、U 端是确定输入侧外围电路及比较器芯片工作状态是否正常的好法子。

实例 40

三星 VM06 型 3.7kW 变频器能正常操作启动，但 W 相无输出

故障表现和诊断 三星 VM06 型 3.7kW 机器，炸 IGBT 模块，修复主电路和驱动电路后，上电试运行，测得 U、V 相对 P、N 端直流电压均正常（都为 260V 左右）。测得 W 相与 N 端之间为 500V，判断 W 相下臂 IGBT 没有开通。

① W 相下臂驱动电路或 IGBT 逆变电路没有工作。

② W 相驱动电路所需的 U− 脉冲信号丢失。

故障分析和检修 该机型的电源 / 驱动板实物如图 4-53 所示。逆变电路驱动包括制动电路，共 7 路脉冲信号的传输采用 7 片 A3140V 光耦合器。输出状态检测则采用 6 引脚器件 W60L 和 C139G 比较器来处理。

检查驱动电路和 IGBT 逆变电路，均正常；测 MCU 主板送来的 W 相信号，W+ 为 3.3V，W− 为 0V，前检修者换数块主板后故障依旧，查 DSP 引脚，仍是如此。可以确定故障不在 MCU 主板上。MCU 主板为何不发送 W+、W− 正常的脉冲信号呢？

图 4-53 三垦 VM06 型 3.7kW 变频器电源 / 驱动板实物图（见彩图）

U、V 两路脉冲信号正常发送，MCU 主板单独不发送正常 W 相驱动信号。按道理检测信号有异，一般是同时停掉 3 路 6 个脉冲，为何会仅仅停掉 W 相的 2 个脉冲信号？一时无解。

进一步检查 W 相输出状态检测电路，如图 4-54 所示。

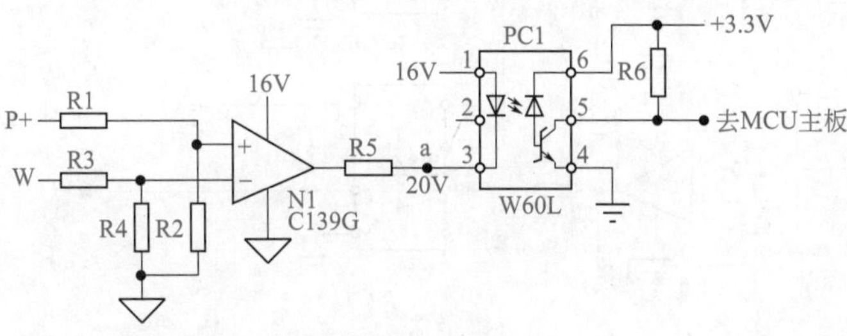

图 4-54 W 相输出状态检测电路简图

W 相输出状态检测电路，由 C319G 和 W60L 光耦构成，驱动芯片为 A3140V 器件。比较器电路采用驱动 16V 供电。光耦 PC1 静态时 2 脚电压常规应为 16V（N1 比较器输出为高电平），在线检测 a 点，为 20V，与比较器输出端断开后，恢复为 16V。在供电电源电压为 16V 的前提下，a 点 20V 信号电压从何而来？

检查 N1 比较器电路，确定是好的，由 PC1 的输入端电压判断，内部发光二极管已经开路。用 6N319 光耦合器代换 PC1 后，a 点电压恢复为正常的 16V，变频器试运行正常，故障排除。

小结

当电路中某点电压值等于或超过供电电源电压时，该点为断路点。断路点因静电场作用，有了电荷量的累积，故而 16V 供电情况下，测得了 20V 信号。

某相输出检测异常，即单独停掉该相驱动脉冲信号，而其它两相仍能正常输出，这是该机输出状态检测动作保护的特点。

实例 41

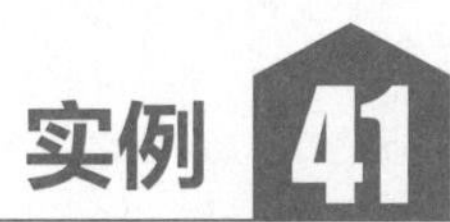

施耐德 ATV71 型 55kW 变频器空载启动显示 SCF3

故障表现和诊断 机器空载启动，显示 SCF3 故障代码，据产品使用手册，SCF3 代码的意义为输出短路或接地。初步判断故障在电流检测的相关电路。本机型输出状态检测电路如图 4-55 所示。

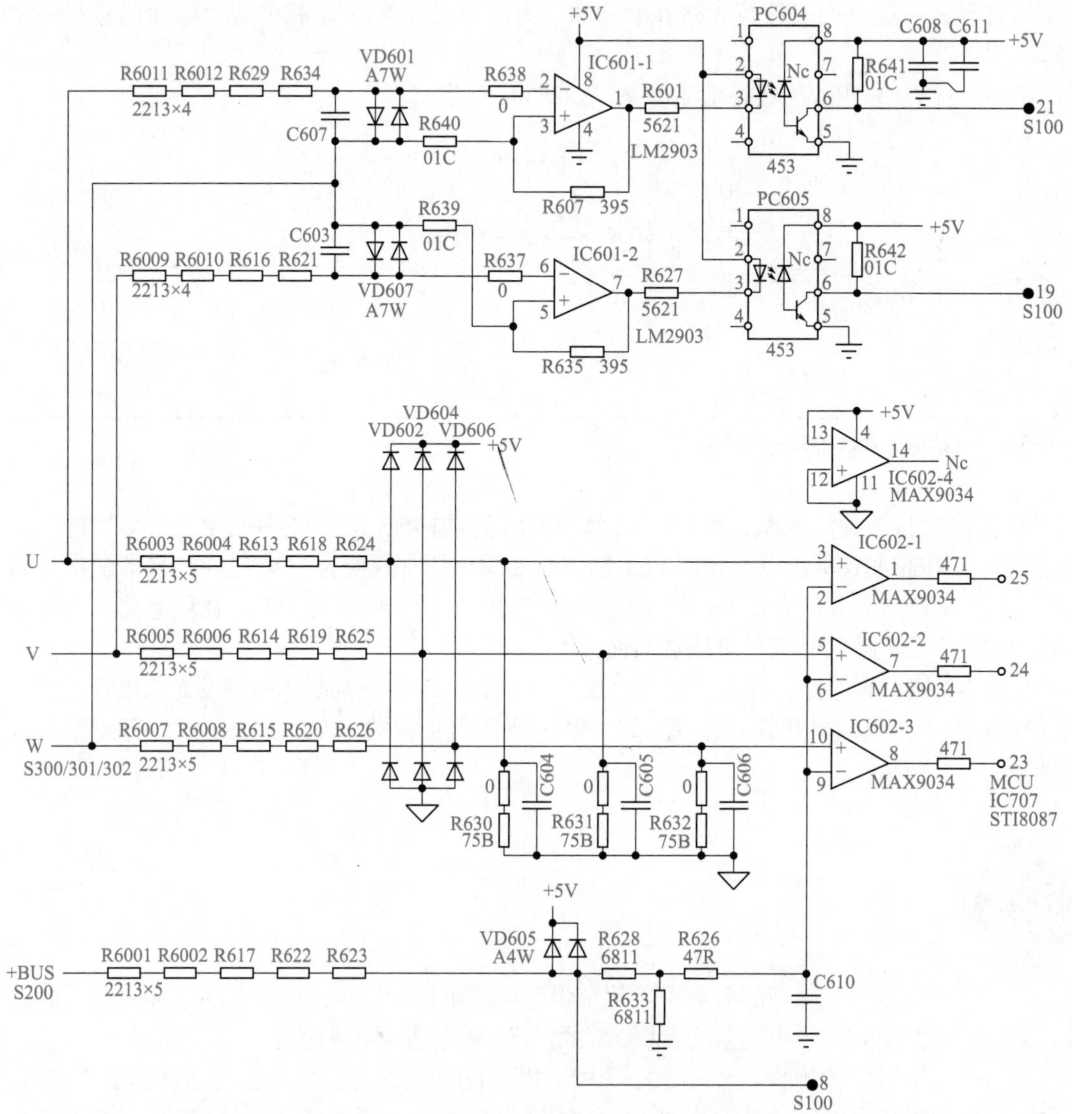

图 4-55 施耐德 ATV71 型 55kW 变频器输出状态检测电路

电路构成 如图 4-55 所示，U、V、W 端输出电压信号，经电压比较器 IC601-1、光耦合器 PC604 和电压比较器 IC601-2、光耦合器 PC605 构成输出缺相检测电路。正常时，PC604、PC605 大部分时间在导通状态。任意一相缺相，必然会造成光耦合器 PC604 或 PC605 停止输出。

图 4-55 中下半部分电路，是由 3 路电压比较器构成的 IGBT 工作状态导通检测电路，将输出的 U、V、W 信号电压经分压后形成的输出电压采样信号，与 P、N 分压点得到的基准电压相比较，逆变电路工作异常时，MCU 的 23、24、25 引脚将接收不到象征着逆变电路工作正常的反馈脉冲（本章实例 39 中已有详述），变频器给出输出短路报警信号，并停机保护。

故障分析和检修 检查 IC602 的工作状态，首先应当搞明白 U、V、W 信号的性质，信号端电压究竟是交变还是直流。

答案是：连续看，当然为交变电压；瞬时看，定是直流电压。见图 4-56 等效图，U+ 为 TV1 开通信号，U− 为 TV2 开通信号。当 TV1 开通，U=P；当 TV2 开通时，U=N。

由此可知 IC602 比较器的工作状态：当 TV1 开通时，U=P，IC602-1 电压比较器同相输入端信号电压高于反相基准电压，其输出端变为高电平，说明 TV1 工作状态正常。反之，逆变电路工作失常，应该报警停机。

图 4-56 U 相逆变电路的上、下臂 IGBT 功率管开关等效图

静态检测，因 IC602-1 的输入信号电压为 0V，输出端 1 脚应为 0V 低电平，正常。动态检测，当 U=P 时，3 脚信号电压高于 2 脚反向基准电压，输出端 1 脚应变为 5V 高电平。

短接 P、U 端，测得 3 脚信号电压高于 2 脚，1 脚电压接近 0V，判断 IC602 芯片损坏。

代换 IC602 后，其工作状态正常，试机运行正常。

实例 42

ABB-ACS550 型 37kW 变频器启动时产生短路报警

故障表现和诊断 机器启动过程中产生短路报警，并同时处于停机保护状态，说明故障发生的程度严重。短路报警的来源有：

① 负载电动机绕组有短路故障，负载机械卡死或电动机电缆发生相间短路。

② 变频器 IGBT 功率模块坏掉，驱动电路异常导致的逆变电路工作异常。

③ IGBT 导通管压降检测或输出状态检测异常，产生的错误报警。

故障分析和检修 检修内容：

① 检修试机，因为空载状态下启动报警，故可排除外部负载方面的原因。

② IGBT 功率模块的好坏，可以在线进行简易测量来判断，经检测排除。

③ 本机型的驱动电路采用 A3120（印字）器件，不带 IGBT 导通管压降检测功能，也没有发现 A3120 外围的 IGBT 导通管压降检测电路，故排除驱动电路本身的报警。

④ 本机型设有输出状态检测电路，如图 4-57 所示，该电路产生报警的可能性比较大。

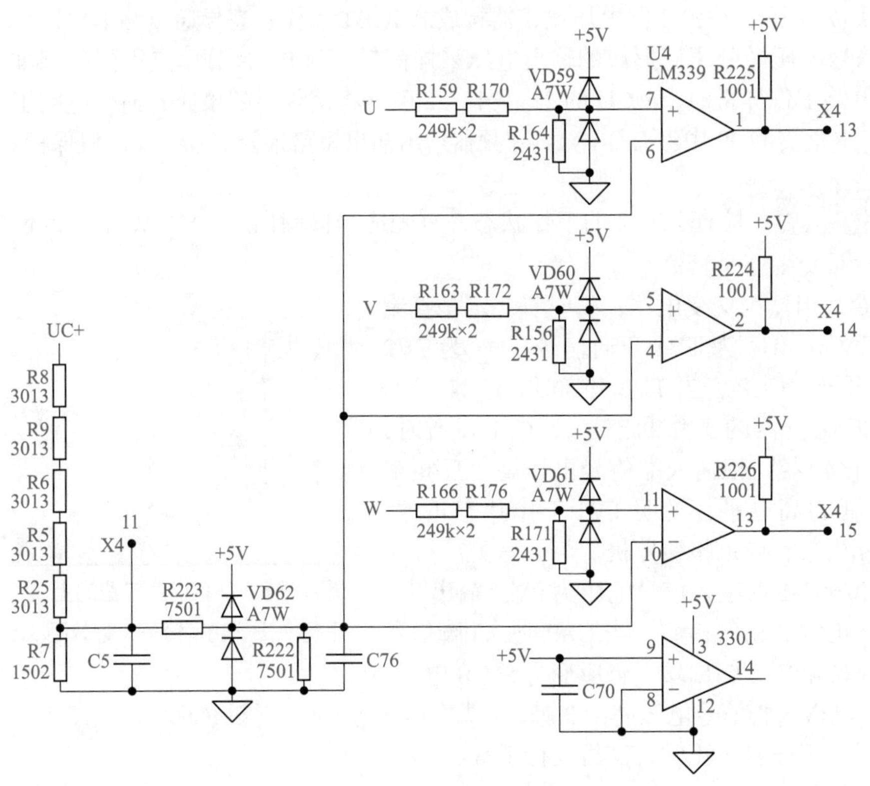

图 4-57 ABB-ACS550 型 37kW 变频器输出状态检测电路

涉及该电路的报警动作，又涉及下述的 3 方面问题：

① 驱动脉冲传输电路有问题，没有正常送至 IGBT 的 G、E 端。

② 所驱动 IGBT 没有开通良好或已经损坏。

③ 如图 4-57 所示的输出状态检测电路异常，致使反馈脉冲丢失。

其中的①、②项，是对驱动电路性能的检测与确认，包括确认其功率驱动能力是否正常。经检查排除。

第③项，即检查和确认如图 4-58 所示电路将脉冲 1 转换为反馈脉冲 2 的能力是否具备。

W+ 脉冲传输及输出状态检测信号流程，以 W 相电路为例，见图 4-58。MCU 输出的 W+ 脉冲，在图中标注为脉冲 1，用于驱动逆变电路中 W 相上臂 IGBT。若 IGBT 开通良好，则 W 相输出电压经电阻分压网络得到 W* 信号，用于和比较器 U4-1 反相输入端的基准电压（图 4-58 中标为 P*）相比较。因为此时的工作状态使 U=P，故分压 W* 信号电压值大于 P* 基准电压值。

U4-1 电压比较器，此时输出与脉冲 1 在时间节点上相对齐的脉冲 2 信号。该脉冲 2 信号送入 MCU 内部，由软件程序比对脉冲 1。若为同一相位，则表明 IGBT 工作状态正常；若相位有偏，则说明 W 相 IGBT 逆变电路工作失常，立即停机保护，并给出短路故障示警。

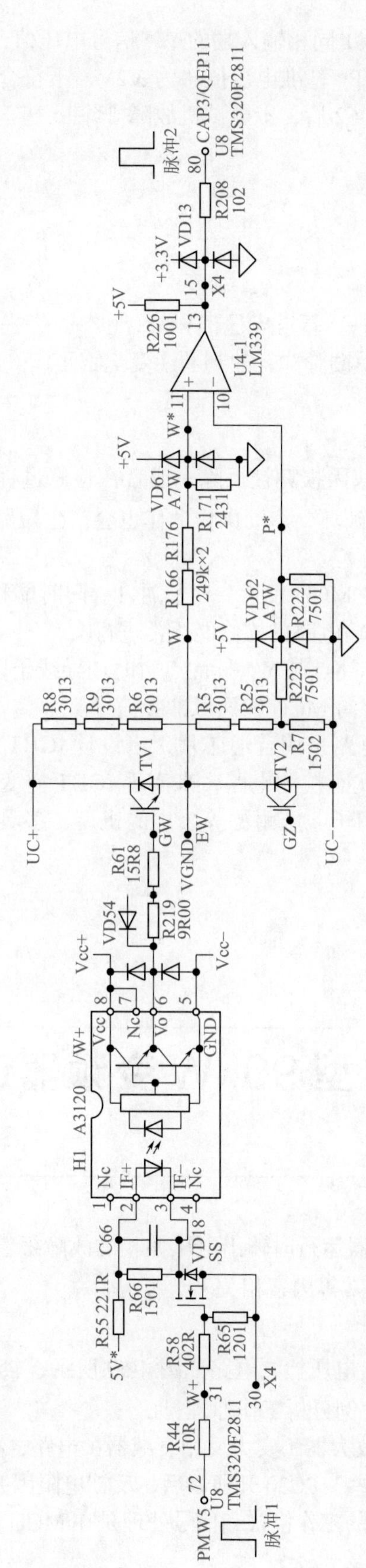

图 4-58 W+ 脉冲传输及输出状态检测信号电路图

① 短接 P 与 W 端，检测 U4-1 同相输入端的 W* 信号电压值，约为 2.5V，正常。

② 测 U4-1 的反相输入端的 P* 基准电压值，为 3.2V，不符合分压网络给定值。检查为 VD62 钳位二极管损坏。代换 VD62 后，上电试机故障排除。

因 VD62 损坏，导致 P* 基准电压值异常，U4-1 失去正常输送脉冲 2 信号的能力，MCU 检测不到反馈脉冲，故判断逆变电路工作失常，报出短路故障。

〈技能拓展〉 当 IGBT 模块因损坏被拆除，或者在检修过程中因主电路与驱动电路相脱离，造成输出状态检测条件被破坏，启动操作动作也会产生短路报警动作，致使驱动电路的检修工作无法开展。

此时需创造检测条件，满足 MCU 发送一个脉冲 1，同时能检测到一个脉冲 2 的要求，以保障对驱动电路和相关脉冲传输电路的检修能正常进行。

其方法是将图 4-58 中 W+ 标注点与 W* 标注点暂时用导线予以连接，使 MCU 发送脉冲 1 期间，电压比较器 U4-1 能正常向 MCU 输送脉冲 2 信号。

进口变频器产品，当驱动电路采用普通芯片，未设计 IGBT 导通管压降检测功能电路时，多由如图 4-57 所示的输出状态检测电路，来实现 IGBT 逆变电路异常状态的检测与保护。如 ABB、三菱、富士、西门子、施耐德等公司的机型，多具备此类电路，其报警屏蔽与检测方法，即为此例所述。

实例 43

富士 5000P11S 型 90kW 变频器运行时输出电压偏相

故障表现和诊断 机器运行时输出电压偏相的故障报警，与输出电压反馈检测电路、驱动电路异常或系统数据失常等因素相关。

电路构成 本机的输出电压检测电路如图 4-59 所示，较为复杂。

以 U 相输出状态检测电路为例分析工作原理：

第一级为 Q5-1 可编程反相放大器（实为反相衰减器）电路，在光耦合器 PC20 未动作之前，放大器的电压放大倍数稍高些。PC20 开通以后，反馈电阻因并联关系成立而变小，使电压放大倍数更小一些。该级电路的工作模式和信号处理是在 MCU 的控制信号参与下确定的。

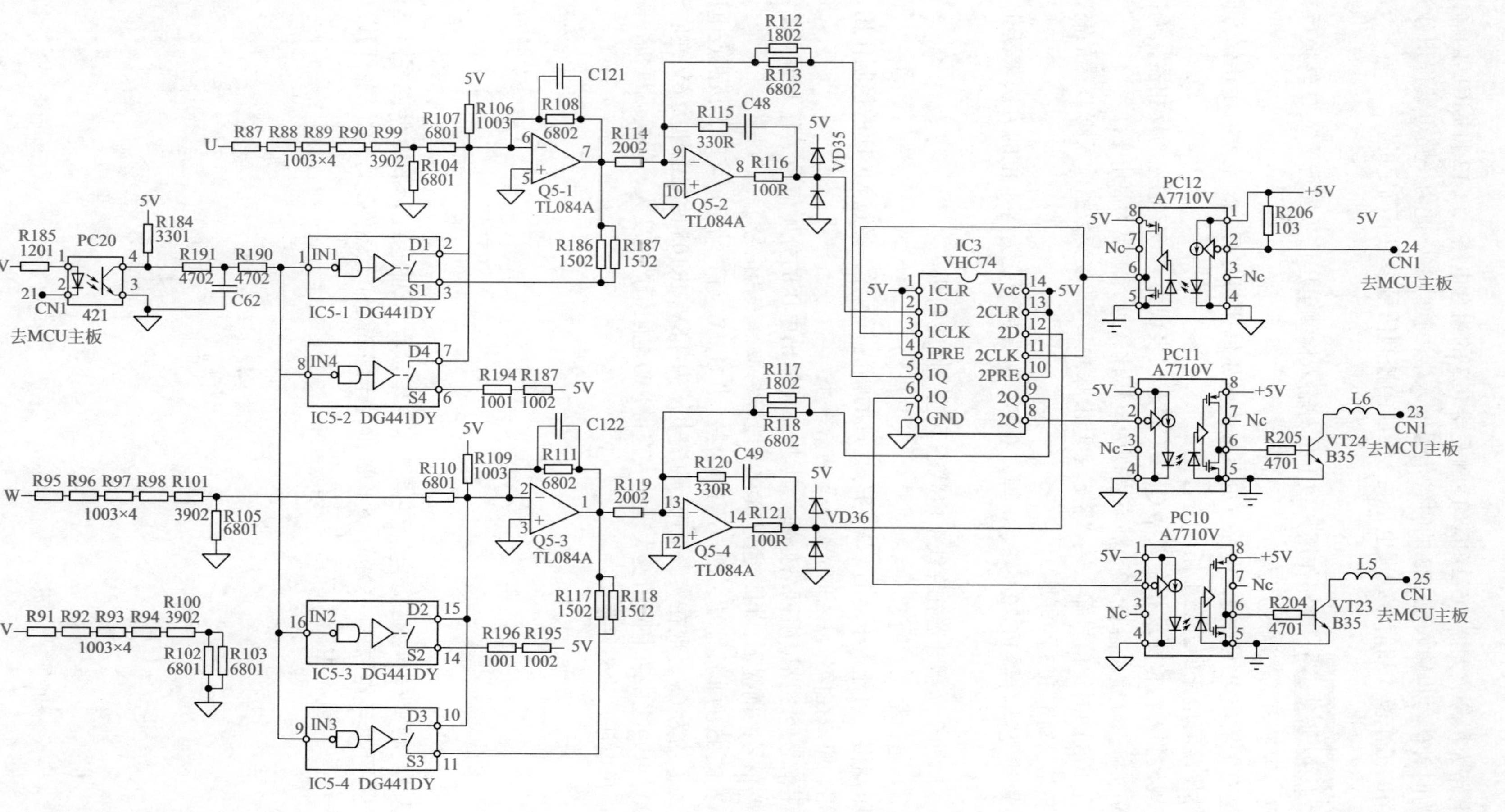

图 4-59 富士 5000P11S 型 90kW 变频器输出电压检测电路

第二级电路为积分放大器 Q5-2 和双 D 触发器 IC3 的组合电路，PC12 将 MCU 的输出信号处理后作为时钟信号也输入至 IC3 的时钟信号输入端。换言之，此为一路可编程积分放大器，该级电路的工作模式和信号处理也是在 MCU 的控制信号参与下确定的。

故障分析和检修 电路作用大致上是对输入检测电压信号实行了 A/D 转换后，送入 MCU 主板，用于内部控制之用。

知道这是有关输出电压检测的电路，并且输出电压偏相与此有关，也就有了检修方向。

检修仍然围绕着电路的静态工作点进行。

① 按常规检测方法检测反相衰减器 Q5-1（静态仅表现为 +2.9V 输入的反相器，输出电压约为 −2.9V）和积分放大器 Q5-2（静态表现为电压比较器，输出为高电平）。

② 采用在 IC3 的时钟信号输入端“制造上升沿脉冲”，和改变数据输入脚 D 端的高、低电平的方法来在线确定 IC3 的好坏。

③ 采用短接光耦合器 PC20 的 3、4 脚，看 D、S 端是否变为等电位的方法来断定 IC5 模拟开关的好坏。

④ 此外，对四个光耦合器在在线上电状态下进行性能判断。

大致检测一遍，都无问题。

输出电压偏相，可能由于对 U、W 信号处理的幅值不一样，经过 MCU 的控制作用，使输出电压偏相。应该在信号输入的“源头”再查一下。

输出电压信号经 3 路电阻网络处理，其中 V 相输出电压的分压信号空置未用（在已检测 U、W 两路信号的前提下，可以通过其它手段轻易取得该相信号）。

对 R104、R105 的非接地端，用电压比较法。当 U、W 与 P 端相短接时，该两点电压值应该是相等的，约为 6V。现在实测 R104 两端电压为 4.8V，R105 两端电压为 6V 左右，判断 R87 ~ R90、R99 之中有电阻值变大现象。查得 R90 电阻值严重变大，代换后试机，测 U、V、W 三相输出电压，恢复平衡。

小结

因 MCU 软件控制的参与，使得工作原理分析出现困难。本例检修的经验是：即便是不作电路原理的分析，对构成硬件电路的各个元器件的好坏，仍然可以作出检测和判断，也仍然具有修复的可能。

第5章

电压检测电路故障检修实例33例

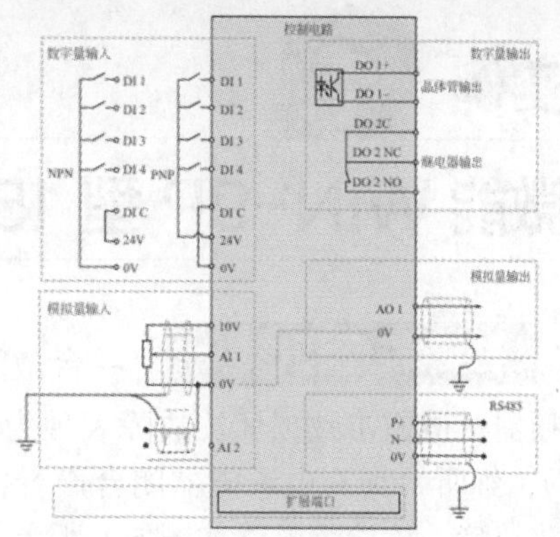

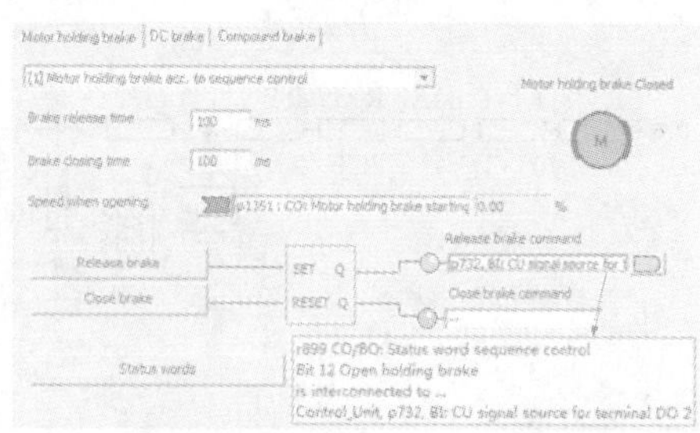

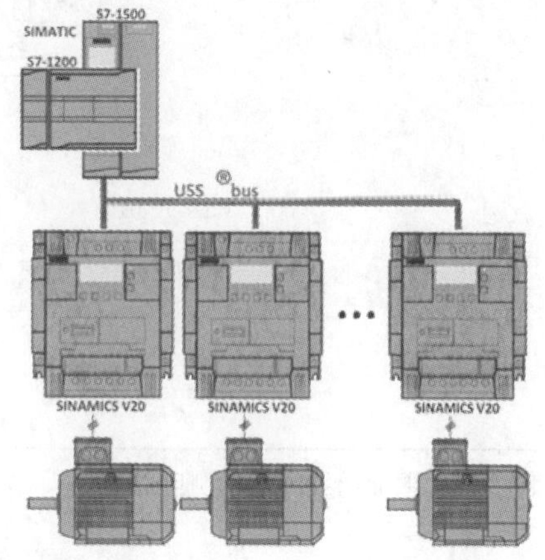

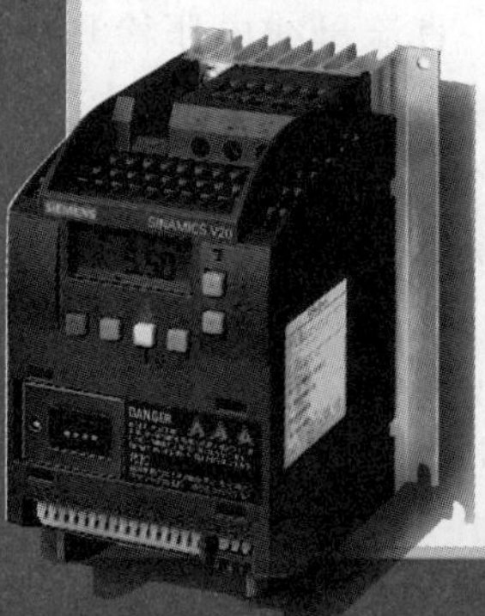

实例 1

微能 WIN-9P 型 15kW 变频器雷击后报 LU 故障

故障表现和诊断 一台微能 WIN-9P 型 15kW 变频器，用于恒压供水控制，后该变频器疑遭雷击致损坏。故障表现为：上电显示开机字符后，显示 LU 故障代码（意为欠电压），细听，无充电继电器闭合声音，散热风扇也没有运转。初步判断为直流母线电压检测电路故障，该检测电路如图 5-1 所示。

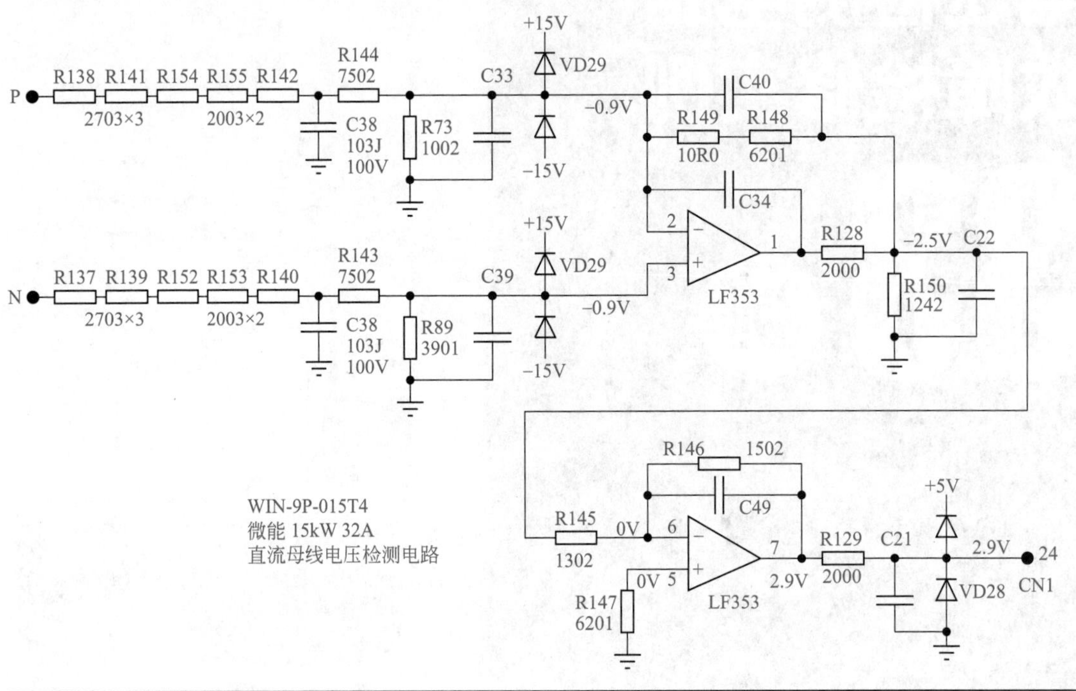

图 5-1 直流母线电压检测电路

电路构成 直流母线电压检测信号的取得，主要有两种电路形式。一是从开关电源的次级绕组间接取得直流母线电压检测信号；二是由直流回路的 P、N 点经降压电阻直接取得，由后续线性光耦合器或运算放大器处理后，输入至 MCU 引脚。新型变频器电路，以前者应用为多，因其电路结构简单，信号与控制电源共地，在信号处理上更为简便。

该机型直流母线电压检测信号，直接采样直流母线 P、N 端，经电阻分压衰减后送第一级差分放大器（其实为衰减器），变差分输入为单端输出后，再经第二级反相放大器处理为约 2.9V 的信号电压，送往 MCU 主板。图 5-1 中所标识各点电压值为修复后的信号电压正常值。

由差分放大器的偏置电阻取值来看，该级对输入信号的衰减倍数约为 200 倍，即输出

电压应为 −2.5V；第二极反相放大器的电压放大倍数约为 1.15 倍，故输出电压应为 2.9V 左右。

故障分析和检修 测得开关电源输出的 +15V、−15V、24V 电源电压均正常。故障检修的关键是找到电压检测电路，找到故障信号输出点，并确定该信号是否异常，当电压检测信号电压异常时进行修复。

电压检测电路由 LF353 内部两级电路、外围元件共同构成的差分和反相放大器组成。

图 5-2 为 CN1 信号端子去向图，确定 CN1 端子的 24 脚为电压检测信号输入点，测得该点电压值为 0.2V，根据经验，电压检测信号的幅度一般为 2.5 ~ 3.5V，考虑到 MCU 芯片的供电电压为 +5V，输入信号范围在 0 ~ 5V 以内的“中间地带”为宜，便于适应 MCU 芯片的输入电压要求范围。另外，输入信号电压过小，也易引入干扰。显然，该电压信号接近 0V，是不正常的。测得 LF353 的反相输入端 2 脚的电压值为 1V，同相输入端 3 脚的电压值为 −0.5V，输出端 1 脚为 0.5V。而处于线性放大区的运算电路的两输入端电压值，应该大致是相等的，即符合“虚短”特性；若处于开环区（电压比较区），输出端电压值应接近供电电源值（即此时输出端应为开、关量信号）。

由此分析，该级电路无论是作为线性放大器还是电压比较器，其输入、输出电压状态都不成立，判断 LF353 芯片已经损坏。

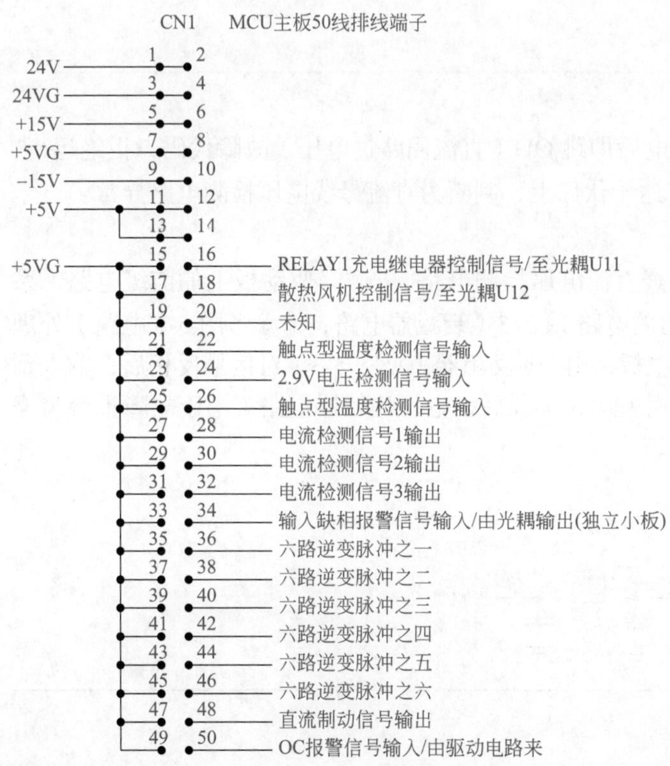

图 5-2 CN1 信号端子去向图

手头无此型号的贴片元件，考虑到该级电路处理的为直流（或脉动直流）信号，其工作频率（即通频带）可以不用考虑。手头有 TL082I 型贴片双运放器件，完全符合代换要求。

将其代换 LF353 后，测 CN1 端子的 24 脚直流检测信号电压值变为 2.9V，操作显示面板不再显示故障代码，试运行正常，故障排除。

小结

检修电压、电流、温度等相关检测电路，“顺电路”的基本功要扎实些，检修运放电路，首重“虚短”“虚断”四字诀；若四字诀不成立，可退而求其次，按电压比较器的规则判断：若符合比较器规则，多为运放器件外围反馈电路的电阻值变大或开路。若连比较器的规则也不符合，则可直接判断是运放芯片坏掉。

实例 2

艾瑞克 EI-700 型 55kW 变频器报 OU（过电压）故障

故障表现和诊断 机器上电后即跳 OU（直流回路过电压）故障代码，拒绝运行。从参数中调看直流母线电压显示值，达千伏以上，判断为直流母线电压检测电路异常。

故障分析和检修 首先检查直流电压检测电路，电源 / 驱动板上的前级电路，系由 P、N 端 530V DC 经电阻降压和运放电路 LF353（衰减器电路，请参考图 5-1 电路）处理后，由 CN3 端子的 10 脚进入 MCU 主板，由 U5 反相器（见图 5-3）对信号反相后，输入到 MCU 的 8 脚（用于直流电压显示及相关运算）及后级电压比较器电路（用于故障报警与停机保护）。

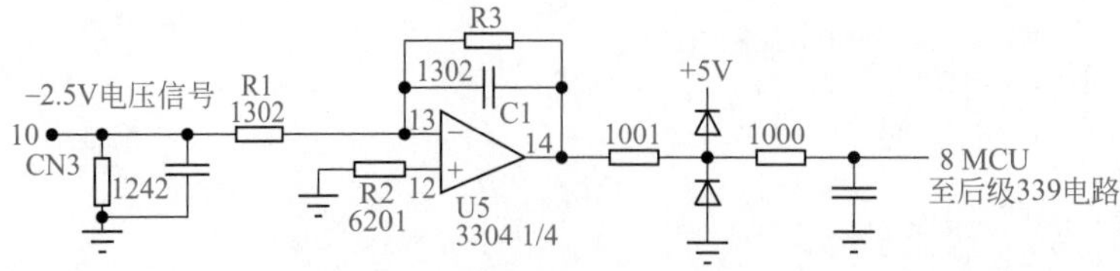

图 5-3 电压检测电路的后级电路之一

前级电路输出的 −2.5V（当直流母线电压为 500V 时）正常，检测 U5 的供电电源为 +15V、−15V，输出端 14 脚电压接近 14V。确定该级电路输出错误的过电压报警信号。

原电路元件没有标注序号，为分析方便，将 U5 芯片的 4 只外围电阻元件暂时标注为 R1、R2、R3 和 C1。这是一例典型的反相放大器（或者说是放大倍数为 1 的反相器的电路），正常状态下，当运放电路处于闭环受控放大状态时，两输入端的电压差为0V，由电路设计参数可知，12、13脚都为0V，输入为−2.5V，输出端14脚的输出电压应该为2.5V。

现在的检测结果如下：13脚为−2.5V，12脚为0V，14脚为14V。由检测结果看出，U5已经由反相器“变身”为电压比较器了，输出是对两输入端电压进行逻辑比较的结果。这样一来反馈电阻R3断路的嫌疑基本上被“坐实”！ R3断路破坏了电路的闭环状态，使U5由线性放大状态进入到开环状态，使线性电路“变质”为开关（逻辑比较）电路。R3的好坏，导致了电路两个不同的工作模式。此时，12脚为0V基准端，与输入的−2.5V进行比较，14脚则根据比较结果输出高电平信号。

焊下R3检测，确实已经断路，用10kΩ和3kΩ两只贴片电阻“搭桥”后串联代用，上电检测14脚输出变为2.5V，操作面板显示正常，试运行正常，故障修复。

当运放电路输出异常时：

① 虽然输出异常，但仍符合确定的逻辑关系，或比例关系，此时运放芯片本身损坏的可能性较小，需从外围电路着手；

② 输出异常，从逻辑和比例两方面分析，都“不透气”，相对于输入信号，输出的是一个“不讲理”的结果，这时候即是运放电路坏掉了。

实例 3

上电POFF报警实例之一

故障表现和诊断 德力西CDI9200型变频器，上电后跳过开机字符，即显示POFF，拒绝运行操作，有时也不能调看参数值。从故障现象分析，可能为MCU已经具备初始工作条件，但不具备运行工作条件（不能调看参数值时，初始工作条件也有问题），MCU检测到有故障信号存在，示以报警。上电期间，变频器处于待机状态，如检测到过流故障（系电流检测硬件电路损坏），一般直接报出SC或OC故障。而予以POFF报警，往往和供电电压条件不能满足相关联。

根据经验，大多数品牌的变频器产品，上电报POFF故障往往和直流母线电压的相关检测有关，多为欠电压报警，但也遇过到POFF为过电压报警实例，总之POFF是直流母线电压或输入电源电压不正常的报警内容。该报警内容在产品使用说明书中，往往不予说明，带来了判断上的困难。

故障分析和检修 先从直流母线电压检测电路着手，其电压检测的末级电路为采用 LF353 运放电路的电压跟随器，测同相输入端和输出端电压有较大差异，且输出端电压仅为 0.7V。电压跟随器的 3 个引脚之间的电压应完全相等。据此判断，LF353 器件已经损坏，致使输入信号电压偏低，使 MCU 判断 530V DC 供电异常，而给出 POFF 报警，并拒绝运行操作。

代换 LF353 后，上电显示与操作均正常，故障修复。

实例 4 上电 POFF 报警实例之二

故障现象请参阅本章实例 3。

依旧先从直流母线电压检测电路着手，检测电路工作正常。该故障机器不但拒绝运行操作，而且从面板调看参数也被拒绝。MCU 系统的工作条件似乎也不具备。

测得 MCU 的供电电压为 4.7V，略为偏低，正常时用数字式万用表的电压挡测量，应为 4.9V 以上。检查 MCU 的供电电路，由 BM1117-3.3 三端 3.3V 稳压器件提供其工作电源，输入为 +5V，正常时输出电压为 3.3V，现测其输出端电压变为 4.7V，显然该稳压器件已经损坏，致使 MCU 的供电电压由正常的 3.3V 上升为 4.7V，MCU 检测到供电电压异常升高而报警。

代换 BM1117-3.3 稳压器件后，上电试机正常。

小结

将上例与本例的 POFF 报警故障结合起来看，POFF 报警，故障原因有二：一是直流检测电路故障，引起的误报“欠电压”故障；二是由稳压电源 IC 导致的 MCU 供电异常的“过电压”报警。前者，MCU 工作条件完备，只是检测到“欠电压”故障的存在，故能调看参数（和设置参数），仅拒绝运行操作；后者是 MCU 本身工作环境异常，故面板的所有操作均被拒绝，仅示以故障报警。但需注意的是，后者 MCU 的时钟、复位等工作条件仍然具备，其内部的部分电路也能正常工作，此时 MCU 仍具有检测自身供电电源异常的能力，故能给出“过电压”报警。

综合以上，POFF 报警，并非仅是检测到直流回路的“欠电压”故障，还有一个隐性可能，是检测到 MCU 本身供电的“过电压”！这就是 POFF 报警的实质所在。对于 POFF 报警，检修者有时候得猜一下，再配合相关电源检测，才能真正落实其故障来源。

POFF 报警的八大原因
——高力发 CH3000 型 110kW 变频器的电压检测相关电路

电路构成 高力发 CH3000 型 110kW 变频器电压检测相关电路如图 5-4 所示。本机型相关电压检测电路牵扯到四个硬件电路的部分，再联系软件方面的原因，总结 POFF 报警的原因。

① 由 C94、R5 整流储能后得到的直流母线电压检测信号 1，经半可变电阻器 VR1 调整，电压跟随器 U3 处理，得到表征直流母线电压高低的模拟电压信号 2，送入 MCU 引脚。

② 此模拟信号 2 又同时送至电压比较器 U19 的反相输入端 2 脚，与 3 脚 3.7V 设定基准相比较，当输入信号电压超过设定值时，输出过电压信号（最后与其它信号一起汇集成 IGBT 急停信号）送入 MCU 引脚。此为一路开关量故障动作信号。

③ 从端子 CN5 引入的是主电路接触器状态检测信号（本机空置未用），异常时 U1 光电耦合器失去开通条件，这一路开关量故障报警信号也送入 MCU 引脚。

④ 其它变频器主电路中，有时在 IGBT 逆变电路供电中还串有熔断器 FU，当其熔断之时，此开关量故障报警信号也经光电耦合器送入 MCU 引脚。

⑤ 本机电路，由 VD12 ~ VD17、ZD1、U2 等元件构成输入电源缺相检测电路。输入三相电源正常时 U2 的 3 脚为接近 5V 的高电平信号；电源缺相时，信号电平出现缺口，产生缺相故障报警。

对变频器相关电压检测而言，直流母线电压检测为必选项，其它检测都为可选项，可多可少，甚至都可以省略不用。

除却直流母线电压检测异常报过电压、欠电压故障以外，其它检测报警要落到实处的话，可分别形成 KM（接触器）异常报警、FU（熔断器）异常报警、输入电源缺相报警等，是比较合理的。但实际情况是：当 KM 异常动作、FU 异常动作或输入电源缺相时，或当 KM、FU 或输入电源缺相检测电路本身异常时，有些机型也会报出欠电压故障，这也可以理解，此时报警并非是真正发生了欠电压故障，而是当这些故障发生时，有可能导致直流母线欠电压故障的发生，此为逻辑推理或预判，亦可成立。但更多的机型，当上文所述的① ~ ⑤项任一问题发生时，变频器俱以 POFF 故障报警为之，并不区分具体的报警内容。

而据检修实际所接触到的 POFF 报警，还有更深层次的原因可以挖掘，这对于变频器报警 POFF，具有重要的检修方向和指导意义。

故障分析和检修 高力发 CH3000 型 110kW 变频器，上电报 POFF 故障，相关电压检测电路（即 POFF 报警电路）如图 5-4 所示。图 5-4 的上半部分，为直流电压检测电路，中部为 KM 状态检测电路（实际未用），下半部分为输入电源缺相检测电路。

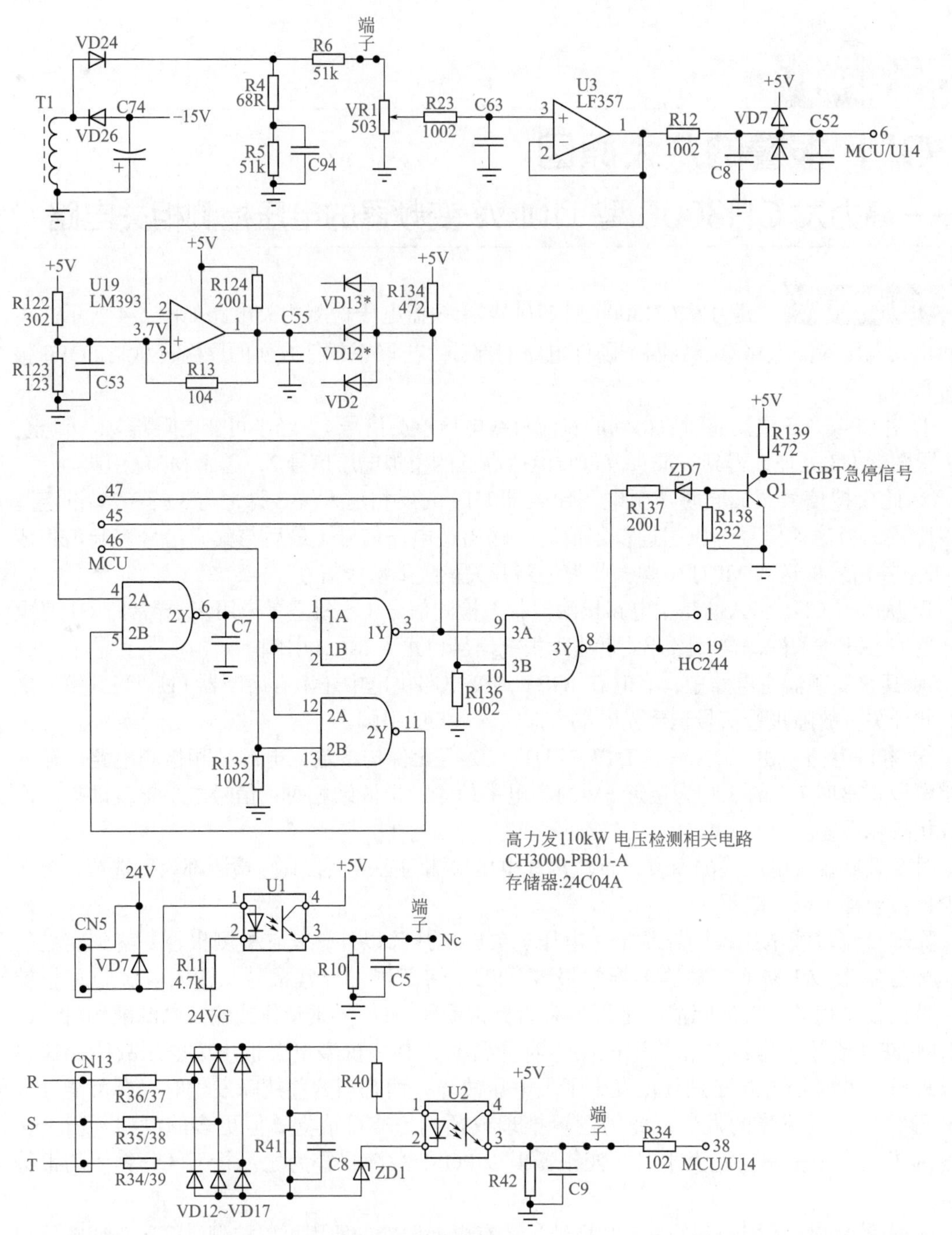

图 5-4　高力发 CH3000 型 110kW 变频器电压检测相关电路

将 U2 的 3、4 脚短接，屏蔽输入电源缺相故障后，仍报 POFF，试调 VR1，使电压检测信号电压在 0 ~ 5V 范围内变化，发现一个奇怪现象：在 3.8V 以下时报 POFF 故障，超过 3.8V 时报 E-07（意为输入电压异常），报警动作电压范围变窄，由一个线性段变为一个点。无法将电路调至不报故障的一个点上。根据同类机比对，此电压调至 2.7V 左右时，对应显示直流电压值为 530V，而且该电压在相当大的范围内，如 2.4 ~ 3.5V 之间，变频器都能正常工作。而更为奇怪的是，调出故障时直流电压显示值，无论在 3.8V 以下或超过 3.8V，均显示 378（直流回路电压值），MCU 对输入电压已经不再做出正常的判断。

检修如图 5-4 所示电路，确认电路工作完全正常，那么 POFF(和相关过、欠电压故障)，究竟还和哪些电路、哪些因素相关联呢？

初步梳理了一下，大概有八个方面的因素，会导致变频器上电报 POFF 故障：

① 输入电源缺相检测电路，屏蔽报警时可短接光耦合器的 3、4 脚。

② KM 状态检测电路，屏蔽报警时可短接光耦合器的 3、4 脚。

③ FU 状态检测电路，屏蔽报警时可短接光耦合器的 1、2 脚。

④ 直流电压检测电路，确认输入至 MCU 引脚的检测电压值是正常的，此检测信号电压过低或过高，均可引发 POFF 报警。

⑤ 控制电路的电压异常（如 DSP 或 MCU 的供电电压过高）引发 POFF 或相关报警（如通信异常等）。

⑥ 处理电流、电压、温度信号的末级运放电路，经常引入一个 −2.5V 或 +2.5V 的基准电压，以实现将正、负检测信号转换为 0 ~ 5V 信号的目的，因此需确认该基准电压的正常与否。基准电压的失常，会使正常检测信号电压值变为过高或过低，误报 POFF 故障。

⑦ 在 MCU 或 DSP 的 VREF 引脚，也有一路或多路基准电压引入，用于内部 A/D 转换的基准参考，当该电压异常时，会导致内部数据计算错误，误报 POFF 故障。

⑧ MCU 或 DSP 器件外部存储器内部相关数据（如额定电流、直流回路电压值等）异常时，误报 POFF 故障。

综合以上，并配合故障现象进行分析，对于本例高力发 CH3000 型 110kW 变频器，上电报 POFF 故障，判断可能为 EEPROM 内部相关数据异常，引发 POFF 或 E−07 的误报警。为验证故障判断是否正确，将同一 MCU 主板上的存储器 24C04A 与该故障主板上的存储器调换，上电，显示与操作正常。

该故障的修复，有一定的偶然性，如联想不到是 EEPROM 内部数据的问题，则会出现无法修复的结局。

思路决定出路。一般检修者，可能会检修到①、②、③、④方面的原因，而⑤、⑥、⑦、⑧则表现为疑难故障了。对⑤、⑥、⑦、⑧故障的修理，与检修者的检修经验和检修功力，甚至是联想能力，都有很大的关系。

实例 6

丹佛斯 VLT2815 型 3.7kW 变频器电压检测电路故障

丹佛斯 VLT2815 型 3.7kW 变频器直流母线电压检测电路如图 5-5 所示，较有特点。后级开关量报警电路，是由 MCU 信号和基准电压 VREF、电压比较器 U2 共同组合而成的可编程电压比较器电路。

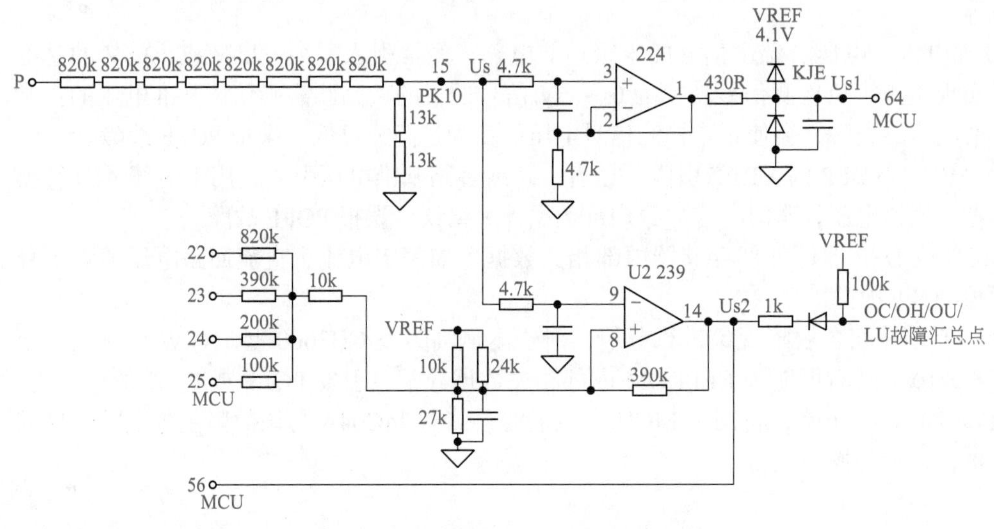

图 5-5 丹佛斯 VLT2815 型 3.7kW 变频器直流母线电压检测电路

该机型如 Err37、Err7 等报警动作，不仅与硬件电路相关，而且与软件控制（MCU 或 EEPROM 内部数据）相关，且更多故障表现为软件故障。

Us 正常检测电压为 2.2V（对应三相交流输入为 380V 时）。Us2 正常状态为高电平，低电平时为报警状态。当 Us 和 Us2 都为正常状态时产生 Err37、Err7 报警，是软件（数据）方面的因素所致。

本例故障，P、N 端直流母线电压采样电路由 8 个 820kΩ 电阻和 2 个 13kΩ 电阻构成的串联分压电路组成，Us 电压不足 1V，判断此采样电路有元件损坏。在线用万用表测 8 个 820kΩ 电阻，因和主电路储能电容之间构成时间常数极大的串联回路，万用表显示值几分钟内一直在变化，很难测准。此时可用外供直流电压如 80V（或其它电压值），接于串联 8 个 820kΩ 电阻两端，正常时每个电阻两端电压值均为 10V，若测得哪个电阻两端电压降大于 10V，即为坏件。

由此找出一个电阻，其阻值变大至 2MΩ，代换后故障排除。

实例 7

莫把正常当故障
——参数设置不当也会产生 LU 误报警

故障表现和分析 一台上电报 LU（意为直流母线欠电压）故障的变频器，调看电源电压显示值与实际供电值相对应，判断直流母线电压检测电路基本正常。

顺出其它相关检测电路，如输入缺相检测电路、KM 状态检测电路，详细检测也没有发现问题。

顺出 MCU 基准电压电路，检测结果也很正常。

调看产品使用手册中的电机参数，发现用户设定电机额定电压值为 420V，现在检修上电 360V，这才导致报 LU 故障。

将电机额定电压参数调整为 380V，上电试机正常。

小结

对于任何故障报警和表现，不能忘了“先软件数据，后硬件电路”的检修方法，有的故障是参数设置不当造成的，并非硬件电路异常所致。

实例 8

艾默生 SK 型 2.2kW 变压器上电报欠电压故障

故障表现和分析 艾默生 SK 型 2.2kW 变压器上电即报欠电压故障，但前检修者没有找到电压检测电路。

笔者寻找电压检测电路的过程如下。

① 将开关电源脉冲变压器的次级绕组，与 +5V 电源共地的多抽头绕组（一般有 4 个抽头），接 3 路整流二极管和较大容量的（电解）滤波电容。第 4 个整流二极管，未接大容量滤波电容的，即是直流电压检测信号的第一级电路。

② 从 P、N 端各串联的多个百千欧级大阻值电阻，或至 A7840/A7860 等线性光耦合器，或至运算放大器（多为双端输入式差分放大器）。

③ 其它形式，因电压采样电路与 MCU/DSP 电源共地，故电路结构最为精简，直流母流电压检测电路只需如图 5-6 所示，用几个分压电阻来取得采样信号。

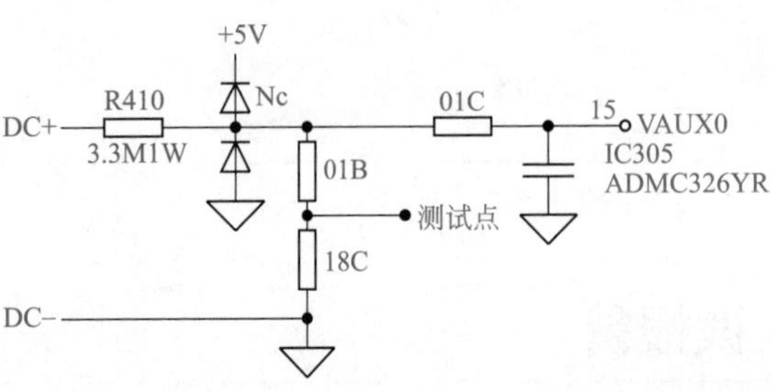

图 5-6 艾默生 SK 型 2.2kW 变压器直流母线电压检测电路

接 DC+ 端的 R410，如果不是开关电源的启动电阻，差不多就是电压采样电阻了。R410 等电阻将直流母线的 530V 电压分压处理成约 2.5V 的采样电压信号，送入 MCU 器件。在线检测如图 5-6 所示的测试点处电压及 IC305 的 15 脚电压，均低于 2V，停电检查 R410 和其它电阻的好坏，没有问题。拆下 IC305 器件 15 脚的滤波电容后，上电，变频器显示正常，不再报欠电压故障。测该电容，发现已有漏电现象。

用一个 0.22μF 贴片电容代换，故障排除。

事实证明可以根据电路构成和特征，快速找到相关检测电路。修复电路的前提，是先找到该电路。

实例 9

检测电压被“谁”拉低了?

电路构成 三晶 S300 型 1.5kW 变频器直流母线电压检测电路如图 5-7 所示。该机上电后显示 LU，意为直流回路欠电压故障。直流母线电压检测信号取自开关变压器的 −15V 供电绕组，VD？（印字不清，无法标注编号）的正向导通时刻与开关管的饱和导通时间相重合，故根据一、二次绕组匝数比能从 VD？整流电压上反映出一次侧电源电压的高低。与 MCU 主板脱离后，测得此电路输出电压为 9V 左右，根据经验，此电压明显偏低，一般约为 30 ~ 90V。首先测得 −15V 输出电压正常，故可排除电源电路本身的故障，故障在 VD？、R41、R43、R32、C15、C16 等 6 个元件身上。

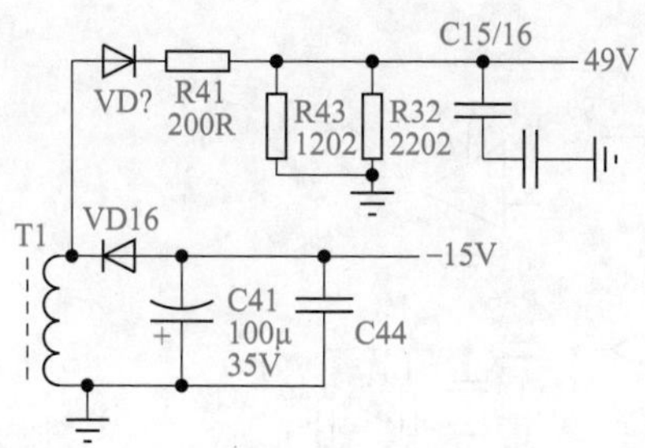

图 5-7　三晶 S300 型 1.5kW 变频器直流母线电压检测电路

故障分析和检修　那么该检测电压究竟是被“谁”给拉低了？是 R41 电阻值变大，还是 C15、C16 有漏电所致？检查一无所获。将 R43、R32 摘下，发现即使电路彻底空载，电压也没能升高，显然该电路输出电压的高低和后级电路无关。

再次确定 VD？与 R41 均无异常，回头反思该检测电压的特性：仅在开关管有限的饱和导通期间内出现。因为开关变压器一、二次绕组之间极低的匝数比，因此开关电压具有稳压范围宽的特点，这说明，开关管的导通时间远远短于截止时间。换句话说，此处检测电压的高电位，其实是被 C15、C16 电容滤波“抬起来”的！用 1μF100V 电解电容并联在 C15、C16 串联电容的两端，上电试机，测得检测电压跃升为 49V，屏幕显示正常，故障修复。

C15、C16 虽充电时间短，但放电时间常数也远远大于充电时间常数，其上所积累的几乎为 VD？整流的峰值电压。当 C15、C16 断路或失去电容活性后，对检测电压的“抬升”作用消失，致使检测信号大幅度跌落，引发 LU 报警。

由于对贴片电容的失去电容活性状态易于忽略，其容量也不方便检测，有时会导致误判。遇有此类故障，可先并联 1μF（耐压值宜用 160V 或 250V）电解电容试验，往往事半功倍，故障就此修复。由于检测电压值较高，不宜用 100V 耐压以下电容代换。

实例 10

欧瑞 F2000 型变频器上电即产生 LU 报警

故障表现和诊断　变频器上电后报 LU 故障，测得直流母线电压正常，判断为相关检测电路故障。

电路构成　测绘直流母线电压检测电路如图 5-8 所示。

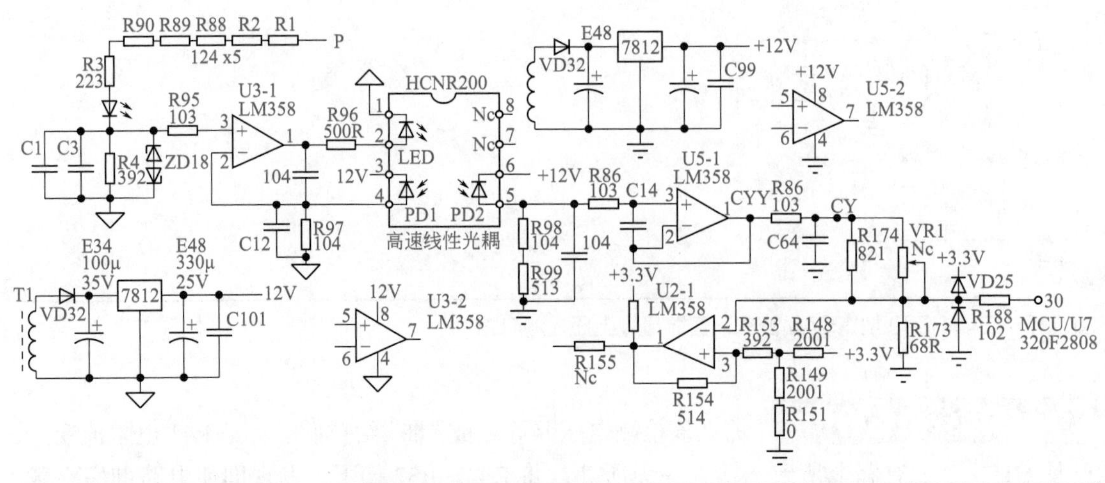

图 5-8　欧瑞 F2000 型 55kW 变频器直流母线电压检测电路

采用 HCNR200 线性光耦（本电路设计传输比为 1∶1.5），U3 的输入端为 3V 左右，由 HCNR200 和 U3-1 控制过程可知，R97 两端亦为 3V 左右。因 HCNR200 内部 PD1 和 PD2 参数一致，二者流通工作电流相等，故知 R98 和 R99 串联电路两端压差为 4.5V 左右，则知 U5-1 输出电压信号，即 CYY 检测点对地信号输出电压为 4.5V 左右。线性光耦的输出端的正常电压值约为 4.5V。

故障分析和检修　上电检测发现 HCNR200 的 2 脚电压为 9V，4 脚为 0V，输出端 5 脚电压为 0V。说明其内部 1、2 脚之间的 LED 已经开路性损坏，致使 U3 的放大条件也被破坏，由放大器“变身”为比较器（当然也可能是内部 PD1 先行损坏，反馈信号为 0，造成 U3 最大输出，致使 LED 损坏）。

为检验后级电路是否正常，在 U5-1 的 3 脚送入可调的 5V 左右电压，仍报 LU。进一步试验，试将 HCNR200 的 5、6 脚短接，结果仍报 LU，HCNR200 后级运放电路仍有问题。对电路中 R174 和 R173 的分压电路产生疑问：线路板上留有半可变电阻器 VR1 安装位置，现空置未用，R173 现取值为 68Ω，短接 HCNR200 芯片 5、6 脚的情况下，进入到 MCU 的 30 脚的电压仅为 0.4V（可以推算正常输入信号应为 0.1V 左右）。暂时对此电阻值进行调整，使此点分压值达 1.3V 以上后，上电显示与操作正常。

由此得到结论，该例故障可能是由前检修者未能判断 HCNR200 损坏，而代换的 R173 阻值有误造成的。

代换 HCNR200，并重新调整 R173 的电阻值（约为 4kΩ）后，故障排除。

检修变频器故障，原理分析和实践动手能力，二者缺一不可。像电阻元件变值或为前检修者换错等产生的问题，一定程度上还是依赖“跑电路”进行原理性分析来解决。

实例 11

寄生干扰造成信号电压偏离（找不到坏件的欠电压故障）

故障表现和诊断 德力西 CDI9100 型 55kW 机器，上电报欠电压故障。检测发现电路元件均好，一时无解。

故障分析和检修 电路形式请参阅图 5-7 电路，据原电路整流滤波后，由电阻分压电路取出检测信号，送 MCU 主板。据电阻值估算，应输出信号电压为 1.6V 左右，现实测得信号电压值为 1V。故引起 LU（欠电压）故障报警。

检测串联分压电阻，在线与离线（将其拆下电路）测量都是正常的，但是与实际分压值不相符。后来将原分压电阻全去掉，将分压输出点与后级电路的连接也断开，单独接两个同值电阻分压，其故障检测电路如图 5-9 所示，电路 a 点电压为 50V，但测 b 点电压即降为 10V。因测试电路中 $R1=R2$，故 b 点正常分压值应为 25V 左右。

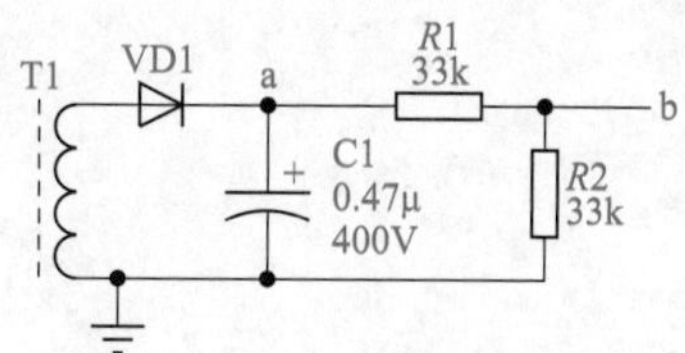

图 5-9 故障检测示意图

用示波器测滤波电容 C1 端为稳定直流电压，测分压端 b 点即为（负向成分较大的）杂散脉冲信号。此信号何来（与外电路已断开）? 先想办法滤除掉此杂散信号，试在 b 点接一个 1μF100V 滤波电容，此时再测 b 点发现电压值上升为 25V，表现正常了。

恢复原电路，测得 b 点为输出稳定的 1.6V，显示与操作正常，故障排除。

该例检修没有找到故障元件，但采取消噪措施排除了故障。

小结

检修故障过程中，如果经历多了，恐怕会多少碰上不合逻辑的地方。这类故障原因通过纸上谈兵是无法弄清楚的，纠结于此意义不大，碰上寄生干扰，采取措施消除就是了。

实例 12

运放器件可以坏出这种现象来
——普传 PI-3000 型 55kW 变频器报 LU 故障

故障分析和检修 一台变频器上电报 LU，调出直流母线电压显示值，是由几十伏开始一伏一伏地缓慢上升，几分钟后升至正常值。直流母线电压采样信号取自开关变压器的次级绕组（如图 5-10 所示的电路），首先将 C442 和 C112 换掉后，测得 Rr119 电阻两端电压为稳定的 -16V，但故障现象依旧。

此 16V 检测信号电压经反相衰减器 LF347-1 和电压跟随器 LF347-2 处理为 2.3V 的电压信号，送入 MCU。

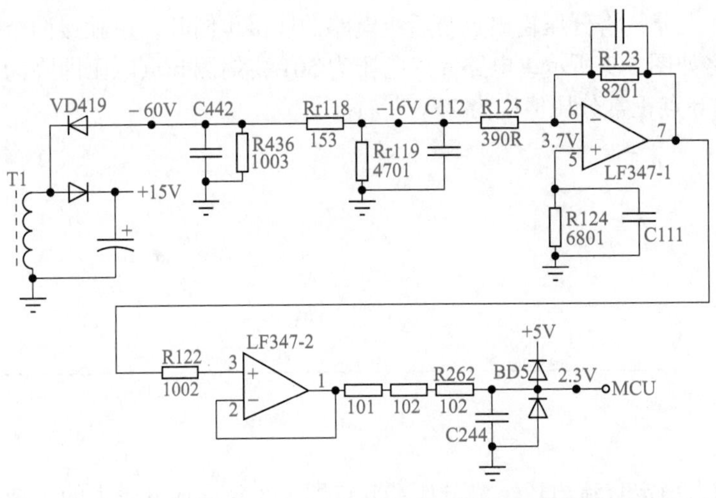

图 5-10　普传 PI-3000 型 55kW 变频器直流母线电压检测电路

测得运放电路的 7 脚输出 2.4V 稳定值，但 1 脚输出电压自变频器上电开始，有缓慢升高变化现象，判断 LF347 不良。代换为 TL084 后，故障排除。

器件的损坏不仅仅有短路、开路、漏电等故障表现，有时还表现为随温度变化、随湿度变化和随时间变化的故障现象，为器件老化、衰变、劣化所致。

实例 13

众辰 H3400 型 1.5kW 变频器上电显示 OU0 代码

故障表现和诊断

变频器直流电压检测电路如图 5-11 所示，测得 U11-1 的同相输入端电压为 2.2V，输出端 1 脚电压为 0V。

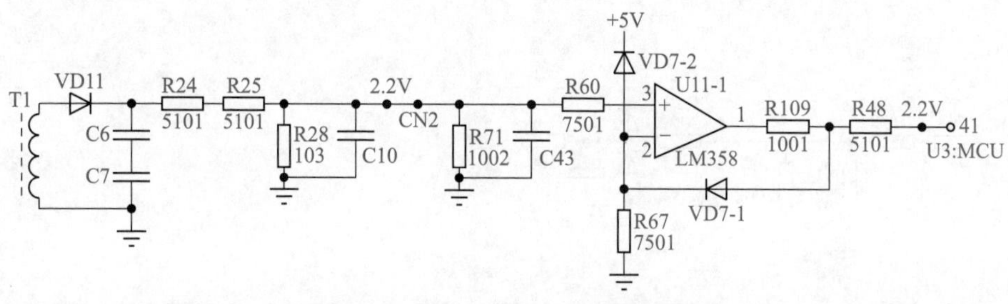

图 5-11 众辰 H3400 型 1.5kW 变频器直流电压检测电路

由此判断 U11-1 运放芯片损坏，检修步骤如下：

① 代换运放芯片后发现故障依旧。

② 连换 3 片后 U11-1 的 1 脚仍然输出 0V 电压，再查发现运放芯片供电端的 +15V 供电电源丢失。

③ 顺供电电源走向查看开关电源部分，竟然是前检修者将 +15V 电源整流二极管拆掉未装。将 +15V 电源整流二极管装后上电，随即 +15V 滤波电容爆裂。停电观察，电容损坏是由前检修者将滤波电容极性装反所致。

将前检修者的修理过程推理如下：+15V 滤波电容装反后，反向漏电流增大造成整流二极管冒烟，因而拆掉整流二极管，导致运放芯片丢失正供电，报电压检测故障。

检修任何电路，要按“先电源，后信号；先软件数据，后硬件电路”的规则进行，该例故障，若未查电路供电电源，仅根据输入、输出信号判断芯片的好坏，显然是不够全面的，会造成多次返修。电源供电电压是否正常应当是电路能否正常工作的第一条件。

实例 14

金田 JTE320 型 5.5kW 变频器上电报 Err09 故障

故障表现和诊断 变频器上电即报欠电压故障，调出 F07 的相关参数，其母线电压显示值低于 200V，故“确诊”为直流母线电压检测电路故障。

直流母线电压检测前级电路见图 5-12。

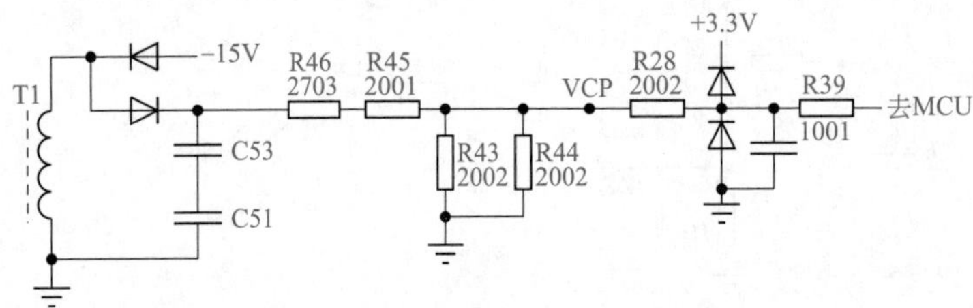

图 5-12 金田 JTE320 型 5.5kW 变频器直流母线电压检测前级电路

测得 VCP 测试点电压值低于 1V，整流后滤波电压为十几伏，R46、R44 等分压电阻正常，判断 C53、C51 电容失效。

在 C53、C51 串联电容两端并联 1μF 400V 电容，上电试机正常，故障排除。

实例 15

德瑞斯 DRS2800 型 3.7kW 变频器过电压报警

故障表现和诊断 机器上电后报警 Er07，查使用手册中注明为“输入电源异常导致停机时过压”。测得直流母线电压为正常值，调看参数 d-09，直流母线电压显示值为 760V，初步确定为直流电压检测电路异常。当然，故障也可能为直流电压检测电路正常，但 MCU 所需的 A/D 转换用基准电压异常，造成 MCU 内部软件数据的计算错误。

电路构成 该机型的直流母线电压检测电路如图 5-13 所示，采样信号取自开关变压器的次级绕组，经 VD15、C48 整流滤波成直流电压信号，再经分压电路、电压跟随器处理得到直流电压信号送至 MCU 引脚。同时此直流电压信号又送入 U11-2 及外围元件构成的电压比较器，转化为开关量过电压报警信号送入 MCU。

电路中各关键测试点的信号电压值如图 5-13 所示，此为在 P、N 端送入 500V DC 时，各点的直流电压检测值。

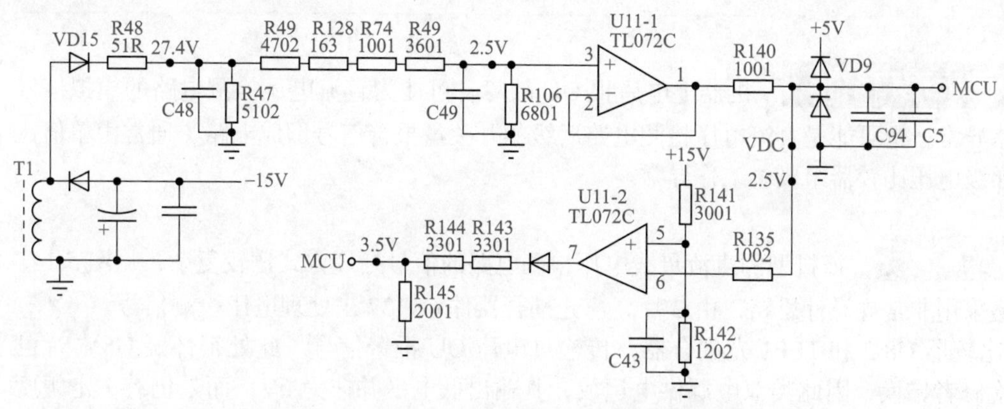

图 5-13　德瑞斯 DRS2800 型 3.7kW 变频器直流母线电压检测电路

故障分析和检修　直流电压采样信号为 27.4V，正常；上电检测 U11-1 的 3 脚输入电压，为 2.5V，正常；测得 U11-1 的 1 脚输出电压为 7.6V，即不符合电压跟随器规则，判断 U11-1 已经损坏。

代换后故障依旧。测得 U11-1 的 1 脚电压已经变为 2.5V，该级故障排除；U11-2 的 7 脚输出端应为高电平（14V 左右），但此时测得输出电压为 6V 左右，经分压送入 MCU 的引脚电压（正常时为高电平 3.5V 左右）低至 1V，形成过电压报警信号。

由于 U11 刚换过新品，怀疑是 U11-2 的 5 脚基准电压丢失，造成该级比较器输出错误的报警信号。测得 5 脚电压为 0V，判断 R141 损坏。

停电检测与观察，发现 R141 贴片电阻的一端发黑，用洗板水清洗后补焊，上电试机故障排除。

一例故障中出现了两个故障点，即 U11-1 损坏和 R141 虚焊。检修比较器电路时，应注意对比较基准电压电路的检查，其异常时，会输出错误的报警信号。

实例 16

嘉信 JX-G 型 37kW 变频器上电产生 OU 报警

故障表现和诊断 机器上电后报 OU 故障，可能为直流电压检测电路的模拟信号传输电路异常，也可能是直流电压检测电路后级的开关量报警信号形成电路（通常由单值比较器和梯级电压比较器组成）工作异常。

电路构成 该机型的直流母线电压检测电路的信号处理方式比较复杂，见图 5-14。

电路采用非常规设计思路，由 2 片高速光耦合器件 6N137 来处理电压检测信号。

① 比较器 U8-2 和 TLP1 光耦合器，传输过电压 OU 报警信号。此处很怀疑 U8 芯片已经被前检修者错换，因此类双电源供电运放，其输出低电平并非为 0V，而是仍有一定幅度的电压输出如 6V，这会造成 TLP1 一直在导通状态下，从而在过电压故障发生情况时，不能产生正确的报警动作。U8（U8-1 和 U8-2）应采用或换用专用单电源运放器件为宜，如 LM358 芯片等。

② U8-1 运放电路和 U3（NE555 时基电路）构成 PWM 发生器电路，将直流电压采样信号的高低转换为 PWM 脉冲的宽度变化，经 TLP2 隔离后在电容 C52 两端形成检测信号电压，检测信号电压经电压跟随器 U4 处理后送入 MCU 的 59 脚。

由振荡器 U3 的 2、6 脚来的为非等腰三角波，输入至 U8-1 的反相输入端 2 脚。U8-1 的同相输入端 3 脚输入的为直流电压采样信号，这两路输入信号相比较，在直流母线电压升高时，1 脚输出 PWM 脉冲占空比增大，TLP2 的 5、6 脚内部三极管导通时间比变长，U20 反相器的输入端电压变低，U20 的输出脉冲占空比增大，经 R64、C52 滤波成升高的直流电压，再由 U4 电压跟随器送入 MCU 的 59 脚。整个电路具备了 A/D、D/A 转换功能，对采样 P、N 端直流母线电压信号既光耦隔离，同时又完成了线性传输。电路设计者可谓独具匠心。

故障分析和检修 测得 U3 的 2、6 脚三角波正常，U8-1 的 1 脚 PWM 脉冲正常，U20 的 3、4 脚有脉冲电压，且反相关系正常，MCU 的 59 脚有直流电压检测信号进入。

TPL2 的输入端 2、3 脚和输出端 5、6 脚可视为反相关系，其 6 脚矩形脉冲应是最低值，基本上能到 0V 的脉冲电压，回头细看脉冲波形，发现最低电平值不到 0V。判断 TLP2 低效劣化，更换 TLP2 后，上电显示正常，不报 OU 故障了。试机运行正常，故障排除。

小结

本例为较为复杂的非常规设计电路，一定程度上依赖于原理的分析到位，和检修经验老到，才能较快地排除故障。检修电子电路，不断学习提高自己的电路测绘和原理分析能力，才是正途。

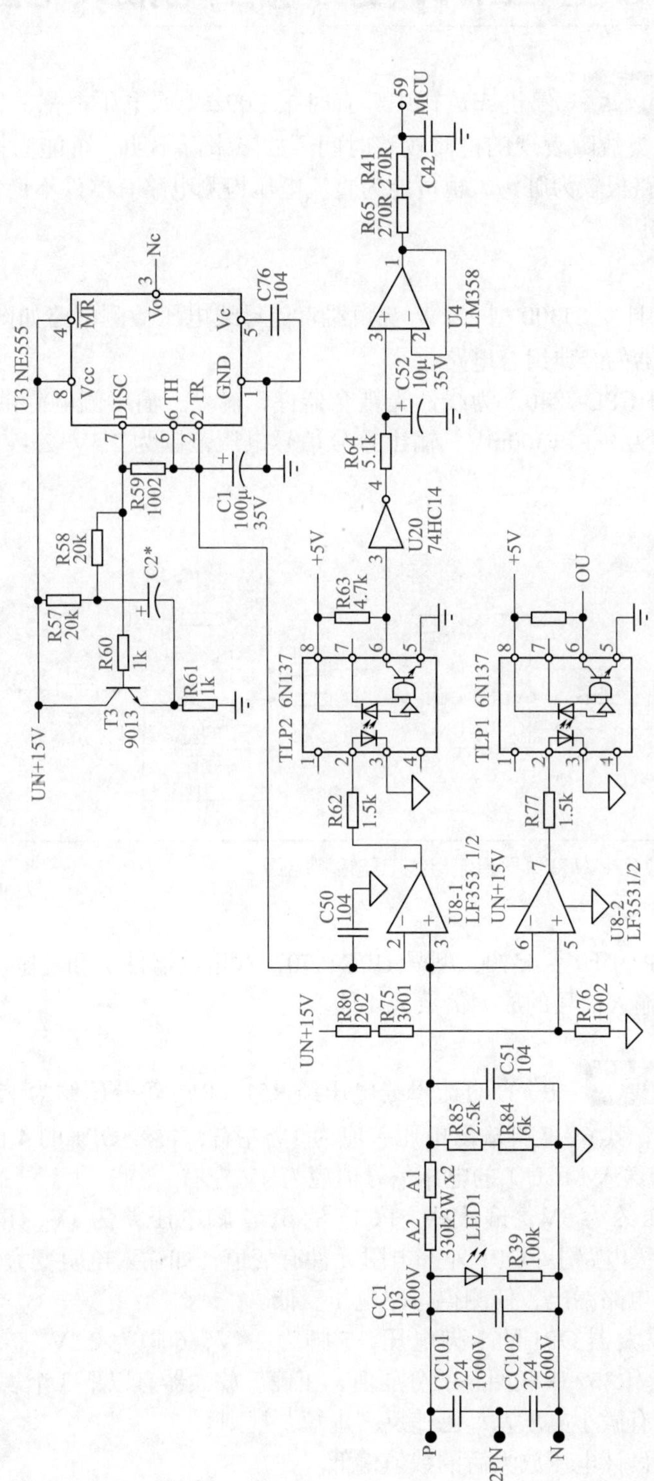

图 5-14 嘉信 JX-G 型 37kW 变频器直流母线电压检测电路

实例 17

日立 SJ300 型 22kW 变频器上电报欠电压故障

故障表现和诊断 停机或运行中，有时报 E09.2（低电压报警）故障代码，有时能正常运行。通常此类故障表现的检修较费时间。故障来源不明，可能为排线端子接触不良、老化，可能为电路板较为脏污，也可能为直流电压检测电路有器件不良。故障根源需待检查落实后，才能确定。

电路构成 日立 SJ300 型 22kW 变频器直流母线电压检测电路如图 5-15 所示，为线性光耦和差分放大器的经典组合电路。

A7840（型号为 HCPL-7840）为线性光耦合器件，输入、输出侧电源供电都为 5V。输入差分信号电压范围为 0 ~ ±300mV，输出差分信号电压范围为 2.5V±2.4V，8 倍电压放大倍数。

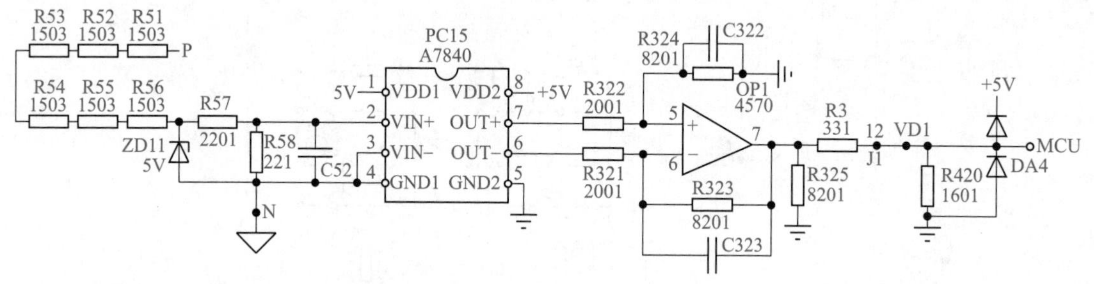

图 5-15 日立 SJ300 型 22kW 变频器直流母线电压检测电路

差分放大器由 OP1（印字 4570，型号 UPC4570，双运放器件）和外围电路构成，据电路设计参数，对差分输入信号的放大倍数为 4 倍多。

故障分析和检修 P、N 直流母线电压经 R51、R58 等分压约为 120mV，经 PC15 进行 8 倍电压放大后，其 6、7 脚输出电压差应为 1V 左右，再经 OP1 的 4 倍电压放大，最终在 VD1 检测点（即送入 MCU）的电压信号值应为 4V 左右。

测得 VD1 处电压约为 3V，偏低些。PC15 的 6、7 脚电压差为 1V，正常。问题出在 OP1 差分放大器这一级电路上：OP1 外部电阻元件有变值，如输入电阻变大；OP1 芯片本身不良；MCU 引脚内部电路漏电，使测得电路电压变低。

首先检测差分放大器 OP1 的 3 脚电压，5 脚为 2.4V，6 脚为 2.2V，7 脚为 3V，分析 R322、R324 和 R321、R332 串联回路的分压值，正确。放大器有以下 3 个表现：

① 放大器输入端有微小电压差，已违反“虚短”规则。

② 输出电压值比设计电压放大后的数值偏低。

③ 偏置电路分压值正常。

这说明故障为运放芯片，其已存在老化低效的现象，不再具有设定的电压放大能力，故使输出电压偏低，造成随机欠电压报警。代换 OP1 器件后，工作正常。

运放器件或其它电子器件，若表现为严重损坏现象，如击穿或断路，则故障状态为稳定的两极表现，如运放某引脚电压表现为 0V 或为供电电源电压值，此种损坏一般较易检测；若表现为低效老化、劣化故障，会出现输出电压值偏移、输出状态不稳定等的故障现象。万物都会衰老，电子器件也会这样。由器件老化造成的故障，是一种“亚健康状态”，在检修定性上有一定的难度。

实例 18

三菱 FR-A500 型 11kW 变频器上电偶尔报欠电压故障

故障表现和诊断 机器在使用中，开始时三、五天报一次欠电压故障，故障复位后即能重新启动运行；最近，一天报好几次欠电压故障，基本上不能使用，经初步检测，确定故障点在直流母线电压检测电路。

电路构成 机器 P、N 端电压检测电路如图 5-16 所示。电路结构基本同本章例 17。

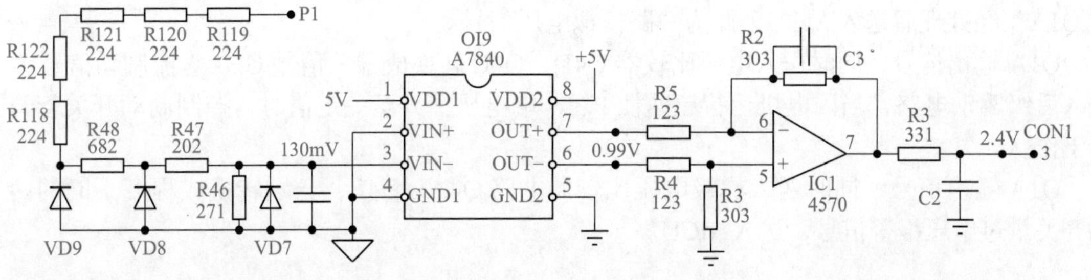

图 5-16　三菱 FR-A500 型 11kW 变频器 P、N 端电压检测电路

故障分析和检修 如图 5-16 所示先在 R46 两端送入 0 ~ 0.2V 可变电压信号，测

OI9 线性光耦的 6、7 脚信号电压和 IC1 的输出端信号电压，发现都有相应变化，电路貌似能正常传输电压信号。

但检测 IC1 的 7 脚电压值，当 OI9 的 3 脚输入 0.2V 时，IC1 的 7 脚输出低于 1V，电路总的放大倍数似乎为 5 倍。根据常识，仅 OI9 线性光耦一级的电压放大倍数应为 8，该电路的放大能力降低了。

当 OI9 的 2、3 脚电压差为 0.1V 时，其 6、7 脚之间的电压差仅为 0.3V（正常应为 0.8V），判断 OI9 器件老化劣变，代换 A7840 后故障排除。

光耦合器件，内部有发光管、受光管（光敏三极管）和其它信号处理电路，是易于发生老化劣变故障的器件之一。其工作状态的正常与否，完全可由输入、输出端的电压差是否符合 8 倍电压放大倍数来确定。

实例 19

富士 P11S 型 90kW 变频器上电报 LU 故障

故障表现和诊断 机器上电报 LU（欠电压）故障，从监视参数当中没看到直流母线电压显示值，测直流母线电压值，在 380V 输入交流电压下，约为 500V，是正常的。初步判断直流电压检测电路故障，为电压检测电路误报警。

电路构成 该机型的 P、N 端直流电压检测电路见图 5-17。

P、N 端直流电压经串联电阻分压、由 A7840 隔离并做出 8 倍放大后，输入至差分放大器 Q1A，经处理后送入 MCU，此为一路模拟电压信号。

Q1A 输出信号，同时送入电压比较器 Q4D、Q4C 转换成开关信号 GB（直流制动信号），送入后级驱动电路，当因电机运行超速使 P、N 端电压上升至一定值时，控制制动开关管开始工作。

Q1A 输出信号，同时送入梯级电压比较器电路 Q4A、Q4B，分别转换成程度不同的两路开关量过电压报警信号，送入 MCU。

故障分析和检修 由上述电路构成分析，3 路比较器电路担任 GB 信号产生、过电压检测与报警的任务，和欠电压检测与报警无关，因而故障环节仅局限于 PC9、Q1A 的模拟信号处理电路范围。

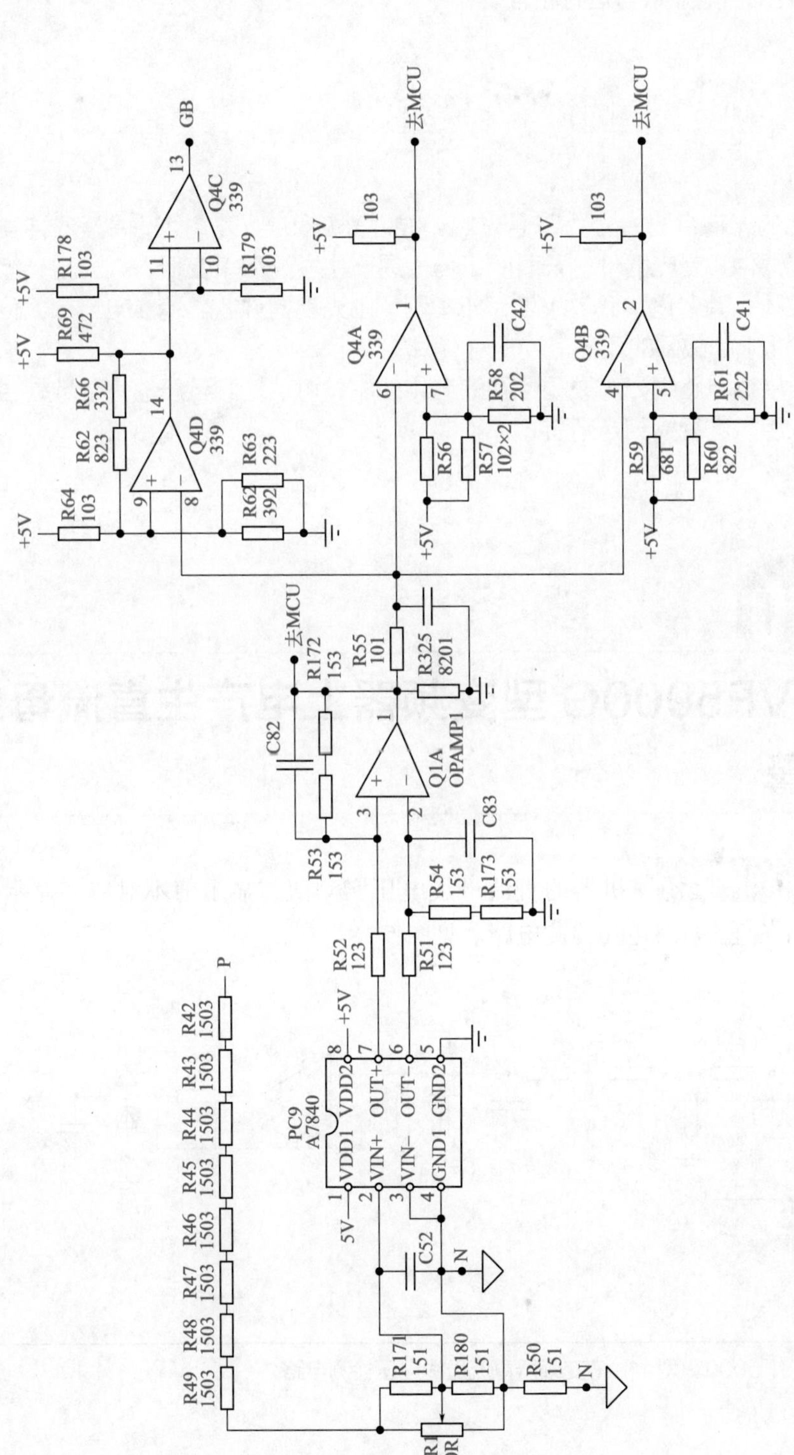

图 5-17 富士 P11S 型 90kW 变频器 P、N 端直流电压检测电路

R42 ~ R50 等元件构成的分压电路，按其电阻阻值推算 PC9 的 2、3 脚电压差，与实测值相比稍偏低（测量电阻值大的回路，万用表内阻会对信号造成一定程度的分流，而使检测值稍低），测得 6、7 脚输出电压差值小于 2、3 脚输入电压差值放大八倍后的数值，判断 PC9 器件劣化。

代换 PC9 后，上电显示与运行正常。

常见的光耦合器，分为普通光耦、线性光耦和 A/D 转换光耦等 3 种类型，内含发光器件和受光器件，长时间工作后易产生发光效率变低，或光电转换效率变低的故障，即老化、低效故障，如本例，由光耦器件老化造成电压放大倍数偏低造成误报 LU 故障的现象。

此类检测电路中，对光耦合器的老化现象，可从检测电压放大倍数是否降低这方面入手，进行检测与判断。

实例 20

派尼尔 VF5000G 型变频器上电产生直流母线欠电压报警

故障分析和检修 机器的直流母线电压实测值与显示值不对应，显示值明显偏低，判断故障出在直流母线电压检测电路。见图 5-18。

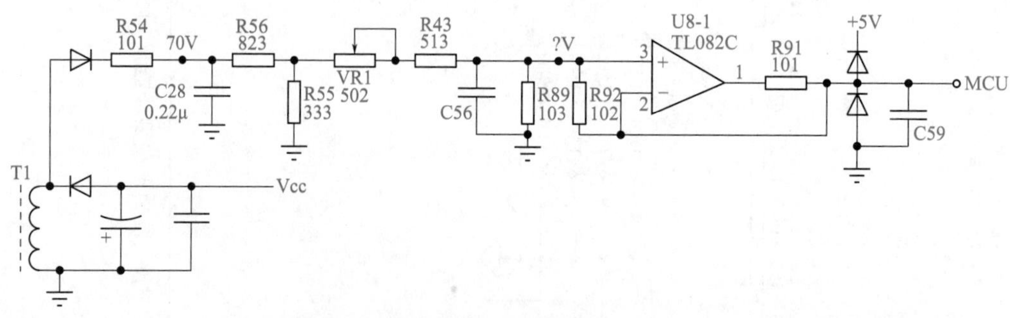

图 5-18 派尼尔 VF5000G 型 11kW 变频器直流母线电压检测电路

直流母线电压检测电路中，串联有 VR1 半可变电阻器，机器上电后试着轻微旋动 VR1 几次，故障报警消失，直流母线电压显示值接近实测值，判断 VR1 接触不良。

将 VR1 换作 270Ω 固定电阻，上电观察直流母线显示值发现基本上接近实测值，故障排除。

信号检测电路，遇有半可变电阻器，为首要故障点嫌疑处。工业电气产品的使用环境较为恶劣，尤其是处于高温高湿环境下，半可变电阻器接触点受潮氧化，导致其接触不良的故障产生。换用半可变电阻器时，应选择密封性好和质量好的元件，或可用固定电阻代换。

实例 21

四方 E380 型 55kW 变频器上电报欠电压故障

直流母线电压检测电路见图 5-19，检测电路中串有两个半可变电阻器，根据检修经验，可变电阻器为易变质器件，先直接换用优质电位器（将动臂大致调至中间位置），上电仍报欠电压故障。

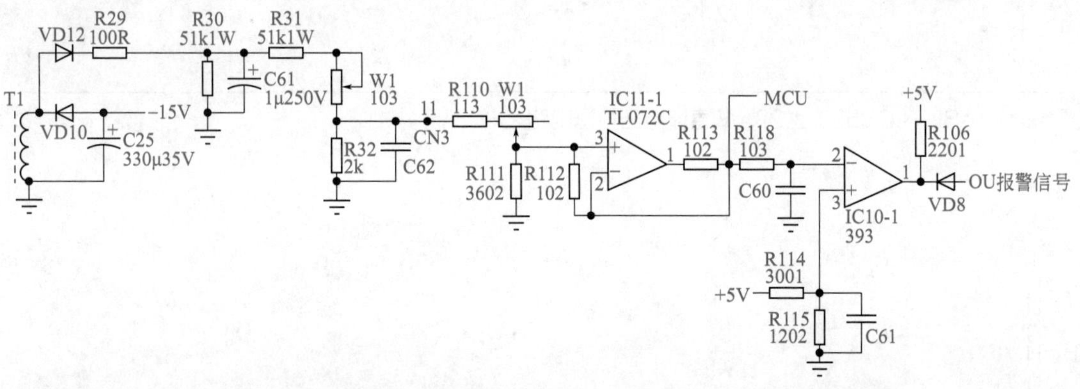

图 5-19 四方 E380 型 55kW 变频器直流母线电压检测电路

用 ESR100 型内阻表测 C61 的内阻，显示值为 28Ω（同容量优质电容的内阻值小于 5Ω），判断 C61 失效。

用 1μF160V 电解电容代换后，上电显示与操作正常，故障排除。

实例 22

ABB-ACS550 型 22kW 变频器启动时显示“机器未准备好”

故障表现和诊断 变频器上电显示正常，也能进行参数设置与操作。启动时面板有“机器未准备好”的显示提示，不作其它故障报警，也无法运行。

故障分析和检修 此种状况，一般和某种检测条件未满足，或检测电路异常，或供电电源电压偏低有关。因为变频器检修试机一般从 UC+、UC− 直流母线端供入 500V DC，不存在电源缺相或供电电压低的问题。试从直流电压检测电路（图 5-20、图 5-21）查起。

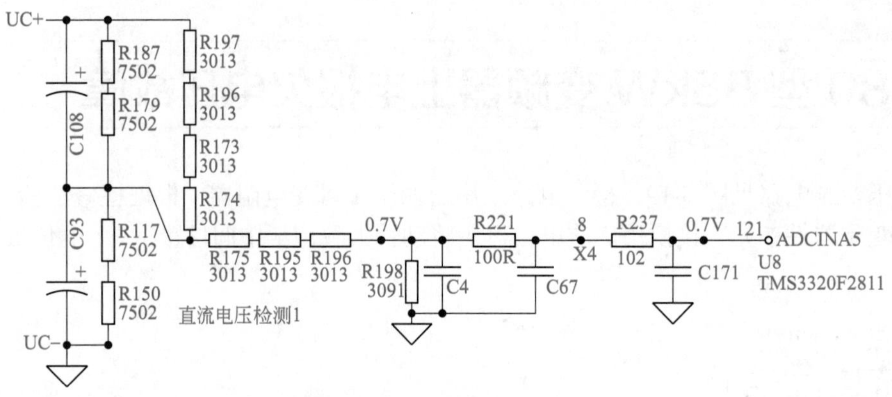

图 5-20　ABB-ACS550 型 22kW 直流电压检测电路之一

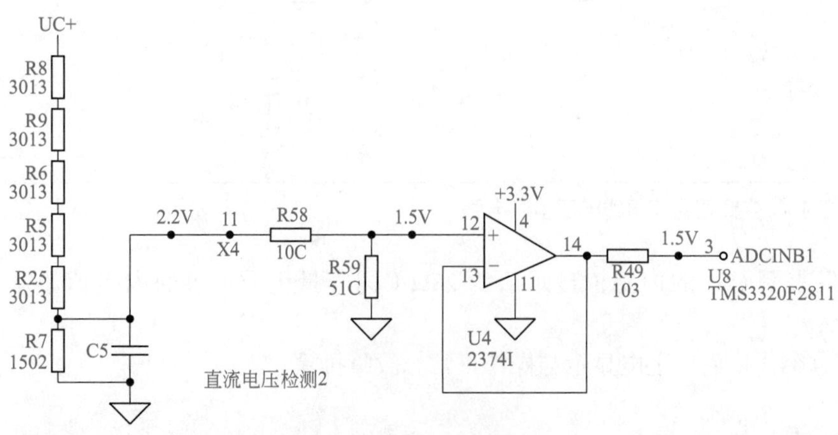

图 5-21　ABB-ACS550 型 22kW 直流电压检测电路之二

本机型的直流电压检测电路，有两个支路，分别如图 5-20 和图 5-21 所示。据实际检测，图 5-20 电路貌似没起到什么作用，图 5-21 电路输入至 DSP 器件 3 脚的信号电压是起作用的。据电路分析，该电压值应为 1.5V 左右。

实测 U4 运放器件的 12 脚输入电压，为 1.5V，但 13、14 脚输出电压为 1.3V，判断 U4 器件不良，导致信号电压偏低，将 U4 代换新品后测得 14 脚输出电压为 1.5V，试机正常。

实例 23

ABB-ACS800 型 75kW 变频器偶尔报欠电压故障

故障分析和检修 偶尔报警，牵扯原因太多，先检查直流母线电压检测电路。

电路如图 5-22 所示。国外机型，如本机，电压比较器做在一块陶瓷基板上，器件的散热条件变好，但无法确定是否降低了故障率。代换 A901 小板上的器件，需要用高热力的电烙铁，如 150W 高频感应加热的焊台。

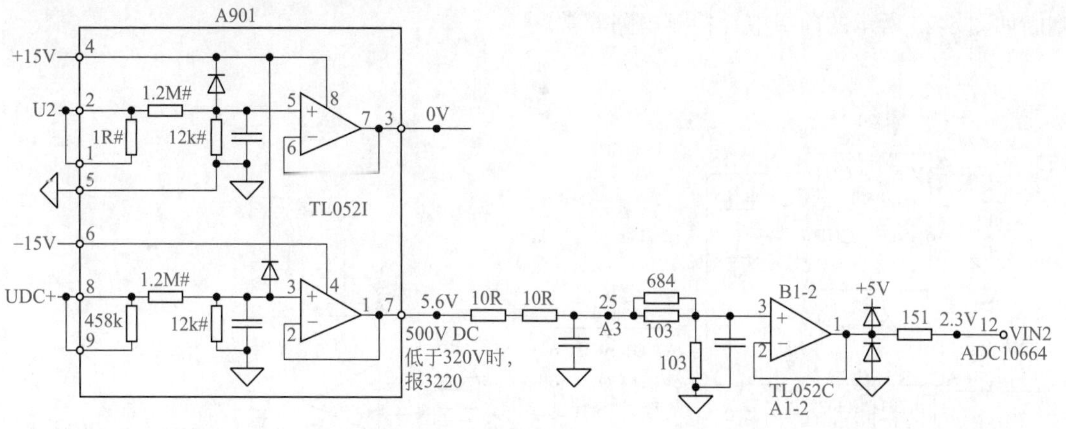

图 5-22 ABB-ACS800 型 75kW 变频器直流母线电压检测电路

A901 小板上的电路原理如下：

① 输入 UC+\UC- 端电压，先经 1.2MΩ 和 12kΩ（"#" 表示在线实测值）分压取得 5.6V 左右的采样信号，再由电压跟随器处理，送入后级电路。

② 因主控板采用 DSP 器件，故检测信号的电压幅度应在 1.5V 左右为宜。A901 小板送出的 5.6V 再经后级电路分压、电压跟随器隔离与缓冲后，变为 2.3V 的电压信号，送入 DSP 的 12 脚。

检修期间偶然测到 A901 小板的输出脚 7 脚 5.6V 电压有跌落现象，但停电查小板上各元件均无异常，检查小板的各引脚焊接也无问题。

用电烙铁将小板上各器件两端全部细致补焊了一遍，连续几天多次试运行正常。交付用户连续使用一个月，期间未发生欠电压报警动作，说明故障已经排除。

对小板上的元器件，整体补焊，是个“笨”办法，也是个有效的办法。

实例 24

正泰 NVF2 型 55kW 变频器上电报 OV3 故障之一

故障表现和检修 机器上电报 OV3（恒速运行过电压）故障，意为电源电压过高，不能复位。

直流母线电压信号检测端，在线路板上标注为 VPN（或 VDC 等），正常时应为 0 ~ 5V 供电电压的“中间地带”，如 1.8 ~ 3.8V，换言之，应在 2.5V 左右。现在实测值达 −6V 以上，判断如图 5-23 所示的前级电压检测电路异常。

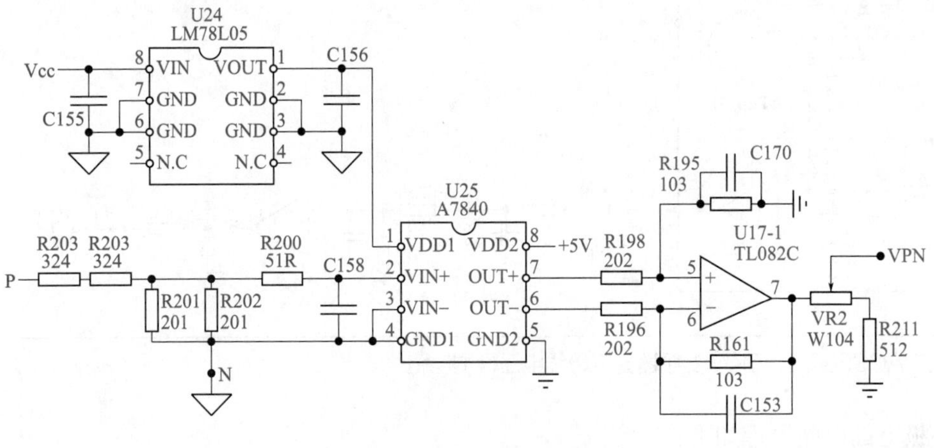

图 5-23　正泰 NVF2 型 55kW 变频器直流母线电压检测电路

该级电压检测电路，由 P、N 端经电阻降压，A7840 线性光耦隔离和后级运算放大器放大后，再经 VR2 整定后送后级电路。机器长期在恶劣环境中运行，因 VR2 氧化产生接触不良故障，较为常见，代换 VR2 并重新整定后，故障依然存在。

从电路分析，VPN 测试点出现负电压，已经排除 VR2 的问题，查 U17-1 差分放大器发现状态异常（应输出正的信号电压），代换 U17 后故障排除。

实例 25

正泰 NVF2 型 55kW 变频器上电报 OV3 故障之二

故障现象同本章实例 24，检测发现 VPN 点电压较高，U17-1 的 7 脚电压为 10V 以上，判断如图 5-23 所示的直流母线电压检测电路存在故障。

测得线性光耦 6、7 脚之间的电压差为 2.5V（为输出最大值），其原因如下：

① U25 的信号输入侧有开路现象，如 R200 断路。

② U25 的输入侧供电电源丢失，如三端稳压器 U24 损坏。

③ U25 芯片本身损坏。

检查 U24 的输入电源 Vcc，发现供电来自开关电源振荡芯片，约为 15V，正常。测 U14 的 1 脚输出电压，为 1.2V，手摸 U24 和 U25 器件表面并没有感到温升，排除短路故障造成的电源电压低落，判断 U24 器件损坏，代换后故障排除。

和电压故障报警相关的其它检测电路实例

实例 26

惠丰 F1500 型 45kW 变频器上电报 OE3 故障

故障表现和诊断 变频器上电报 OE3 故障代码，查使用手册，意为恒速过压，初步判断故障在直流母线电压检测电路。但变频器并未运行，怎么会报恒速过压呢？笔者咨询相关厂家技术人员，说可能是充电接触器触点检测电路有问题，造成 OE3 报警。

电路构成 本机设有主电路 KM 状态检测电路，如图 5-24 所示。

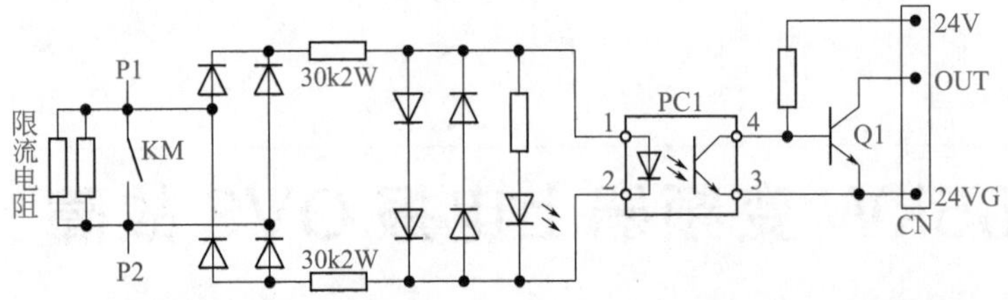

图 5-24　惠丰 F1500 型 45kW 变频器主电路 KM 状态检测电路图

本机的 KM 状态检测是通过检测充电电阻两端电压来确定 KM 主触点是否接触良好的。当 KM 的工作状态良好时，光耦合器 PC1 无工作条件，Q1 处于导通状态，KM 状态信号为低电平；当 KM 未动作或主触点接触不良时，PC1 导通，三极管 Q1 截止，KM 状态信号为高电平。

故障分析和检修　检查 KM 检测电路，本身没有什么问题，发现前检修者已将 CN 端子的 2、3 脚用焊锡短接，将焊锡抹掉后再上电，故障情况有了变化：KM 未吸合前不报警，一旦 KM 动作，即报 OE3 故障。然而 KM 的动作与否，仅与欠电压相关，不会导致报过电压故障。在 P、N 端送入可调 500V DC，当调至 400V DC 时，变频器表现正常。此结果似乎说明是电压检测的问题：将正常电压“夸大”，误报过电压。

重新检测电压检测电路，仍未查出问题。

进行参数初始化操作后，上电试机，工作正常。

故障根源为：MCU 外挂存储器内部参数因某种原因发生变化，造成上电误报 OE3 故障，和硬件电路的故障无关。KM 正常动作后才报警，恰恰说明不是 KM 状态检测电路本身报警。

故障报警有时候和软件数据有关，不一定是硬件电路的问题。但对相关硬件电路的检测仍有必要。遇有较难解释的故障现象，咨询厂家技术人员，也是一个好办法。

实例 27

KM 状态检测电路
——海利普 HLP-P 型 15kW 变频器，检修过程中报 E.bS.S 故障

故障表现和诊断　一台海利普 HLP-P 型 15kW 变频器，原故障为 IGBT 模块损坏。在更换模块之前，将主板和电源 / 驱动板移出机壳，外加 500V DC 维修电源，先行实施对

驱动电路的修复。

上电后，面板显示 E.bS.S 故障代码，意为“电磁接触器辅助线圈无反馈”，其原因为当电源 / 驱动板与机壳内部相关部件或电路脱离后，使相关检测条件不被满足——接触器 KM0 的辅助触点的闭合信号在主板上电后不能产生，使 MCU 判断电磁接触器没有正常动作，而报出 E.bS.S 故障代码。

电路构成 该机型接触器辅助触点信号的检测电路如图 5-25 所示。

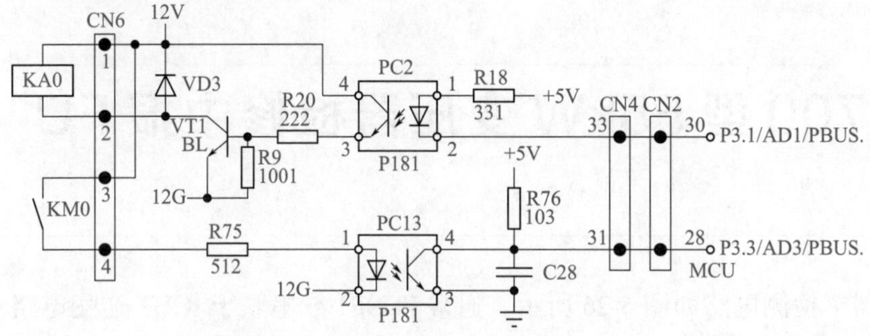

图 5-25 工件接触器辅助触点信号检测电路

将 CN6 端子的 3、4 脚暂时用焊锡短路，人为形成“工件接触器闭合”的信号，经 PC13 传输至主板 MCU 引脚，上电后面板显示正常。

诸如 FU 状态检测、KM 状态检测和输入电源缺相检测，出现故障报警，更多时候，不是因为发生了这些故障，而是检修过程中，控制板与主电路相脱离，导致检测条件不能被满足，从而出现相关故障报警，变频器进入故障封锁状态，使得对某些电路故障的进一步检修陷入困顿状态。

检修此类故障，更重要的是屏蔽此类故障报警，为后续检修扫清障碍。

实例 28

海利普 HLP-P 型 15kW 变频器，上电后面板显示 E.bS.S 故障代码

电路构成如本章实例 27 图 5-25 所示，上电能听到接触器吸合动作的声音，说明 KM 已

经正常动作了，E.bS.S 故障报警，说明检测电路本身不良。

将 CN4 端子的 3、4 脚短接，按复位键后故障消失，能操作运行，说明故障产生的原因为 KM 辅助触点接触不良或连线松动。

停电，测得 KM 辅助触点有氧化现象，清除氧化物并进行触点弹力校正后，上电试机正常。

实例 29

艾瑞克 EI-700 型 55kW 变压器检修中报 FU 故障

本机的 FU（熔断器）检测电路如图 5-26 所示。通常 FUSE1 或串联于 IGBT 逆变电路的 P 端（正极供电回路中），或串联于 IGBT 逆变电路的 N 端（负极供电回路中），当 FU 熔断后，FU 两端的电压降即为直流母线电压值（供电环路中，断点即为电源电压），PC6 因而得到导通条件，将 0V 低电平报警信号送入 MCU。

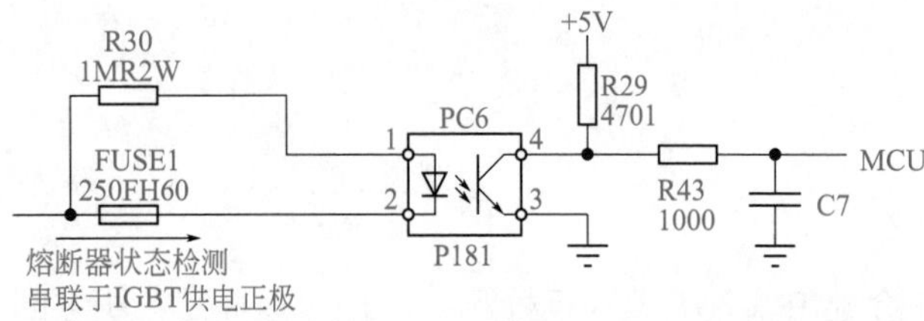

图 5-26　艾瑞克 EI-700 型 55kW 变频器 FU 检测电路

本例故障，测得 PC6 的 4 脚上拉电阻 R29 开路，代换 5.1kΩ 电阻后故障排除。

当控制线路板与主电路相脱离后，PC6 导通条件恰恰被破坏，一般无需进行专门的屏蔽。若仍有导通条件，则可采取短接 PC6 的 1、2 脚的方法进行报警屏蔽——破坏掉 PC6 的导通条件。

实例 30

S3000 型 45kW 变频器，上电后报警输入电源故障

电路构成 电路构成如图 5-27 所示。

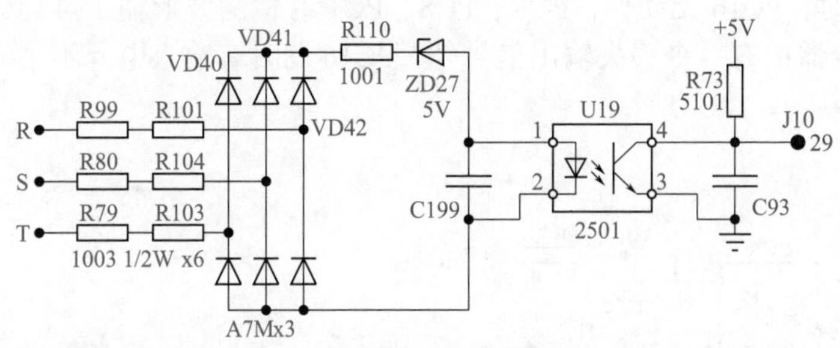

图 5-27 S3000 型 45kW 变频器输入电源缺相检测电路

当供电电源正常时，90% 以上的电网周期时间内光耦合器是处于导通状态的，U19 的 4 脚接近 0V 低电平；当出现电源缺相故障时，U19 输出电平产生 1/3 的缺口，直流电压约为 3.4V，MCU 判断电源异常，故而报警。

故障分析和检修 由上所述，可通过 U19 的 3、4 脚电平状态，判断图 5-27 电路是否正常。

测得 U19 的 3、4 脚电压值为 5V，进而测得 1、2 脚电压为 0V。判断故障出在 U19 前级电路。测由 VD40、VD41、VD42 构成的整流桥两端直流电压，为几十伏。停电，查 VD27 发现已经断路，查整流桥，完好。将 ZD27 代换为 5V1W 稳压二极管后，故障排除。

技能拓展 通常，检修中对于该类故障的屏蔽方法如下：

① 采用暂时短接报警光耦合器的 3、4 脚的方法，对于如图 5-27 所示电路是有效的。

② 在输入电源的两个端子上，如 R 端和 S 端之间（要注意该两端子间未接有变压器等电感元件）直接输入 500V DC 维修电源，提供图 5-27 中 U19 的导通工作条件，也起到屏蔽故障报警的作用。

③ 有些机型，待机状态下不报警，启动时会报缺相故障，检修中也要采取屏蔽措施。

实例 31

日立 SJ300 型 22kW 变频器上电显示 E24 故障代码

电路构成 图 5-28 即为本机的输入电源缺相检测电路。

电路采用 4 个光耦合器，其中 PC16 为三相不平衡状态检测电路。当电源电压正常（三相电压平衡度也在正常范围内）时，PC16 无动作，PCR、PCS、PCT 有检测波形输出。异常时，除 PCR、PCS、PCT 光耦合器中有一个丢失输出信号外，PC16 同时有输入电源不平衡信号检出。

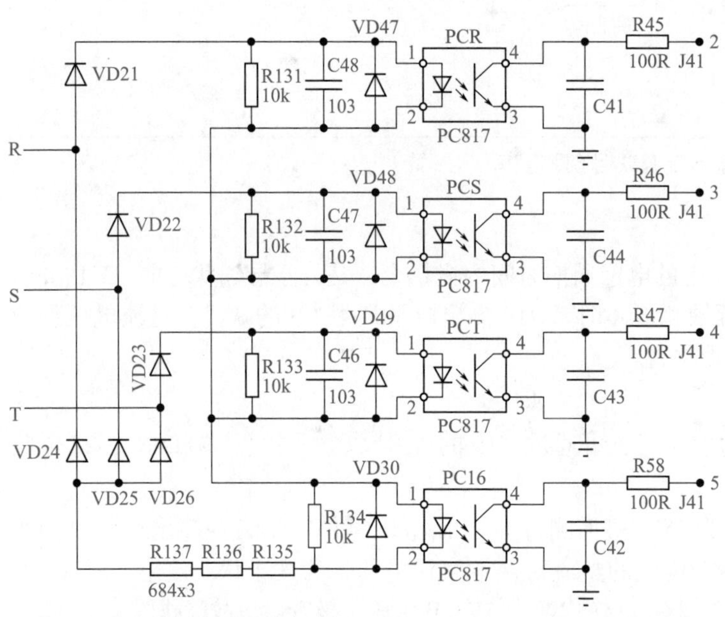

图 5-28 日立 SJ300 型 22kW 变频器输入电源缺相检测电路

故障分析和检修 该电路设计模式，使报警时的屏蔽变得稍为困难。

① 在 R、S、T 端送入直流电源，无效。

② 将 4 个光耦合器的 3、4 脚全短接，无效。

③ 在直流母线上加 500V DC 检修时，机器并不报警，说明在检修中无须采取屏蔽动作。

④ 输入三相交流电源供电时若报警，或三相供电模式下启动报警时，可在线对 4 个光耦合器的输入、输出状态进行检测，判断故障所在。

本例故障，在线检测 PCR、PCS 的 3、4 脚电压值与 PCT 的相比偏高，判断 2 个光耦合器有老化劣变现象，代换 PCR、PCS，上电后正常显示，试机正常。

实例 32 三菱 FR-A700 型变频器运行中有时报 E.ILF 故障

电路构成 本机输入电源缺相检测电路如图 5-29 所示。检测电路中串入了 C11、C12、C13 电容元件，故从 R、S、T 端上 500V DC 检修电源的屏蔽报警方案无法实施。好在该机型仍可在直流母线上上电进行检修，并不产生电源故障报警。其次，也可短接 OI2 的 3、4 脚屏蔽报警信号。

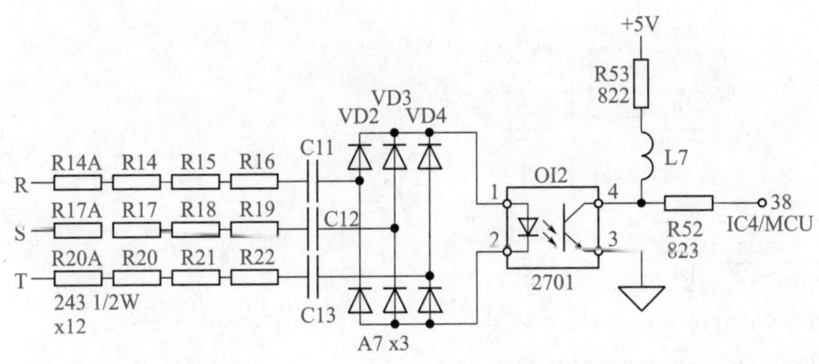

图 5-29 三菱 FR-A700 型 15kW 变频器输入电源缺相检测电路

故障分析和检修 查使用手册，E.ILF 代码内容为"输入缺相"，但本例之前已经排除了外部电源原因。检修时上三相维修电源，机器运行基本正常，但运行时间长一点，有偶尔报警现象。由此判断可能为如图 5-29 所示的电路中有元件不良，老化劣化的可能性为大，重点应检测 3 个串联电容和光耦合器 OI2。

首先检测光耦合器 OI2：在输入端施加恒流 10mA，测得 3、4 脚电阻值为 3kΩ 以上。根据经验，一般光耦器件的导通电阻在 1kΩ 以下，判断 OI2 器件已经低效。代换为 PC817 光耦合器后，机器上电 24h 观测，未再出现误报 E.ILF 故障代码现象。机器使用两月后仍在正常运行，证实故障已经切实被排除掉了。

实例 33

奥的斯 ACA21290BJ2 型电梯变频器上电报欠电压故障

故障分析和检修 机器上电报欠电压故障，主电路接触器无上电动作声音，说明变频器处于故障停机状态。分析故障来源：

① 直流母线电压检测电路异常。

② 三相输入电源电压检测电路异常。

③ 其它检测（如 FU 检测、KM 检测等）电路，未能满足检测条件或因故障原因，误报警。

检测上述相关电路，故障发生在如图 5-30 所示的输入电压检测电路中。该电路实物图例如图 5-31 所示。

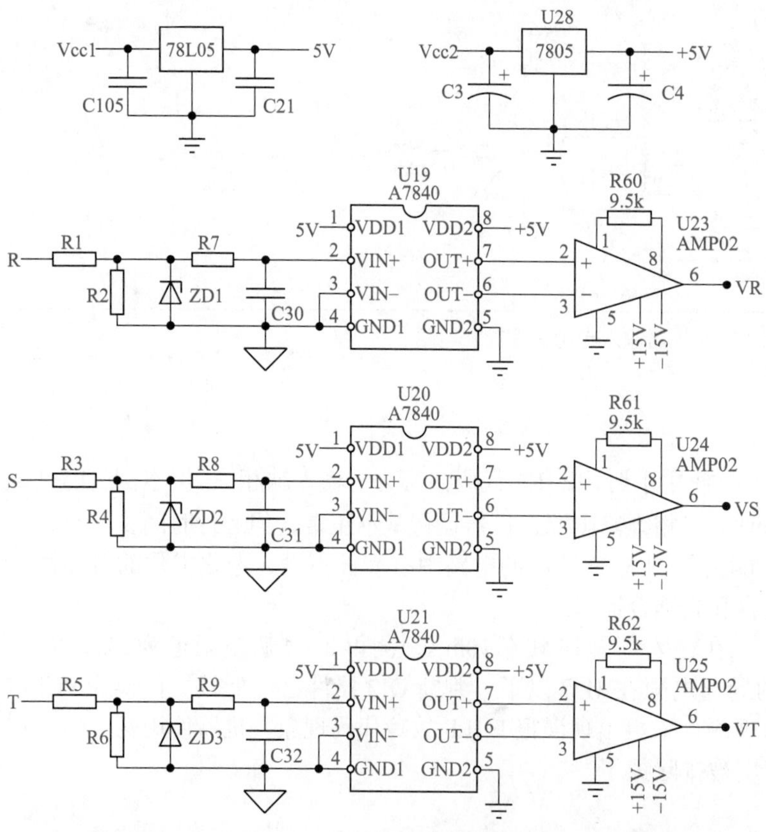

图 5-30 奥的斯 ACA21290BJ2 型电梯变频器输入电压检测电路

图 5-31　奥的斯 ACA21290BJ2 型电梯变频器输入电源电压检测电路实物图例（见彩图）

实物图中有四路 A7840 光耦电路，其中一路为直流母线电压检测电路，另三路为 R、S、T 输入电压检测电路。图 5-30 中 R1 ～ R9 和 ZD1 ～ ZD3 为作者自行标注，R1 ～ R9 为陶瓷基板上集成化封装的电阻元件，其中如 R1、R2 为 3 脚器件的电阻分压电路。

检测线性光耦 A7840 的 6、7 脚对地电压，短接 2、3 脚时，对地电压不为 2.5V，判断其不良，更换两个 A7840 芯片后输出电压恢复正常。后级电路为 AMP02 仪表放大器，外接电阻为 9.5kΩ，内部偏置电阻为 25kΩ，电压放大倍数为 5 倍多。A7840 的放大倍数为 8 倍。在 A7840 的 2、3 脚输入 0.1V 电压信号时，可推算电路总的电压放大倍数为 0.1×8×5=4V，按此法试验电路对直流信号电压的传输能力和精度，符合推算结果，故障排除。

小结

R、S、T 输入电压检测的电路形式或有不同，但构成电路的器件原理不会不同。掌握了相关器件的检修数据，即可在线判断器件好坏，也可利用施加简易直流信号电压，判断电路的工作性能是否正常。

第 6 章

MCU/DSP 主板故障检修实例 36 例

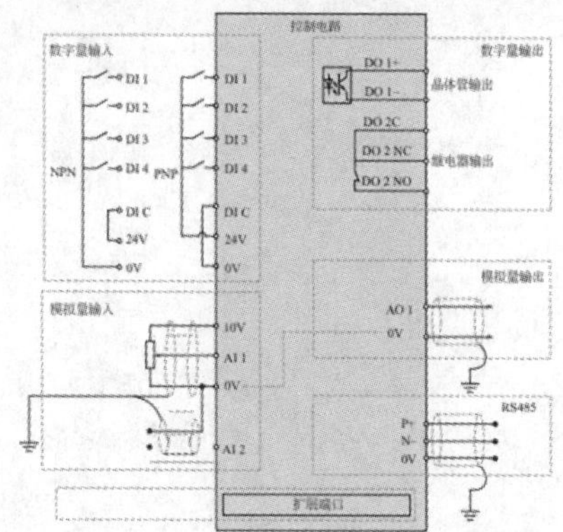

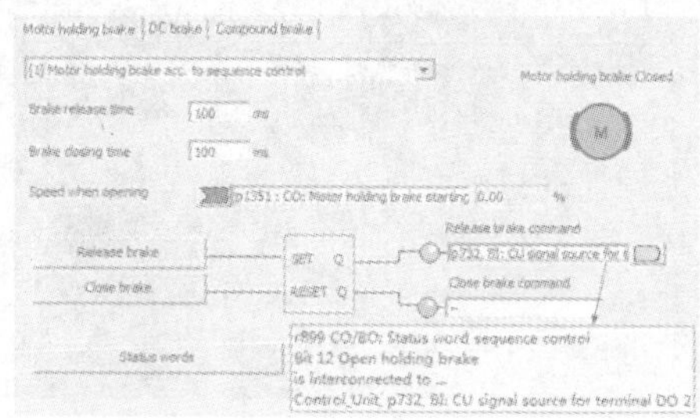

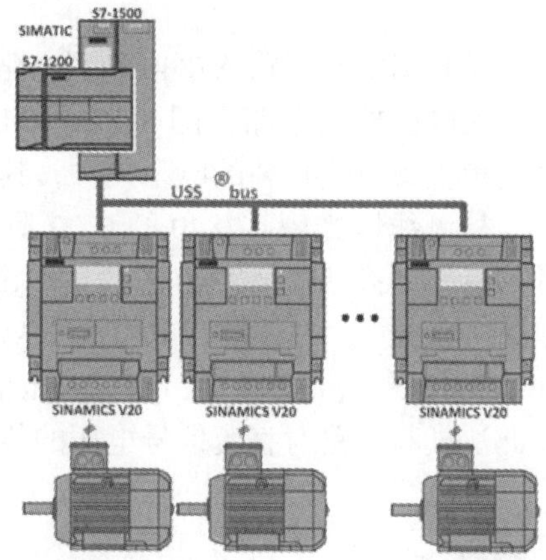

实例 1

正弦 SINE300 型 7.5kW 变频器端子输出信号异常

——一例 V/I 信号转换电路的分析

故障表现和诊断 该变频器用于自动化生产线，其端子输出 4 ～ 20mA 电流信号送 PLC 设备，以实现自动化控制，因上位机——PLC 设备检测不到此电流信号，生产线停止运行。工厂电工已经排除了变频器以外的问题，表明故障在变频器电路本身。

电路构成与原理分析 变频器的输出端子电路中，有一种信号输出类型，即输出为模拟电压或模拟电流，输出内容和输出方式可由参数进行设置，其称为可编程模拟量输出端子。通常可设置内容有输出电流、输出频率、设定频率、输出电压等，输出方式有 0 ～ 10V 或 0/4 ～ 20mA（由 JP1 端子选择）。当设置输出频率，输出方式为 0 ～ 10V 时，可外接 10V 量程的指针表，用于监测变频器输出频率值。变频器 0 ～ 10V/0 ～ 20mA 电路如图 6-1 所示，其简化电路如图 6-2 所示。

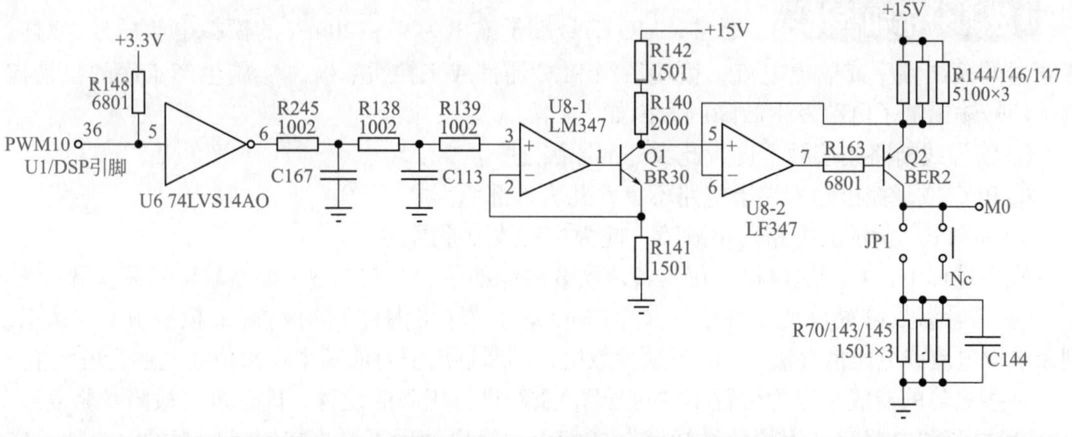

图 6-1 SINE300 型 7.5kW 变频器 0 ～ 10V/0 ～ 20mA 电路

工作原理简述如下：

此为一例 V/I 转换电路，将 MCU 输出的 PWM 脉冲转换为直流电流或直流电压输出。

用户需要电压或电流信号输出，可由 JP1 端子的接通或断开来进行选择。当 JP1 端子短接时，为 0 ～ 10V 电压信号输出；当 JP1 端子开路时，为 0 ～ 20mA 电流信号输出。MCU 器件的 PWM 引脚输出的 PWM（脉冲占空比可变）脉冲，经 R、C 滤波电路处理为 0 ～ 3V 的直流电压信号。U8-1、U8-2 的基本电路形式为电压跟随器电路，但其工作特性为恒流源电路：由电路原理分析可知，R3、R4 和 R5 两端的电压降是相等的，当 U8-1 的输入电压为

3V 时，3 个电阻（R3、R4 和 R5）的电压降均为 3V，MO 端子输出电流为 20mA。该电路的优点是不挑负载，即输出端 MO 与地之间的负载电路，在数百欧姆范围内，电路均保障输出 20mA 的信号电流。

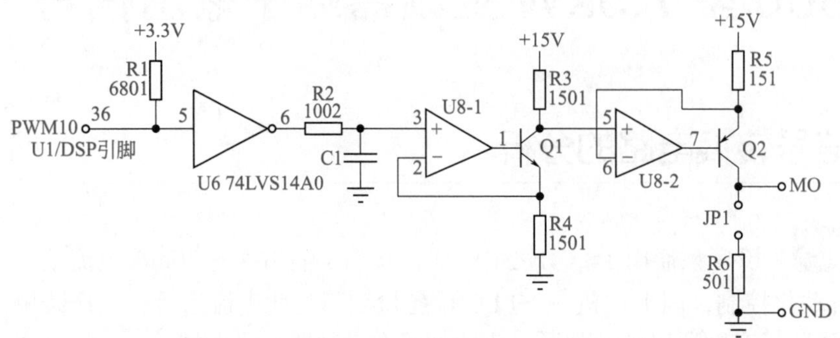

图 6-2 V/I 转换简化电路

当 JP1 短接时，相当于电路输出端子 MO 与电源地之间外接的负载电阻为 500Ω，R5 与 R6 流过的是同一电流（20mA），故在 MO 端子上得到 10V 电压信号输出。

利用晶体管 Q1、Q2 的导通电阻变化，起到电压 / 电流调节作用，这个过程是由放大器闭环自动实施控制的，甚至不需要去关注 Q1、Q2 的工作点，只需关注 R3 ~ R6 电阻的取值，即能得到所需的输出电流或电压值。

故障分析和检修 通常，MO 信号端子输出为 4 ~ 20mA 的模拟电流信号，对应变频器的输出频率或输出电流，驳接后级 PLC 器件或工控机系统，实施生产工序的自动控制。信号输出端子电路发生故障的原因如下：

① 信号线断路或接触不良，此为外部原因之一。

② PLC 或工控机输入端子电路不良，此为外部原因之二。

③ 如图 6-1 所示的电路发生故障，此为本机故障原因。

检修过程中，对于送修机，仅具备落实③故障的条件。对图 6-1 电路故障检修步骤：

① 调看参数设置是否“对号”。如对 MO 端子“输出内容”的设置：a. 根据 JP1 的状态，判断选取电流或电压信号输出；b. 根据参数值，判断输出值对应频率输出值还是运行电流值。

一些故障的造成是因为设置不“对号”，重新进行正确的设置，即可进行故障“修复”。

② 恒流源电路有“不怕负载短路”的特点，故启动后，可直接用万用表的电流挡，搭接于 MO 与 GND 输出端子之间，检测输出状态是否正常，如输出随频率上升而变化的 4 ~ 20mA 电流信号。

③ 在 MO 和 GND 端子无法测到正常信号，可测 U8-1 的输入端 3 脚有无随频率上升而变化的 0 ~ 3V 电压信号。若无，故障在反相器 U6 或 DSP 输出端口；若有，故障在 U8-1 或 U8-2 电路。

④ U8-1 和 U8-2 电路，为电压跟随器的基本电路形式，故以是否符合电压跟随器原则，进行电路好坏的判断即可。

本例故障，串联电流表测 MO 与 GND 之间电流，上电即有大于 20mA 的非正常电流信号输出，U8-2 不符合放大器规则，代换 LF347 芯片后，故障排除。

送修"故障变频器"，其检修步骤和思路：

① 排除外部因素。

② 查看参数设置。

③ 检修故障电路。

对于故障电路，由信号输出端、输入端确定故障范围，先检测，后代换，避免无目的地乱拆乱焊造成故障扩大化。

实例 2

易能 ESD1000 型 37kW 变频器端子调速功能失效

故障表现和诊断 一台易能 ESD1000 型 37kW 变频器，一开始用着还是好的，过段时间后再上电，调速只能升到几赫兹左右，频率值调不上去了。

变频器的调速异常，其实牵扯相当多的故障原因：

① 控制端子电路异常，包括 10V 调速电源的异常和模拟量输入电路异常。

② 电流或电压检测电路异常，故而变频器实施一种限速的保护措施。

③ 外加调速信号异常，属于外部原因造成。

本例故障，测 10V 调速电源电压，接近 0V，判断为 10V 电源控制端子电路异常。

更改运行控制参数，通过面板调速运行正常。进一步落实调速异常，仅局限于控制端子电路。

电路构成 变频器控制端子外接调速电位器的 +10V 电源的来源，大致有 4 种形式：

① 由 +15V 供电经稳压电路取得，如采用 LM317 可调三端稳压器取得。

② 由运放电路（如 +5V 两倍放大电路——电压伺服器）生成。

③ 由 TL431 基准电压源生成。

④ 早期变频器电路，则由更简易的电阻限流、10V 稳压二极管取得。

如图 6-3 所示为本机型 +10V 调速电源电路，系由电压比较器和电压调整管 VT13 构建而成，10V 电源，原来也可以这样取得。这是上述 4 种电路形式之外的第 5 种电路形式了。

将其工作原理简述如下：N1、VT14 等构成过流保护电路，R162、R158 分压约 10.8V，即 R176 两端最大允许电压降为 4.2V（最大限流为 120mA）。当 +10V 过载电流达 120mA 以上时，N1 输出为低电平，VT14 导通使 VT13 基极偏流为 0mA，电路处于截止（过载保护）状态。

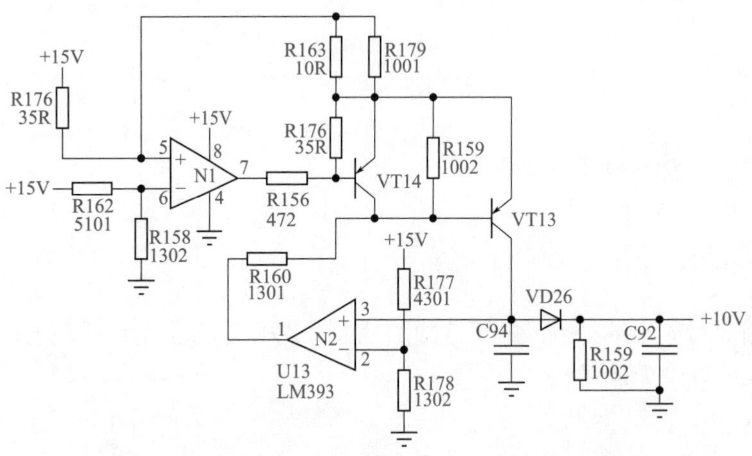

图 6-3　易能 ESD1000 型 37kW 变频器的 10V 电源端子电路

N2、VT13 等构成 +10V 稳压调控电路，R177、R178 分压约 11.3V，VT13 集电极电压稳压状态即为 11.3V，经 VD26 隔离（约有 0.8V 电压降），+10V 端子电压实际约为 10.5V。N2、VT13 工作于开关状态，随机比较 N2 的 2、3 脚电平高低，当 3 脚高于 2 脚时，VT13 趋于截止，反之，VT13 趋于饱和，由此实现 10V 端子电压的稳定。

故障分析和检修　检查发现 R176 有过热冒烟的痕迹，测量 R176 下端对地电阻，近乎短路，故端子 +10V 电源为 0V。

测量判断电压比较器芯片 U13 损坏，代换后故障排除。

实例 3

ABB-ACS550 型 22kW 变频器输出 4 ~ 20mA 信号异常

故障表现和诊断　根据故障表现，初步检查和询问送修客户，排除外部原因，确定故障在本机的 MCU 主板上，具体为 AO2 端子电路异常。

电路构成　ABB-ACS550 型 22kW 变频器输出 4 ~ 20mA 信号电路见图 6-4，为行文分析方便，简化电路图也一并画出，原理简要分析时以简化电路为例。

从 MCU 器件引脚输出的 PWM 脉冲（以 50% 占空比的矩形波为例），经高速光耦合器 H1、电压比较器 N1（提高噪声容限水平）处理，在 N1 的输出端 1 脚得到同向的 50% 占空比脉冲，其直流电压约为 5V，由此可知 R5、R6 分压点电压经 R7、C1 滤波，再经 N2 电压跟随器处理得到 7.5V 的直流电压信号。

N3 恒流源电路的基本电路形式为差分放大器（本例为差分衰减器），其原理是将输出

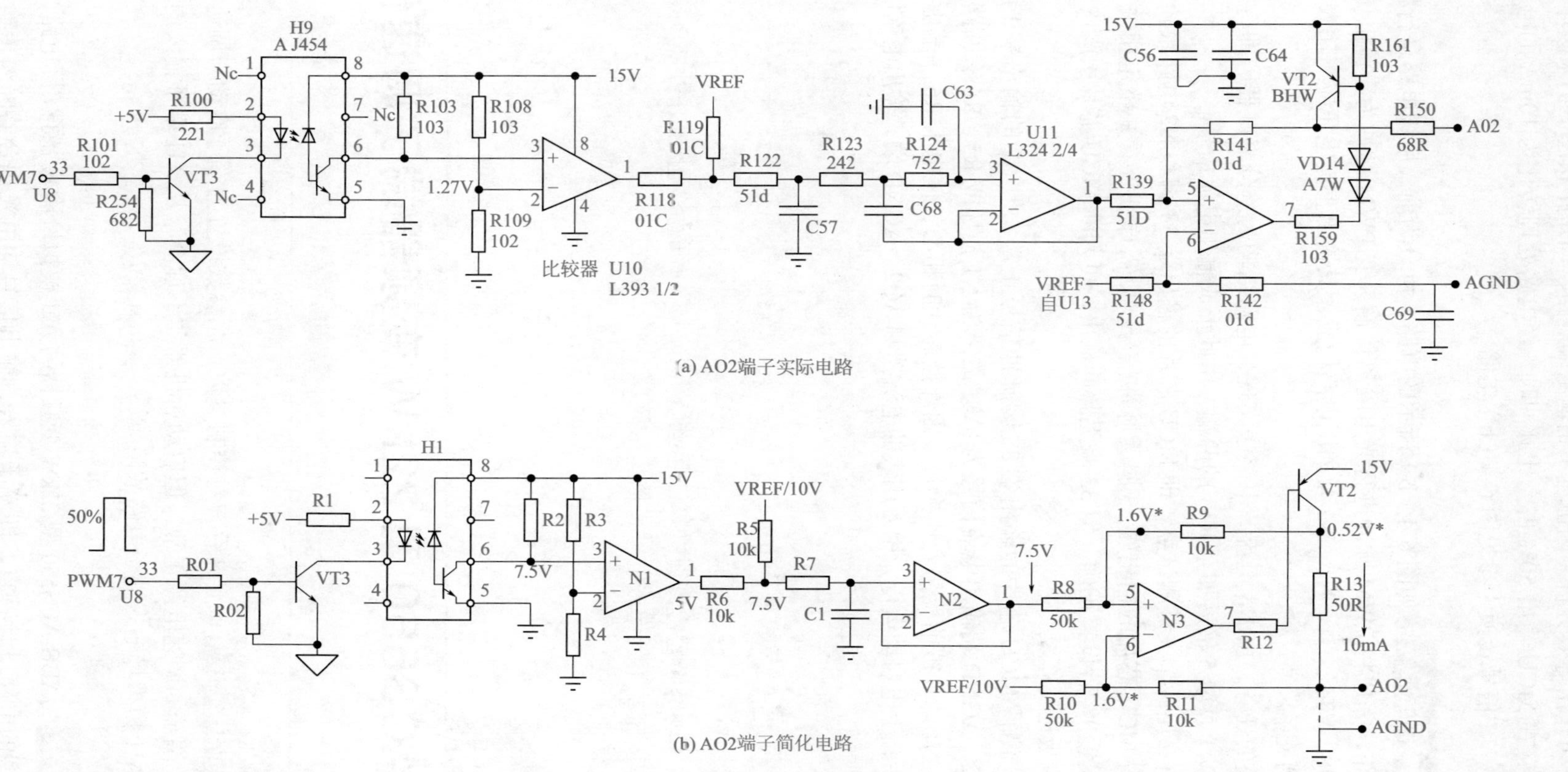

图 6-4 ABB-ACS550 型 22kW 变频器的模拟量输出端子实际电路及简化电路图

端与地短接后，可作出等效分析（因恒流不怕输出端短路，即短路状态下仍未破坏恒流源特性），由此可知：在 MCU 输出 50% 占空比脉冲时，经电路处理转化为 10mA 的电流信号输出，电路完成了 V/I 信号转换［参见图 6-4（b）电路］。

故障分析和检修 如图 6-4（b）所示的电路，可分为前、后级电路进行检修。

① 前级电路，完成将 PWM 脉冲进行光电隔离传输，变 PWM 脉冲为直流电压的任务，由 MCU 芯片 U8、VT3、H1、N1、N2 及外围电路构成，其输出直流电压应与输入脉冲占空比呈现正向比例关系。

② V/I 转换的任务，由 N3 恒流源电路来实现，电路结构为差分衰减器，即将输入信号之差（10V−7.5V）衰减 5 倍后加至 R13 的两端，由此形成输出电流信号。

前级电路首、尾两个关键测试点，即 MCU 芯片的输出端 33 脚和 N2 电路跟随器的输出端 1 脚。若测得 MCU 芯片的输出端 33 脚无脉冲信号，则需详细查看并整定相关工作参数值（端子功能设置），若设置正确，但 33 脚无脉冲输出，可判断 MCU 芯片引脚内部电路坏掉，需要更换主板进行修复。

本例故障，测得 MCU 芯片的输出端 33 脚脉冲信号正常，但 N2 的输出端 1 脚电压为 10V，以致 AO2、AGND 端输出电流信号为 0V。故障为 N1 损坏或 R5、R6 有断路。

停电检测，N1 芯片被前检修者代换过，因焊接芯片时粗心，使电阻 R6 一端虚焊，重新补焊 N1 和 R6 后，上电启动运行，用万用表的电流挡测 AO2、AGND 端，输出电流信号正常。

当接手前检修者检修过的“二手维修机”时，应细心检测动过的地方，尤其注意因焊接技术不佳造成的“扩展型故障”。

实例 4

ABB-ACS550 型 22kW 变频器端子调速信号无效

故障表现和诊断 上电后查看控制参数，原参数设置为端子启动与调速，是正常的。测得 +10V 端子的调速电源正常，但启动后机器“不理会”从 AI1 端子输入的调速电压信号，判断为 AI1 模拟量输入端子电路故障。

电路构成 ABB-ACS550 型 22kW 变频器的 AI1 模拟量输入端子实际电路，如图 6-5 所示。本例机型的电路设计特点，即端子输入、输出信号均由光耦合器隔离传输后，送入

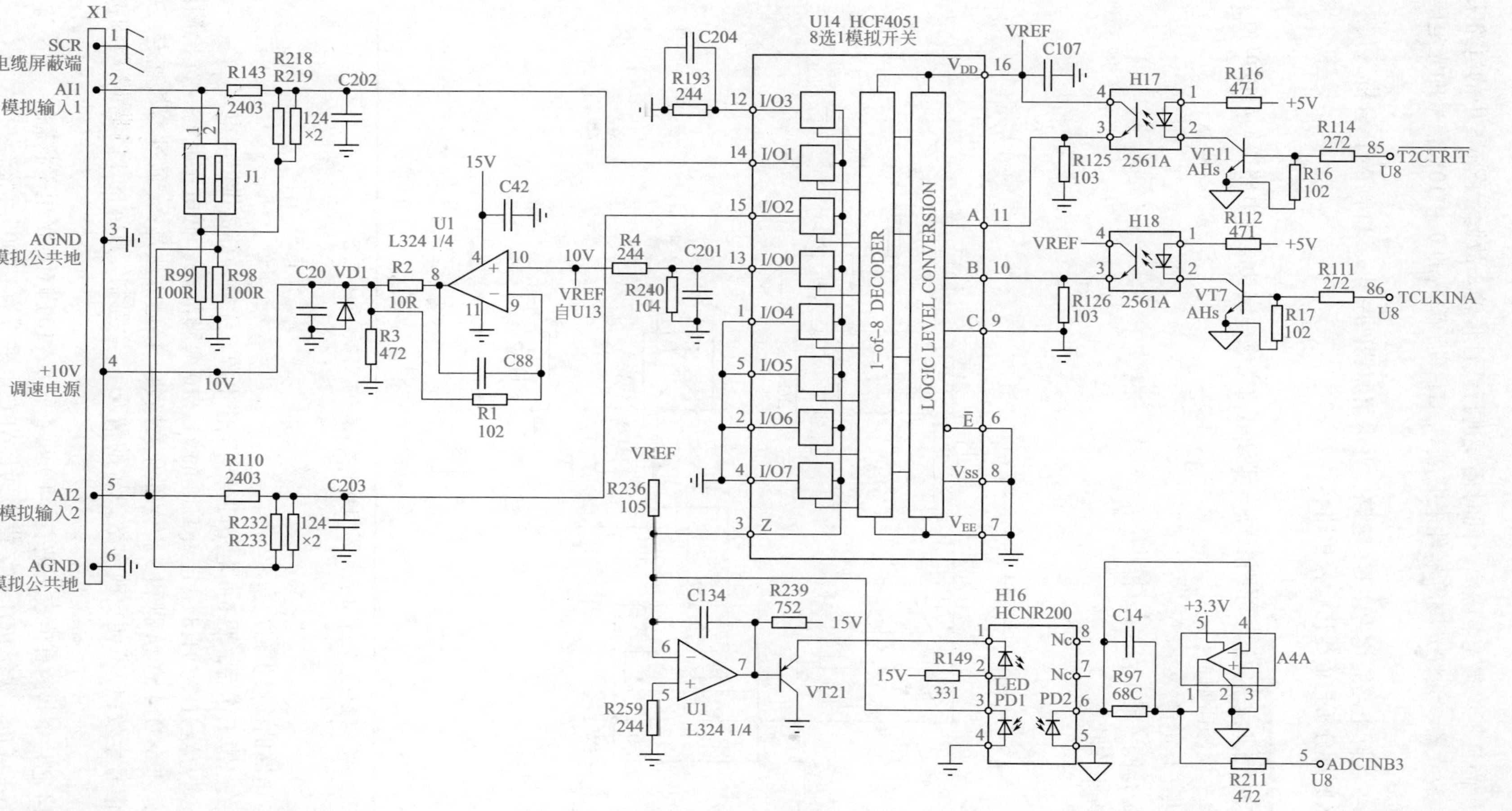

图6-5 ABB-ACS550型22kW变频器的AI1模拟量输入端子实际电路

MCU 器件。而且不仅是光电隔离，同时还要进行线性传输。故此，图 6-5 中的电路采用了模拟开关、放大器、线性光耦等器件来完成对 AI1 端子输入的 0 ~ 10V 信号的光电隔离与线性传输任务。

将图 6-5 实际电路简化为图 6-6 电路，并保留原器件序号，以利于对比分析。

下文从原理分析进而得出检修思路。

故障分析和检修 原则上每一部分单独完成一定功能的电路，均可以单独上电进行独立检修，检修通则是：

① 提供工作电源。

② 满足检测（或工作）条件。

③ 检查工作状态。

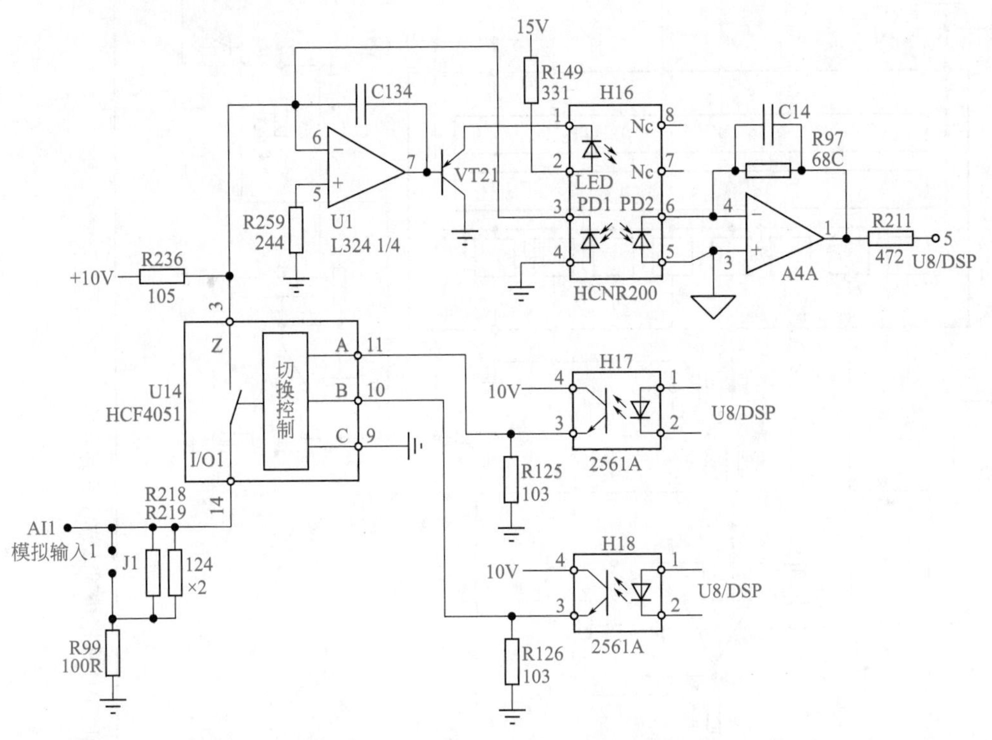

图 6-6　ABB-ACS550 型 22kW 变频器的 AI1 模拟量输入端子简化电路

图 6-6 电路的检修步骤：

① 开关电源工作后，图 6-6 电路即得到工作电源，无须外部提供供电电压。

② 光耦合器 H17、H18 决定着 U14 的 11、10 两脚的高、低电平状态，欲检测图 6-6 电路好坏，应令 U14 的 14 脚和 3 脚内部开关接通。接通方法是：a. 通过参数整定，令 AI1 端子输入信号生效；b. 不便更改参数设置的情况下，“强制” U14 的 14 脚和 3 脚内部开关接通。

由 U14 芯片资料的真值表（见表 6-1）可查知 9、10 脚对应的电平状态。

由表 6-1 可知，欲令 I/O1 与 Z 端接通，ABC 电平应为“100”状态。

表6-1 HCF4051逻辑动作真值表

输入控制端				输出通道“接通”（S）
片选 / 使能端	C	B	A	
0	0	0	0	0
0	0	0	1	1
0	0	1	0	2
0	0	1	1	3
0	1	0	0	4
0	1	0	1	5
0	1	1	0	6
0	1	1	1	7
1	×	×	×	无

a. 不管H17、H18原来的状态如何，短接H17的3、4脚，使A端为1；短接H18的1、2脚使B端为0，即“发布”了U14的14和3脚内部开关接通的“命令”；b. 在+10V、AI1和AGND等3个端子之间接入1 ~ 10kΩ以内阻值的电位器，生成调速信号输入；c. 此时若线性光耦合器的1 ~ 4脚内部电路是完好的，U1放大器及晶体管VT21是好的，在闭环控制有效情况下，U1的反相输入端6脚电压应为0V；d. 此时调节电位器，同时监测图6-6电路中R149和R97的两端电压，应能产生同步线性变化。以上检查，证实图6-6电路能正常传输调速信号。

本例故障，送入调速信号时，测得R149两端有电压变化，但R97两端几乎无电压变化，确定光耦合器H16输入侧及U14、VT21、U1放大器均正常，故障出在H16的输出侧电路，即含H16的输出侧内部电路、（印字）A4A放大器电路。经检查确定为H16输出侧内部电路损坏，代换H16后故障排除。

小结

对于此类由光电耦合器、模拟开关、线性放大器构成的“混成电路”，用检测静态工作点的办法进行检测，是有较大局限和较大难度的。而满足工作条件下进行“动态检测”，则能快速锁定故障点。

实例 5

ABB-ACS800型75kW变频器控制端子电路损坏

故障表现和检修 该机器因操作人员接线不慎，从数字信号控制端子引入220V

AC电压而导致端子电路烧毁。观测损坏情况（电路如图6-7所示）：光耦合器V44已经炸裂，外围二极管、稳压二极管器件和两个电阻都已严重烧损变黑。检修方法和步骤如下。

① 拆除损坏元件，并全部代换。

② 检查24V控制电源电压，正常。

③ 将DI1端与DGND2端子短接，变频器运行正常。

故障排除。

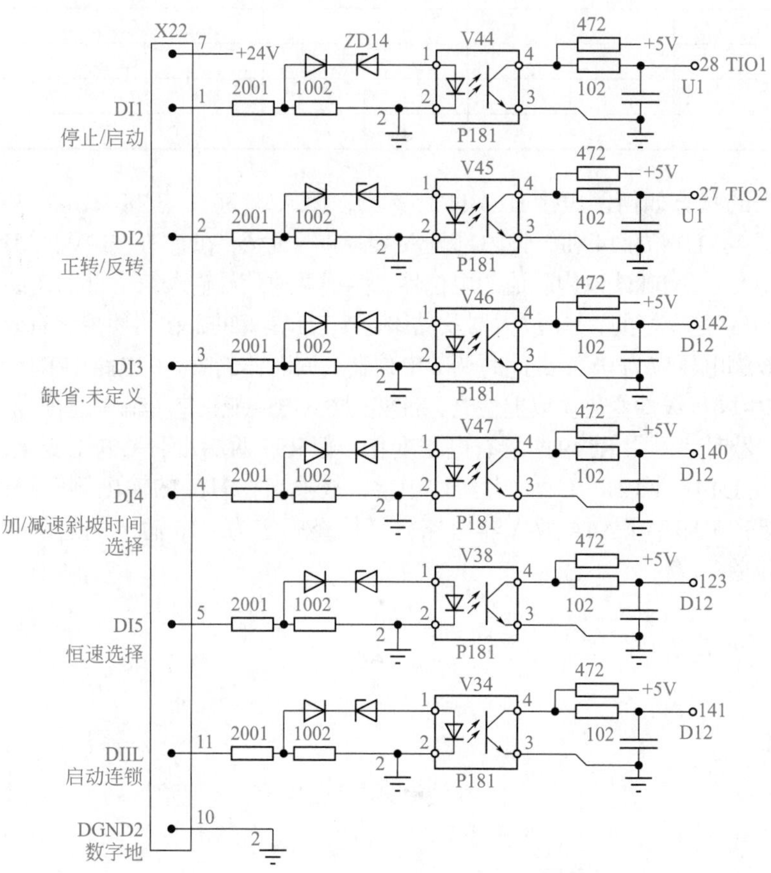

图6-7 ABB-ACS800型90kW变频器数字信号输入端子电路

〈技能拓展〉 数字信号输入端子电路的组成非常简单，其检修方法如下：

① 短接光耦合器V44的3、4脚，信号无效，查参数设置，确定DI1端子功能；若仍无效，判断为系统数据异常或MCU的28脚端子内电路坏掉，可将DI2端子设置为启、停操作功能，进行试验和修复。

② 短接光耦合器V44的3、4脚，变频器能产生启动动作，判断故障在V44的输入侧电路。用万用表的电流挡接DI1和DGND2的两个端子，其正常工作电流约为3 ~ 8mA。若电流为0，说明输入侧电路中有元件断路或24V控制电源异常；若电流偏大，说明稳压二极管ZD14击穿，V44输入侧也可能同时烧坏。

实例 6 ALPHA6810 型 22kW 变频器上电显示 CCF3 故障代码

故障表现和检修 一台 ALPHA 6810 型 22kW 变频器，上电后报 CCF3 故障，意为 EEPROM（存储器）故障。正好有一台同系列 11kW 的变频器（主板是一样的），将其存储器取下，先读取程序并存储，如图 6-8 所示。再取下 22kW 变频器主板上的存储器（型号为 93C66），读取其内部，好像也有正常程序。先将内部程序也存储下来，以防万一。向其写入 11kW 变频器存储器内的程序，上电试机，操作正常。

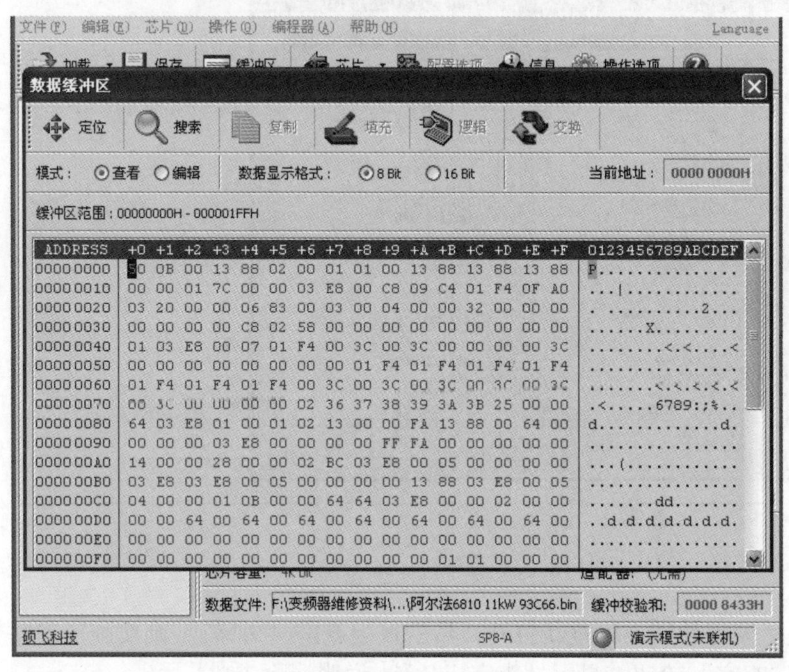

图 6-8 ALPHA 6810 系列 11kW 变频器存储器内部数据（缓冲区内）调出图

可见，报警存储器故障、存储错误及相关故障时，不一定是存储器硬件等电路损坏，有时仅仅是程序坏掉（或许是某种原因引起参数错误、强干扰、异常断电等）或数据错误，向存储器内部重写程序（数据）即能修复故障了。

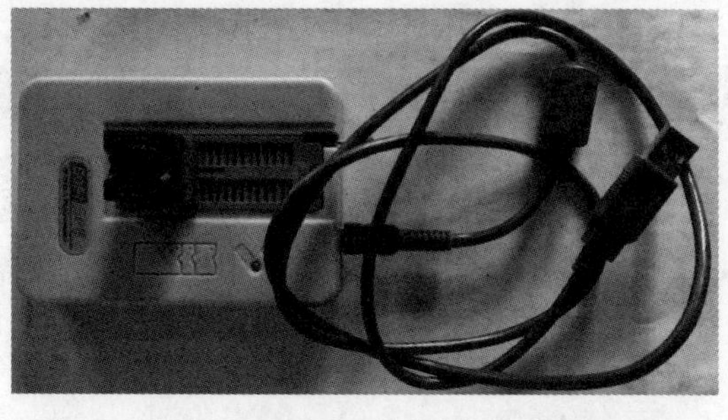

图 6-9 编程器外形图

将故障机存储器芯片从电路板上焊下，经 IC 卡座放入存储器芯片编程器（图 6-9），调用电脑上事先保存的同型号机器数据，重新写入程序后，运行正常，调看相关参数，已恢复为22kW机型的设置。

〈技能拓展〉 该编程器的简易应用如下：

① 程序读取及保存。打开编程软件（见图6-10），点击打开“芯片”按钮，选择存储器型号。从操作按键中选取“读取”指令，存储器内部程序载入，显示读取成功。点“缓冲区”按钮，看到所读取的存储器内部的程序。关掉程序显示，点击“保存”按钮，写好保存目录，加“.bin”后缀（便于加载），保存完毕。

图6-10 编程器操作界面

② 清除原程序。先关掉编程软件，再重新打开，然后直接点击“编程”，则实施了程序清除。此时可进一步点击“查空”按钮，显示“查空成功”，说明清除成功。

③ 向存储器内写入程序。点击“加载”按钮，从保存文件中选取欲写入程序。显示加载成功后，点击“编程”按钮，显示编程成功，写入过程结束。

注意

① 存储器安装引脚顺序占用编程器插座靠里的8个脚。

② 有些存储器芯片印字不清，拆焊时须记住引脚1位置。也可以事先用钢针在存储器1脚位置和1脚焊接位置刻上记号，避免写程序和焊接时放反。

实例 7

ABB-ACS510 型 22kW 变频器启动操作时显示 F1005

故障表现和诊断 ABB 变频器的说明书，包含各种操作方法、显示及故障警示，分门别类，提示详细具体，更有各种“宏”数据，是快速调试的“好助力”。进行远程（端子启停 / 调速）和本地（面板）操作进行切换时，不须进行控制参数的修改，仅须操作 LOC/REN 按键进行操作方式的切换就可以了。

切换到本地控制以后，按下 START 键进行启动操作时，显示 F1005，提示 9905、9906 功率参数错误 2。这两个参数一为电机电流，一为电机电压。调看相关参数，调整为额定值后，按下 START 键进行启动操作时，又显示 F1009，提示 9907、9908 功率参数错误 1，即表示额定频率与转速参数值有错。调看参数发现，额定频率设为 500Hz，修改正常后，试机操作，运行正常了。

故障分析和检修 启动时，有时显示 A5014，意为封锁按钮信号，因为传动出现故障。有时提示 F0035（输出接线故障），此时可将 3017、3023（接地、接线）参数值设为 0，将接线、接地故障保护设为“禁止”后，再进行启动操作试验。

技能拓展 面板的操作方法。

按键操作：按 ENTER 键，当显示 PAR 时，按▲▼键切换至 01（或 30、99 等，切换参数组），再按 ENTER 键与▲▼键切换至所欲更改参数项，如 9906（参数序列号），再按 ENTER 键调出参数值进行修改。

该机 ENTER 键的操作：点按一下，是参数调看；连续点按两下，或加长点按时间，才可以进行参数设置。

检修当中，用面板进行启停与调速操作，很是方便。变频器初上电时，默认为远程控制。上电后，按下 LOC/REN 按键，至显示 LOC 时松开，使用“给定模式”来设置本地控制给定。

此后，操作 START 与 STOP 键，可进行启停操作。但频率信号是怎么给定的呢？再按下 ENTER 键与▲▼键，选择 reF，用▲▼键给定频率值，此时有相应的频率值显示，按 ENTER 键，进行保存即可。

本例故障是用户将控制参数调乱，变频器拒绝运行。修复的过程，是复原正确控制参数的过程。变频器产品的一些“故障”是设置有误所造成，修复（调整）软件、数据即可。

附：ABB-ACS510 型变频器，标准宏快速调试说明如图 6-11 所示。

ABB-ACS510型变频器 标准宏快速调试说明

ABB 变频器配有一个图形显示终端（即参数设定和就地控制面板），其包括图形显示器（显示各种参数）。

操作说明：

通电以后，显示主画面，按【ENTER】键转换到【reF】，通过【上/下按钮】改变到【PAr】，按【ENTER】键转换到【--01--】，按【上/下按钮】键转换到【--99--】，按【ENTER】键转换到【9901】，按【上/下按钮】转换到【9902】，按【ENTER】键转换到【1】，继续按【ENTER】键数值【1】闪烁，按【上/下按钮】键来改变数值大小，选择【1】——即选择标准宏控制；按【ENTER】键保存参数，按同样的方法改变以下参数：

【9901】=1（语言 0=英文，1=中文）
【9902】=1（标准宏控制）
【9905】=（电机的额定电压）
【9906】=（电机的额定电流）
【9907】=（电机的额定频率）
【9908】=（电机的额定转速）
【9909】=（电机的额定功率）
【1103】=0（控制盘给定），=1（AI1给定），=2（AI2给定）
【1301】=20%
【1302】=100%
【2002】=15s（加速时间）
【2003】=10s（减速时间）
【2007】=25Hz（电机运行时的最小频率）
【2008】=50Hz（电机运行时的最大频率）

ABB-ACS510型变频器 PID快速调试说明

注意：在接入模拟量信号为电流时需将AI1、AI2所对应的跳线开关拨至I位置。如果是电压，则拨至U位置。

【9901】=1（语言 0=英文，1=中文）
【9902】=6（PID控制）
【9905】=（电机的额定电压）
【9906】=（电机的额定电流）
【9907】=（电机的额定频率）
【9908】=（电机的额定转速）
【9909】=（电机的额定功率）
【1103】=1（AI1给定），=2（AI2给定）——（模拟量输入位置选择）
【1301】=20%，【1302】——模拟量的范围（4mA对应值为20%，0mA对应0%）（此两项为AI1输入电流时设置）
【1304】=20%，【1304】——模拟量的范围（4mA对应值为20%，0mA对应0%）（此两项为AI2输入电流时设置）
【2002】=15s（加速时间）
【2003】=10s(减速时间)
【2007】=25Hz（电机运行时的最小频率）
【2008】=50Hz（电机运行时的最大频率）
【1403】=3（报警继电器）
【4010】=19（恒压设定值选择——内部给定）
【4011】=内部给定（要求恒定的压力、流量等所对应量程的百分数）

图 6-11 ABB-ACS510 型变频器快速调试说明

实例 8 S3000型18.5kW变频器输入端子启动信号失效

故障诊断和检修 S3000型18.5kW变频器数字信号输入端子（部分）电路如图6-12所示。启停信号是从DI1端子输入的。

短接光耦合器U21的3、4脚变频器无反应，判断故障在后级电路或设置不当。测得U6（8并入转1串出行移位寄存器）的1、2脚有脉冲信号。测得U6的7脚无输出脉冲信号。判断U6芯片损坏。更换后故障排除。

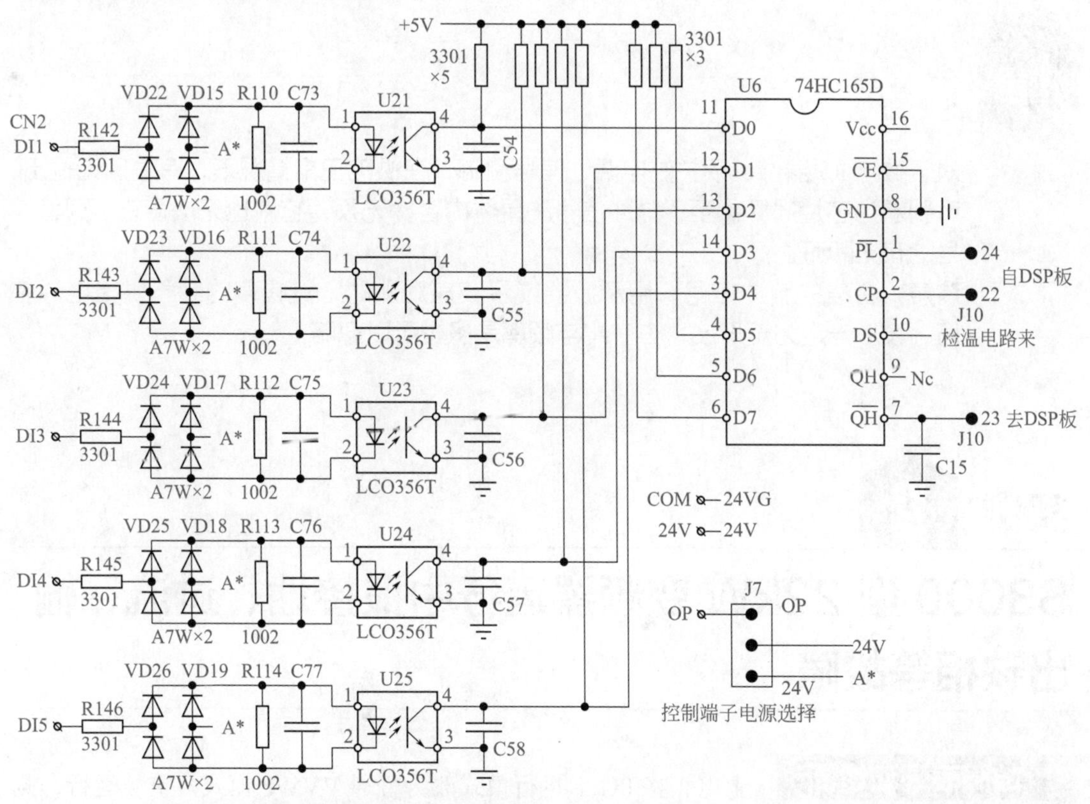

图6-12 S3000型18.5kW变频器数字信号输入端子（部分）电路

技能拓展 修复变频器的过程中，由于用户的原控制设置，多为端子启停和调速，当无说明书来修改控制参数时，可以采用端子控制来试机。以下方法，使变频器的运行操作变得简便。

（1）“制作”启 / 停信号

启 / 停信号，属于开关量信号类型，用万用表的毫安电流挡，将表笔并入 COM 和 DI1 端子，即可送入启动信号。此时万用表的电流显示值约为 5 ~ 8mA。此方法不但送入了启动信号，还顺便检测了端子内部电路是否正常。

（2）“制作”4 ~ 20mA 电流信号

10V 端子串联 1kΩ 电阻，可直接引入 4 ~ 20mA 电流信号至输入端，即相当于送入 10mA 电流（调速）信号，变频器运行于 20Hz 左右。

（3）测量 4 ~ 20mA 输出电流信号

由于信号输出电路为恒流源电路，不怕短路，用万用表的直流毫安电流挡，测试表笔并联于 4 ~ 20mA 电流信号输出端，可以直接检测变频器的 4 ~ 20mA 电流信号输出状态。

（4）“制作”电压调速信号。

直接将端子 10V 与 0 ~ 10V 电压信号输入端短接，可使变频器（空载）运行于全速状态，以方便对输出状态的检测。

对于数字 IC 器件，须关注电源、信号引脚，在供电正常情况下，有输入无输出，可判断为芯片损坏。至于脉冲信号的具体内容，无须管它，也无法管它，只管信号的有无即可。

注意，合格的脉冲信号，用示波器或示波表观测时，其幅度约等于供电电源电压，波形一定为矩形波，占空比与频率是多少可以忽略。

实例 9

S3000 型 22kW 变频器运行中报接地、过流、输出缺相等故障

故障表现和诊断 上电，将 PG 卡运行模式改为普通 VVV/F 模式，空载运行，测得三相输出电压不平衡。涉及故障范围：

① IGBT 模块不良。

② 驱动电路不良。

③ 驱动电路前级——脉冲传输电路不良。

④ 因电流检测不良或软件控制方面的原因导致故障。

遵循先易后难的原则，先检测 IGBT 模块和驱动电路，无异常，但测得驱动光耦输入侧信号不正常，使故障检测推至脉冲传输电路上。

电路构成 驱动电路之前，MCU/DSP 器件之后的“中间桥梁地带”，多采用数字 IC 电路，进行开关量信号的输入或输出的传输，这些器件，往往选用同相器、反相器、三态可控门等电路器件，称为 MCU/DSP 器件的接口电路，按其作用，器件又有隔离、缓冲、驱动电路等称谓。

如图 6-13 所示，本机采用 U10（三态可控门，印字 HC367）器件，1、15 脚为控制 / 使能端，当其为“0”时（开门），传输特性等同于普通同相驱动门；当其为“1”时（关门），器件的输出端处于第三种状态——高阻态，即输出端对外电路形同断路。

所以若出现传输异常，如有输入信号而无输出信号时，要注意 1 脚和 15 脚信号电平是处于“开门”还是“关门”状态，只有为“开门”状态，才能判断 U10 本身的好坏。

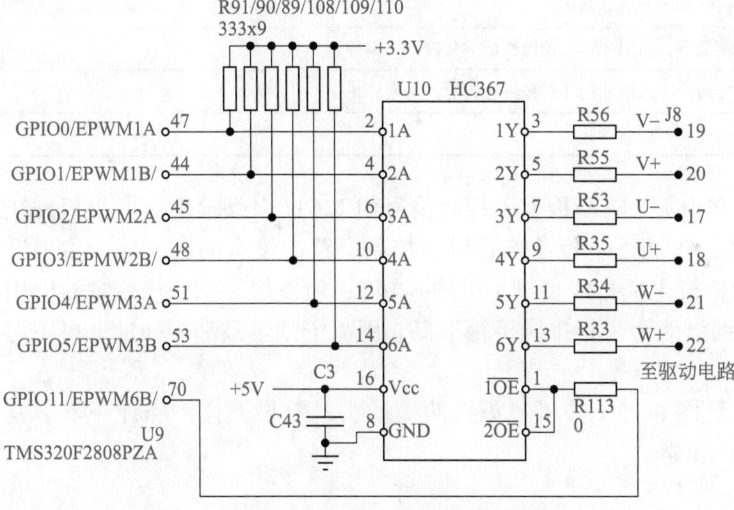

图 6-13 S3000 型 22kW 变频器逆变脉冲传输电路

故障分析和检修 本例故障，空载启动后，测得 U10 的输入端脉冲电压（直流电压挡约为 1.6V）正常，说明 MCU/DSP 器件输出脉冲信号正常；测输出端各个 Y 端电压信号，7、9、11、13 脚均为 2.5V 左右，正常，但 3、5 脚电压严重偏离正常值。判断为 U10 芯片损坏。

代换 U10 后，上电试机测得 U、V、W 输出电压平衡，故障排除。

实例 10

一台 VFD-F 型 7.5kW 变频器主板排线端子氧化导致故障

故障表现和诊断 一台 VFD-F 型 7.5kW 变频器送修，上电后面板显示正常。将控制参数调至面板操作运行后，启动测得输出三相电压正常。用户反映最近报故障与停机动作频繁，具体也说不出什么原因。

故障分析和检修 显然，用户送修总会有原因的，不是机器的问题就是电源和负载的原因。仔细检查，没有听到散热风扇的运转声音，查看相关工作参数，如表 6-2 所示，从表中可看出，散热风扇是受控运行的，其取决于 MCU 给出的控制信号。将 00 ~ 03 方式全设了一遍，风扇仍不能运行。检查两台散热风扇，都挺新的，更换时间不久。

表6-2 风扇工作模式设置参数表

散热风扇控制方式			出厂设定值	01
设定范围	00	交流电机驱动器开机立即运转		
	01	执行运转命令，风扇才运转；停机后一分钟，风扇停止		
	02	执行运转命令，风扇才运转；按停止键时，风扇停止		
	03	温度到达约60℃后启动		

风扇运行与电源供给电路在电源 / 驱动板上（控制信号由 MCU 引脚输出，经主板排线电缆至电源 / 驱动板）。先停电，再摘下主板，检查风扇控制电路，没有问题，连接主板后再上电，面板显示 8888。查看整机主板排线端子（见图 6-14），俱发黑，据说该变频器应用地位于海边，腐蚀严重，考虑到可能为主板排线接触不良，用镊子刮了刮端子插针，再用力插上排线，故障依旧。

用清除氧化物的清洁剂（见图 6-15）喷了喷排线两端插头，效果上佳，插针一下子发亮了，再插上排线，显示与操作正常。

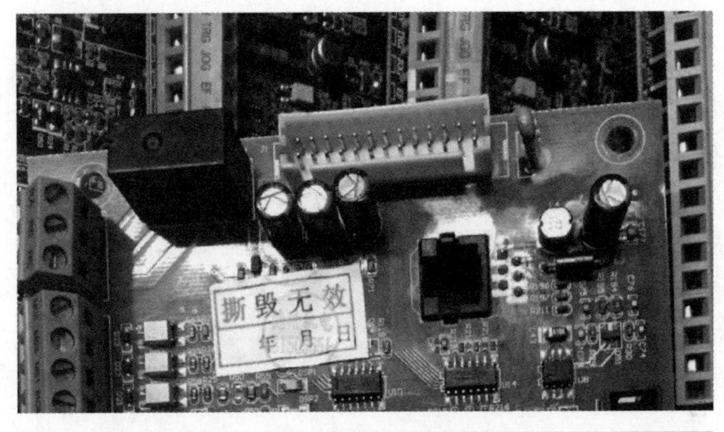

图 6-14　变频器 MCU 主板排线端子图（见彩图）

图 6-15　精密电器清洁剂外形图

再度电话询问送修原因，回答是输出时有时无，或有偏相，或报 OC，运行不稳定。

考虑到驱动 IGBT 所需的 6 路脉冲、OC 信号，再加上散热风扇控制信号，俱是用主板排线端子传送的。用户说的故障，还是检修当中暴露的问题，都说明是排线端子接触不良引起，故障已经排除，可以装机运行了。

各行各业用到的工具、材料，像是镊子、毛刷、清洁剂等，都会成为检修中的“利器”。备料越齐，检修工作效率越高。

实例 11

海利普 HLP-P 型 15kW 变频器“过电压”故障的一个特例

故障表现和检修 一台海利普 HLP-P 型 15kW 变频器，原故障为 IGBT 模块损坏。在更换模块之前，将主板 MCU 和电源 / 驱动板移出机壳，外加 500V DC 维修电源，先行实施对驱动电路的修复。

1. 屏蔽 E.bS.S 故障报警

上电后，面板显示 E.bS.S 故障代码，意为电磁接触器辅助线圈无反馈，其原因为当电源 / 驱动板与机壳内部相关部件或电路脱离后，相关检测条件不被满足——接触器 KM0 辅助触点的“闭合信号”在主板 MCU 上电后不能产生，使 MCU 判断电磁接触器没有正常动作，而报出 E.bS.S 故障代码。该机型接触器辅助触点信号的闭合检测电路如图 6-16 所示。

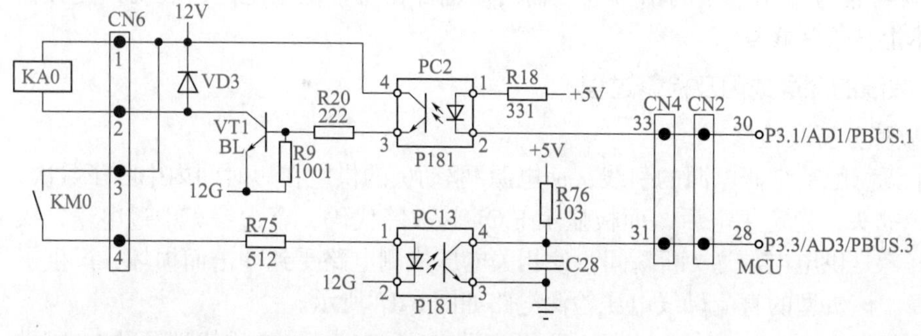

图 6-16 工件接触器动作控制与辅助触点闭合检测电路

将 CN6 端子的 3、4 脚暂时用焊锡短路，人为形成“工件接触器闭合”的信号，经 PC13 传输至主板 MCU 引脚，上电后面板显示正常。

2. 屏蔽 E.OC.A 故障

检查相关驱动电路，发现驱动电路及后续功率放大电路有损坏元件，将损坏元件代换后，测得驱动电路的静态负电压正常。

为了维修调试的方便，先将启 / 停与调速控制参数修改为面板操作控制，进行启动操作时，面板显示 E.OC.A 故障代码。该机型的驱动电路为 PC923、PC929 的经典组合电路，由 PC929 承担 IGBT 的导通管压降检测任务，故障时将 OC（IGBT 模块损坏）故障信号报与主板 MCU。U 相驱动电路实例如图 6-17 所示。

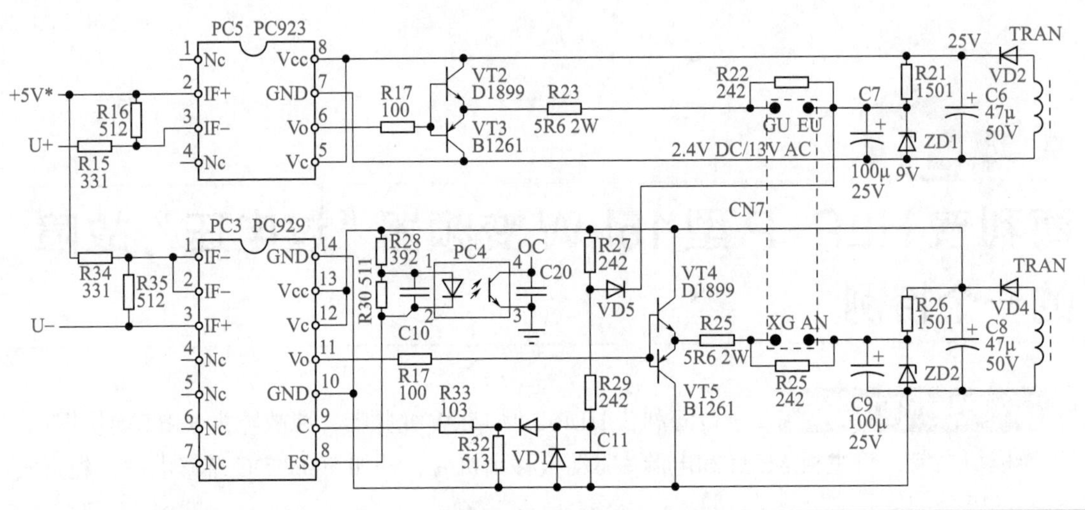

图 6-17　U 相驱动电路

将 VD5 的正极（或负极）与供电电源地 AN 端相接，或将 PC929 的 9、10 脚直接短接，都能起到人为制造“IGBT 正常开通”的信号，使光耦合器 PC7 不再向主板 MCU 输送 OC 信号，起到屏蔽 OC 报警的作用。

屏蔽 OC 报警动作后，上电后显示正常，进行启动操作后，面板显示上升的输出频率，测得 XG、AN 等脉冲信号输出端子的信号电压输出值也都在正常范围之内，表明该变频器的控制电路已基本上被正常修复。

3. E.OU.S 故障的深层成因及检修过程

（1）E.OU.S 故障分析及检修

因操作测量中无意触动维修电源的引线，使电源/驱动板的供电在短时间内中断了数次，重新插好维修电源插头，稳定供电后，面板显示 E.OU.S 故障代码，意为停车中过电压，操作复位键无效。好像是供电电源通 / 断瞬间，使相关电压检测电路受到冲击而损坏，产生了误报过电压的故障。该机型的直流母线电压检测电路如图 6-18 所示。

该机型的直流母线电压检测信号取自开关电源电路，由 CN4、CN2 排线端子的 25 脚进入主板 MCU 的 −14.3V（对应输入电源 380V）电压检测信号，经 U7 反相衰减器处理，得到约 2.5V 的输出电压，输入至 MCU 的 60 脚。

检测到 MCU 的 60 脚输入电压正常，说明前级电压检测电路是正常的。为进一步判断，用金属镊子将电容 C21 短接后，面板显示 E.LU.S 故障代码，意为停车中欠电压。这种现象说明：MCU 内部电路能对输入检测信号做出反应，但不一定是正确的反应——对正常范围以内的电压检测信号作出了过电压的误判！

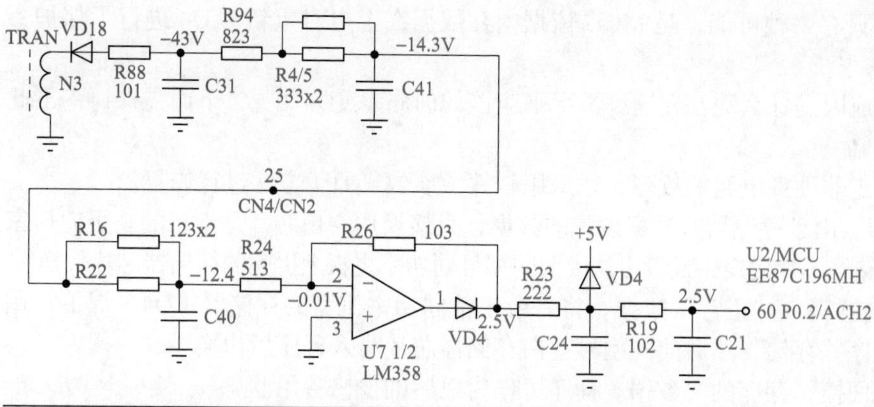

图 6-18 直流母线电压检测电路

在 MCU 内部，一定有一个过 / 欠电压的软件基准，输入检测电压信号与之比较，MCU 根据比较结果报出过 / 欠电压故障信号，故障现象则进一步说明 MCU 内部的软件基准发生了偏移。这个软件基准是可以进行设置的，一般可以在相关（保护）参数表中设置。因此，调看相关参数值进行验证。

操作面板按键，调出 CD001（最高电压设定），该参数值由 380 无来由地变成了 220；调看 CD130（电机额定电压），其值也由 380 变为了 220。调看 CD131（电机额定电流）其值竟由 33 变为了 1.5。至此似乎有点恍然大悟——整机控制参数变为 220V500W 以下小功率机型的工作参数！因此对输入的 380V 检测信号电压，也就理所当然地报过电压故障了。

将 CD001、CD130、CD131 等相关参数进行修改后，过电压报警仍旧不能复位。

考虑到 MCU 内部程序对过 / 欠压的报警，可能并非依据以上几个工作参数，而是依据相应的保护参数，而这些参数是由制造厂家进行设置的，是一些工厂设置参数，用户无权修改，以免设置不当造成保护失灵而损坏。在参数表以保留字样予以说明，如 CD181 ~ CD250，该范围内的参数值是无法调看和修改的。

对相关参数修改完毕，变频器重新上电后，调看相关参数，仍旧为原值，如 CD001 的参数值又由 380 变为 220。是 MCU 外挂存储器损坏，还是上电后 MCU 重新向存储器写入数据，（异常时）进行了参数初始化操作呢？

本机型的存储器电路如图 6-19 所示。

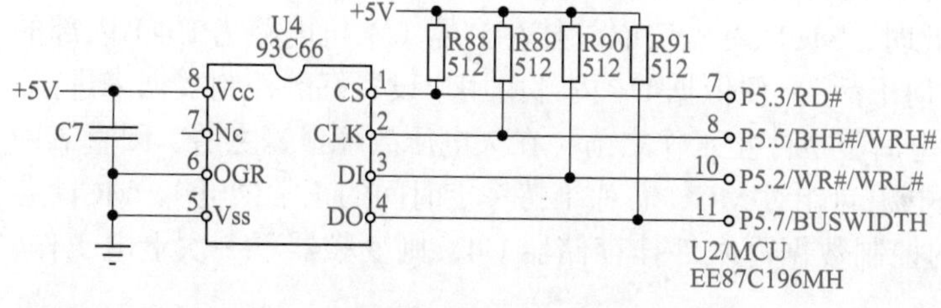

图 6-19 MCU 外挂存储器电路

本机型的存储器采用 93C66 芯片，测量 1、2、3、4 引脚电压，与正常机比较，没有异常。为进一步验证存储器是否仍有记忆功能，将 CD000（主频率设定）的参数值进行修改，断电再上电后，发现该参数修改值能被记忆，说明存储器未损坏。CD001、CD131 等参数值不被记忆的原因，只有一种可能，是MCU依据内存数据在上电时重新对U4进行了保护参数的写入。

那么这种故障成因是什么呢？在这种情况下应该如何修复变频器呢？下面先探讨一下此种故障的修复方法。

该故障可以确定非硬件电路的故障，须采用软件（参数复原）方法进行修复。

① 更换存储器。由于存储器有厂家设置的数据，直接换用空白芯片是不行的。可向厂家采购写有数据的存储器芯片代换，或者由从废旧同型号同功率主板上拆除的存储器芯片代换。

② 重新向存储器写入“正常”数据。将一台正常同功率机型的存储器（U4）焊下，用编程器读出内部程序并存储，然后向同型号空白存储器芯片写入程序后代换。

这个方法最为便捷，存储的（数据）程序可作为以后的检修备用。

③ 换用空白芯片，利用参数修改，使存储器内部数据复原。厂家不愿用户修改的部分数据，受密码保护和限制。如果输入相关密码，则可调看并修改相关保护的参数，如CD181 ~ CD250序号以内的参数值，该类参数内容，一般包含变频器容量、过电压/欠电压保护值、产品序列号、版本号、保护密码等参数。换用空白芯片后，将参数重写一遍，也能解决问题，但前提是需知道厂家密码（一般为6位数）。

在输入密码正确的情况下，对于本机型来说，可利用对以下参数的修改，来完成修复。

CD200：输入密码；CD201：设置用户（或厂家）密码；CD202：29（变频器容量，对应15k）；CD203：0；CD204：0；CD205：510（直流电压？）；CD206：33（额定电流）；CD207：800（过压保护值？）；CD208：690；CD209：400（额定电压）；CD210：06102；CD211：28383；CD212：2274；CD213：0；CD214：0；CD215：120；CD216：0；CD217/218/219：不可读取（产品序列号等）；CD220：2；CD221：6；CD222：10；CD223：2；CD224：180；CD225：10；CD226：10；CD227：957（过压保护值？）。

按照以上数据进行修改即完成了软件数据复原，上电后面板正常显示。由于变频器容量和电流值与CD001、CD131两项参数值有关联性，在以上参数修改完后，此时再调看CD001、CD131等参数，其值便自动恢复为380和33了。

（2）形成过电压故障报警的成因

首先了解主板MCU上电期间的工作过程和工作条件：主板MCU先得到+5V工作电源，随之内、外部硬件电路在复位引脚上产生一个复位脉冲信号，内部计数器、寄存器等全部清零。若时钟电路能正常工作，供电电源和复位工作条件满足，MCU相关检测电路有了工作能力，能实施相关故障的检测报警，同时具备了数据寄存器、计数器等电路的工作条件（可以进行数据的读取、写入等）。此时，MCU首先读取外挂存储器（本机电路为U4）内部的用户控制数据，此后变频器“如何干活”，便依据U4内部由用户设置好的控制数据来进行。若运行中产生故障，或变频器掉电后整机停止工作之前（在欠电压故障报警之后，因直流回路大容量储能电容的作用，开关电源尚能对MCU芯片维持一定时间的正常供电），MCU芯片将相关运行数据、用户写入的控制数据写入外挂存储器U4，则变频器下一次上电工作，依然要调取U4内部数据来执行。

外挂存储器U4的内部数据究竟是些什么呢？翻开变频器使用说明书，找到参数功能一览表，参数项往往多达几百项，这些参数值（数据）全部存储于U4当中。

那么这些参数仅存储于U4内部吗？MCU芯片内存中有无存储参数呢？参数初始化的含义又是什么呢？

我们知道，当用户将控制参数调乱，变频器运行失常时，执行参数初始化操作，可以将参数值恢复为出厂值，“乱了套”的参数值又会变得“规规矩矩”。调整相关控制参数后，变频器又能恢复正常运行。那么这些出厂值的数据，显然是调用MCU内存（只读存储器ROM，只能读取数据而不能写入）的数据，由MCU重新写入外挂存储器U4的。

如此一来，似乎外挂存储器损坏掉，或内部数据丢失，都变得不再可怕——只要为变频器重新上电，或换用空白芯片，执行参数初始化操作，应该就可以将相关存储器数据错误的故障修复。

对部分变频器来说，确实是这样的，如某些品牌的变频器存储器数据错误后，将存储器清空，上电后，MCU读取数据为空（读取数据失效），会自动执行数据初始化操作，自动地向其写入出厂值，从而完成了控制数据复原。

但对于本例机型来说，却有两种完全不同的初始化操作。一旦存储器U4内部数据错误，或因某种原因MCU不能正常读取U4内部数据，MCU向U4写入的却并不是说明书上的出厂值数据，而统统变为220V电压级别和500W功率容量的“原始数据”。可以想见改写这种数据后的上电结果，对380V电压级别的变频器机型，必然会报出过电压故障（因为供电电压高了近2倍），接入功率大于500W的电动机试运行，也必然会报出过电流故障。

也就是说，该例变频器机型，当上电后误报过电压或过电流故障时，也许并不是硬件电路的问题，而是软件设置不正常所造成的。

该例机型的两种初始化操作是怎么回事？

① 正常的初始化操作。该例机型，CD181 ~ CD250序号以内的参数值，涉及变频器容量、电压级别、额定电流、过电压、过电流等保护数据，机型的功率不同，其内部数据也是不相同的。如22kW和45kW的变频器，其U4内部的数据是不相同的，我们暂且称其内部数据为“出厂数据”，是依变频器功率大小和电压级别而定的。

在U4内部“出厂数据”正常和MCU在上电期间能正常读取其内部数据的前提下，用户可以放心大胆地修改说明书中的所有参数项，即使出错，只要执行CD011（参数重置）进行参数初始化操作，MCU便会依据内存中CD200 ~ CD227中的“出厂数据”，向U4写入说明书中的出厂值，如将CD001写为380，CD131写入33，参数初始化得以成功。

②“异常”的初始化操作。对异常一词加上引号，是指就MCU来说，是执行了“正常的写入操作”，但对非220V、1.5A的变频器来说，这种异常写入，使380V供电级别的变频器，无端“变身”为220V供电级别的变频器。上电后，即产生过电压报警动作，电路不能正常工作。其原因何在呢？

本例机型MCU内部ROM中的控制参数数据，只是单相220V、功率500W机型的控制数据，与变频器的功率级别无关。大、中、小功率变频器，在MCU内部ROM中，只存储了这一种数据。相对于“出厂数据”，我们可暂且将其称为“原始数据”。

在变频器上电（或由不规则掉电产生的反复上电）期间，因某种原因（下文有述）MCU不能正常读取U4内部数据（判断U4内部数据错误）时，其将向U4写入“原始数据”，使380V15kW变频器变为220V500W变频器，上电后报过电压故障。或者因U4硬件电路异常，MCU无法调用U4内部数据，只能执行原内存中的“原始数据”。

写入“原始数据”后，因为密码锁定作用，用户或检修者无法修改CD200 ~ CD227等参数项，检查电压检测电路又无异常，猜测为参数异常但是无能为力。

这个“原始数据”要是同“出厂数据”一样就好了。

（3）写入“原始数据”的原因

在什么情况下，MCU 会向 U4 写入“原始数据”或只能执行“原始数据”呢？分析时可参考图 6-19 电路。

① U4 硬件电路异常。U4 损坏（或引脚有虚焊），或 R88 ~ R91 四个上拉电阻中任意一个断路（无法形成高电平脉冲信号），均会造成 MCU 无法与 U4 进行正常的通信应答或读取数据，使得 MCU 开始执行内存中的“原始数据”。

②（静电）强干扰造成 U4 内部数据异常。功率模块弧光短路产生的较强的电磁能量、测试者所带强静电的侵入，可能会造成 U4 内部数据错乱或丢失。MCU 判断读取数据错误，重新向 U4 写入“原始数据”。

③ 不规则（瞬时、反复）掉电。检修者所备 500V 直流电源的容量（尤其是滤波电容的容量）非常有限，如果不慎出现接触不良的情况，控制板瞬时掉电使 MCU 不能准确进行复位、读取、写入数据等操作，系统可能会判断为数据读取不良，而向 U4 写入“原始数据”，使正常的“出厂数据”被取代。

这种异常情况，在变频器生产厂家的产品试验环节中不易模拟，而且当 MCU 与变频器主电路相连时，因储能电容的储能作用，瞬时掉电不会危及 U4 内部数据的安全。但检修者为主板接入小容量维修电源时，就要注意有无接触不良了。笔者即遇到了一例在检修过程中，因电源插座接触不良使变频器上电即实施过电压报警的故障，费尽了周折才算解决。

（4）修改数据

最后，将 HLP-P 型 75kW 变频器（版本 Vr2.01）CD200 ~ CD227 等参数值，列举如下，以提供读者朋友们的检修调整之便。

CD200 或 Pr200，键入密码：******

CD200：输入密码（六位，请咨询相关技术人员）；CD201：设置用户（或厂家）密码；CD202：36（变频器容量，对应 75k）；CD203：1；CD204：0；CD205：510（直流电压？）；CD206：152（额定电流）；CD207：800（过压保护值？）；CD208：690；CD209：400（额定电压）；CD210：8061；CD211：151；CD212：9094；CD213：1；CD214：0；CD215：120；CD216/217/218/219：不可读取；CD220：0；CD221：0；CD222：10；CD223：1；CD224：180；CD225：0；CD226：0；CD227：955；CD228：0；DC229：0；CD230：0。

其它相关无保护参数：CD130：380；CD131：152；CD132：04；CD133：1440；CD134：40；CD135：0；CD136：10；CD137：0；CD138：1；CD139：5；CD169：510；CD170：152。

CD03：160；CD04：25；CD05：5.5；CD06：0.5；CD20：5；CD30：0；CD31：0。

（5）修复数据

未掌握密码情况下，用编程器读取同款同功率机型中 MCU 外挂存储器中的数据并保存，摘下故障机 MCU 上的存储器芯片，写入“正常数据”，焊回存储器芯片。

上电试机，运行正常，故障排除。

变频器产品是软、硬件密切结合的机器，故障检修中的很多时候，是从硬件检修的茫然之际，走入了数据修复的柳暗花明之境。

实例 12

易能 EDS1000 型 7.5kW 变频器操作异常故障

故障表现和检修 一台 EDS1000 型 7.5kW 变频器表现异常：上电显示正常，从操作面板无法送入启、停和调速信号，修改了控制参数也无效。从端子送入启、停与调速信号，面板 FWD 灯点亮，显示处于运行状态，但频率显示值为 0，测得 U、V、W 端子无输出电压。检查端子 VCI、CCI、YCI 等频率指令输入电路，均无问题，修改控制参数值试图使变频器运行起来，无效。

分析判断，不像是硬件电路的问题，很可能出现了数据异常的故障。

检查 MCU 主板的存储器型号为 FM24C04A，现有一台同型号 5.5kW 变频器，用编程器读出其内部数据后，写入 7.5kW 变频器存储器，上电试机，操作运行正常。

检修思路总结 存储器的故障情况：

① 硬件原因，芯片物理性损坏。

② 数据异常。原因如下：

a. 强电场干扰造成数据丢失；

b. 检修中瞬时掉电，致写入“异常数据”；

c. 欠费停机，即销售商与厂家商定的回款日期已到，存储器内部定时器触发，变频器“罢工”。

修复方法：

① 执行初始化操作，使之恢复正常。部分变频器可行。

② 换用空白存储器芯片，上电后由变频器自动执行初始化操作，写入“正常数据”。部分变频器可行。

③ 换用写有“正常数据”的芯片进行修复。大部分国产变频器产品，需用此方法。

④ 寻求厂方技术支持。

⑤ 代换 MCU/DSP 主板进行修复。

实例 13

伟创 AC60 型 18.5kW 变频器输出电压低故障

故障表现和检修 接手故障变频器，用户反映拉不动电动机，劲小。当输出频率为 50Hz 时，测得输出电压仅为 300V（正常输出电压在 400V 左右）。判断硬件电路没有故障，启、停与调速都用端子控制，不必记录用户原控制参数。进行参数初始化操作，运行后测 U、V、W 端输出电压，升高至 400V，故障排除。

故障原因为相关参数（如 V/F 比、电动机额定电压等）可能设置有误，使变频器出力变小。通过执行初始化操作，更新了“出厂数据”而修复。

实例 14

汇川 IS300 型 22kW 变频器 MCU 芯片损坏

故障表现和检修 一台故障变频器，测量主电路端子，无短路现象。上电观察，面板时亮时不亮，检测 +5V 电源由三端稳压器输出，为 4.7V，偏低。显示正常时，测六路驱动脉冲，只有一路是正常的，其它五路电压值不一，且波形较乱。怀疑其前级电路（MCU 接口电路）已经损坏。上电时间一长，手摸 +5V 稳压器感觉烫手。

停电，在 +5V 供电端另上 +5V 电源，观察到其负载工作电流值达 1.5A，手摸主板电路元件，MCU 器件烫手，证实此元件已经损坏。从同款旧电路板上拆得 MCU 芯片，上电测 MCU 主板正常工作电流，约为 560mA，比一般机器偏大一些。

可以大致推算：面板 5 个八位发光二极管，约需工作电流 200mA；MCU 器件约需工作电流 200mA；其它电路（是由 5V 再经逆变取得供电）约需工作电流 100mA。总值与 560mA 相差不大。

试机，显示各种故障代码，记录原控制参数后，先进行初始化，再从参数中将电机类型由交流伺服电机改为普通电机，控制方式改为面板控制，测 U、V、W 输出电压，正常，故障排除。

换用 MCU/DSP 芯片或存储器芯片后，需执行初始化操作，以保障系统数据正常。某些变频器可能会工作于矢量控制模式或伺服模式，给试机带来不便，将参数修改为普通运行模式，以方便试机和检测。

普传 PI8000 型 30kW 变频器 MCU 复位异常

故障表现和诊断 变频器上电后，面板数码屏显示 C.Err，液晶屏显示通信中断。主板 MCU 与面板 MCU 的通信传输采用 HC14D 反相器电路，测其输入、输出侧信号电压，符合反相器特征，如输入端电压 0.5V，输出端为 4.4V，二者之和约为 5V。用示波器测量，相关引脚为较杂乱脉冲波形，判断为通信异常。

故障分析和检修 检查主板 MCU 工作基本工作条件。如图 6-20（a）所示，MCU 器件型号为 MB90F562，其中 19 脚为系统复位端，低电平复位有效，采用专用三端复位器件（印字标注为 AAAA），测得 19 脚静态电压约为 0.5V，而正常时静态电压应为 5V。

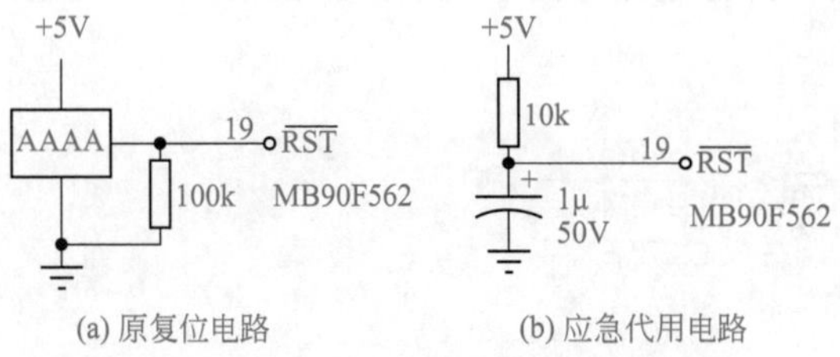

图 6-20　原 MCU 复位电路及代用电路

判断三端复位器件可能损坏，但一时之间无法确定复位芯片的型号（后查得为 MAX809L），手头也无相关代换器件，而客户还要求紧急修复。

焊下复位芯片后，试用 10kΩ、1μF 元件搭接复位电路［见图 6-20（b）］，上电，面板显示正常，故障排除。

新型贴片 IC，因体积紧凑，仅印代码，需据代码“翻译”出原型号，才便于器件资料的查找；各种新型器件的出现，使相关器件资料的储备相对滞后，有些器件需要较高级的资源，才能落实其“身份”；这类器件的备件也成了问题，一是市场来源可能不多，二是不知是何种器件，如何快速修复，对检修者来说确实是个考验。对于简单功能的电路，搭接代用电路，也许是个好办法。

实例 16

异常的 OL1 报警
——誉强 3000 型 5.5kW 变频器过载报警检修

故障表现和诊断 5 台誉强 3000 型 5.5kW 变频器，其中有 2 台是上电后报 OL1 故障，无法复位运行。因为空载即报过电流故障，那么基本上可以确定故障在电流检测电路。

故障分析和检修 检查电流检测电路，静态输入、输出电压全都正常。由检查结果判断不是电流检测电路报的过载故障。笔者将相关检测电路（如图 6-21 所示）和后级故障信号处理电路，全盘测绘检查后发现电路确实没有问题，不是电流检测电路报的故障，也不是其它检测电路报的故障。从实际电路分析，若按照常理，当电压比较器 U5 的 2 脚变低电平时（见图 6-21），应该是 OL1 报警。但检测该部分电路，静态电压完全正常，处于非报警状态。

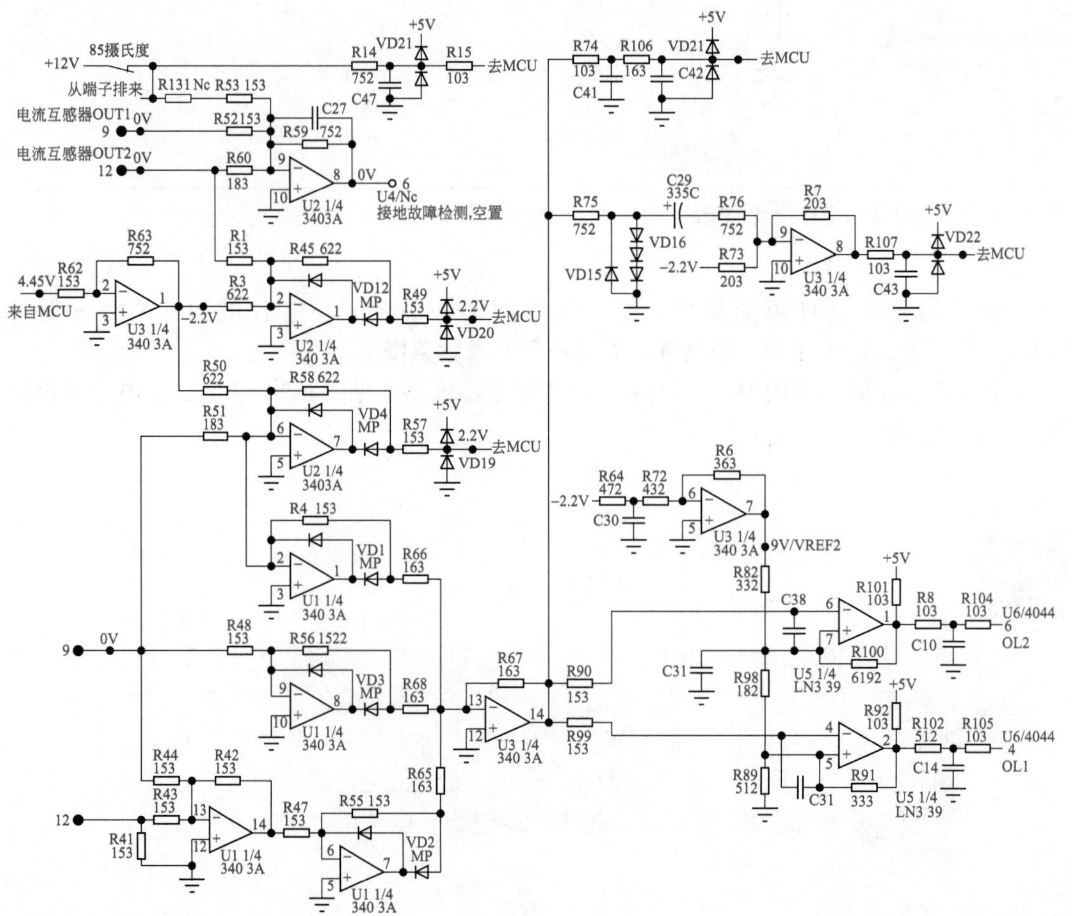

图 6-21 电流检测电路

根据经验，其它故障检测电路有问题，也可能会报出过载故障来，故笔者测绘检查了温度检测和电压检测电路（如图 6-22 所示），试图发现 OL1 报警踪迹。

全面检测的结论是所有电流、电压、温度等检测电路俱为正常工作状态，找不到报警信号来源！

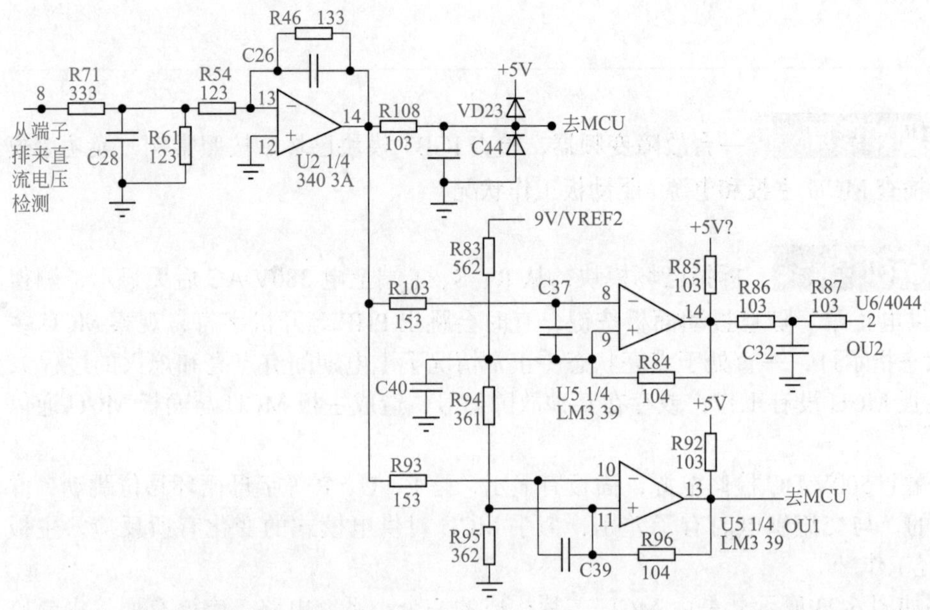

图 6-22 电压检测及故障信号处理电路

回过头来，再仔细观察这个 OL1 报警：上电约十几秒钟后，显示 OL1。此时参数可调看，但不能修改；若在报警之前，上电面板变亮后就调整参数，则可看可改。执行初始化操作也无效。在修改参数过程中，哪怕调整上半个小时，也不会报警，停止操作后过一会儿，就显示 OL1 了。

施加人为报警信号试验（在 OL1 报警之前），使 U5 的 2 脚变低（见图 6-21），等了好一会儿（这个报警应该有延时的），无报警动作；使 U5 的 1 脚变低，马上就报故障了。从其它电流检测电路上试验，竟然也搞不出 OL1 来。

检测各检测电路均正常后，笔者忽然想到数据的问题。

其它 3 台变频器已经修复，将主板 MCU 上的存储器芯片，换到 OL1 报警的机器上，上电试机，一切正常。2 台都是这样！

结论：主板 MCU 上的存储器内部数据异常，造成上电后误报 OL1。

读取能正常运行的变频器存储器内数据，对报警 OL1 变频器进行数据更新后，故障变频器恢复正常工作。

小结

变频器的故障报警，不一定是真的所指“故障”，有时产生误导作用。

实例 17

三品 SKJ 型 15kW 变频器上电面板有“流水灯式”显示

故障表现和诊断 一台故障变频器，检查 IGBT 模块已坏。按照常例，换功率模块前，须先行检查 MCU 主板和电源 / 驱动板工作状况。

故障分析和检修 拆掉已坏模块，从 R、S、T 端上电 380V AC 后无显示，测得 MCU 的 +5V 供电正常。随意按动面板按键，有时会跳出 PHF 等开机字符，观察 MCU 主板上的系统状态指示灯，一直处于点亮状态（正常情况下上电期间有点亮和熄灭的过程），判断为可能主板 MCU 没有工作，或存在某种故障信号，造成主板 MCU 与面板 MCU 通信中断。

从 P、N 端上 500V DC 检修电源，面板有显示，是 F、U、P 等字母循环移位跳动，像“流水灯”似的，与交流供电时有了差别，似乎 MCU 对供电模式的变化有所反应，主板 MCU 貌似已经工作。

面板电路如图 6-23 所示，是由 MCU 芯片构成的一个小系统电路，应该有通信中断监测与报警功能。若 MCU 工作条件不具备，则不会出现“流水灯式”显示，这至少说明面板的 MCU 系统是在工作中的。

主板 MCU 与面板 MCU 的通信采用两套如图 6-24 所示的电路相同的电路，Q1、Q2 分别完成对串行通信脉冲的接收和发送任务。在正常通信行动中，通信脉冲的有无总会有蛛丝马迹可寻的。测得 Q2 的基极电压为 0.75V，集电极电压为 0V，证实 Q2 工作于直流饱和状态中，说明 MCU 主板已停止了与面板的通信；测得 Q1 的基极电压有 0.1 ~ 0.2V 的跳变，集电极同样有电压跳变现象（若此时换用示波器测波形，有瞬变不规则跳变脉冲，说明有脉冲信号存在，二者的测试结果其实是一样的），说明从面板送来了联系信号，但得不到 MCU 主板的回应。此种现象说明，或者为 MCU 工作三要素条件不具备，或者是开机上电过程中，主板 MCU 检测到有故障信号存在，已停止了相关工作（如与面板的通信工作）。

先着手检查故障信号是否存在。电流与电压、温度检测电路未见异常。图 6-25 为变频器 KM 工作状态检测电路，光耦合器 PC13 是向 MCU 汇报 KM 工作情况的，试将 PC13 的 3、4 脚短接后再上电，变频器显示与操作都恢复正常。

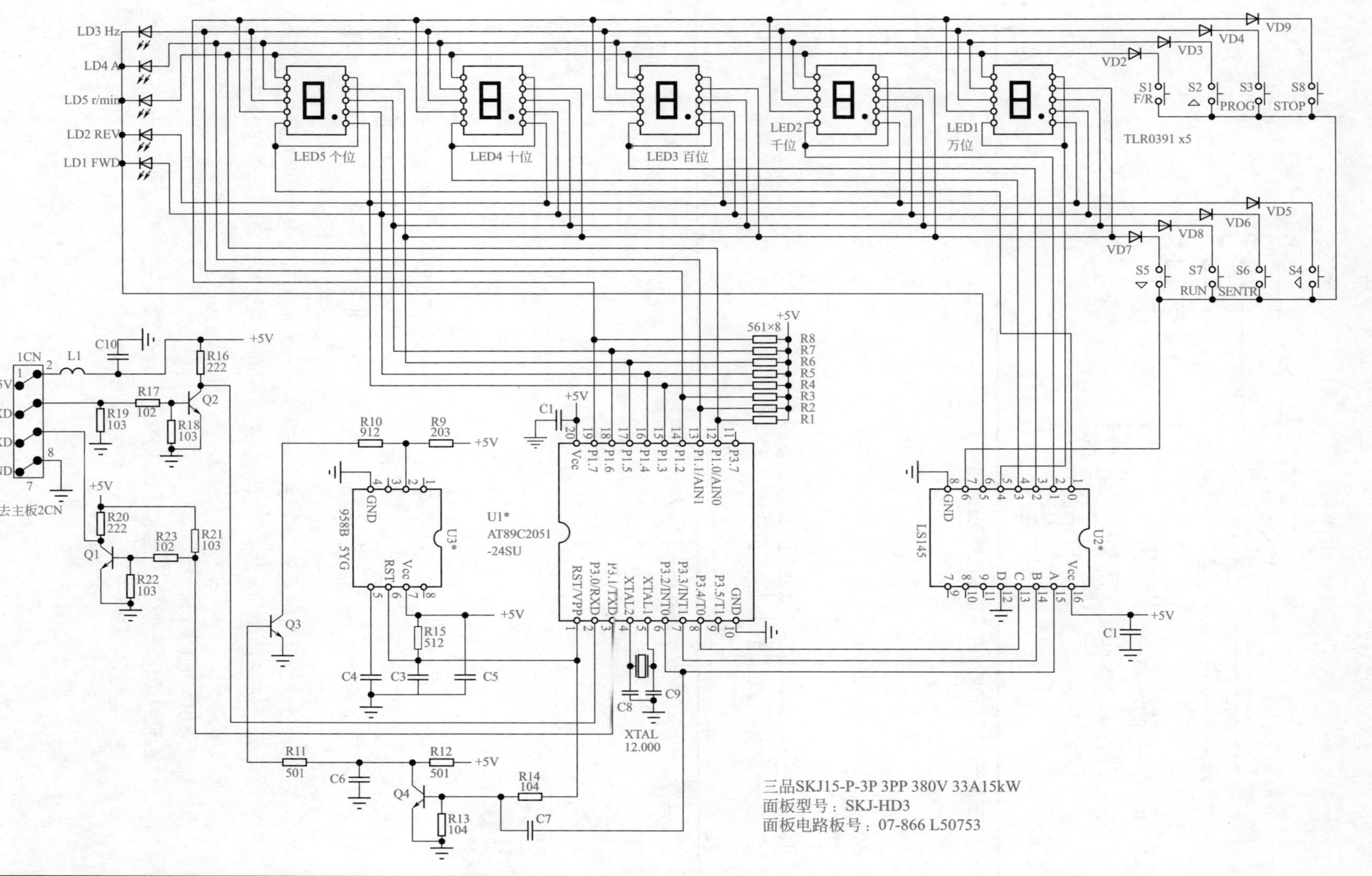

图 6-23 三品 SKJ 型 15kW 变频器操作显示面板电路图

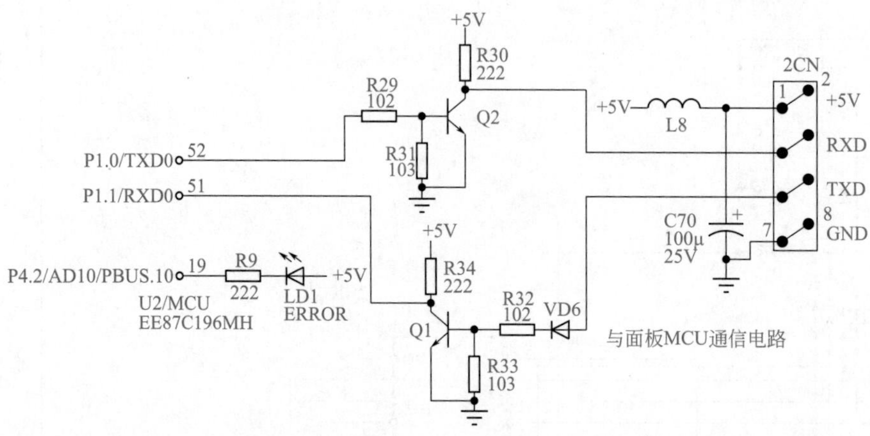

图 6-24　三品 SKJ 型 15kW 变频器主板和面板通信电路

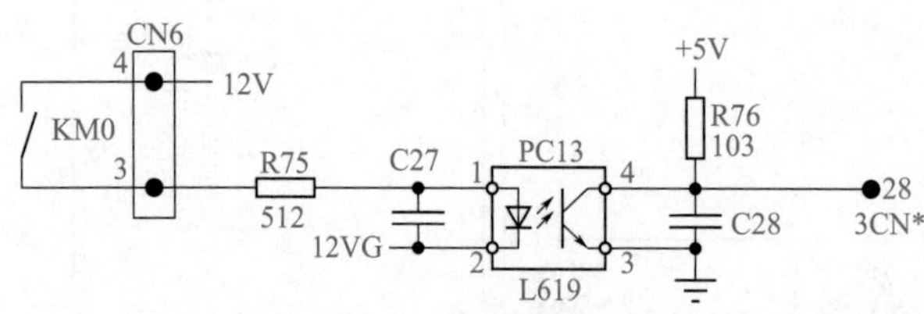

图 6-25　三品 SKJ 型 15kW 变频器 KM 工作状态检测电路

上述的一切表现，其原因是在上电期间，因 KM 状态检测条件未满足，主板 MCU 和面板 MCU 所做出的反应（是一种故障报警方式），但此反应却容易误导故障检修人员将检修重点转移到对 MCU 工作条件及外围电路的检查上。

在说明书“故障信息及故障排除”一章中，已表明当电磁接触器辅助线圈无反馈或电磁干扰时显示“E.bs”代码。但上电期间的对 KM 动作异常的反应，却表现为：

① 交流供电时面板无显示。

② 直流供电时面板是“流水灯式”的显示。有时候变频器的面板表现或代码显示，和实际故障没有关系。

实例 18

故障报警也有真假
——加信 JX400 型 2.2kW 变频器上电报 E-07 故障代码

故障表现和诊断

加信 JX400 型 2.2kW 变频器，上电报 E-07（意为直流母线过电压）故障代码，查直流电压检测电路中串联用于误差校正的 R51（5kΩ）半可变电阻器，首先怀疑其氧化后接触不良（查无其它异常），代换新品后试调，出现无法理解的现象：按理说，过、欠压报警阈值，应该有较宽的范围，如过、欠电压报警，从 480V 到 580V 内，都应视作正常电压，是不应该报警的，其比较动作值应该是一个“段”而非一个“点”。调整过程中发现，过、欠压动作整定值奇怪的由“段”变成了一个“点”，哪怕再细微的调整动作都不行：稍微右旋一点，报 OU（过压）；而稍微左旋一点，报 POFF（欠压）。调整几分钟，也不能调至正常的待机状态。

由此判断，这是假的报警，是存储器内部数据出了问题，无法调整至正常状态就是一个有力的证据。

故障分析和检修

检修中用到编程器的机会这几年是越来越多了，如过电压、欠电压、过载等故障报警，修着修着，就由硬件电路查到了软件“数据异常”的身上。换句话说，如果检修者的思路不能跃升至软件方面，单就硬件电路一竿子查下去，会百思不得其解，无果而终的。很多硬件高手在此处栽了跟头。

连续碰到多例此类故障，当存储器内部数据（通常为变频器额定功率值和电压值）异常时，会以 OU 或 OL 的故障报警形式表现出来。处理方法有二：

① 网上搜索变频器参数进入密码，由此取得变频器功率值和电压值等相关参数的修改权限。或咨询厂家售后服务人员，取得该密码。对本机型而言，PF00：密码设置；PF01：功率值；PF02：额定电压。将 PF00 由原“0000”设为“6332”，即获得以下参数的修改权限。将 PF01 设为“07”，对应 2.2kW 功率值（如“08”则对应 3kW，以此类推）；将 PF02 设为“380”，对应供电电源电压。

② 重新刷新存储器（FM24C04A）内部数据，使额定功率值、电压值等相关应用参数“回归原位”。

将同型号同功率机型存储器内部数据用编程器读取后，写入“故障机”存储器内，变“消极思想”为“正能量思想”。

对存储器内部数据刷新后，重新上电，假报警故障排除。

警惕：过载、短路、欠电压、过电压报警信号的来源，可能为存储器内部数据异常！

实例 19

存储器的型号问题
——数据异常修复两例

故障分析和检修 随着遭遇“异常数据”的可能性越来越大，好多故障，如LU、OL1报警等，都会“动”到存储器（EEPROM）。

主板MCU电路上，离MCU芯片最近的8引脚的贴片IC（为数不多），其中有一只就是存储器芯片了。最常用到的有两类，93CXX、24CXX，见着也就能认识。可要碰上的不是这两种型号，判断器件类型还是有点麻烦。

故障1：遇上型号为ATMLH316(第二行L8CH)的8脚贴片IC。网上没有搜到资料，就近的一片，长相模糊，第一行有24字样，长得像EEPROM，取下认作了24CXX芯片。放到编程器上，编程器发出抗议：警告引脚无法辨别和读取。细看，该芯片除1、8脚外，2～7脚全部接地，肯定不是EEPROM，倒符合LM317（8脚贴片）的身份，或属同一类器件，此处大概起到基准电压源的作用，那么离它最近的芯片U2，是EEPROM的可能性上升。再看引脚接法（如图6-26所示），1～4脚全部接地，8脚接+3.3V（或+5V），7脚接地，5、6脚信号进了MCU引脚，看到这里，判断U2即是24CXX芯片。

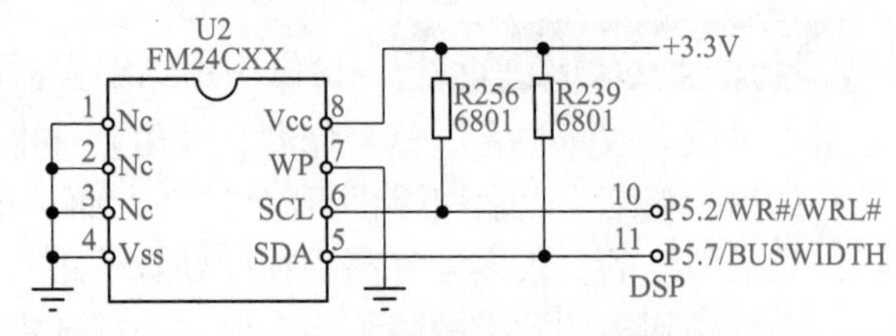

图6-26　24CXX系列芯片的常见引脚接法图

放到编程器上试读取，选取芯片型号为24C04，能读取，但出现“部分数据未能读取”的提示字样，改型号为24C16，全部数据读取，但大半为空白数据，判断型号应为24C08或24C16。用两者代换，只要数据放得下，应该就可以。

手头有FM24C08A芯片，写入同款机型的数据后，焊入主板，上电试机运行正常。

故障2：遇上ATMLH238（第二行66BM）的8脚芯片。网上找不到相关资料。检查该芯片在电路上引脚与外电路的连接情况（如图6-27所示）：8脚接+5V，5、6脚接地，1～4脚信号进MCU引脚，挂上拉电阻。判断该芯片为93CXX芯片。

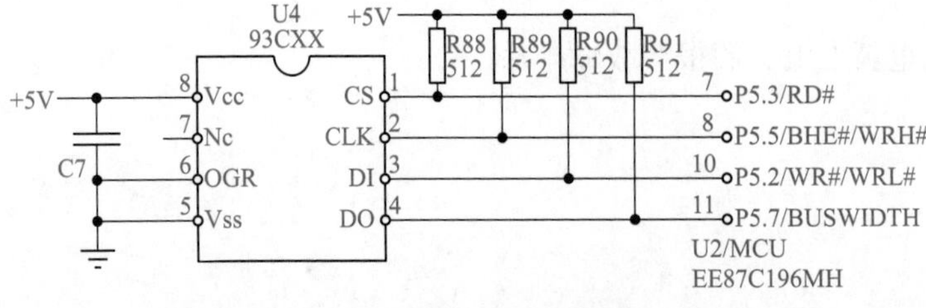

图6-27　93CXX系列芯片的常见引脚接法图

试取芯片型号为93C66A，读取成功，确定了此型号身份。

用电脑上早存好的同款机型的“正常数据”，写入该芯片后，上电试机，故障排除。

两例上电误报警故障，在刷新“正常数据”后，随之修复。

小结

贴片元件因其型号标注的特点和相关资料的缺乏，给元件辨识带来一定的困难，通过引脚的连接特点（即电路的结构模式）判断其功能，确认其身份，不失为一个好的方法。

实例 20

用一只螺帽竟然干掉疑难故障！

——康沃 FSCG05 型 11kW 变频器干扰故障

故障表现和检修 一台康沃11kW变频器，每次启动运行约三五分钟后，数码显示屏显示POFF，液晶显示屏同时显示运行欠电压。检查电源/驱动板，有输入电源缺相检测电路，将光耦3、4脚短接进行了屏蔽，无效；因是小功率机型，采用继电器提供逆变电路的530V直流电源，故无KM触点状态检测电路；检查也无FU检测电路，与电压检测相关的电路仅剩下直流母线电压检测电路了。

直流母线电压检测电路，与−15V电源共用一个绕组，由反向接法的二极管取得整流采样电压，在线测量，当输入电压为380V时，直流母线电压约为72V，经分压衰减为2.5V左右，送往主板MCU。

检查了电路，无异常。但继续上电启动运行约三五分钟后，又报出欠电压故障，报警时听到充电继电器“咔啦”释放又吸合的声音，有时不需复位操作又自动启动运行，有时处于报警停机状态。监测了输入至MCU引脚的2.5V直流母线检测电压，相当稳定，故障动作时无变化。

如果硬件电路损坏，不会坚持三五分钟；如果是元件接触不良，晃动两块线路板应该有效果，但结果是敲打、晃动皆无反应，接触不良的原因可以排除，也不太像软件的问题。

可能是自身干扰问题：开关电源、驱动电路、逆变电路，在工作中都可以看作干扰脉冲发生器。根据经验，电源/驱动板与MCU的排线是干扰信号进入MCU引脚的途径之一，像是随机性报OC故障，有时三天不报一下，有时一天报三下，基本上可以确定是干扰的问题；面板与主板MCU的排线是干扰信号进入MCU引脚的途径之二，像是随机性停机、输出频率没有来由地大幅度波动等，多是由面板排线引入了干扰，无形之中，这两条排线变成了干扰信号的接收“天线”——导线长到一定程度，就成了电感，空间中的干扰电磁波，引发了电感的电磁感应，干扰信号就顺理成章地馈入了 MCU。当然这种干扰从形式上看，多为共模干扰。

解决此问题较好的办法之一，是在排线上套装磁环，相当于在排线上串接共模滤波器，效果上佳。

手头一时找不出磁环，不合适的也没有。总要想法试试。眼光落在一螺母上，不由计上心来：铁芯的共模滤波器肯定也好使啊。试了下，穿过一匝正合适。

上电运行试机，十几分钟过去，未报故障。拆下螺帽后上电试机，三五分钟后又显示欠电压了。反复试了几次后，确认，真的是一只螺帽干掉了疑难故障，如图 6-28 所示。

图 6-28　主板、电源 / 驱动板排线套螺帽拍照图（见彩图）

几天后，笔者手头有了磁环，代换原螺母，从而彻底解决了变频器运行中自相干扰，造成随机报警停机的故障。

实例 21

易驱 ED3300 型 22kW 变频器面板显示异常，断开一根线就好了

故障表现和诊断　易驱 ED3300 型 22kW 变频器，面板显示异常，非 88888 即 -----。判断是面板 MCU 未工作，否则具有“通信异常，MCU 未工作”的报警能力。从故障表现看，面板 MCU 应该是处于“罢工”状态了。面板电路图如图 6-29 所示。

故障分析和检修　面板电路采用 MCU 处理显示和按键信号，可称为四线端面板，即通信电缆最少要用到四根：+5V、GND 电源线两根，串行通信脉冲线或 RS485 总线两根。面板与 MCU 主板通信有信号的来、回两条线就够了。但该机型信号线有 3 根，多出的一根是干嘛的呢？

检查，面板采用 PIC 器件（PIC16F73-I/SO），其 1 脚复位端有常规的 RC 复位电路，另外还接出一根线到了 MCU 主板。显示异常，原来是 MCU 主板送来的强制复位电平所导致。此时测另两根的串行脉冲信号，均无。

断开 PIC 复位端接线后，测得两路串行脉冲信号都有了，面板显示与操作恢复正常。试运行正常。未发现其它问题，机器已经修复。

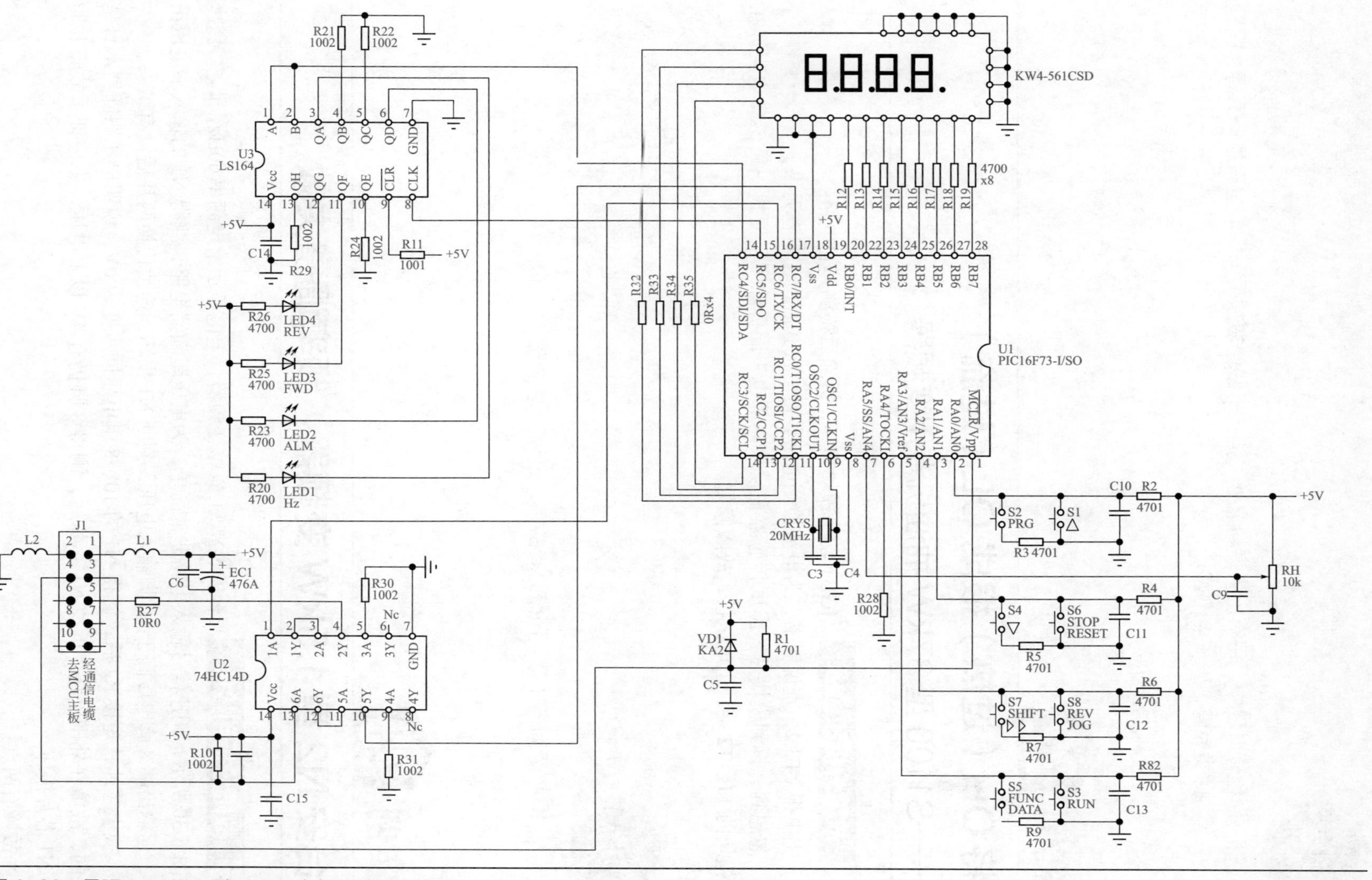

图 6-29 易驱 ED3300 型 22kW 变频器面板电路图

检修过程中，每有出人意料之处。掐掉一线修复故障，貌似也有意外惊喜。只是此类惊喜，少一点倒好。

实例 22

将 OH（过热）报成 OL（过流）
——S1100 型 37kW 抽油机专用变频器

故障分析和检修 IGBT 功率模块损坏，拆除后检测其它电路。

上电报 CF3.2，查说明书，为电流检测电路异常。按其所指，遍查无果。

忽想到，拆到模块后，温度传感器在模块内部也一同拆除了，便找一只 5kΩ 电阻焊在原模块的 T1、T2 端，上电试机，故障修复。

提醒同行注意，报警必有故障，过热实为过流。

实例 23

台安 N2 型 1.5kW 变频器，频率调整失效

故障分析和检修 台安 N2 型 1.5kW 变频器，上电显示给定频率 60Hz，调整无效。如图 6-30 所示，调速信号输入电路非常简单，为电压跟随器电路，测得 N1 的输入端电压正常，但输出端 8 脚电压高于 10 脚输入电压，判断 N1 损坏，连续代换两片后没有结果。

换上芯片，短接 R2 后，测得 N1 的 10、8 脚电压同步变为 0V，说明电压跟随器本身是好的，故障在外围电路。拆掉 N1 芯片后，测得 8 脚仍有 4V 以上电压，也佐证了故障并非为 N1 芯片损坏。

故障有两点：

① MCU 芯片内部损坏，至电流往外流出，形成输入端的高电位。

② 双向钳位二极管 VD1 损坏。

摘掉 VD1，试运行频率可调，用印字 A7W（型号为 BAV99）的贴片二极管代换 VD1，故障修复。

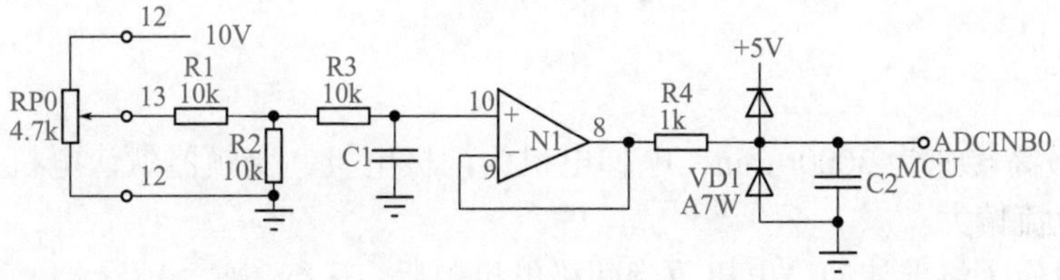

图 6-30 调速信号输入电路（示意）图

当怀疑放大器损坏时，摘除后不要忙着换件。摘除后测量故障点电压值，即可准确判断是芯片本身还是外围电路的问题。

实例 24

富士 5000G11S 型 55kW 变频器输出三相交流电压偏低

富士 5000G11 型 55kW 变频器，修复后，测得输出电压为 200V 左右。查无异常。初始化后也无效。查看参数默认设置，发现为节电运行模式，改为普通模式后，输出状态正常。

实例 25

不是故障的故障之一

——三菱 A700 型 45kW 变频器运行电流偏大

故障表现和诊断 三菱 A700 型 45kW 变频器，临时作为电梯驱动，上电运行电流大，有时报过流故障。在矢量模式，电机不时有振动，5Hz下电流即达70A。调为V/F控制，能运转，5Hz时电流仍达40A，偏大。调整了转矩提升，将原值调小，小有改善，但电流仍大。

猜测故障原因为：

① 电梯电机不匹配。

② 变频器不良。

③ 参数设置不当。

后来仔细看电机铭牌，最高转速为3000r/min，电梯电机为两极电机，变频器默认电机为四极电机，故表现为输出电流偏大。

将变频器电机参数修改对应（将默认四极电机改为两极电机）后，运行正常。

变频器运行失常，或报过流等相关故障，和外部条件是否对应、参数设置是否正确密切相关，因而一些“故障”可通过修改参数值，得到解决。

实例 26

正弦 SINE303 型 22kW 变频器启动报过流故障

正弦SINE303型22kW变频器启动时面板变000，接着报过流故障代码，换写有正常数据的存储器芯片后修复。

实例 27

正泰 NVF1 型 55kW 变频器，上电后报 OL1 故障

检查电流检测电路（U相电流检测电路如图6-31所示），正常，前级电路为同相放大器电路，输出为0V。后级跟随器处理为1.6V后输出至DSP引脚。

检查放大器N1、N2的工作状态，都无异常。重写DSP器件外挂存储器数据后，上电试机工作正常，故障排除。

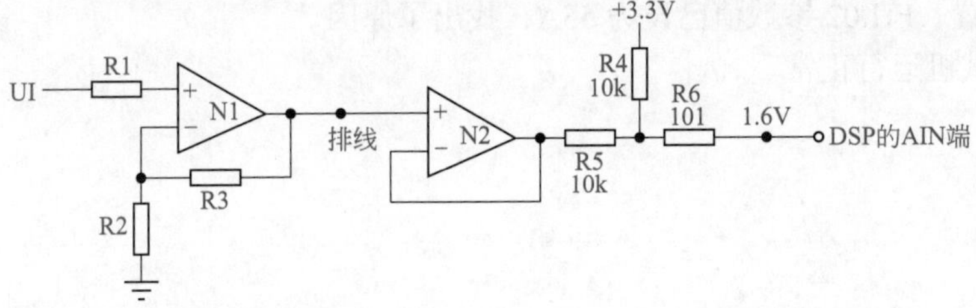

图 6-31　正泰 NVF1 型 55kW 变频器 U 相电流检测电路（简化）图

实例 28

某型 22kW 变频器，显示面板时亮时灭

为 MCU 和面板单独上电 5V，当供电电源低于 4.5V 时，面板显示正常，测得供电电流达 460mA，偏大（正常约 200mA）。通电一会儿，MCU 异常温升，判断 MCU 损坏。代换 MCU 后修复。

实例 29

不是故障的故障之二
——艾默生 EV2000 型 45kW 机器，带载误报过流故障

故障表现和诊断　机器带载运行中报 E019 故障代码，查使用手册为电流检测故障。

故障分析和检修　检修过程：

① 用电流发生器在直流母线施加低压大电流，使 U、V、W 输出额定电流，观察到面板显示电流与实际值相符，排除电流检测故障。

② 将输出频率调至数赫兹，以便于示波表观察波形，测量脉冲端子的脉冲电压与电流，排除驱动电路问题。

③ 单独为 IGBT 功率模块施加变频器额定电流 100A，测得开通电压降在 2V 以下，排除 IGBT 模块问题。

④ 发现当运行电流达 80A 以上时，报过流故障。查得变频器额定电流在 92A，无头绪。

⑤ 查看运行电流值的设置，FH.02 参数值已设为 55A，找出了原因。将参数值修改为 92A，试机运行正常。

靠修改参数值解决“故障问题”，又是一例。

艾默生 EV2000 型 75kW 变频器间歇报 E019 故障

故障分析和检修 艾默生 EV2000 型 75kW 变频器间歇报 E019 故障，意为电流检测电路故障，查驱动电路、电流检测电路与 IGBT 模块都无问题。检修过程中发现只要偶尔碰触两根印刷排线，即会随机报出 E010 或 E019 等故障代码。仔细观察排线及插座，氧化严重，用去氧化剂清洁插座并换新排线后故障排除。

偶尔报故障，说明电路器件大致都无问题，出现了由脏污引起的不稳定电阻或插接线接触不良等故障。应首先清洁线路板和端子插件，无效后再检修电路。

实例 31

苏州巨联 110kW 变频器误报过流故障

苏州巨联 110kW 变频器，模块与驱动修复后，上电试运行，当运行电流约 15A 时，报警 IGBT 模块过流故障并停机。检查电流检测电路与驱动电路皆无问题，确认不是驱动电路报警。执行初始化操作后，运行正常。故障之后与初始化之前，是个什么状态？宜深思之。

实例 32

注意面板、DSP 主板的连线有可能反插
——西川 XC5000 型 45kW 变频器故障

故障表现和检修 上电面板不显示，查其它电源正常，5V 输出仅为 1.8V，上电一会儿，三端稳压器过热烫手。单独为 5V 供电端提供外部供电，发现负载电流值高达 700mA，判断 5V 负载电路有短路故障。拔掉面板后工作电流恢复正常（约为 200mA）。判断要么面板存在短路故障，要么面板插头线不对号。

单独为面板提供 5V 供电，工作电流仅为几十毫安。得出结论：可能前检修者随便找了根排线，线序不对。将现有连线一端反插后，上电显示正常。

检修过程中，出于方便检修的考虑，往往备有多种连接排线，其线序和维修机器可能相反，故连接后有可能导致短路故障。另外，一些插座防反插特征不强，反向也能插下，用户拆装或检修中的拆装过程，若不小心均会导致“人为制造故障”的发生。

实例 33

iS5 型 7.5kW 变频器频报不同故障

故障表现和检修 iS5 型 7.5kW 变频器，上电有时报 OC1 故障，有时报 HW 故障，查看直流母线电压，显示值为 300V，测得电压检测电路输出到 MCU 的信号电压为 3.5V，正常。

怀疑是 MCU 的 VREF 引脚的基准电压异常所致。查 TMS320F240PQ 芯片的 85、86 脚为基准电压引入端。测得 85 脚电压为 5.9V，判断为异常值（超出 DSP 供电电源电压值）。查基准电压电路所用器件，为 3 引脚器件，但印字已经看不清，由外电路判断是 TL431 器件（2.5V 基准电压源），查外围分压电阻的阻值，与标称值不符，代换电阻后修复。

电压、电流或温度检测电路报警，除了与检测电路本身有关外，尚与以下因素有关：

① 与 MCU 或 DSP 输入 A/D 转换参考电压，即 VREF 电压出离正常值有关。

② 与存储器内部数据有关。

伟创 AC60 型 75kW 变频器报 LU 故障

故障表现 一台伟创 AC60 型 75kW 变频器，上电后报 LU 故障，检查输入缺相检测、充电接触器状态检测和直流电压检测等相关电路，均未发现异常。

故障分析和检修 此时面板操作失灵，无法执行参数初始化操作。可能是存储器数据异常所致。故将事先存储电脑中的“好数据”下载至故障机存储器芯片（93C66A）中。上电，显示操作正常，故障排除。

本机所用存储器芯片号为 93C 66A，存储器电路如图 6-32 所示。

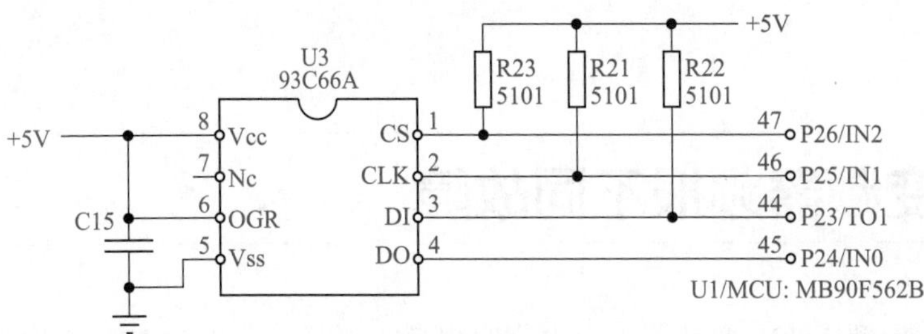

图 6-32 伟创 AC60 型 75kW 变频器存储器电路

变频器越来越多的故障表现，都与存储器芯片内部数据相关，如误报过、欠电压或表现怪异（如无法执行启动操作）等，将存储器芯片内部数据刷新，也许是较快且有效的方法。

变频器上电即给出故障报警，大多为检测电路硬件电路故障，比如电压、电流、温度检测电路本身的故障。早期变频器产品，报警内容比较直接，表现为面板直接显示故障英文缩写字母，如：LU——欠电压；OU——过电压；OC——模块短路；KM——接触器异常；FU——熔断器故障；FAN——风扇坏；OH——过热故障；等等。这类报警的特点：

① 属于直接显示，检修人员不需翻阅使用手册即能知道报警原因。

② 属于直接报警，没有附加内容，一般能直指故障原因。

随着软件技术的升级（和 DSP 器件的大量应用），则往往以 Err09 等故障代码方式给出故障示警。这类报警的特点：

① 需查变频器使用手册，才能查明代码下的故障原因。

② 报警不一定直指故障所在，有时同时指向多个故障所在。

③ 其实相关检测电路没有问题，只因发生欠费停机等其它事由，但却以故障报警形式来表明。

升级后机器报警的软件在处理上，对于检修人员的考验增强了，有时候抛开使用手册对故障代码的指向，猜一下，也可能找出故障原因。

实例 35

欧瑞 F2000 型 18.5kW 变频器运行中误报过载故障

故障表现和检修 欧瑞 F2000 型 18.5kW 变频器，上电显示与操作正常，空载运行时显示 4 ~ 7A 电流值（波动，不稳定）。检查了下电路，三个电流互感器，每路后接两级电压跟随器和同相放大器，信号送入 MCU，查无异常。测得信号输出端电压均为 1.65V（DSP 供电 3.3V，静态信号为供电电源电压的一半），是正常信号电压。

电路检测相对简单，那么不稳定电流值的信号来源何在呢？

① DSP 基准电压。用于 A/D 转换的基准电压不稳定。

② 相关（存储器）数据有误。

DSP 采用 TMS320F2809 芯片（见图 6-33）。

TMS320F2809 的 36、37 脚为基准电压输入端。两脚皆并联一个 10μF25V 电容。用 ESR 表测两个电容内阻值，均在 20Ω 以上，判断已坏。换用良好电容，测得两脚电压一为 1.3V，一为 0.5V，已为稳定值，上电运行时，显示正常，故障排除。

DSP 或 MCU 的 VREF 输入电压值多采用 5V、3.3V 或 1.8V 等，是为了取自供电电源电压的方便。若采用其它值，如 2.5V 或 1.3V，需采用相应的转换电路。

VREF 值到底是多少，检修者可通过外电路形式，得知其具体值，此为修复 VREF 电路的前提。

基准电压 VREF，不外乎有三个来源（如图 6-34 所示）。

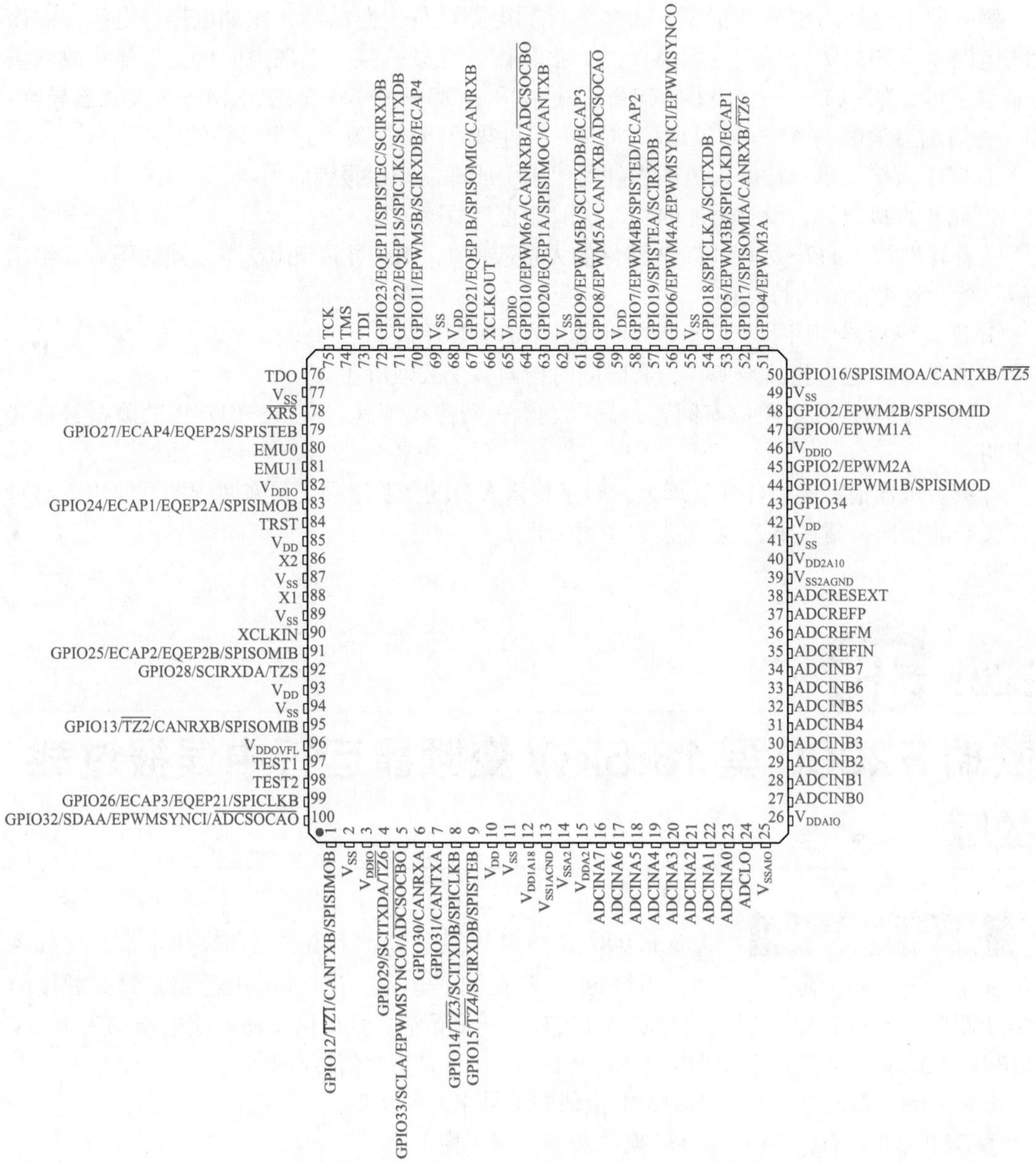

TCK 75
TMS 74
TDI 73
GPIO23/EQEP1I/SPISTEC/SCIRXDB 72
GPIO22/EQEP1S/SPICLKC/SCITXDB 71
GPIO11/EPWM5B/SCIRXDB/ECAP4 70
V_{SS} 69
V_{DD} 68
GPIO21/EQEP1B/SPISOMIC/CANRXB 67
XCLKOUT 66
V_{DDIO} 65
GPIO10/EPWM6A/CANRXB/ADCSOCBO 64
GPIO20/EQEP1A/SPISIMOC/CANTXB 63
V_{SS} 62
GPIO9/EPWM5B/SCITXDB/ECAP3 61
GPIO8/EPWM5A/CANTXB/ADCSOCAO 60
V_{DD} 59
GPIO7/EPWM4B/SPISTED/ECAP2 58
GPIO19/SPISTEA/SCIRXDB 57
GPIO6/EPWM4A/EPWMSYNCI/EPWMSYNCO 56
V_{SS} 55
GPIO18/SPICLKA/SCITXDB 54
GPIO5/EPWM3B/SPICLKD/ECAP1 53
GPIO17/SPISOMIA/CANRXB/TZ6 52
GPIO4/EPWM3A 51
TDO 76
V_{SS} 77
XRS 78
GPIO27/ECAP4/EQEP2S/SPISTEB 79
EMU0 80
EMU1 81
V_{DDIO} 82
GPIO24/ECAP1/EQEP2A/SPISIMOB 83
TRST 84
V_{DD} 85
X2 86
V_{SS} 87
X1 88
V_{SS} 89
XCLKIN 90
GPIO25/ECAP2/EQEP2B/SPISOMIB 91
GPIO28/SCIRXDA/TZS 92
V_{DD} 93
V_{SS} 94
GPIO13/TZ2/CANRXB/SPISOMIB 95
V_{DDOVFL} 96
TEST1 97
TEST2 98
GPIO26/ECAP3/EQEP21/SPICLKB 99
GPIO32/SDAA/EPWMSYNCI/ADCSOCAO 100
50 GPIO16/SPISIMOA/CANTXB/TZ5
49 V_{SS}
48 GPIO2/EPWM2B/SPISOMID
47 GPIO0/EPWM1A
46 V_{DDIO}
45 GPIO2/EPWM2A
44 GPIO1/EPWM1B/SPISIMOD
43 GPIO34
42 V_{DD}
41 V_{SS}
40 V_{DD2A10}
39 $V_{SS2AGND}$
38 ADCRESEXT
37 ADCREFP
36 ADCREFM
35 ADCREFIN
34 ADCINB7
33 ADCINB6
32 ADCINB5
31 ADCINB4
30 ADCINB3
29 ADCINB2
28 ADCINB1
27 ADCINB0
26 V_{DDAIO}
1 GPIO12/TZ1/CANTXB/SPISIMOB
2 V_{SS}
3 V_{DDIO}
4 GPIO29/SCITXDA/TZ6
5 GPIO33/SCLA/EPWMSYNCO/ADCSOCBO
6 GPIO30/CANRXA
7 GPIO31/CANTXA
8 GPIO14/TZ3/SCITXDB/SPICLKB
9 GPIO15/TZ4/SCIRXDB/SPISTEB
10 V_{DD}
11 V_{SS}
12 V_{DDIA18}
13 $V_{SS1ACND}$
14 V_{SSA2}
15 V_{DDA2}
16 ADCINA7
17 ADCINA6
18 ADCINA5
19 ADCINA4
20 ADCINA3
21 ADCINA2
22 ADCINA1
23 ADCINA0
24 ADCLO
25 V_{SSAIO}

图 6-33 TMS320F2809 芯片引脚功能图

+3.3V
R1
10k
VREF
R2
5k
C1
U1
+15V
LM317
VREF
R1
1k
C1
R2
3k
+15V
R1
VREF
R2
U1
TL431
C1
R3

(a) 由供电电源经分压取得 (b) 由三端可调稳压器取得 (c) 由基准电压源取得

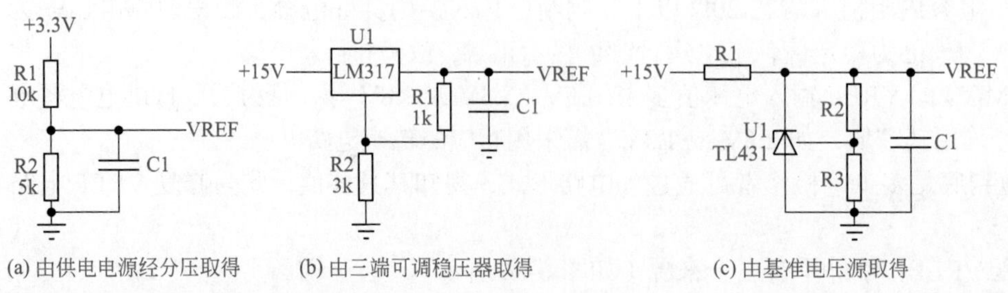

图 6-34 VREF 三个来源

大元 DR300 型 2.2kW 变频器，运行后无输出电压

测得该变频器驱动输入、输出侧的电压、电流信号均正常，已经有脉冲信号加到 IGBT 模块的输入端，测 U、V、W 端对 P、N 端的直流电压，发现为 P、N 直流母线电压的 1/2，说明 IGBT 处于“正常开通”状态，但逆变电路相互间并未形成流通回路。

该类故障不可能是硬件所造成（有智能化特点），故判断为数据异常所致。

初始化后测得变频器输出电压正常。

而故障之后初始化之前，是个什么状态？值得深思。